Biologia 3

Edição 4.ª

ARMÊNIO UZUNIAN

Professor de Biologia na cidade de São Paulo.
Cursou Ciências Biológicas
na Universidade de São Paulo e
Medicina na Escola Paulista de Medicina,
onde obteve grau de Mestre em Histologia.

ERNESTO BIRNER

Professor de Biologia na cidade de São Paulo.
Cursou Ciências Biológicas
na Universidade de São Paulo.

Direção Geral:	Julio E. Emöd
Supervisão Editorial:	Maria Pia Castiglia
Coordenação de Produção e Capa:	Grasiele L. Favatto Cortez
Edição de Texto:	Carla Castiglia Gonzaga
Revisão de Texto:	Patricia Aguiar Gazza
Revisão de Provas:	Estevam Vieira Lédo Jr.
	Maitê Acunzo
Programação Visual e Editoração:	AM Produções Gráficas Ltda.
Ilustrações:	Luiz Moura
	Mônica Roberta Suguiyama
	Uenderson Rocha
	Vagner Coelho
Auxiliar de Produção:	Ana Olívia Ramos Pires Justo
Fotografia da Capa:	Fabio Colombini
Impressão e Acabamento:	Gráfica e Editora Posigraf

Dados Internacionais de Catalogação na Publicação (CIP)
(Câmara Brasileira do Livro, SP, Brasil)

Uzunian, Armênio
    Biologia 3 / Armênio Uzunian, Ernesto Birner. --
4. ed. -- São Paulo : HARBRA, 2013.

    Bibliografia
    ISBN 978-85-294-0418-9

      1. Biologia (Ensino médio) I. Birner, Ernesto.
II. Título.

12-14445   CDD-574.07

Índices para catálogo sistemático:
1. Biologia : Ensino médio 574.07

BIOLOGIA 3 – 4.ª edição
Copyright © 2013 por **editora HARBRA ltda**.
Rua Joaquim Távora, 779
04015-001 – São Paulo – SP

Promoção:	(0.xx.11) 5084-2482 e 5571-1122. Fax: (0.xx.11) 5575-6876
Vendas:	(0.xx.11) 5549-2244, 5571-0276 e 5084-2403. Fax: (0.xx.11) 5571-9777
Site:	www.harbra.com.br

Todos os direitos reservados. Nenhuma parte desta edição pode ser utilizada ou reproduzida – em qualquer meio ou forma, seja mecânico ou eletrônico, fotocópia, gravação etc. – nem apropriada ou estocada em sistema de banco de dados, sem a expressa autorização da editora.

ISBN 978-85-294-0418-9

Impresso no Brasil   *Printed in Brazil*

Prefácio

A Biologia já não é mais vista como uma ciência "fechada", um conjunto de estudos distantes dos alunos. Com o avanço da tecnologia e os novos conhecimentos surgindo cada vez mais rapidamente, a Biologia está incorporada à vida das pessoas: sua presença está nos telejornais, seriados, filmes, anúncios, nas revistas, novelas, e em tantas outras mídias e formas de expressão.

O maior desafio para os autores de um livro diático é fazer com que os alunos se sintam estimulados ao estudo, que percebam a aplicação à sua vida, ao seu cotidiano, dos conteúdos que lhes estão sendo ministrados. E esse sempre foi o nosso grande projeto.

Ao escrever cada linha de nossos livros, pensamos nos alunos, nas coisas que gostam, em como se comunicam com o mundo exterior, o que seria importante que soubessem, além de, naturalmente, no conteúdo necessário para que possam prosseguir em seus estudos e fazer frente aos diferentes processos seletivos de ingresso a uma universidade.

Buscando tornar o estudo de Biologia interessante, iniciamos cada capítulo com o que chamamos de "olho" – uma imagem e um texto de contextualização o mais próximo possível do universo dos alunos. Também sistematizamos as informações, dispondo-as em seções especiais: "De olho no assunto!" apresenta textos de aprofundamento; "Tecnologia & Cotidiano", como o próprio nome diz, traz ferramentas tecnológicas em que o conteúdo estudado está presente ou aplicações do tema em situações do cotidiano; textos sobre diferentes questões éticas que envolvem a vida em comum e a sustentabilidade do planeta estão em "Ética & Sociedade". Ao final de cada capítulo, quatro conjuntos de atividades para que os alunos possam aferir seu conhecimento: "Passo a Passo", "Questões Objetivas", "Questões Dissertativas" e "Programas de Avaliação Seriada".

As inúmeras observações dos professores e alunos que trabalharam com as edições anteriores de nossa coleção *Biologia*, aliadas aos nossos anos em sala de aula, nos mostraram com ainda maior clareza como nos comunicar com nossos leitores: adolescentes cheios de energia, de dinamismo, com uma vida inteira pela frente e muito a construir.

Temos certeza de que, ao final de nossa jornada em conjunto, os alunos perceberão que o estudo da Biologia lhes abriu as portas para entender esse louco e maravilhoso mundo em que vivemos!

Os autores
Os editores

Conteúdo

Unidade 1 — GENÉTICA — 3

1 Primeira Lei de Mendel e probabilidade associada à Genética 4

Mendel, o iniciador da Genética 5
A escolha das ervilhas para o estudo 5
Os cruzamentos realizados por Mendel 7
A Primeira Lei de Mendel 10
Conceitos fundamentais em Genética 11
Genótipo e fenótipo 11
Homozigotos e heterozigotos 11
Cromossomos autossômicos 12
Árvores genealógicas 12
Análise de um heredograma ou *pedigree* 12
A 1.ª Lei de Mendel aplicada a genética humana 14
Dominância incompleta ou parcial 16
Alelos letais: os genes que matam 18
Como os genes se manifestam 20
Homozigoto dominante ou heterozigoto? 20
Cruzamento-teste 21
Introdução à probabilidade 22
Resultados observados *versus* resultados esperados 23
Probabilidade de ocorrência de dois ou mais eventos mutuamente excludentes: a regra do "OU" 24
Probabilidade de ocorrência simultânea de dois ou mais eventos independentes: a regra do "E" 25
Probabilidade condicional 27
Passo a passo 28
Questões objetivas 29
Questões dissertativas 32
Programas de Avaliação Seriada 32

2 Alelos múltiplos e a herança de grupos sanguíneos 34

Alelos múltiplos na determinação de um caráter ... 35
A cor da pelagem em coelhos 35
A determinação dos grupos sanguíneos no sistema ABO 37
Como ocorre a herança dos grupos sanguíneos no sistema ABO? 38
O sistema Rh de grupos sanguíneos 40
A herança do sistema Rh 41
Doença hemolítica do recém-nascido (eritroblastose fetal) 41
O sistema MN de grupos sanguíneos 42
Transfusões no sistema MN 43
Passo a passo 44
Questões objetivas 45
Questões dissertativas 48
Programas de Avaliação Seriada 48

3 Herança e sexo 49

Um resultado não esperado 50
Autossomos e heterossomos: a fórmula cromossômica das células 50
Os cromossomos sexuais 51
Como foram descobertos os cromossomos sexuais? 51
Determinação genética do sexo 52
O sistema XY 52
Mecanismo de compensação de dose 53
O sistema X0 54
O sistema ZW 54
Abelhas e partenogênese: um caso especial 54
Herança ligada ao sexo 55
Cruzamentos efetuados por Morgan sobre a herança da cor dos olhos em drosófilas 56
Daltonismo: a incapacidade de enxergar certas cores 58
Hemofilia: dificuldade na coagulação do sangue 60
Distrofia muscular de Duchenne: lenta degeneração dos músculos 61

Herança parcialmente ligada ao sexo................... 62
Herança restrita ao sexo 62
Herança influenciada pelo sexo 62
Herança limitada ao sexo 63
Passo a passo *64*
Questões objetivas *65*
Questões dissertativas *69*
Programas de Avaliação Seriada *70*

4 Segunda Lei de Mendel e *linkage*....................... 72

Os experimentos de Mendel sobre
di-hibridismo... 73
A análise dos resultados.................................... 73
Obtendo a proporção 9 : 3 : 3 : 1 sem utilizar o
quadro de cruzamentos 75
Segregação independente e poli-hibridismo..... 76
A relação meiose-2.ª Lei de Mendel 77
A 2.ª Lei de Mendel é sempre obedecida? 78
Linkage 80
A união entre dois pares de genes 80
Um dos cruzamentos efetuados
por Morgan... 82
Como diferenciar segregação independente
(2.ª Lei de Mendel) de *linkage*?...................... 85
A ordem dos genes nos cromossomos:
a disposição CIS e TRANS............................ 86
Mapas genéticos.. 87
A unidade do mapa genético 87
Passo a passo *90*
Questões objetivas *91*
Questões dissertativas *93*
Programas de Avaliação Seriada *94*

5 Interações e expressões gênicas e citogenética.... 96

Interação gênica: quando vários genes
determinam o mesmo caráter 97
Os experimentos com crista de galinha............. 97
A forma dos frutos de abóbora 98
Epistasia 99
Epistasia dominante 13 : 3 99
Epistasia dominante 12 : 3 : 1 101
Epistasia recessiva 9 : 3 : 4 102
A cor da flor nas ervilhas-de-cheiro:
ação gênica complementar 103
Herança quantitativa 107
Herança da cor da pele no homem 107
Pleiotropia:
um par de genes, várias características 109
Mutações e aberrações cromossômicas 109
Aberrações cromossômicas numéricas............... 109
Euploidia: lotes cromossômicos inteiros 109
Aneuploidias: as mais comuns 110

Aneuploidias autossômicas 110
Síndrome de Down (mongolismo):
trissomia do 21................................. 110
Mosaicismo 112
Síndrome de Edwards:
trissomia do 18................................. 112
Síndrome de Patau:
trissomia do 13................................. 112
Aneuploidias em cromossomos sexuais.... 112
Síndrome de Turner (X0)..................... 112
Síndrome de Klinefelter (XXY) 112
Síndrome do duplo Y (XYY) 112
Síndrome do triplo X (XXX) 112
Ausência de X (Y0) 112
Aberrações cromossômicas estruturais.............. 113
Deficiência (deleção) 113
Duplicação 113
Inversão.. 113
Translocação 113
Os erros inatos do metabolismo e a genética 114
Fenilcetonúria (PKU)............................ 114
Alcaptonúria 114
Passo a passo *115*
Questões objetivas *116*
Questões dissertativas *118*
Programas de Avaliação Seriada *119*

6 Biotecnologia e engenharia genética................ 120

Melhoramento genético e seleção artificial......... 121
Heterozigose ou vigor do híbrido 122
A diferença entre biotecnologia e
engenharia genética 122
A manipulação dos genes..................................... 122
Enzimas de restrição:
as tesouras moleculares 123
Eletroforese em gel e a separação dos
fragmentos de DNA 124
A multiplicação dos fragmentos de DNA 125
A tecnologia do DNA recombinante:
as bactérias em ação.................................... 126
A técnica do PCR: uma reação em cadeia 127
As sondas de DNA e a localização de genes......... 128
Fingerprint: a impressão digital do DNA 129
VNTR: as repetições que auxiliam...................... 129
Exemplo de utilização do *fingerprint* na
pesquisa de paternidade............................... 130
Projeto Genoma Humano: reconhecendo nossos
genes 133
Terapia gênica: DNA para curar doenças.............. 133
Passo a passo *134*
Questões objetivas *135*
Questões dissertativas *139*
Programas de Avaliação Seriada *140*

Unidade 2 — EVOLUÇÃO

143

7 Origem da vida e evolução biológica 144

Big Bang: a formação do Universo........................ 145
Geração espontânea e abiogênese: as primeiras ideias sobre a origem da vida......................... 146
Biogênese: vida a partir de vida preexistente 146
A hipótese de Oparin...................... 149
A hipótese heterotrófica................ 152
...E aparecem os autótrofos......... 152
O ar é modificado pela vida........... 152
Vida multicelular....................... 153
Evolução biológica: uma questão de adaptação 154
As evidências da evolução.............. 156
Fósseis 156
Evidências anatômicas e embriológicas........................ 158
Estruturas vestigiais.................. 159
Evidências bioquímicas............... 159
Os evolucionistas em ação: Lamarck e Darwin...................... 160
As ideias de Lamarck 160
Descartando as ideias de Lamarck.................. 160
Darwin e a teoria da seleção natural 161
Uma longa caminhada rumo à seleção natural 161
A publicação do ensaio de Darwin.................. 163
Teoria Sintética da Evolução...................... 164
O que Darwin não sabia: neodarwinismo...................... 164
Os três tipos de seleção 166
Passo a passo 168
Questões objetivas 170
Questões dissertativas................ 174
Programas de Avaliação Seriada 175

8 Genética de populações e especiação 176

As características dominantes são as mais frequentes?...................... 177

Frequências gênicas em uma população ao longo do tempo 178
Fatores que alteram a frequência gênica 178
Cruzamentos preferenciais 178
Oscilação gênica 178
Migração................................ 178
Mutação gênica......................... 178
Seleção natural 178
A Lei de Hardy-Weinberg..................... 178
O conceito de espécie biológica e especiação............................ 179
O surgimento de novas espécies........................ 179
O que são as raças 181
Poliploidização: especiação sem o isolamento geográfico 182
Isolamento reprodutivo...................... 183
Mecanismos pré-zigóticos........................... 184
Mecanismos pós-zigóticos........................... 184
Irradiação adaptativa..................... 185
Convergência adaptativa..................... 186
Homologia e analogia 187
Passo a passo 189
Questões objetivas 190
Questões dissertativas................ 193
Programas de Avaliação Seriada 194

9 Tempo geológico e evolução humana 196

As grandes extinções...................... 199
A origem dos primatas...................... 199
Rumo à espécie humana..................... 200
Os primeiros antropoides..................... 200
Os australopitecos........................ 201
Homo habilis: as primeiras ferramentas............ 202
Os descendentes do *Homo erectus*.................. 202
O aparecimento do *Homo sapiens* 202
Passo a passo 205
Questões objetivas 206
Questões dissertativas................ 208
Programas de Avaliação Seriada 209

Unidade 3

ECOLOGIA

211

10 Energia e ecossistemas 212

Alguns conceitos importantes 213
O componente biótico dos ecossistemas 214
Cadeias alimentares 215
  Cadeias de detritívoros 216
  Teia alimentar 217
  Fluxo unidirecional de energia no ecossistema ... 217
Pirâmides ecológicas:
  quantificando os ecossistemas 218
  Pirâmide de números 218
  Pirâmide de biomassa 218
  Pirâmide de energia 219
Eficiência ecológica 220
  DDT: acúmulo nos consumidores
  de último nível trófico 221
A produtividade e o ecossistema 222
  A elevada produtividade nos trópicos 223
Os fatores limitantes do ecossistema 224
Os ciclos biogeoquímicos 225
  Ciclo da água 226
  Ciclo do carbono 226
    O efeito estufa 227
  Ciclo do oxigênio 228
  Ciclo do nitrogênio 229
  Ciclo do fósforo 230
  Ciclo do cálcio 231
  Ciclo do enxofre 232
Solo: as condições para o crescimento
  da vegetação 232
  Nutrientes minerais 233
  Capacidade de retenção de água 233
  Porosidade 234
  pH 234
  As propriedades físicas do solo 234
Passo a passo 236
Questões objetivas 240
Questões dissertativas 245
Programas de Avaliação Seriada 246

11 Dinâmica das populações e das comunidades 249

Dinâmica das populações 250
  Principais características de uma população 250

Curvas de crescimento 250
Fatores que regulam o crescimento
  populacional 251
  Fatores dependentes da densidade 251
  Fatores independentes da densidade 252
Os ciclos e os desequilíbrios populacionais 252
A espécie humana e a capacidade limite 253
Dinâmica das comunidades 254
Relações intraespecíficas 255
  Sociedade 255
  Colônia 256
  Competição intraespecífica 256
Relações interespecíficas 257
  Interações harmônicas 257
    Cooperação (protocooperação ou
    mutualismo facultativo) 257
    Mutualismo 258
    Comensalismo 258
    Epifitismo 259
    Inquilinismo 260
  Interações desarmônicas 260
    Predação (predatismo) 260
    Parasitismo 260
    Competição interespecífica 262
    Esclavagismo ("parasitismo social") 264
    Amensalismo 264
Mimetismo, camuflagem e coloração de
advertência 265
  Mimetismo: organismos de uma espécie se
    parecem com os de outra espécie 265
    Mimetismo batesiano 265
    Mimetismo mülleriano 266
  Camuflagem (coloração críptica ou
    protetora) 267
  Coloração apossemática ou de advertência ... 267
Sucessão ecológica: comunidade em mudança ... 268
  Sucessão primária: da rocha à floresta 268
  Sucessão secundária:
    o lago em transformação 270
Passo a passo 272
Questões objetivas 274
Questões dissertativas 278
Programas de Avaliação Seriada 279

12 Biomas e fitogeografia do Brasil 281

Os principais biomas do ambiente terrestre.......... 282
   Tundra 283
   Floresta de coníferas (taiga)............................ 284
   Floresta decídua temperada 284
   Desertos..... 285
   Floresta pluvial tropical..... 285
   Savanas, campos e estepes..... 286
Os principais biomas do ambiente marinho.......... 286
   As comunidades marinhas..... 287
      Plâncton 287
      Bentos 288
      Nécton..... 288
   Caatinga 289
   Águas correntes 290
Fitogeografia brasileira 290
Os principais biomas de água doce..... 291
   Águas paradas..... 291
   Cerrado..... 292
   Mata Atlântica 293
   Manguezal 293
   Pampas 294
   Mata de Araucárias..... 294
   Complexo do Pantanal 294
   Floresta Amazônica 295
   Zona de Cocais..... 296

Passo a passo *301*
Questões objetivas *303*
Questões dissertativas..... *305*
Programas de Avaliação Seriada *305*

13 A biosfera agredida 307

Poluição: um problema da humanidade 309
Inversão térmica: a cidade sufocada 310
Chuvas ácidas:
   corroem monumentos e pulmões..... 312
O *smog* fotoquímico 313
Os CFCs e o buraco na camada de ozônio 314
A poluição da água e a eutrofização..... 315
   Eutrofização natural..... 315
   Eutrofização causada por poluição 315
O destino do lixo nas grandes cidades..... 316
   Compostagem e lixo urbano..... 318
Controle biológico de pragas 319
Passo a passo *320*
Questões objetivas *322*
Questões dissertativas..... *324*
Programas de Avaliação Seriada *325*

Bibliografia *327*
Crédito de fotos *328*

Unidade

1

Genética

Como se dá a transmissão das características hereditárias? É o que veremos nesta unidade.

Capítulo 1
Primeira Lei de Mendel e probabilidade associada à Genética

A ciência está cheia de histórias inusitadas

Muitas vezes, descobertas importantes são feitas com base em observações que envolvem fatos e atitudes cotidianas. Você deve conhecer pelo menos duas dessas histórias. A primeira, e bastante famosa, envolve o matemático e físico inglês Sir Isaac Newton. Conta-se que Newton desenvolveu sua teoria sobre a gravitação universal quando estava sentado embaixo de uma macieira e observou a queda de uma maçã.

Outra famosa descoberta teria acontecido com o matemático Arquimedes. Dizem que Hieron, rei de Siracusa (na Grécia Antiga) no século III a.C., desconfiado de que a coroa que encomendara a um ourives não era apenas de ouro, mas havia prata misturada ao metal, chamou Arquimedes para saber se sua desconfiança tinha fundamento. O sábio grego teria descoberto a resposta enquanto tomava banho de banheira ao observar que um corpo ao ser imerso na água desloca determinado volume de líquido.

Com a Genética aconteceu uma coisa parecida. Esta ciência, que estuda a transmissão das características hereditárias de geração em geração, teve seu início com os estudos de um monge sobre ervilhas. Hoje em dia, a Genética evoluiu tanto, a ponto de se tornar uma das ferramentas mais importantes no desenvolvimento de novos remédios, vacinas, técnicas de identificação de paternidade, entre tantas outras aplicações.

Neste capítulo, vamos iniciar nosso estudo sobre essa fascinante ciência e desvendar alguns detalhes sobre a transmissão das características hereditárias ao longo das gerações.

Desde os tempos mais remotos, o homem tomou consciência da importância do macho e da fêmea na geração de seres da mesma espécie, e que características como altura, cor da pele etc. eram transmitidas dos pais para os descendentes. Assim, com certeza, uma cadela, quando cruzar com um cão, irá originar um filhote com características de um cão e nunca de um gato. Mas por quê?

MENDEL, O INICIADOR DA GENÉTICA

Filho de pobres camponeses, Gregor Mendel nasceu em 1822 na cidade de Heizendorf, na época dominada pelo Império austríaco. Cursou Matemática e Ciências Naturais na Universidade de Viena, onde se interessou pelas causas da variabilidade em plantas.

Inicia-se aqui a longa trajetória desse que é considerado o "pai da Genética". No mosteiro para onde voltou depois dos estudos, havia uma longa tradição de pesquisa acerca da variabilidade de plantas cultivadas, entre elas a ervilha-de-cheiro. Mendel passou a trabalhar arduamente com essa planta, na tentativa de esclarecer os mecanismos de herança nela envolvidos.

Na época, outro tema apaixonante estava ocupando a cabeça dos cientistas e leigos: a teoria da evolução biológica de Charles Darwin. Sem perceberem sua grande importância, o trabalho de Mendel logo foi arquivado e esquecido nas bibliotecas europeias.

Mendel morreu, totalmente ignorado, em 1884. No entanto, estavam lançadas as bases para a compreensão dos fundamentos do que viria a ser, mais tarde, chamado de Genética.

Gregor Mendel (1822-1884).

A Escolha das Ervilhas para o Estudo

A ervilha é uma planta herbácea leguminosa que pertence ao mesmo grupo do feijão e da soja. Na reprodução, surgem vagens contendo sementes. Sua escolha como material de experiência não foi casual: uma planta fácil de cultivar, de ciclo reprodutivo curto e que produz muitas sementes.

Desde os tempos de Mendel, existiam muitas variedades disponíveis, dotadas de características de fácil comparação. Por exemplo, a variedade que produzia flores púrpuras podia ser comparada com a que produzia flores brancas; a que produzia sementes lisas podia ser comparada à que gerava sementes rugosas, e assim por diante.

Outra vantagem dessas plantas é que estame e pistilo, os componentes envolvidos na reprodução sexuada do vegetal, ficam encerrados no interior da mesma flor, protegidos pelas pétalas. Isso favorece a autopolinização e, por extensão, a autofecundação, formando descendentes com as mesmas características das plantas genitoras (veja a Figura 1-1).

A partir da autopolinização, Mendel produziu e separou diversas *linhagens puras de ervilhas* para as características que ele pretendia estudar. Por exemplo, para cor da flor, plantas de flores de cor púrpura sempre produziam como descendentes plantas de flores púrpuras, o mesmo ocorrendo com o cruzamento de plantas cujas flores eram brancas.

Mendel estudou sete características nas plantas de ervilha: cor da flor, posição da flor no caule, cor da semente, aspecto externo da semente, forma da vagem, cor da vagem e altura da planta.

Anote!
Linhagem pura é uma população que não apresenta variação do caráter particular que está sendo estudado, ou seja, toda a descendência produzida por autofecundação expressa o caráter estudado sempre da mesma forma.

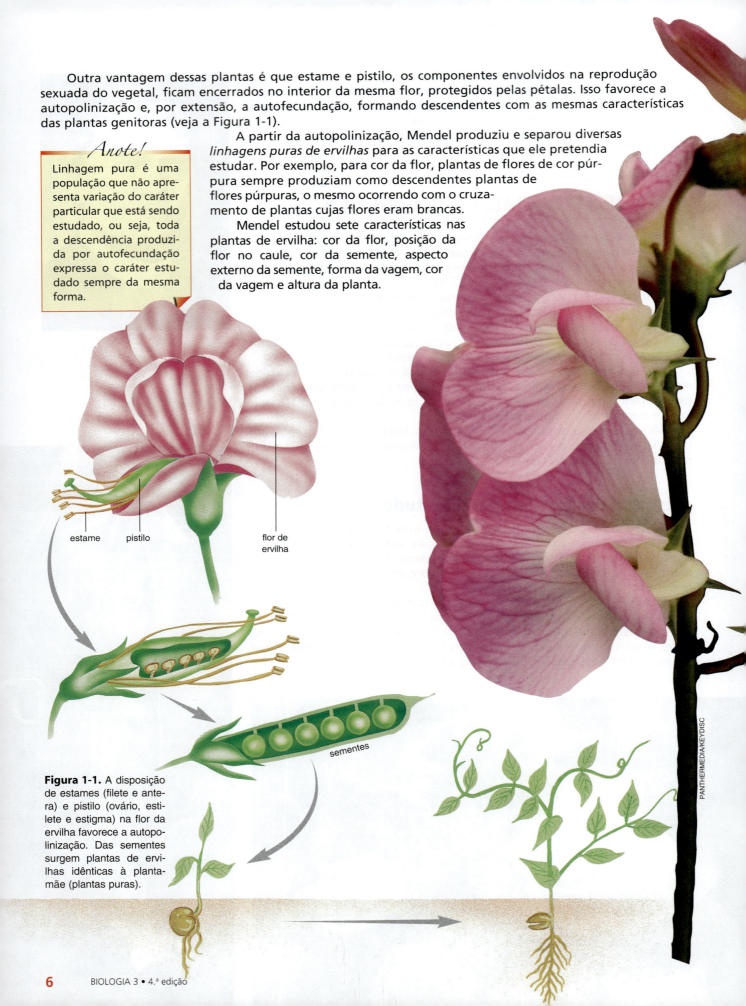

Figura 1-1. A disposição de estames (filete e antera) e pistilo (ovário, estilete e estigma) na flor da ervilha favorece a autopolinização. Das sementes surgem plantas de ervilhas idênticas à planta-mãe (plantas puras).

Os Cruzamentos Realizados por Mendel

Depois de obter linhagens puras, Mendel efetuou um cruzamento diferente. Cortou os estames de uma flor proveniente de semente verde e depois depositou, nos estigmas dessa flor, pólen de uma planta proveniente de semente amarela (veja a Figura 1-2). Efetuou, então, artificialmente, uma *polinização cruzada*: pólen de uma planta que produzia apenas semente amarela foi depositado em estigma de outra planta que produziria apenas semente verde, ou seja, cruzou duas plantas puras entre si. Essas duas plantas foram consideradas como a **geração parental** (P), isto é, a dos genitores.

Após repetir o mesmo procedimento diversas vezes, Mendel verificou que todas as sementes originadas desses cruzamentos eram amarelas – a cor verde havia aparentemente "desaparecido" nos descendentes **híbridos** (resultantes do cruzamento de plantas), que Mendel passou a denominar de **geração F₁** (primeira geração filial). Concluiu, então, que a cor amarela "dominava" a cor verde. Chamou o caráter cor amarela da semente de **dominante** e o verde, de **recessivo**.

P: linhagem pura com sementes amarelas × linhagem pura com sementes verdes

F₁: plantas com sementes amarelas

Figura 1-2. Cruzamentos realizados por Mendel: pólen de planta produtora de semente amarela é depositado em estigma de planta produtora de semente verde.

A seguir, Mendel fez germinar as sementes obtidas em F₁ até surgirem as plantas e as flores. Deixou que se autopolinizassem e aí houve a surpresa: a cor verde das sementes reapareceu na **geração F₂** (segunda geração filial), só que em proporção menor que as de cor amarela: surgiram 6.022 sementes amarelas para 2.001 verdes, o que conduzia à proporção aproximada de 3 : 1. Concluiu que, na verdade, a cor verde das sementes não havia "desaparecido" nas sementes da geração F₁. O que ocorreu é que ela não tinha se manifestado, uma vez que, sendo um **caráter recessivo**, era apenas "dominado" (nas palavras de Mendel) pela cor amarela.

plantas com sementes amarelas da F₁ × plantas com sementes amarelas da F₁

plantas com sementes amarelas e verdes na proporção de 3 amarelas : 1 verde

Primeira Lei de Mendel e probabilidade associada à Genética

Mendel concluiu que a cor das sementes era determinada por dois **fatores**, cada um determinando o surgimento de uma cor, amarela ou verde. Era necessário definir uma simbologia para representar esses fatores: escolheu a inicial do caráter recessivo. Assim, a letra *v* (inicial de verde), minúscula, simbolizava o fator recessivo – para cor verde – e a letra *V*, maiúscula, o fator dominante – para cor amarela.

Persistia, porém, uma dúvida: como explicar o desaparecimento da cor verde na geração F_1 e o seu reaparecimento na geração F_2? A resposta surgiu com base no conhecimento de que cada um dos fatores se separava durante a formação das células reprodutoras, os gametas:

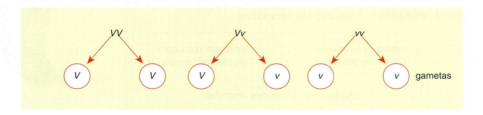

Dessa forma, podemos entender como o material hereditário passa de uma geração para outra. Acompanhe nos esquemas abaixo os procedimentos adotados por Mendel com relação ao caráter *cor da semente* em ervilhas.

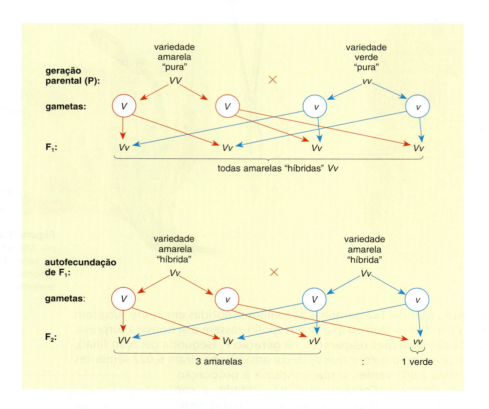

Resultado: em F_2, para cada três sementes amarelas, Mendel obteve uma semente de cor verde. Repetindo o procedimento para outras seis características estudadas nas plantas de ervilha, sempre eram obtidos os mesmos resultados em F_2, ou seja, a proporção de três expressões dominantes para uma recessiva.

De olho no assunto!

Características estudadas por Mendel em ervilhas

Característica	Dominante	Recessiva	Geração F$_2$ dominantes : recessivas	Proporção
Cor da flor	púrpura	branca	705 : 224	3,15 : 1
Posição da flor no caule	axial	terminal	651 : 207	3,14 : 1
Cor da semente	amarela	verde	6.022 : 2.001	3,01 : 1
Aspecto externo da semente	lisa	rugosa	5.474 : 1.850	2,96 : 1
Forma da vagem	inflada	comprimida	882 : 299	2,95 : 1
Cor da vagem	verde	amarela	428 : 152	2,82 : 1
Caule	longo	curto	787 : 277	2,84 : 1

Primeira Lei de Mendel e probabilidade associada à Genética   **9**

A PRIMEIRA LEI DE MENDEL

A comprovação da hipótese de dominância e recessividade nos vários experimentos efetuados por Mendel levou, mais tarde, à formulação da chamada 1.ª Lei de Mendel: *"Cada característica é determinada por dois fatores que se separam na formação dos gametas, onde ocorrem em dose simples"*, isto é, para cada gameta masculino ou feminino encaminha-se apenas um fator.

Mendel não tinha ideia da constituição desses fatores, nem onde se localizavam. Com o passar do tempo, porém, aperfeiçoou-se o estudo da célula e alguns conceitos começaram a fazer parte da rotina dos biólogos: cromossomos, genes, genes alelos, célula diploide, célula haploide, mitose, meiose etc. Tais conceitos mantinham uma estreita relação com o enunciado da 1.ª Lei.

A partir do domínio desses conceitos e com a evolução dos conhecimentos em citogenética, passou-se a admitir que os fatores de Mendel eram, na verdade, os *genes*, pedaços de moléculas de DNA localizados nos cromossomos. Por outro lado, os genes alelos, localizados nos cromossomos homólogos, passaram a ser considerados como os dois fatores mendelianos que atuam na determinação de um caráter. Na meiose, ocorre a separação dos homólogos, indo cada um, em dose simples, para o gameta, que, então, é puro para o caráter em estudo.

> **Anote!**
> A 1.ª Lei de Mendel também é chamada de **Lei da Segregação dos Fatores**, em uma referência à separação dos pares de fatores na formação dos gametas.

> **Anote!**
> Pode-se associar ao termo separação dos fatores, utilizado por Mendel, o significado de separação dos alelos, evento que ocorre na meiose para a formação de células sexuais, ou gametas.

De olho no assunto!

A hipótese de Mendel e a divisão meiótica

Uma boa hipótese não só explica o que foi observado, mas também deve funcionar como base para previsões mais apuradas. Assim, o cientista Walter Sutton (1877-1916) verificou que o comportamento dos cromossomos homólogos no processo de divisão *meiótica* era comparável à separação dos fatores mendelianos na formação dos gametas, sugerindo que tais fatores pudessem se localizar nos cromossomos. Ou seja, havia uma estreita relação entre meiose e a 1.ª Lei de Mendel. Essa constatação deu origem à **teoria cromossômica da herança**, segundo a qual os "fatores" mendelianos situavam-se nos cromossomos. Acompanhe abaixo a formação de gametas da geração F_1 (híbrida) com relação ao caráter cor da semente em ervilhas.

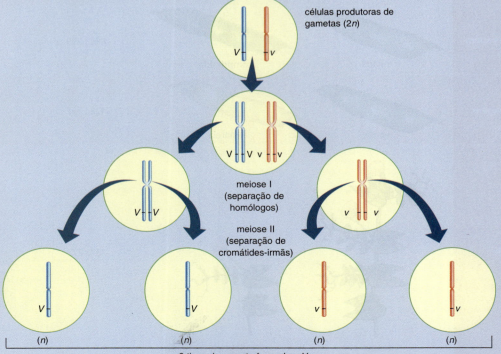

CONCEITOS FUNDAMENTAIS EM GENÉTICA

Antes de avançarmos no estudo da Genética, é importante definirmos claramente alguns conceitos fundamentais que, a partir de agora, se farão muito presentes.

Genótipo e Fenótipo

O **genótipo** é a constituição genética de um organismo, isto é, o conjunto de genes alelos que o descendente recebe dos pais. Assim, os possíveis genótipos da cor da semente nas ervilhas são: *VV*, *Vv* e *vv*.

O **fenótipo** é a aparência, ou seja, as manifestações físicas (o que se vê) do genótipo. Resulta da interação do genótipo com o meio ambiente. Dessa forma, não enxergamos nas ervilhas o genótipo *VV* e sim a sua manifestação física que, nesse caso, é a cor amarela (fenótipo). O genótipo *Vv* também expressa a cor amarela, pois o *V* domina o *v*. Já a semente de genótipo *vv* terá um fenótipo verde.

Não é difícil concluir que diferentes genótipos podem ter o mesmo fenótipo devido à existência da dominância. Também é importante entender que o gene recessivo só se manifesta se estiver em dose dupla.

Homozigotos e Heterozigotos

Quando os genes alelos são os mesmos, diz-se que o organismo é **homozigoto** (linhagem pura) para aquela característica. Para a cor da semente de ervilha, há duas linhagens puras: *VV* e *vv*. Quando os genes de um par são diferentes (um dominante e outro recessivo), o organismo é **heterozigoto** (linhagem híbrida) para aquela característica, que é o caso do *Vv*, que resultou do cruzamento do homozigoto dominante (*VV*) com o homozigoto recessivo (*vv*).

De olho no assunto!

Você enrola a língua?

Se a resposta for sim, então saiba que você possui uma característica dominante. Seu cabelo é liso? Então você é dotado de uma característica recessiva. Assim como esses dois fenótipos, na espécie humana é possível reconhecer a dominância ou a recessividade de inúmeros outros fenótipos, ou de anomalias.

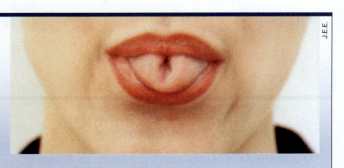

Característica	Dominante	Recessiva
Enrolar a língua	capacidade (*I*)	incapacidade (*i*)
Forma do cabelo	crespo (*L*)	liso (*l*)
Pigmentação da pele	pigmentada (*A*)	albina (*a*)
Sensibilidade ao PTC	sensível (*I*)	insensível (*i*)
Visão	normal (*M*)	míope (*m*)
Queratose	queratose (*N*)	normal (*n*)
Polidactilia	polidáctilo (*N*)	normal (*n*)
Acondroplasia	acondroplásico (*N*)	normal (*n*)
Habilidade manual	destro (*C*)	canhoto (*c*)
Furo no queixo	ausência (*P*)	presença (*p*)
Anemia falciforme*	normalidade (*S*)	anemia (*s*)

* Do inglês, *sickle cell anemia* – motivo pelo qual os genes são representados pelas letras *S* e *s*, respectivamente dominante e recessivo.

Cromossomos Autossômicos

São os relacionados a características comuns aos dois sexos. Em uma mesma espécie, estão presentes em igual número, tanto nos machos como nas fêmeas.

Árvores Genealógicas

Uma ferramenta muito utilizada pelos geneticistas é a elaboração e análise de árvores genealógicas ou **heredogramas** (*pedigrees*, na língua inglesa), que é a história familiar de cruzamentos já ocorridos. A representação da árvore genealógica é feita por símbolos.

O estudo das árvores genealógicas permite:
- fazer a análise de certos traços ou anomalias familiares;
- determinar se a anomalia é condicionada por gene dominante ou recessivo;
- fazer predições a respeito da provável ocorrência da anomalia em futuros descendentes.

Na construção de genealogias, alguns símbolos são usados entre eles:

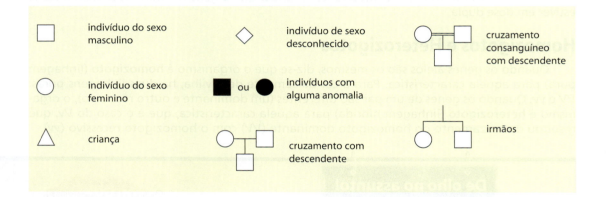

De olho no assunto!

O quadro de cruzamentos (quadrado de Punnett)

Uma forma prática de verificar que descendentes são originados de um cruzamento é montar um quadro onde as colunas e as linhas correspondam aos tipos de gametas masculinos e femininos formados pela meiose durante a gametogênese.

Imaginemos, por exemplo, um cruzamento entre duas plantas de ervilha heterozigotas para cor de semente, conforme indicado abaixo.

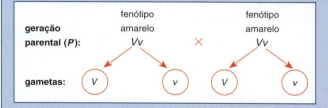

Para verificar que descendentes são originados em F_1, monta-se o quadro de cruzamentos, como o esquematizado abaixo.

| | Gametas paternos ||
Gametas maternos	*V*	*v*
V	*VV*	*Vv*
v	*Vv*	*vv*

Verifica-se que, em F_1, o resultado fenotípico é de 3/4 de plantas produtoras de sementes amarelas e 1/4 de plantas produtoras de sementes verdes; porém, o resultado genotípico traduziu-se em 1/4 de plantas homozigotas dominantes (*VV*), 2/4 de plantas heterozigotas (*Vv*) e 1/4 de plantas homozigotas recessivas (*vv*) para o caráter cor da semente.

Análise de um heredograma ou *pedigree*

A fenilcetonúria (PKU) é uma doença hereditária resultante da incapacidade do organismo de processar o aminoácido fenilalanina, contido nas proteínas ingeridas. A PKU manifesta-se nos primeiros meses de vida e, se não for tratada, em geral causa retardo mental.

Consideremos um casal de fenótipo normal e que tenha cinco filhos, três com a doença PKU (indicada pelo símbolo escuro) e dois normais (indicados pelo símbolo claro – veja a Figura 1-3(a). Com base nesses dados, é possível descobrir se a doença PKU se deve a um gene dominante?

Vamos imaginar que os pais sejam recessivos (*aa*). Nesse caso, como seria possível ter filhos, indicados pelo símbolo escuro, portadores de um gene A? Esse gene deveria ter vindo do pai ou da mãe, o que é impossível, pois os supusemos recessivos – veja a Figura 1-3(b).

Podemos considerar, então, que a doença PKU é herdada de modo mendeliano e, com certeza, a condição normal é determinada por um gene dominante. Como consequência, a doença deve-se a um gene recessivo. Em nosso heredograma inicial, o casal é heterozigoto (*Aa*), pois somente dessa maneira se explica como um casal normal pode ter filhos afetados (veja a Figura 1-3(c)).

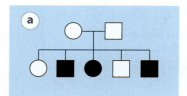 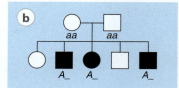 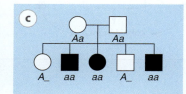

Figura 1-3.

Vamos considerar agora outro cruzamento em que um indivíduo é afetado por albinismo, uma anomalia relacionada à ausência de pigmentação na pele (veja a Figura 1-4(a)). Qual é o caráter condicionado por gene dominante: o albinismo ou a pigmentação normal? Suponhamos, por hipótese, que o albinismo seja condicionado por gene dominante (veja a Figura 1-4(b)). Assim:

fenótipo albino ⟶ genótipos prováveis: *AA* ou *Aa*

fenótipo normal ⟶ genótipo: *aa*

Evidentemente, a hipótese de o albinismo ser condicionado por gene dominante é falsa. O gene *A*, presente no descendente afetado, teria de ser proveniente de um dos progenitores; porém, nenhum deles possui o gene dominante. Logo, essa possibilidade não existe.

Seguindo a hipótese de que o albinismo é condicionado por gene recessivo, teremos:

fenótipo normal ⟶ genótipos: *AA* ou *Aa*

fenótipo albino ⟶ genótipo: *aa*

o que explica o fato de pais normais terem filho albino (veja a Figura 1-4(c)).

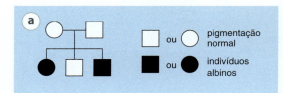 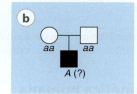 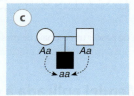

Figura 1-4.

De olho no assunto!

Um caráter é condicionado por genes recessivos quando pais de MESMO fenótipo têm descendente com fenótipo DIFERENTE do deles. Assim, verificamos que a hipótese de o albinismo ser condicionado por gene recessivo é a correta. Sabendo que o albinismo se deve a um gene recessivo, veja o resultado do cruzamento entre dois indivíduos heterozigotos com, por exemplo, três filhos:

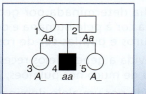

Os indivíduos 1, 2, 3 e 5 são normais, porém o indivíduo 4 é albino. Não temos dúvida quanto ao genótipo dos indivíduos 1 (*Aa*), 2 (*Aa*) e 4 (*aa*). No entanto, não podemos dizer com certeza qual o genótipo dos indivíduos 3 e 5 (podem ser *AA* ou *Aa*). Nesse caso, tais indivíduos são indicados por *A_*.

Primeira Lei de Mendel e probabilidade associada à Genética

Acompanhe este exercício

Do cruzamento de cobaias pretas nasceram 2 cobaias brancas fêmeas, 1 branca macho e 1 preta macho. A cobaia de pelo branco da geração F_1 foi cruzada com um macho de pelo preto homozigoto, resultando em F_2 um macho com pelo preto, que, por sua vez, foi cruzado com uma fêmea também de pelo preto, resultando em F_3 um macho branco. Pergunta-se:

a) Qual dos dois fenótipos é determinado por um gene dominante? Justifique.
b) Construa uma árvore genealógica envolvendo as gerações P, F_1, F_2 e F_3, mostrando os possíveis genótipos.
c) Do cruzamento das cobaias da geração F_2, qual a probabilidade de nascer uma cobaia de mesmo genótipo que seus genitores?

Resolução:

a) O fenótipo pelagem preta deve-se a um gene dominante, pois tanto na geração parental (P) quanto na geração F_2, duas cobaias pretas originaram uma cobaia de pelo branco. Assim,

Caso o fenótipo preto fosse devido a um gene recessivo, o genótipo seria *bb*, e não seria possível nascer uma cobaia branca do cruzamento entre cobaias pretas. Assim,

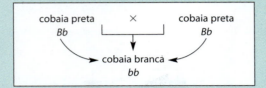
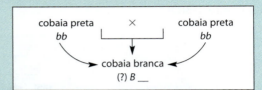

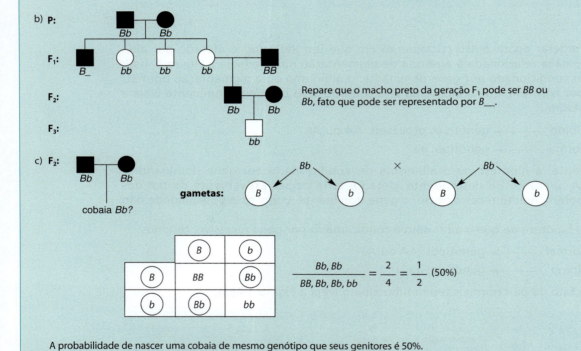

Repare que o macho preto da geração F_1 pode ser *BB* ou *Bb*, fato que pode ser representado por *B__*.

$$\frac{Bb, Bb}{BB, Bb, Bb, bb} = \frac{2}{4} = \frac{1}{2} \ (50\%)$$

A probabilidade de nascer uma cobaia de mesmo genótipo que seus genitores é 50%.

A 1.ª Lei de Mendel aplicada à genética humana

Algumas disfunções que encontramos devem-se a um fator genético. As mais frequentes são:

- *fenilcetonúria (PKU)*: indivíduos homozigotos recessivos não conseguem processar o aminoácido fenilalanina, que se acumula no organismo e se transforma em ácido fenilpirúvico. Este, por sua vez, impede o desenvolvimento harmonioso do cérebro, causando retardamento mental;
- *albinismo*: é outra anomalia determinada por genes recessivos. Os indivíduos acometidos não fabricam melanina, pigmento que dá cor à pele humana e de outros animais. Os albinos têm pele exageradamente branca, cabelos e pelos louros e pupilas cor-de-rosa;
- *fibrose cística*: anomalia devida a genes alelos recessivos. Os indivíduos acometidos pela anomalia secretam uma quantidade exagerada de muco nos pulmões, levando a graves infecções nas vias respiratórias;
- *acondroplasia*: é determinada por um alelo dominante (*D*), o qual interfere no crescimento ósseo durante o desenvolvimento, resultando em fenótipo anão. Acredita-se que a presença dos alelos *DD* produza um efeito tão grave que chega a ser um genótipo letal;

- *polidactilia*: os portadores apresentam um dedo extra (seis dedos). Trata-se de um fenótipo raro devido também a um gene dominante;
- *braquidactilia*: anomalia rara, em que os portadores apresentam dedos curtos. Deve-se a um gene dominante raro *B*;
- *doença de Huntington*: outra doença acarretada por um gene dominante. Há uma degeneração do sistema nervoso, o indivíduo perde a memória, e os movimentos do corpo tornam-se incontroláveis, podendo levar à morte. Manifesta-se tardiamente, por volta dos 40 anos, quando o doente, com alta probabilidade, já teve filhos. O teste de DNA já está disponível, tornando possível àqueles que apresentam um caso de Huntington na família se submeterem a esse teste para saber se são ou não portadores do gene dominante.

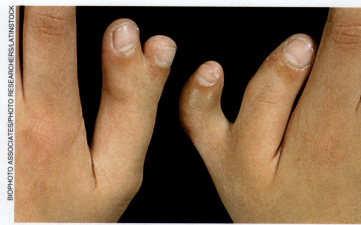

Deformidade em que há um aumento no número de dedos, característica de uma anomalia genética conhecida como polidactilia. Em geral, o dedo extra é retirado cirurgicamente logo após o nascimento.

De olho no assunto!

Obviamente, os cruzamentos controlados, como Mendel executou com as ervilhas, não podem ser feitos na espécie humana. Por isso, os geneticistas precisam investigar os registros da família na esperança de que as informações colhidas permitam construir um heredograma.

As disfunções devem-se a genes dominantes ou recessivos. No caso de serem recessivos, o geneticista procura um indivíduo com certo distúrbio genético e, caso seus pais sejam pessoas não afetadas, conclui-se que o distúrbio estudado se deve a um gene recessivo. Como exemplo, podemos citar fenilcetonúria (PKU), albinismo e fibrose cística.

Há distúrbios provocados por genes dominantes. À primeira vista poderíamos supor que a frequência de indivíduos com essas anomalias genéticas fosse alta, porém, ao estudar uma população, notamos que são anomalias raras. É o caso da acondroplasia, polidactilia, braquidactilia e doença de Huntington.

Parece um contrassenso que um distúrbio dominante seja raro; no entanto, esse fato ocorre, pois não devemos confundir a atuação dos alelos dominantes com a frequência desses genes, isto é, a quantidade em que ocorrem na população. Assim, dominância e recessividade são apenas *propriedades de como os genes atuam*. Nas anomalias citadas, a frequência dos genes dominantes na população é muito menor que a frequência dos genes recessivos, explicando o motivo de não ser frequente encontrar, por exemplo, um indivíduo com seis dedos.

Veja abaixo um heredograma de uma anomalia devido a um gene recessivo raro, por exemplo, albinismo, e um heredograma de uma anomalia devido a um gene dominante raro, por exemplo, polidactilia.

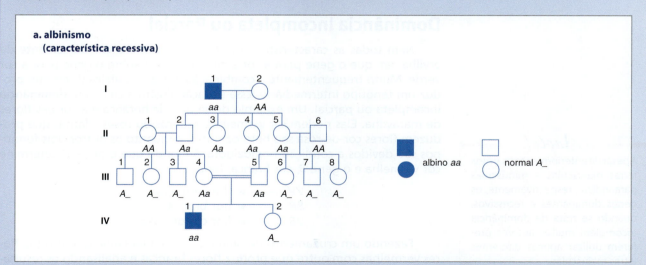

O casal I-1 × I-2, respectivamente albino (*aa*) e normal homozigoto (*AA*), teve 4 filhos (II-2, II-3, II-4 e II-5), todos heterozigotos (*Aa*). O casal II-1 × II-2, respectivamente *AA* e *Aa*, teve 4 filhos (III-1, III-2, III-3 e III-4), os três primeiros podendo ser *AA* ou *Aa*, e o indivíduo III-4, *Aa*, uma vez que gerou o filho IV-1, *aa*. O mesmo pode ser dito em relação ao casal II-5 × II-6 com seus 4 filhos (III-5, III-6, III-7 e III-8). Como os indivíduos III-4 e III-5 são normais e geraram um filho albino (IV-1), então são heterozigotos.

Isso não quer dizer que a única possibilidade de nascer um indivíduo albino seja por meio de um casamento consanguíneo – no caso, o casal formado por primos de primeiro grau. Pode ocorrer o nascimento de uma pessoa albina, por exemplo, da união ao acaso de heterozigotos não aparentados. Entretanto, o casamento entre parentes aumenta a chance de nascer um filho albino, desde que exista um gene recessivo na família.

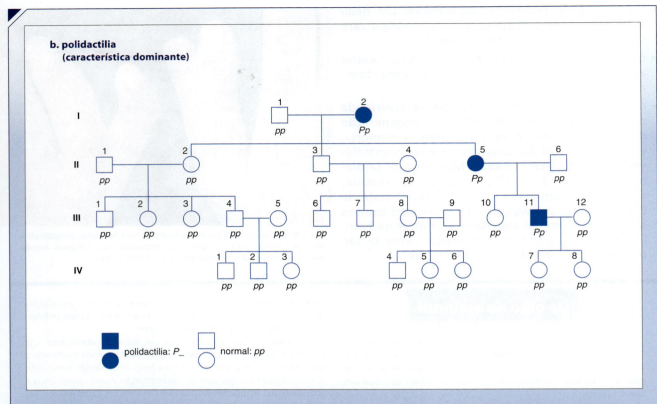

As pessoas portadoras de uma cópia do alelo dominante raro (*Pp*) são muito mais frequentes do que as portadoras de duas cópias (*PP*), pois, nesse caso, ambos os pais deveriam apresentar o alelo *P* (possibilidade ainda mais rara em uma população). Desse modo, a maioria das pessoas com 6 dedos é heterozigota (*Pp*).

Dessa forma, a maioria dos cruzamentos envolvendo anomalia dominante é (*Pp* × *pp*).

Nesse caso, I-2 (*Pp*) tem 6 dedos. Do cruzamento de I-1 × I-2 nasceram 3 filhos (II-2, II-3 e II-5), sendo que somente II-5 apresenta a anomalia que, por sua vez, gerou um menino com 6 dedos (III-11).

Dominância Incompleta ou Parcial

Nem todas as características são herdadas como a cor da semente da ervilha, em que o gene para a cor amarela domina sobre o gene para a cor verde. Muito frequentemente a combinação dos genes alelos diferentes produz um fenótipo intermediário. Essa situação ilustra a chamada **dominância incompleta** ou **parcial**. Um exemplo desse tipo de herança é a cor das flores de maravilha. Elas podem ser vermelhas, brancas ou rosas. Plantas que produzem flores cor-de-rosa são heterozigotas, enquanto os outros dois fenótipos são devidos à condição homozigota. Supondo que o gene *V* determine cor vermelha e o gene *B*, cor branca, teríamos:

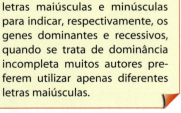

Anote!
Apesar de anteriormente usarmos letras maiúsculas e minúsculas para indicar, respectivamente, os genes dominantes e recessivos, quando se trata de dominância incompleta muitos autores preferem utilizar apenas diferentes letras maiúsculas.

Fazendo um cruzamento de uma planta de maravilha que produz flores vermelhas com outra que produz flores brancas e analisando os resultados fenotípicos e genotípicos da geração F₁, teríamos:

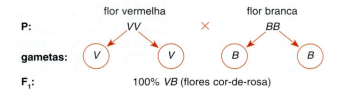

Cruzando, agora, duas plantas heterozigotas (flores cor-de-rosa), teríamos:

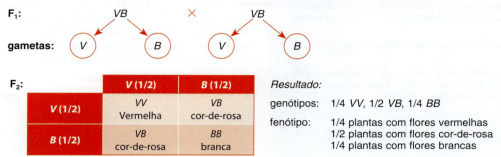

Com esses resultados concluímos que entre cruzamentos de heterozigotos não haverá a proporção fenotípica de 3 : 1, e sim 1 : 2 : 1, o que coincide com a proporção genotípica (veja a Figura 1-5).

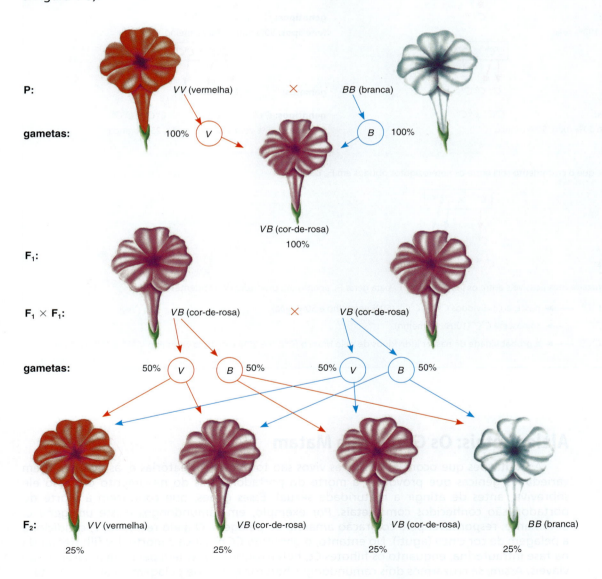

Figura 1-5. Plantas de maravilha de flores vermelhas cruzadas com plantas de flores brancas produzem descendentes cujas flores são cor-de-rosa (heterozigotas). Estas, cruzadas entre si, produzem descendentes nos quais as proporções são de 1/4 de flores vermelhas, 1/2 de flores cor-de-rosa e 1/4 de flores brancas.

Primeira Lei de Mendel e probabilidade associada à Genética

Acompanhe este exercício

No gado Shorthorn, a cor vermelha é determinada pelo genótipo $C^R C^R$, a cor ruão (uma mistura de vermelho e branco), pelo $C^R C^W$, e a cor branca, pelo $C^W C^W$. Pergunta-se:

a) Cite os cruzamentos que poderão gerar descendentes com a cor ruão. Justifique sua resposta.

b) Se Shorthorns de pelo vermelho são cruzados com Shorthorns de pelo ruão, e os descendentes F_1 são cruzados entre si, é possível nascer em F_2 Shorthorns de pelo branco? Justifique sua resposta.

> **Anote!**
> No caso de monoibridismo (indivíduos híbridos que diferem em apenas uma característica), o cruzamento entre dois heterozigotos (**Aa** × **Aa**) pode originar dois tipos de proporção fenotípica:
> - 3 : 1 ⟶ dominância completa
> - 1 : 2 : 1 ⟶ codominância

Resolução:

a) Quatro tipos de cruzamento poderão gerar descendentes ruão:

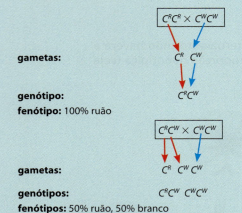

Cruzamento 1: $C^R C^R \times C^W C^W$
gametas: C^R C^W
genótipo: $C^R C^W$
fenótipo: 100% ruão

Cruzamento 2: $C^R C^W \times C^R C^R$
gametas: C^R C^W C^R
genótipos: $C^R C^R$ $C^W C^R$
fenótipos: 50% ruão, 50% vermelho

Cruzamento 3: $C^R C^W \times C^W C^W$
gametas: C^R C^W C^W
genótipos: $C^R C^W$ $C^W C^W$
fenótipos: 50% ruão, 50% branco

Cruzamento 4: $C^R C^W \times C^R C^W$
gametas: C^R C^W C^R C^W
genótipos: $C^R C^R$ $C^R C^W$ $C^W C^R$ $C^W C^W$
fenótipos: 25% vermelho, 50% ruão, 25% branco

b) Sim, desde que o cruzamento seja entre os heterozigotos obtidos em F_1, pois:

P: $C^R C^R \times C^R C^W$
gametas: C^R C^R C^W
genótipos: $C^R C^R$ ou $C^R C^W$

Dos três cruzamentos possíveis entre os indivíduos de F_1 para gerar F_2, apenas um produzirá descendentes brancos:

- $C^R C^R \times C^R C^W$ ⟶ nascerão indivíduos $C^R C^R$ e $C^R C^W$ (50% vermelho e 50% ruão)
- $C^R C^R \times C^R C^R$ ⟶ só nascerá $C^R C^R$ (100% vermelho)
- $C^R C^W \times C^R C^W$ ⟶ a probabilidade de nascer indivíduos de pelo branco ($C^W C^W$) é 25% e de pelo vermelho ($C^R C^R$ e $C^R C^W$) é 75%.

Alelos Letais: Os Genes que Matam

As mutações que ocorrem nos seres vivos são totalmente aleatórias e, às vezes, surgem variedades gênicas que provocam a morte do portador antes do nascimento ou, caso ele sobreviva, antes de atingir a maturidade sexual. Esses genes, que conduzem à morte do portador, são conhecidos como **letais**. Por exemplo, em camundongos existe um gene C, dominante, responsável pela coloração amarela da pelagem. O alelo recessivo, c, condiciona a pelagem de cor cinza (aguti). No entanto, o genótipo CC provoca a morte dos filhotes ainda na fase intrauterina, enquanto os filhotes Cc, heterozigotos, possuem pelagem amarela e são viáveis. Assim, se cruzarmos dois camundongos heterozigotos, de pelagem amarela, resultará na proporção de 2 : 1 fenótipos entre os descendentes, em vez da proporção de 3 : 1 que seria esperada se fosse um caso clássico de monoibridismo (cruzamento entre dois indivíduos heterozigotos para um único gene). No caso dos camundongos, o homozigoto dominante morre ainda na fase intrauterina, o que conduz à proporção de 2 : 1 (veja a Figura 1-6).

Esse curioso caso de genes letais foi descoberto em 1904 pelo geneticista francês Cuénot, que estranhava o fato de a proporção de 3 : 1 não ser obedecida. Logo, concluiu tratar-se de um caso de gene dominante que atua como letal quando em dose dupla.

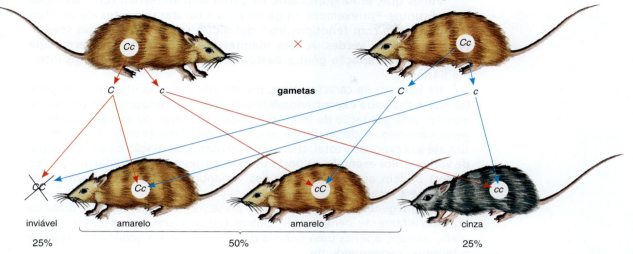

Figura 1-6. O cruzamento de dois camundongos amarelos (*Cc* × *Cc*) resulta na proporção de 2 camundongos amarelos para 1 camundongo cinza. O homozigoto *CC* morre dentro do útero, o que explica a não ocorrência da proporção fenotípica esperada de 3 : 1.

No homem, alguns genes letais provocam a morte do feto. É o caso dos genes para a acondroplasia, por exemplo. Trata-se de uma anomalia provocada por gene dominante que, em dose dupla, acarreta a morte do feto, mas em dose simples ocasiona um tipo de nanismo, entre outras alterações.

Há genes letais no homem que se manifestam depois do nascimento, alguns na infância e outros na idade adulta. Na infância, por exemplo, temos os causadores da fibrose cística e da distrofia muscular de Duchenne (anomalia que acarreta a degeneração na bainha de mielina dos nervos). Entre os que se expressam tardiamente na vida do portador, estão os causadores da doença de Huntington, em que há a deterioração do tecido nervoso, com perda de células principalmente em uma parte do cérebro, acarretando perda de memória, movimentos involuntários e desequilíbrio emocional.

Acompanhe este exercício

Em camundongos existe um gene *C*, dominante, responsável pela coloração amarela da pelagem. O genótipo *CC* provoca a morte dos filhotes, ainda na fase intrauterina, enquanto os filhotes heterozigotos possuem pelagem amarela e são viáveis. O alelo recessivo *c* condiciona pelagem cinza.

No cruzamento entre cobaias de pelagem amarela, as ninhadas têm, em média, *6 cobaias*. Qual seria o número médio previsto de cobaias de pelagem amarela e de pelagem cinza resultante do cruzamento entre um macho heterozigoto com uma fêmea homozigota recessiva?

Resolução:

Trata-se de um caso de gene dominante letal quando em homozigose. Assim:

CC ⟶ provoca a morte
Cc ⟶ pelagem amarela
cc ⟶ pelagem cinza

Então, o cruzamento entre cobaias de pelagem amarela só pode ocorrer entre heterozigotos:

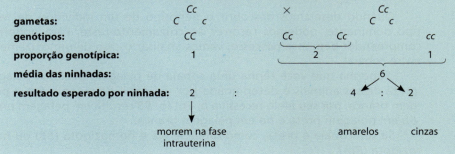

▪ COMO OS GENES SE MANIFESTAM

Vimos que, em alguns casos, os genes se manifestam com fenótipos bem distintos. Por exemplo, os genes para a cor das sementes em ervilhas manifestam-se com fenótipos bem definidos, sendo encontradas sementes amarelas ou verdes. A essa manifestação gênica bem determinada chamamos de **variação gênica descontínua**, pois não há fenótipos intermediários.

Há herança de características, no entanto, cuja manifestação do gene (também chamada **expressividade**) não determina fenótipos tão definidos, mas sim uma gradação de fenótipos. A essa gradação da expressividade do gene, variando desde um fenótipo que mostra leve expressão da característica até sua expressão total, chamamos de **norma de reação** ou **expressividade variável**. Por exemplo, os portadores de genes para braquidactilia (dedos curtos) podem apresentar fenótipos variando de dedos levemente mais curtos até a total falta deles.

Alguns genes sempre que estão presentes se manifestam – dizemos que são altamente *penetrantes*. Outros possuem uma *penetrância incompleta*, ou seja, apenas uma parcela dos portadores do genótipo apresenta o fenótipo correspondente.

Observe que o conceito de **penetrância** está relacionado à expressividade do gene em um *conjunto de indivíduos*, sendo apresentado em termos percentuais. Assim, por exemplo, podemos falar que a penetrância do gene para doença de Huntington é de 100%, o que quer dizer que 100% dos portadores desse gene apresentam (expressam) o fenótipo correspondente.

Ética & Sociedade

Você faria?

O diagnóstico preditivo de algumas doenças pouco frequentes pode colaborar no conhecimento científico, na medida em que os pesquisadores, ao acompanhar a evolução da doença no paciente, podem estabelecer suas hipóteses e buscar soluções para o problema. Mas nem sempre essas soluções chegam a tempo para o paciente em estudo.

▪ Huntington é uma doença incapacitante, cujo diagnóstico preditivo é possível. A fim de auxiliar pesquisadores em uma possível solução para o problema, você faria o diagnóstico para saber se tem ou não o gene causador desse mal?

▪ HOMOZIGOTO DOMINANTE OU HETEROZIGOTO?

Quando desejamos descobrir o genótipo de um indivíduo de fenótipo dominante, podemos recorrer ao **cruzamento-teste**. Para podermos compreender bem esse processo, vamos analisar o caso de um cruzamento entre cobaias.

Suponha que você tenha uma cobaia de pelagem preta. A pelagem preta desses animais é determinada por um gene dominante *B* e a pelagem branca, por seu alelo recessivo *b*. Então, *BB* resulta em pelagem preta, *Bb* em pelagem preta e *bb* em pelagem branca.

Se sua cobaia é preta, como saber se ela é homozigota (*BB*) ou heterozigota (*Bb*)?

Cruzamento-teste

Nesse tipo de cruzamento, um indivíduo de fenótipo dominante, cujo genótipo queremos conhecer, é cruzado com um homozigoto recessivo. Assim, para determinar o genótipo de sua cobaia de pelagem preta (B_), basta cruzá-la com uma cobaia de genótipo recessivo, isto é, promover um cruzamento com uma cobaia de pelagem branca (bb), a qual produzirá apenas um tipo de gameta, b. Assim, a análise do resultado revelará o(s) tipo(s) de gameta(s) produzido(s) pela cobaia preta e, portanto, seu genótipo. Do cruzamento entre B_ × bb (cruzamento-teste), duas possibilidades poderão ocorrer:

> **Anote!**
> O cruzamento entre um indivíduo de fenótipo dominante, que tenha genótipo desconhecido, com um indivíduo homozigoto recessivo é chamado de **cruzamento-teste** e o indivíduo recessivo é chamado de **testador**.

- o nascimento de descendentes brancos e pretos em igual proporção. Nesse caso, a cobaia fêmea preta produziu dois tipos de gameta, B e b, sendo, portanto, heterozigota (Bb) – veja a Figura 1-7; ou

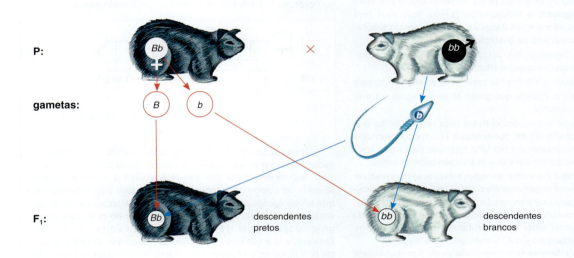

Figura 1-7. Nesse cruzamento, o aparecimento de cobaias brancas em F$_1$ (bb) revela que a cobaia preta da geração P também produziu gametas b, tratando-se, portanto, de indivíduo heterozigoto (Bb).

- o nascimento apenas de cobaias pretas. Nesse caso, certamente a cobaia preta progenitora é homozigota, BB (veja a Figura 1-8).

> **Anote!**
> O **retrocruzamento** é muito utilizado por criadores para definir uma linhagem de plantas ou de animais ou mesmo por pesquisadores para determinar particularidades da herança de determinada característica.
> No retrocruzamento, os indivíduos das diferentes gerações (F$_1$, F$_2$ etc.) são cruzados com qualquer um dos indivíduos da geração parental (P). Retrocruzamento e cruzamento-teste são coincidentes quando indivíduos de F$_1$, com fenótipo dominante, são cruzados com indivíduos de fenótipo recessivo da geração parental (P).

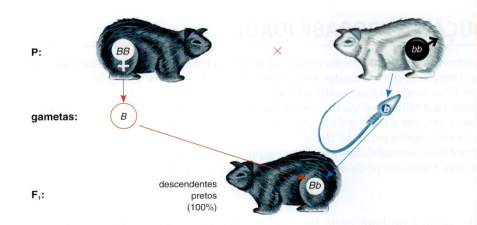

Figura 1-8. Nesse cruzamento, o aparecimento exclusivo de cobaias pretas (Bb) em F$_1$ revela que a cobaia preta parental produziu gametas de um só tipo, B, caracterizando-se um caso de homozigose (BB).

Primeira Lei de Mendel e probabilidade associada à Genética

Leitura

Muitas vezes, erramos uma questão de genética por falta de cuidado no encaminhamento do exercício. Para evitar isso, antes de tentar solucionar o problema, é importante considerar algumas questões. As principais são:

1) definir todos os termos científicos do problema. Assim, por exemplo, o aluno precisa saber conceituar corretamente termos como **genótipo**, **fenótipo**, **geração P**, **geração F₁** etc. Por esse motivo, é importante ler, inicialmente, o texto teórico do capítulo, para em seguida resolver os problemas. Muitos alunos começam o estudo diretamente resolvendo o problema com o argumento de que entenderam a aula, *o que está errado, pois a capacidade de retenção do que foi ensinado durante a aula não é alta*, e a leitura, em casa, resgata o que foi esquecido, sedimentando os conceitos;

2) caso o enunciado do problema possa ser reformulado por meio de um **heredograma**, é fundamental fazê-lo, pois você terá melhor visão das informações dadas e do que está sendo solicitado, evitando o usual erro de distração;

3) uma vez feito o heredograma, descubra na família quais genótipos são certos e quais são os incertos;

4) é importante separar a informação irrelevante do enunciado, pois você evitará uma armadilha que possa atrapalhá-lo no encaminhamento do problema;

5) é importante fazer suposições corretas para responder ao que está sendo solicitado. Assim, por exemplo, se um casal com uma característica dominante tem um filho recessivo para essa característica, a suposição correta é que os pais são heterozigotos;

6) é muito frequente o aluno usar as regras estatísticas para resolver problemas. Então, é importante ele dominar os principais conceitos estatísticos para usar a regra adequada que o problema solicita. Assim, por exemplo, um casal heterozigoto para determinada característica deseja saber qual a probabilidade de ter 2 filhos, sendo o 1.º heterozigoto e o 2.º homozigoto recessivo.
A resposta será diferente se o enunciado pedir a probabilidade de o mesmo casal ter 2 filhos, um heterozigoto e o outro homozigoto recessivo, pois nesse último caso ele não impõe a ordem, o 1.º poderá ser heterozigoto e o 2.º homozigoto recessivo, ou, ao contrário, o 1.º homozigoto e o 2.º heterozigoto;

7) é importante, ao ler o enunciado, perceber se a resolução de determinado problema é similar à resolução de problemas que você já resolveu. Caso a resposta seja sim, basta ficar atento aos detalhes, pois assim você chegará à resposta correta. No entanto, se a resposta é não, não se sinta inseguro: tente identificar os obstáculos, faça uma frase ou duas descrevendo as dificuldades. Aí volte aos itens discutidos acima e você chegará à resposta correta.

Vamos dar um exemplo de encaminhamento na resolução de um problema de genética: a capacidade de sentir o gosto da feniltiocarbamida é um fenótipo dominante e a incapacidade é recessiva. João e Marta formam um casal que já tem um filho, Marco, insensível. Os pais de João são sensíveis e o irmão de João é insensível. Os pais de Marta são insensíveis. A partir dos dados do enunciado, responda:

a) Quais são os possíveis genótipos de todos os indivíduos citados?
b) Existe a possibilidade de o casal João × Marta ter um filho sensível? Justifique.

Encaminhamento do problema

O aluno deverá saber conceituar *fenótipo dominante* e *recessivo*, *genótipo*, *1.ª Lei de Mendel* e construir um heredograma.

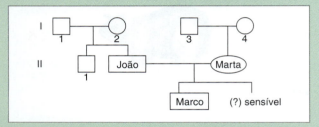

Uma vez construído o heredograma, é mais fácil interpretar os dados e levantar as suposições para responder às duas perguntas.

Suposições: Marta tem pais insensíveis (I-3 × I-4), então ela só pode ser insensível (genótipo *ii*), pois os seus pais também são insensíveis (genótipo *ii*). João tem um filho, Marco, insensível (*ii*), então, ele (João) obrigatoriamente é portador de pelo menos um gene *i*. O seu irmão (II-1) é insensível (*ii*) e os pais dele (I-1 × I-2) são sensíveis, o que nos leva à conclusão de que os pais são heterozigotos (Ii × Ii). Como o enunciado não menciona o fenótipo do João, ele poderá ser *Ii* ou *ii* (não seria *II*, pois teve Marco que é *ii*).

Respostas:

a) Genótipos:
João → *Ii* ou *ii*; Marta → *ii*; irmão de João → *ii*; pais de João → *Ii*; pais de Marta → *ii* ; Marco → *ii*.

b) Sim, desde que João seja *Ii*, pois se ele fosse *ii* só teria filhos insensíveis (*ii*).

▪ INTRODUÇÃO À PROBABILIDADE

Um dos aspectos mais importantes do estudo da Genética é que ele possibilita calcular a **probabilidade** de ocorrência de determinados eventos nos descendentes. Por exemplo, imagine um casal que tem um filho com certa anomalia e deseja saber se um segundo filho poderá ter essa anomalia. Com base na análise da árvore genealógica da família desse casal, pode-se descobrir os genótipos dos pais e calcular a chance de o próximo filho ser normal ou ter a anomalia.

Mas o que é exatamente *probabilidade*?

Podemos conceituar probabilidade (*P*) como sendo o resultado da divisão do número de vezes que um evento esperado pode ocorrer (*r*) pelo número total de resultados possíveis (*n*):

$$P = \frac{r}{n}$$

Por exemplo, qual a probabilidade de, no lançamento de uma moeda, resultar cara (excluindo-se, é claro, a possibilidade de a moeda cair verticalmente)? Em um único lançamento de uma moeda, o número de vezes que cara pode ocorrer (*r*) é 1, e o número de resultados possíveis (*n*), cara ou coroa, é 2, levando a uma probabilidade de ocorrência de cara igual a 1/2.

Vejamos outro exemplo em que podemos calcular com facilidade a ocorrência de eventos aleatórios. Jogando-se um dado, qual a probabilidade de no primeiro lançamento resultar a face com o número 2?

O dado tem seis faces, portanto, o número total de resultados possíveis (*n*) é seis. O evento desejado (*r*) é uma das faces. Assim, podemos esquematizar:

$$P_{(face\ 2)} = 1/6$$

Vejamos dois exemplos de aplicação desse conhecimento à Genética:

a. Um casal, heterozigoto para determinada característica, deseja saber qual a probabilidade de ter uma criança com genótipo homozigoto dominante.

Montando o quadro de cruzamento, teremos:

Gametas	A	a
A	AA	Aa
a	Aa	aa

Logo,

$$P(AA) = \frac{AA}{AA,\ Aa,\ Aa,\ aa} = 1/4\ ou\ 25\%$$

b. Um casal deseja saber qual a probabilidade de ter uma criança do sexo masculino.

$$P(\male) = \frac{sexo\ masculino\ (\male)}{sexo\ masculino\ (\male),\ sexo\ feminino\ (\female)} =$$

$$= 1/2\ ou\ 50\%$$

A probabilidade é um número puro

A probabilidade de ocorrência de um evento é sempre representada por um número puro, isto é, sem unidade de medida (metro, grama, Hertz etc.). Esse número varia sempre de **0** a **1**.

Quando a ocorrência de um evento é **impossível**, sua probabilidade é **0**, ao passo que um evento que com toda certeza ocorrerá tem probabilidade **1**.

Quanto mais próximo de 1 for a probabilidade de um evento, maior a chance de ele ocorrer e, ao contrário, quanto mais próximo de 0 for sua probabilidade, menor a chance de esse evento acontecer.

Resultados Observados *Versus* Resultados Esperados

Os resultados experimentais raras vezes estão exatamente de acordo com os resultados esperados. Amostras de uma população de indivíduos frequentemente desviam-se dos resultados previstos, principalmente quando a amostragem é reduzida, mas geralmente se aproximam do resultado previsto à medida que aumenta o tamanho da amostra. Veja um exemplo.

Suponha que o cruzamento entre uma cobaia de pelo preto heterozigota com um macho homozigoto branco produza 5 descendentes pretos (*Bb*) e 1 branco (*bb*). Teoricamente, dos 6 descendentes, era de esperar que metade fosse preta e a outra metade das cobaias fosse branca; o que obviamente não aconteceu. Porém, o resultado concorda perfeitamente com o resultado teórico esperado, dentro das possibilidades biológicas: se analisarmos o resultado de numerosos cruzamentos entre *Bb* e *bb*, onde nasceram, por exemplo, 100 descendentes, o resultado observado será bem próximo do esperado (50 pretos : 50 brancos).

Em outras palavras, o resultado de uma amostra reduzida pode não ser o esperado, o que pode ser obtido quando trabalhamos com amostras maiores.

Leitura

Eventos independentes × eventos mutuamente excludentes

Dois ou mais eventos são **independentes** quando a ocorrência (ou não) de um evento não influencia a ocorrência do(s) outro(s). Por exemplo, o sexo de um segundo filho independe do sexo do primeiro.

Dois ou mais eventos são **mutuamente excludentes** quando a ocorrência de um impossibilita a ocorrência simultânea de outro. Por exemplo, no lançamento de um dado, obter ao mesmo tempo as faces 2 e 5.

Ser um ótimo baloeiro e saber remar são dois eventos independentes e não mutuamente excludentes.

COREL CORP.

Probabilidade de Ocorrência de dois ou mais Eventos Mutuamente Excludentes: A Regra do "OU"

Até o momento, estudamos a probabilidade de ocorrência de um evento isolado. Na maioria das vezes, no entanto, observamos a ocorrência de dois ou mais eventos. Por exemplo, qual a probabilidade de extrairmos de um baralho com 52 cartas o ás de ouro ou o ás de espada? Perceba que essa situação deve ser entendida como a ocorrência de um evento que exclui a possibilidade de ocorrência dos demais, isto é, seria absurdo imaginar que, simultaneamente, pudéssemos retirar em uma única carta um ás de ouro e um ás de espada!

A probabilidade de se tirar do baralho o ás de ouro ou o ás de espada é 1/26.

Quando os eventos são mutuamente excludentes, a probabilidade de ocorrência de qualquer um deles é a **soma** de suas probabilidades individuais.

Assim, no nosso exemplo do baralho, teríamos:

$$P_{(\text{ás de ouro ou ás de espada})} = P_{(\text{ás de ouro})} + P_{(\text{ás de espada})}$$

$$P_{(\text{ás de ouro})} + P_{(\text{ás de espada})} = 1/52 + 1/52 = 2/52 = 1/26$$

Veja este outro exemplo: qual a probabilidade de um casal, heterozigoto para determinada característica, ter uma criança de genótipo *AA* ou *aa*? Fazendo a separação dos gametas e o quadro de cruzamentos, vemos que:

Gametas	A	a
A	AA	Aa
a	Aa	aa

$$P_{(AA)} \text{ ou } P_{(aa)} = P_{(AA)} + P_{(aa)}$$

Probabilidade de Ocorrência Simultânea de dois ou mais Eventos Independentes: A Regra do "E"

Imagine que lancemos ao ar, simultaneamente, duas moedas. Qual a probabilidade de obtermos cara na primeira e cara na segunda? Perceba que o aparecimento de cara na primeira moeda não influencia o surgimento de cara na segunda moeda. Isso quer dizer que os dois eventos são *independentes*.

Quando os eventos são *independentes*, a probabilidade da ocorrência de ambos simultaneamente é igual ao **produto** de suas probabilidades individuais.

A probabilidade de obtermos cara e cara no lançamento simultâneo é dada, então, pelo produto das probabilidades parciais:

$$P_{(\text{cara e cara})} = 1/2 \times 1/2 = 1/4$$

Confira pelo quadro ao lado: de fato, são quatro (4) as possibilidades e uma (1) só é a esperada (favorável).

Veja este outro exemplo: um casal heterozigoto para uma dada característica deseja saber qual a probabilidade de ter duas crianças, sendo a primeira heterozigota e a segunda homozigota recessiva.

Se $P_{(Aa)} = 1/2$ e $P_{(aa)} = 1/4$, então: $P_{(Aa \text{ e } aa)} = 1/2 \times 1/4 = 1/8$

Obtemos a probabilidade de dois eventos ocorrerem simultaneamente multiplicando as probabilidades de ocorrência de cada um dos eventos.

1.ª moeda	2.ª moeda
Cara	Cara
Cara	Coroa
Coroa	Cara
Coroa	Coroa

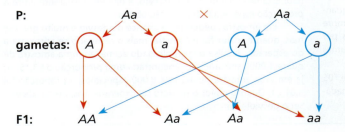

Primeira Lei de Mendel e probabilidade associada à Genética **25**

Acompanhe estes exercícios

1. *a.* Qual a probabilidade de um casal ter dois filhos do sexo masculino e um do sexo feminino?
b. Qual a probabilidade de esse casal ter três filhos, sendo os dois primeiros do sexo masculino e o terceiro do sexo feminino?

Resolução:

a. O casal poderá ter os três filhos segundo as combinações abaixo.

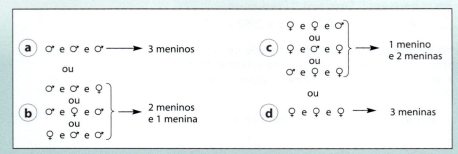

Existem oito combinações possíveis. Destas, o evento dois meninos e uma menina aparece em três oportunidades. Então, a resposta é 3/8.

b. Neste caso, a ordem de nascimento já está imposta, o que não aconteceu no item anterior, em que qualquer combinação serviria. Nesse novo caso, a probabilidade seria:

menino   e   menino   e   menina
 1/2   ×   1/2   ×   1/2   = 1/8

2. Na raça de gado Holstein-Friesian, o alelo dominante R determina a cor preta e branca; o alelo recessivo determina a cor vermelha e branca. Se um touro heterozigoto é cruzado com vacas heterozigotas, pergunta-se:

a. Qual a probabilidade de os dois primeiros descendentes serem pretos e brancos e o último descendente ser vermelho e branco?
b. Qual a probabilidade de os quatro primeiros serem vermelhos e brancos e o último preto e branco?

Resolução:

Para responder aos itens *a* e *b*, devemos aplicar a regra do "e", pois os nascimentos são eventos independentes. Então:

a.   touro heterozigoto   ×   vaca heterozigota

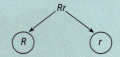 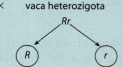

	R	r
R	RR	Rr
r	Rr	rr

descendentes:

   1.º   2.º   3.º
preto-branco   e   preto-branco   e   vermelho-branco

   3/4   ×   3/4   ×   1/4   =   9/64

b.   1.º   2.º   3.º   4.º   5.º
vermelho-branco e vermelho-branco e vermelho-branco e vermelho-branco e preto-branco

   1/4   ×   1/4   ×   1/4   ×   1/4   ×   3/4   =   3/1.024

Leitura

Desvio

O que vimos até agora sobre as proporções esperadas quando cruzamos heterozigotos entre si? O resultado esperado é sempre 3 : 1, certo? Se examinarmos alguns dos resultados obtidos por Mendel em seus cruzamentos, perceberemos que existem algumas pequenas variações. Vamos ver um exemplo:

- quanto à cor da flor de ervilha, a proporção encontrada foi de 705 flores púrpuras : 224 flores brancas, que é reduzido aproximadamente para 3,15 : 1;

- quanto à cor da semente, a proporção encontrada foi de 6.022 amarelas : 2.001 verdes, que é reduzido aproximadamente para 3,01 : 1.

O que aconteceu? Os resultados estavam errados? Claro que não! Estamos lidando com o **desvio**, a diferença existente entre a proporção esperada e a proporção obtida.

Em amostras pequenas, a chance de desvio é muito grande; mas, quanto maior for a amostra, mais o resultado se aproximará do esperado. Analise o exemplo dado acima: em uma amostra de quase 1.000 espécimes, foi encontrada uma proporção de 3,15 : 1; já em uma amostra de mais de 8.000 espécimes, a proporção foi 3,01 : 1. Quanto maior o número de experimentos, menor deverá ser o desvio!

PROBABILIDADE CONDICIONAL

Em Genética, muitas vezes encontramos algum problema em que se pede para calcular a probabilidade de um evento sobre o qual já temos uma restrição ou uma condição. Por exemplo: admitindo que a coloração dos olhos seja determinada por um par de alelos, suponha um casal com olhos escuros e que seja heterozigoto para essa característica. O filho do casal também nasceu com olhos escuros. Qual a probabilidade de esse filho também ser heterozigoto? Os pais, sendo heterozigotos para essa característica, produzem dois tipos de gameta, com a mesma probabilidade (1/2 A, 1/2 a):

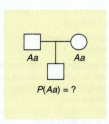

Os possíveis zigotos formados serão AA, Aa, Aa e aa. Porém, existe uma condição no enunciado do problema que precisamos levar em conta para obtermos a resposta correta: a criança **não** tem olhos claros. Assim, dos quatro genótipos possíveis, aa está eliminado. Nesse caso, a probabilidade de a criança ser heterozigota é de 2/3.

$$P(Aa) = \frac{2(Aa)}{1(AA) + 2(Aa)} = \frac{2}{3}$$

Acompanhe este exercício

Os pelos curtos nos coelhos são devidos ao gene dominante (L) e os pelos compridos, a seu alelo recessivo (l). Analise o heredograma abaixo e responda ao que se pede.

Qual a probabilidade de no acasalamento entre II-2 × II-3 nascer um macho de pelos longos?

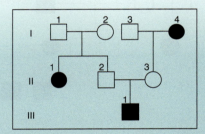

- Todos os indivíduos em branco (□ ou ○) são, de início, L__ (pelos curtos) e os em preto (■ ou ●) são ll (pelos longos).
- Um casal de indivíduos com pelos curtos (I-1 e I-2), que tenha filhos com pelos longos (II-1), só pode ser heterozigoto (Ll).
- Se um indivíduo com pelos curtos tiver um dos progenitores com pelos longos, como é o caso de II-3, então, certamente será Ll, pois terá recebido dele, obrigatoriamente, um gene l.
- Quanto a I-3 e II-2, permanece a incerteza (L?).

Para saber qual a probabilidade de III-1 nascer macho (♂) e com pelos longos (ll), é necessário saber, primeiramente, as seguintes probabilidades isoladas para, em seguida, obter o produto de todas elas:

a. P de III-1 ser macho (P = 1/2);

b. P de receber de II-3 (sua mãe) o gene l (P = 1/2);

c. P de que seu pai (II-2) seja heterozigoto (Ll) (lembre-se: II-2 não tem pelos longos, então P = 2/3);

d. P de que II-2, sendo heterozigoto (Ll), passe o gene l para III-1 (P = 1/2).

Logo, a probabilidade de III-1 nascer macho com pelos compridos será calculada pelo produto de todas essas probabilidades isoladas.

$$P(\sigma \text{ e } ll) = 1/2 \times 1/2 \times 2/3 \times 1/2 = 2/24 = 1/12$$

Resolução:

Primeiro, é preciso estabelecer os possíveis genótipos para cada fenótipo. Assim:

- pelos curtos:
  L__ (LL ou Ll)
- pelos longos: ll

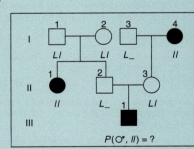

Ética & Sociedade

A estatística da saúde

Uma discussão de princípios surgiu com a possibilidade de a genética fornecer dados sobre a probabilidade de uma pessoa desenvolver determinadas doenças baseada em seu mapa genético.

De posse da informação do genoma de seus associados, planos de saúde poderiam estabelecer faixas de preço diferenciadas, dependendo da probabilidade maior ou menor de desenvolvimento de doenças que implicassem alto custo para tratamento, ou mesmo não aceitar segurados que estatisticamente pertencessem a determinados grupos de risco. Para as seguradoras, esse conhecimento significaria maior lucratividade... Mas e para os segurados?

- Você considera que seria ético os planos de saúde estabelecerem faixas de preço ou rejeitar/aceitar seus segurados com base em seu mapa genético? Por quê?

Primeira Lei de Mendel e probabilidade associada à Genética

Passo a passo

1. Associe corretamente os itens antecedidos por letras com os precedidos por números.

    a) objeto de estudo da Genética   c) genótipo
    b) 1.ª Lei de Mendel   d) fenótipo

   I – Separação dos fatores na formação dos gametas.
   II – Mecanismos de transmissão da herança.
   III – Constituição gênica do indivíduo; basicamente, ele é constante durante a vida.
   IV – Certo caráter exibido pelo indivíduo muda dependendo da temperatura ambiental.

2. É correto afirmar que o fenótipo do indivíduo é variável e resulta da interação do genótipo com qualquer ambiente? Justifique sua resposta.

3. A pelagem arrepiada nas cobaias é condicionada por um gene dominante *L* e a pelagem recessiva pelo seu alelo recessivo *l*. Que tipos de gameta produzem as cobaias *LL*, *Ll* e *ll*?

4. Nos cruzamentos abaixo citados referentes à pelagem das cobaias, quais são os genótipos de seus descendentes?
    a) *ll* × *ll*   b) *Ll* × *ll*   c) *Ll* × *Ll*

5. É correto afirmar que uma característica recessiva se expressa desde que o gene esteja em dose dupla? Justifique sua resposta.

6. Identifique os símbolos usados na confecção dos heredogramas:

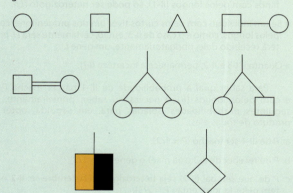

7. Analise cuidadosamente as duas genealogias abaixo, nas quais os indivíduos assinalados em azul apresentam uma anomalia.

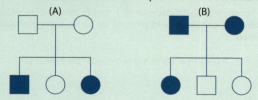

Pergunta-se: as anomalias representadas nas genealogias (A) e (B) são determinadas por um gene recessivo? Justifique sua resposta.

8. Nos ratos, a pelagem preta é condicionada por um gene dominante e a pelagem marrom, por um gene recessivo. Cruzando-se dois ratos homozigotos de pelagem preta e marrom, respectivamente, pergunta-se: como serão os genótipos e fenótipos de F_1 e F_2?

9. No homem, o gene para visão normal é dominante em relação ao seu alelo, que determina miopia. Um homem de visão normal casou-se duas vezes. Com a primeira esposa, de visão normal, teve 7 filhos, todos de visão normal. Com a segunda esposa, também de visão normal, teve 1 filho míope. Quais são os genótipos do homem, das duas esposas e dos filhos?

10. O heredograma abaixo representa a herança de um par de genes entre os quais há dominância. Analisando cuidadosamente o heredograma, assinale os indivíduos obrigatoriamente heterozigotos

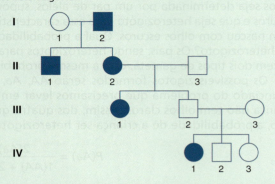

11. Os indivíduos representados em azul apresentam 6 dedos (polidactilia), enquanto os demais são normais (5 dedos). Determine os genótipos de todos os indivíduos da genealogia abaixo.

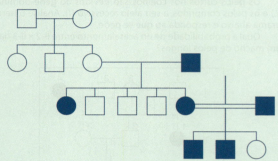

12. Como é chamada a situação em que o cruzamento entre dois heterozigotos para um par de genes alelos originou a proporção fenotípica de 1 : 2 : 1 em vez de 3 : 1 ?

13. É correto afirmar que a probabilidade de ocorrência simultânea de dois eventos independentes é maior do que a de dois eventos mutuamente excludentes? Justifique a resposta.

14. Qual a probabilidade de um filho herdar o gene *A* de seu pai *Aa*?

15. Um casal já tem 5 filhos do sexo masculino. A probabilidade de o 6.º filho ser do sexo feminino é:
    a) 100%   b) 50%   c) 25%   d) 12,5%   e) 6,25%

16. A queratose (anomalia da pele) está representada na genealogia abaixo em azul. O casal $III_1 \times III_2$ deseja saber qual a probabilidade de ter:
    a) uma criança com queratose ou normal.
    b) três crianças, sendo as duas primeiras normais e a última com queratose.

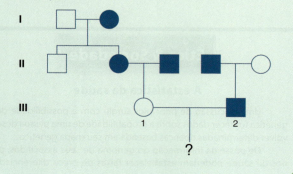

17. O idiotismo amaurótico infantil, que resulta em deficiência mental, cegueira, paralisia e morte precoce, segue a 1.ª Lei de Mendel e deve-se a um fator recessivo. A probabilidade de um casal heterozigoto para essa característica ter um filho normal e outro com idiotismo infantil é

a) 3/4 × 1/4.
b) 3/4 + 1/4.
c) 1/4 × 1/4.
d) 1/4 + 1/4.
e) 1/2 + 1/2.

18. Um casal heterozigoto para visão normal deseja saber qual a probabilidade de ter o primeiro filho do sexo masculino e normal para a visão e o segundo filho do sexo feminino e míope.

19. Na planta maravilha (*Mirabilis jalapa*), não há dominância entre os alelos que determinam a cor vermelha e a branca da flor; a planta heterozigota é rosa. Uma planta vermelha é cruzada com uma planta branca. Caso um F_1 for retrocruzado com o tipo parental branco, qual a proporção genotípica e fenotípica esperada nos descendentes?

20. Um casal já tem 5 filhos do sexo feminino. Qual a probabilidade de o 6.º filho ser do sexo feminino?

21. Assinale a(s) proposição(ões) verdadeira(s) e dê a soma ao final.
(01) A probabilidade é o resultado da divisão do número de vezes que um determinado evento pode ocorrer pelo número total de resultados possíveis.
(02) Quando os eventos são mutuamente excludentes, a probabilidade corresponde à soma das probabilidades isoladas. Quando os eventos são independentes, a probabilidade é igual ao produto de suas probabilidades isoladas.
(04) A probabilidade de um casal heterozigoto ter uma criança com genótipo homozigoto dominante ou homozigoto recessivo é 1/4.
(08) Quando um evento impossibilita a ocorrência simultânea de outro, empregamos a regra do E no cálculo de probabilidades.
(16) A probabilidade de um casal, em que o pai é heterozigoto e a mãe é homozigota recessiva, ter dois filhos de sexo masculino, sendo o 1.º homozigoto recessivo e o 2.º heterozigoto, é 1/4.
(32) A probabilidade de ocorrência simultânea de dois ou mais eventos independentes significa que a ocorrência do 1.º evento não influencia a do 2.º evento.
(64) A probabilidade de um casal heterozigoto ter uma criança homozigota dominante ou homozigota recessiva é 1/2.

Questões objetivas

1. (UFLA – MG) A 1.ª Lei de Mendel refere-se:
a) ao efeito do ambiente para formar o fenótipo.
b) à segregação do par de alelos durante a formação dos gametas.
c) à ocorrência de fenótipos diferentes em uma população.
d) à ocorrência de genótipos diferentes em uma população.
e) à união dos gametas para formar o zigoto.

2. (UFRR) Johann Gregor Mendel, monge de um mosteiro de Brno, na República Tcheca, ao fazer experiências com ervilhas, concluiu, em 1865, que cada característica do ser vivo é determinada por um par de fatores hereditários, ou seja, que na formação dos gametas esses fatores separam-se, fazendo com que cada gameta contenha um fator relacionado a cada característica.
Além disso, argumentava que diferentes fatores se separavam nesse processo de maneira independente entre si. Estas afirmações correspondem a observações citológicas da meiose, as quais mostram, respectivamente, que:
a) os cromossomos homólogos se separam na fase I e a segregação de um par de cromossomos homólogos é independente da dos demais.
b) os cromossomos homólogos se separam na fase II e a segregação de um par de cromossomos homólogos é independente da dos demais.
c) os cromossomos homólogos se separam na fase II e a segregação de um par de cromossomos homólogos é dependente da dos demais.
d) as cromátides-irmãs se separam na fase I e a segregação de um par de cromossomos homólogos é independente da dos demais.
e) as cromátides-irmãs se separam na fase II e a segregação de um par de cromossomos homólogos é dependente das dos demais.

3. (UFC – CE) Os termos a seguir fazem parte da nomenclatura genética básica. Assinale as alternativas que trazem o significado correto de cada um desses termos e dê a soma ao final.
(01) GENE é sinônimo de molécula de DNA.
(02) GENÓTIPO é a constituição genética de um indivíduo.
(04) DOMINANTE é um dos membros de um par de alelos que se manifesta inibindo a expressão do outro.
(08) FENÓTIPO é a expressão do gene em determinado ambiente.
(16) GENOMA é o conjunto de todos os alelos de um indivíduo.

4. (UNESP) Algumas espécies de aves e mamíferos de climas temperados trocam a plumagem ou a pelagem de acordo com as estações do ano (variações sazonais). No verão, possuem cores escuras, que os confundem com a vegetação e, no inverno, tornam-se claros, ficando pouco visíveis sobre a neve. Essa alternância de fenótipos pode ser atribuída a
a) mutações cíclicas que alteram o fenótipo dos indivíduos, tornando-os mais adaptados ao ambiente.
b) uso e desuso de órgãos e estruturas, que se alteram geneticamente e são transmitidos à próxima geração.
c) maior frequência de indivíduos claros durante o inverno, uma vez que os indivíduos escuros são mais facilmente predados e diminuem em quantidade.
d) aclimatação fisiológica dos organismos a diferentes condições ambientais.
e) recombinação do material genético da geração de inverno, originando os genótipos para coloração escura nos indivíduos da geração de verão.

5. (UFT – TO) Os heredogramas abaixo representam características autossômicas. Os círculos representam as mulheres e os quadrados os homens. Os símbolos cheios indicam que o indivíduo manifesta a característica.

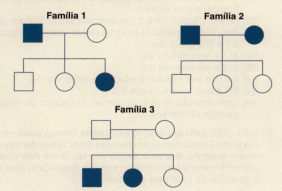

Primeira Lei de Mendel e probabilidade associada à Genética **29**

Supondo que não haja mutação, analise os heredogramas e assinale a alternativa errada.

a) As informações disponíveis para a família 1 são insuficientes para a determinação da recessividade ou dominância da doença.
b) A família 2 apresenta uma doença dominante.
c) O genótipo dos pais da família 3 é heterozigoto.
d) Os descendentes da família 3 são todos homozigotos.

6. (UNEMAT – MT) Um casal normal teve dois filhos normais e um filho com albinismo, doença genética, condicionada por um único par de alelos, caracterizada pela ausência de pigmentação na pele, cabelo e olhos.

Com base neste caso, é **correto** afirmar:

a) A anomalia é condicionada por um gene dominante.
b) A probabilidade de o casal ter um próximo filho albino é de 50%.
c) Os pais são homozigotos.
d) O gene para a anomalia é recessivo.
e) Todos os filhos normais são heterozigotos.

7. (UFMS) A galactosemia é uma doença que leva a problemas na metabolização da galactose e é causada por um gene autossômico recessivo. Para análise, considere "**G**" para o alelo dominante e "**g**" para o alelo recessivo. Nesse sentido, um homem heterozigoto (*Gg*) casou-se com uma mulher também heterozigota (*Gg*). Em relação às probabilidades de os descendentes desse casal apresentarem galactosemia, indique a(s) proposição(ões) correta(s) e dê sua soma ao final.

(01) Espera-se que nenhum dos descendentes apresente galactosemia.
(02) Espera-se que 50% dos descendentes sejam galactosêmicos.
(04) Espera-se que todos os descendentes apresentem galactosemia.
(08) Espera-se que 25% dos descendentes sejam normais homozigotos (*GG*).
(16) Espera-se que 100% dos descendentes sejam normais heterozigotos (*Gg*).
(32) Espera-se que 25% dos descendentes apresentem galactosemia.

8. (UFSC) A figura a seguir apresenta uma genealogia hipotética.

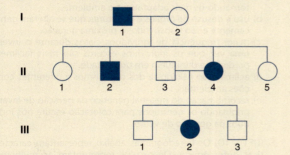

Com relação a essa figura é **CORRETO** afirmar que:

(01) Os indivíduos II-3 e II-4 representam, respectivamente, um homem e uma mulher.
(02) Os indivíduos I-1 e II-2, por exemplo, são indivíduos afetados pela característica que está sendo estudada, enquanto II-1 e III-3 não o são.
(04) III-1 é neto de I-1 e I-2.
(08) III-2 é sobrinho de II-5.
(16) II-3 não tem nenhuma relação genética com I-2.
(32) II-1 é mais jovem do que II-5.
(64) Com exceção de II-3, os demais indivíduos da segunda geração são irmãos.

9. (UFG – GO) Após seu retorno à Inglaterra, Darwin casou-se com sua prima Emma, com quem teve dez filhos, dos quais três morreram. Suponha que uma dessas mortes tenha sido causada por uma doença autossômica recessiva. Nesse caso, qual seria o genótipo do casal para essa doença?

a) *Aa* e *Aa*.
b) *AA* e *aa*.
c) *AA* e *Aa*.
d) *AA* e *AA*.
e) *aa* e *aa*.

10. (PUC – MG) Analise o heredograma para um fenótipo recessivo esquematizado a seguir e assinale a afirmativa **INCORRETA**.

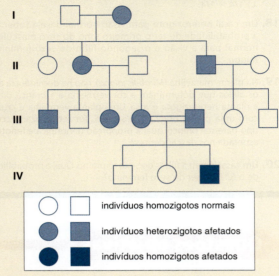

a) As pessoas afetadas possuem pelo menos um dos pais obrigatoriamente afetado.
b) Aproximadamente 1/4 das crianças de pais não afetados pode ser afetada.
c) O fenótipo ocorre igualmente em ambos os sexos.
d) Se um dos pais é heterozigoto, o alelo recessivo pode ser herdado por descendentes fenotipicamente normais.

11. (UFPI) O heredograma adiante representa a herança de um fenótipo anormal na espécie humana. Analise-o e assinale a alternativa correta.

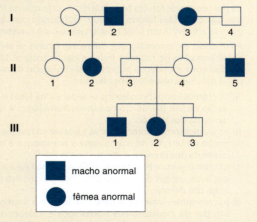

a) Os indivíduos II-3 e II-4 são homozigotos, pois dão origem a indivíduos anormais.
b) O fenótipo anormal é recessivo, pois os indivíduos II-3 e II-4 tiveram crianças anormais.
c) Os indivíduos III-1 e III-2 são heterozigotos, pois são afetados pelo fenótipo anormal.
d) Todos os indivíduos afetados são heterozigotos, pois a característica é dominante.
e) Os indivíduos I-1 e I-4 são homozigotos.

12. (UFRR) O albinismo é condicionado por gene recessivo. Na genealogia a seguir, qual a probabilidade de ser albina uma quarta criança que o casal III.1 e III.2 venha a ter?

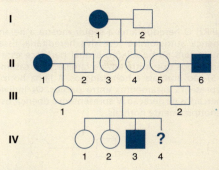

a) 50%   b) 0%   c) 25%   d) 75%   e) 100%

13. (UFF – RJ) A união permanente dos dedos é uma característica condicionada por um gene autossômico dominante em humanos. Considere um casamento entre uma mulher normal e um homem com essa característica, cujo pai era normal. Sabendo que o percentual daqueles que possuem o gene e que o expressam é de 60%, qual proporção de crianças, oriundas de casamentos iguais a este, pode manifestar essa característica?

a) 25%   b) 30%   c) 50%   d) 60%   e) 100%

14. (MACKENZIE – SP) Na espécie humana, o gene *b* condiciona tamanho normal dos dedos das mãos, enquanto o alelo *B* condiciona dedos anormalmente curtos (braquidactilia). Os indivíduos homozigotos dominantes morrem ao nascer. Um casal, ambos braquidáctilos, tem uma filha normal. Para esse casal, a probabilidade de ter uma criança de sexo masculino braquidáctila é de:

a) 1/4   b) 1/2   c) 2/3   d) 1/3   e) 1/8

15. (UEL – PR) A alcaptonúria é uma doença hereditária que afeta o metabolismo dos aminoácidos fenilalanina e tirosina. Ela é causada por uma mutação no gene HGD, que codifica a enzima homogentisato-1,2-dioxigenase. A diminuição da atividade dessa enzima, que se expressa principalmente no fígado e nos rins, é acompanhada pelo acúmulo do ácido homogentísico em diversos tecidos, bem como a sua eliminação na urina. Essa substância é oxidada quando em contato com o ar ou com o oxigênio dissolvido nos tecidos, formando um pigmento de coloração marrom-avermelhada, chamado de alcaptona. O acúmulo desse ácido nos tecidos leva ao desenvolvimento de artrite progressiva. O heredograma a seguir indica que os indivíduos I-4 e III-1 apresentam essa doença.

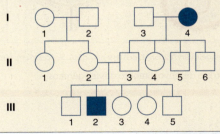

Diante de tais informações, é correto afirmar:

a) O indivíduo II-3 tem 50% de probabilidade de ser portador do alelo causador da alcaptonúria.
b) É esperado que esse distúrbio afete uma proporção maior de homens do que de mulheres na população.
c) O indivíduo III-2 irá passar o alelo causador dessa doença apenas para suas filhas e jamais para seus filhos.
d) A probabilidade de que o sexto descendente do casal II-2 e II-3 seja normal e homozigoto é de 75%.
e) O indivíduo III-4 tem 2/3 de probabilidade de ser portador do alelo causador da alcaptonúria.

16. (UPE) O heredograma abaixo representa o padrão de segregação para acondroplasia, uma das formas de nanismo humano, condicionada por um gene que prejudica o crescimento dos ossos durante o desenvolvimento. Essa doença genética humana apresenta letalidade se ocorre em homozigose (*AA*).

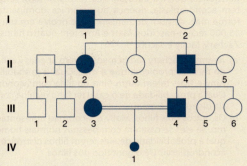

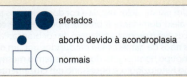

Com relação à figura, conclui-se que (assinale na coluna I as alternativas verdadeiras e na coluna II, as falsas):

I	II	
0	0	O padrão de herança do caráter em estudo é autossômico dominante.
1	1	Os indivíduos I-1 e II-2 são homozigotos dominantes para o caráter.
2	2	O casal III-3 e III-4 possui a probabilidade de que, independente do sexo, 1/2 de seus filhos nascidos vivos possam ser normais e 1/2 portadores da doença.
3	3	O indivíduo IV-1 representa um aborto, e seu genótipo é *AA*, que, em condição homozigótica, tem efeito tão severo que causa a morte do portador ainda durante o desenvolvimento embrionário.
4	4	Todos os acondroplásicos nascidos vivos desta genealogia são heterozigotos.

17. (FUVEST – SP) Em uma espécie de planta, a cor das flores é determinada por um par de alelos. Plantas de flores vermelhas cruzadas com plantas de flores brancas produzem plantas de flores cor-de-rosa. Do cruzamento entre plantas de flores cor-de-rosa resultam plantas com flores

a) das três cores, em igual proporção.
b) das três cores, prevalecendo as cor-de-rosa.
c) das três cores, prevalecendo as vermelhas.
d) somente cor-de-rosa.
e) somente vermelhas e brancas, em igual proporção.

18. (PUC – SP) Uma determinada doença humana segue o padrão de herança autossômica, com os seguintes genótipos e fenótipos:

> AA – determina indivíduos normais;
> AA_1 – determina uma forma branda da doença;
> A_1A_1 – determina uma forma grave da doença.

Sabendo-se que os indivíduos com genótipo A_1A_1 morrem durante a embriogênese, qual a probabilidade do nascimento de uma criança de fenótipo normal a partir de um casal heterozigótico para a doença?

a) 1/2   b) 1/3   c) 1/4   d) 2/3   e) 3/4

Primeira Lei de Mendel e probabilidade associada à Genética

Questões dissertativas

1. (UNICAMP – SP) Um *reality show* americano mostra seis membros da família Roloff, na qual um dos pais sofre de um tipo diferente de nanismo. Matt, o pai, tem displasia diastrófica, doença autossômica recessiva (*dd*). Amy, a mãe, tem acondroplasia, doença autossômica dominante (*A_*), a forma mais comum de nanismo, que ocorre em um de cada 15.000 recém-nascidos. Matt e Amy têm quatro filhos: Jeremy, Zachary, Molly e Jacob.

   a) Jeremy e Zachary são gêmeos, porém apenas Zachary sofre do mesmo problema que a mãe. Qual a probabilidade de Amy e Matt terem outro filho ou filha com acondroplasia? Qual a probabilidade de o casal ter filho ou filha com displasia distrófica? Explique.
   b) Os outros dois filhos, Molly e Jacob, não apresentam nanismo. Se eles se casarem com pessoas normais homozigotas, qual a probabilidade de eles terem filhos distróficos? E com acondroplasia? Dê o genótipo dos filhos.

2. (UERJ) Um par de alelos regula a cor dos pelos nos porquinhos da Índia: o alelo dominante *B* produz a pelagem de cor preta e seu alelo recessivo *b* produz a pelagem de cor branca. Para determinar quantos tipos de gametas são produzidos por um desses animais, cujo genótipo homozigoto dominante tem o mesmo fenótipo do indivíduo heterozigoto, é necessário um cruzamento-teste.

   Admita que os descendentes da primeira geração do cruzamento-teste de uma fêmea com pelagem preta apresentem tanto pelagem preta quanto pelagem branca.
   Descreva o cruzamento-teste realizado e determine o genótipo da fêmea e os genótipos dos descendentes.

3. (UFRJ) O heredograma a seguir mostra a herança de uma doença autossômica recessiva hereditária. Essa doença é muito rara na população à qual pertence esta família. Os indivíduos que entraram na família pelo casamento (II-1 e II-5) são normais e homozigotos. A linha horizontal dupla representa casamentos entre primos. Os indivíduos 6 e 7 marcados na geração IV apresentam a doença, os demais são fenotipicamente normais.

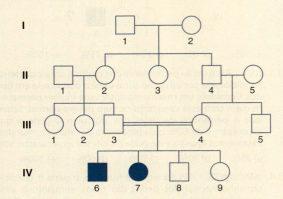

Usando a notação A_1 para o gene normal e A_2 para o gene causador da doença, identifique os indivíduos cujos genótipos podem ser determinados com certeza e determine os genótipos desses indivíduos.

4. (UFG – GO) As figuras **A** e **B** a seguir referem-se aos diferentes tipos de gêmeos humanos.

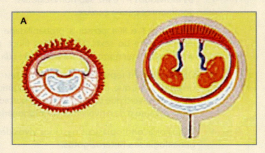
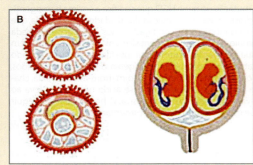

Disponível em: <http://www.3bscientific.es/imagelibrary/V2058_L/posters-grandes/...>. Acesso em: 8 mar. 2010.

Tendo como base a análise das figuras, explique como ocorrem a formação e o desenvolvimento desses gêmeos.

Programas de avaliação seriada

1. (PSS – UEPG – PR) A planta *Mirabilis jalapa*, popularmente conhecida como "maravilha", constitui um caso de ausência de dominância entre os alelos que condicionam o caráter "cor das flores". Assim, do cruzamento das flores vermelhas (*VV*) com flores brancas (*BB*) formam-se flores róseas (*VB*). Quanto às explicações desse fenômeno, assinale o que for correto.

   (01) Trata-se de um caso de herança intermediária em que não há dominância, e o híbrido possui fenótipo intermediário ao dos indivíduos parentais.
   (02) Do cruzamento entre duas plantas homozigóticas opostas, ou seja, entre uma planta de flor vermelha e uma planta de flor branca, surgirá uma geração 100% formada por plantas de flores róseas.
   (04) Do cruzamento entre duas plantas híbridas, ou seja, de duas plantas de flores róseas, jamais surgirão plantas homozigóticas.
   (08) Do cruzamento entre duas plantas híbridas, ou seja, de duas plantas de flores róseas, poderão surgir plantas de flores brancas, plantas de flores róseas e plantas de flores vermelhas.

2. (PSS – UFPA) A frequência de um caráter fenotípico numa população não significa que este seja dominante. Caracteres pouco frequentes podem ser dominantes, assim como caracteres comuns podem ser recessivos, tais como: cabelos crespos, polidactilia, albinismo e lobo da orelha preso. A respeito desses quatro caracteres, é correto afirmar que o(s)

a) dois primeiros são dominantes e os dois últimos recessivos.
b) dois primeiros são recessivos e os dois últimos dominantes.
c) primeiro é dominante e os três últimos são recessivos.
d) três primeiros são dominantes e o último é recessivo.
e) primeiro é dominante, o segundo e o terceiro são recessivos e o último é dominante.

3. (PSS – UFAL) Genealogias ou heredogramas são representações gráficas da herança de uma determinada característica genética, em uma família. Com relação à herança de uma doença genética ilustrada no heredograma abaixo, analise as proposições seguintes.

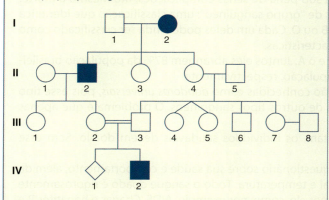

1) Trata-se de um caráter determinado por alelo recessivo.
2) Os indivíduos I-2 e II-2 são homozigóticos recessivos.
3) Os indivíduos III-4 e III-5 são gêmeos univitelinos.
4) Não se tem informação sobre o sexo do indivíduo IV-1.
5) Os cônjuges III-2 e III-3 têm relação de parentesco.

Está(ão) correta(s):

a) 1, 3 e 5 apenas.
b) 2 e 4 apenas.
c) 1 apenas.
d) 1 e 5 apenas.
e) 1, 2, 3, 4 e 5.

4. (PSC – UFAM) São características humanas que obedecem à 1.ª Lei de Mendel:

a) capacidade gustativa para o PTC; forma do lobo da orelha; albinismo; daltonismo; capacidade de enrolar a língua.
b) capacidade gustativa para o PTC; hemofilia; hipertricose; forma do lobo da orelha; daltonismo.
c) capacidade de enrolar a língua; polidactilia; albinismo; hemofilia; daltonismo.
d) capacidade de enrolar a língua; albinismo; polidactilia; forma do lobo da orelha; hipertricose.
e) capacidade gustativa para o PTC; forma do lobo da orelha; capacidade de enrolar a língua; polidactilia; albinismo.

5. (PAES – UNIMONTES – MG) A doença de Huntington é neurodegenerativa fatal, de herança autossômica dominante, caracterizada por movimentos involuntários e demência progressiva. O heredograma abaixo representa a segregação desse gene em uma família. Analise-o.

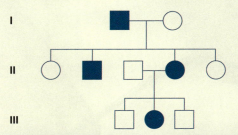

Considerando o heredograma e o assunto abordado, analise as afirmativas abaixo e assinale a alternativa **CORRETA**.

a) A chance de o casal II-3 × II-4 ter outro filho afetado é menor que 50%.
b) Não é possível determinar o genótipo de todos os indivíduos representados no heredograma.
c) Todo indivíduo afetado pela doença apresenta 50% de chance de ter filho afetado, independentemente do genótipo do outro genitor.
d) A probabilidade de o casal I-1 × I-2 ter mais uma menina afetada é maior que 50%.

6. (SSA – UPE) Recentemente, a mídia relatou um fato observado em uma família pernambucana, conforme pode ser lido a seguir:

> (...) Três irmãos que sobrevivem fugindo da luz, procurando alegria no escuro. São filhos de mãe negra. O pai é moreno. (...) por um defeito genético, nasceram albinos. Negros de pele branca. (...) K., 5 anos, R. C., 10 e E. C., 8, (...) na maternidade, nem a mãe mesmo acreditou. Teve certeza de que R. havia sido trocada. Depois veio J., da sua cor. Mesmo com as explicações médicas de que era possível, só com o nascimento de E. e K., albinos, o coração de mãe deu voto de confiança à natureza.
>
> Fonte: DRAMA FAMILIAR – À flor da pele.
> Jornal do Commercio, Recife, 30 ago. 2009.

Sabendo-se que o tipo de albinismo que foi registrado nessa reportagem é o de herança genética do tipo autossômica recessiva, qual será o genótipo dos pais das crianças e a probabilidade de o casal ter outro filho albino, sem considerar o sexo?

a) $AA \times aa$; 1.
b) $Aa \times aa$; 1/4.
c) $Aa \times Aa$; 1/4.
d) $Aa \times aa$; 1/8.
e) $Aa \times Aa$; 1/8.

7. (PEIES – UFSM – RS) O cruzamento de dois camundongos amarelos heterozigotos resulta em uma proporção de camundongos na descendência de 2 amarelos para 1 preto, pois os embriões amarelos homozigotos formam-se, mas não se desenvolvem, porque o gene responsável pela cor amarela dos pelos em dose dupla é letal. Considerando que P = amarelo e p = preto, a proporção citada está correta, uma vez que

a) Pp sobrevivem.
b) PP morrem.
c) pp morrem.
d) PP e pp morrem.
e) Pp morrem.

8. (PSIU – UFPI) Um casal pretende ter um filho, mas ambos possuem registro de fibrose cística na família. (**1**) Qual o único modo pelo qual o homem e a mulher podem ter um filho com fibrose cística? (**2**) Qual a probabilidade de ambos, o homem e a mulher, serem heterozigotos? (**3**) Qual a probabilidade de terem filhos com fibrose cística? (**4**) Qual a probabilidade de os pais serem heterozigotos e de seu primeiro filho ter fibrose cística? A alternativa com as respostas corretas para todas as indagações é:

a) (**1**) os pais devem ser heterozigotos. (**2**) 4/9. (**3**) 1/4. (**4**) 1/9.
b) (**1**) os pais devem ser homozigotos dominantes. (**2**) 2/3. (**3**) 1/4. (**4**) 1/4.
c) (**1**) os pais devem ser homozigotos recessivos. (**2**) 1/4. (**3**) 2/3. (**4**) 4/9.
d) (**1**) os pais devem ser heterozigotos. (**2**) 2/3. (**3**) 1/4. (**4**) 1/9.
e) (**1**) os pais devem ser homozigotos recessivos (**2**) 2/3. (**3**) 1/4. (**4**) 1/2.

Capítulo 2 — Alelos múltiplos e a herança de grupos sanguíneos

Segurança na transfusão de sangue

O sangue não é exatamente igual em todos os seres humanos. Pequenas diferenças fazem com que o sangue de uma pessoa não possa ser introduzido em outra sob pena de sérias complicações, até mesmo a morte. Uma das diferenças mais conhecidas é o que chamamos de "grupo sanguíneo": uma classificação que identifica as pessoas como portadoras de sangue do grupo A, B, AB ou O. Cada um deles pode ainda ser classificado como positivo ou negativo, dependendo de determinadas características.

No Brasil, os tipos sanguíneos mais comuns são o O e o A. Juntos eles abrangem 87% da população brasileira, sendo que B e AB correspondem a 10% e a 3% da população, respectivamente.

As pessoas que possuem sangue tipo O negativo são conhecidas como *doadoras universais*, pois esse tipo de sangue pode ser utilizado na transfusão em pessoas de outros tipos sanguíneos. O problema é que apenas 9% da população brasileira é do tipo O.

Para que haja sangue disponível aos que necessitam, os indivíduos saudáveis devem doá-lo. Sem esse gesto, muitas vidas serão perdidas.

Antes de toda doação, o candidato responde a um questionário sobre sua saúde e comportamento, além de serem aferidos seus batimentos cardíacos, pressão arterial e temperatura. Todo o sangue doado é rigorosamente testado para as doenças passíveis de serem transmitidas por ele, como, por exemplo, AIDS, Chagas e hepatites B e C, antes de ser transfundido.

Atualmente, a transfusão de sangue é um processo bem mais seguro do que já foi anteriormente. Isso aconteceu em decorrência da prática de se selecionar criteriosamente os doadores, bem como das rígidas normas aplicadas para testar, transportar, estocar e transfundir o sangue doado.

Adaptado de: <http://www.prosangue.sp.gov.br/>. Acesso em: 2 ago. 2011.

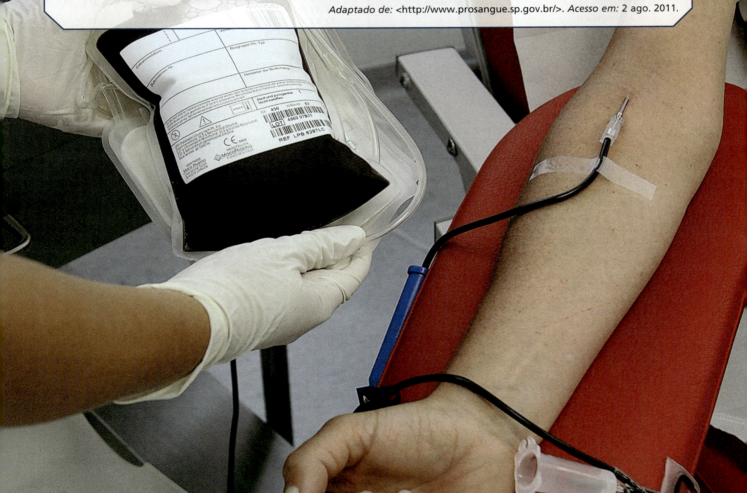

Como sabemos, genes alelos são os que atuam na determinação de um mesmo caráter e estão presentes nos mesmos *loci* (plural de *locus*, do latim, local) em cromossomos homólogos. Até agora, estudamos casos em que só existiam dois tipos de alelo para uma dada característica (**alelos simples**), mas há casos em que mais de dois tipos de alelo estão presentes na determinação de um dado caráter na população. Esse tipo de herança é conhecido como **alelos múltiplos** (ou **polialelia**).

▪ ALELOS MÚLTIPLOS NA DETERMINAÇÃO DE UM CARÁTER

Apesar de poderem existir mais de dois alelos para a determinação de um dado caráter, um indivíduo diploide apresenta *apenas um par de alelos* para a determinação dessa característica, isto é, um alelo em cada *locus* do cromossomo que constitui o par homólogo.

São bastante frequentes os casos de alelos múltiplos tanto em animais como em vegetais, mas são clássicos os exemplos de polialelia na determinação da cor da pelagem em coelhos e na determinação dos grupos sanguíneos do sistema ABO em humanos.

A Cor da Pelagem em Coelhos

Ao estudarmos a cor da pelagem em coelhos, notamos quatro fenótipos: *aguti* (ou selvagem), no qual os pelos possuem cor preta ou marrom-escuro; *chinchila*, em que a pelagem é cinzenta; *himalaia*, em que o corpo é coberto de pelos brancos à exceção das extremidades (orelhas, focinho, patas e cauda, em que os pelos são pretos), e *albino*, pelagem inteiramente branca. Esses quatro fenótipos devem-se a quatro genes diferentes: C (*aguti*), c^{ch} (*chinchila*), c^h (*himalaia*), c^a (*albino*). A relação de dominância entre esses genes é $C > c^{ch} > c^h > c^a$ (veja a Tabela 2-1).

Tabela 2-1. Os diferentes genótipos e seus correspondentes fenótipos na cor da pelagem de coelhos.

Genótipos	Fenótipos
CC; Cc^{ch}; Cc^h; Cc^a	aguti (selvagem)
$c^{ch}c^{ch}$; $c^{ch}c^h$; $c^{ch}c^a$	chinchila
c^hc^h; c^hc^a	himalaia
c^ac^a	albino

A cor da pelagem dos coelhos é um caso de alelos múltiplos.

A diferença na cor da pelagem do coelho em relação à cor da semente das ervilhas é que agora temos mais genes diferentes atuando (4), em relação aos dois genes clássicos. No entanto, é fundamental saber que a 1.ª Lei de Mendel continua sendo obedecida, isto é, para a determinação da cor da pelagem, o coelho terá dois dos quatro genes. A novidade é que o número de genótipos e fenótipos é maior quando comparado, por exemplo, com a cor da semente de ervilha.

O surgimento dos alelos múltiplos (polialelia) deve-se a uma das propriedades do material genético, que é a de sofrer mutações. Assim, acredita-se que a partir do gene C (aguti), por um erro acidental na autoduplicação do DNA, originou-se o gene c^{ch} (chinchila). A existência de alelos múltiplos é interessante para a espécie, pois haverá maior variabilidade genética, possibilitando mais oportunidade para a adaptação ao ambiente (seleção natural).

A título de exemplo, vamos propor um cruzamento com as respectivas proporções de genótipos e fenótipos:

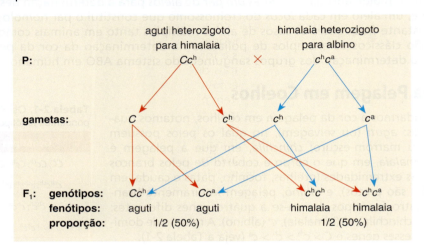

Acompanhe este exercício

Cruzando-se dois coelhos várias vezes e somando-se os F_1 resultantes, obtiveram-se 120 coelhos chinchilas e 111 albinos. Pergunta-se:
a) Qual o provável genótipo dos coelhos cruzados?
b) Qual a probabilidade de esse casal vir a ter 2 descendentes albinos, sendo o primeiro do sexo masculino e o segundo do sexo feminino?
c) Qual a probabilidade de nascer dois coelhos albinos, um do sexo masculino e outro do sexo feminino?

Resolução:
a) Analisando o resultado dos descendentes de F_1, conclui-se que nasceram coelhos chinchilas e albinos na proporção aproximada de 1 : 1. Como os coelhos albinos só podem ter o genótipo $c^a c^a$, e lembrando que cada gene vem de um genitor, o casal cruzado (P) deve ser:

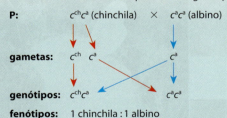

fenótipos: 1 chinchila : 1 albino

b) O fato de o pelo ser chinchila ou albino independe do sexo do animal. Então, podemos aplicar a regra do **E**. Repare que o enunciado impõe a ordem, isto é, o primeiro descendente tem de ser albino e do sexo feminino e o segundo descendente, albino e do sexo feminino. Logo,

primeiro descendente	**E**	segundo descendente	
albino e macho	×	albino e fêmea	
1/2 × 1/2	×	1/2 × 1/2	= 1/16

c) Neste caso, a ordem não importa; o primeiro descendente poderá ser do sexo masculino e o segundo do sexo feminino; no entanto, poderemos ter a ordem inversa, ou seja, o primeiro do sexo feminino e o segundo do sexo masculino. Então, aplicamos a regra do **OU**, pois a primeira ordem não exclui a segunda. Logo, a probabilidade de

1.º albino	e	macho	e	2.º albino	e	fêmea	**OU**	1.º albino	e	fêmea	e	2.º albino	e	macho	
1/2	×	1/2	×	1/2	×	1/2	+	1/2	×	1/2	×	1/2	×	1/2	= 2/16 = 1/8

A DETERMINAÇÃO DOS GRUPOS SANGUÍNEOS NO SISTEMA ABO

Na espécie humana, o caso mais conhecido de alelos múltiplos é o relacionado ao sistema sanguíneo ABO. Antes de a Genética ocupar-se do estudo de grupos sanguíneos, a realização de transfusões de sangue levou várias pessoas à morte. Descobriu-se que, muitas vezes, as transfusões provocavam reações do tipo antígeno-anticorpo, levando ao bloqueio de sangue em vasos de pequeno calibre. Nem toda transfusão era possível, evidenciando a existência de incompatibilidade sanguínea entre as pessoas. Cientistas como Karl Landsteiner muito contribuíram para tornar as transfusões sanguíneas viáveis.

Esse mesmo pesquisador classificou os tipos sanguíneos (fenótipos) em **A**, **B**, **AB** e **O**, segundo a presença ou não de tipos de glicoproteínas na superfície das hemácias. Essas glicoproteínas funcionam como antígenos se introduzidas em indivíduos de grupos diferentes e foram denominadas **aglutinogênios**. As aglutininas são anticorpos naturais do sistema ABO; isto é, não necessitam de uma estimulação (aglutinogênio) para serem produzidas.

Dessa forma, indivíduos de fenótipo **A** têm nas hemácias aglutinogênio **A** e no plasma **aglutinina anti-B**. Os do grupo **B** têm nas hemácias aglutinogênio **B** e no plasma **aglutinina anti-A**. Pessoas de fenótipo **AB** possuem os dois aglutinogênios e nenhuma das aglutininas. Finalmente, os indivíduos do grupo **O** não têm nenhum dos aglutinogênios nas hemácias, porém, têm as duas aglutininas no plasma (veja a Figura 2-1 e a Tabela 2-2).

Anote!

Karl Landsteiner nasceu em Viena em 1868 e morreu em Nova York em 1943. Desenvolveu inúmeros trabalhos em Imunologia, porém tornou-se famoso com seus estudos sobre os grupos sanguíneos. Foi consagrado com o Prêmio Nobel de Medicina/Fisiologia em 1930.

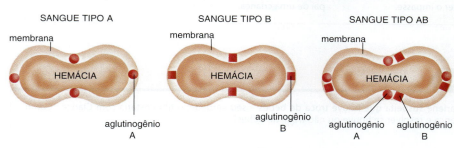

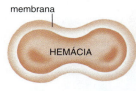

Figura 2-1. Os aglutinogênios estão presentes na membrana das hemácias.

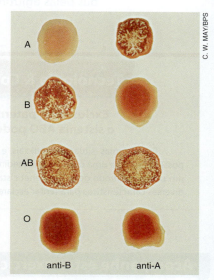

Um método para descobrir o tipo sanguíneo é testar amostras de sangue com aglutininas anti-A e anti-B e observar quando há ou não aglutinação.

Tabela 2-2. Os tipos sanguíneos do sistema ABO.

Tipo sanguíneo	Aglutinogênios presentes nas hemácias	Aglutininas presentes no plasma
A	A	anti-B
B	B	anti-A
AB	A e B	nenhuma
O	nenhum	anti-A e anti-B

De olho no assunto!

Os cuidados nas transfusões de sangue

Esclarecido o mecanismo que conduz à incompatibilidade, é fundamental o conhecimento prévio do tipo sanguíneo de doadores e receptores para evitar qualquer tipo de acidente envolvendo transfusões. Por exemplo: pessoas de sangue tipo A não podem doar sangue para pessoas com tipo sanguíneo B ou O, já que no plasma dos receptores existem aglutininas anti-A. Sangue tipo A poderá ser doado para receptores de tipo A ou AB, já que nesses casos não existe a aglutinina anti-A no plasma.

Por sua vez, pessoas de tipo sanguíneo O são **doadores universais**, uma vez que não possuem nenhum dos aglutinogênios nas hemácias. Pessoas do tipo AB, por não possuírem nem aglutinina anti-A nem aglutinina anti-B, atuam como **receptores universais**. Nesse caso, permanece uma dúvida: se for introduzido sangue tipo A (que possui aglutinina anti-B) em um receptor AB, haverá reação de aglutinação? Não, e é simples entender o motivo: de modo geral, o volume sanguíneo transfundido é pequeno. A tendência, portanto, é haver uma diluição das aglutininas no grande volume sanguíneo do receptor ou, ainda, a sua retenção nos tecidos, tornando improvável a ocorrência de aglutinação.

Como Ocorre a Herança dos Grupos Sanguíneos no Sistema ABO?

A produção de aglutinogênios A e B é determinada, respectivamente, pelos genes I^A e I^B. Um terceiro gene, chamado i, condiciona a não produção de aglutinogênios. Trata-se, portanto, de um caso de alelos múltiplos. Entre os genes I^A e I^B há codominância ($I^A = I^B$), mas cada um deles domina o gene i ($I^A > i$ e $I^B > i$). (Veja a Tabela 2-3.)

Com base nesses conhecimentos, fica claro que, se uma pessoa do tipo sanguíneo A recebesse sangue tipo B, as hemácias contidas no sangue doado seriam aglutinadas pelas aglutininas anti-B do receptor, e vice-versa.

Tabela 2-3. Possíveis fenótipos e genótipos do sistema ABO.

Genótipos	Fenótipos
A	$I^A I^A$, $I^A i$
B	$I^B I^B$, $I^B i$
AB	$I^A I^B$
O	ii

Tecnologia & Cotidiano

Exclusão de paternidade: o sistema ABO pode ajudar

Em algumas situações judiciais é necessário identificar os possíveis pais de uma criança. O procedimento da Justiça é nomear um perito, de modo geral um geneticista, que recorre à análise de diversas características para tentar esclarecer o impasse.

Atualmente, a técnica de análise do DNA dos envolvidos é uma das armas mais poderosas utilizadas para o esclarecimento de tais dúvidas. A análise dos fenótipos e o conhecimento dos mecanismos de herança, associados à determinação dos grupos sanguíneos, podem ajudar a excluir possíveis paternidades. Porém, mesmo com a utilização dessas técnicas, não podemos afirmar com segurança que determinado indivíduo seja o pai de uma criança. No máximo, podemos dizer que certa pessoa não é o pai, isto é, o mais comum é isentar determinado indivíduo da suspeita de ser o pai de uma criança.

Acompanhe estes exercícios

1. Em uma determinada maternidade, Marlene suspeita que houve troca de bebês – seu verdadeiro filho estaria com Clarice. Como identificar os possíveis pais de cada criança e resolver se houve ou não troca de bebês?

Resolução:

A direção da maternidade decidiu colher sangue das duas mulheres envolvidas, da criança que a mãe não reconhece como sendo sua e dos dois homens considerados os pais. O procedimento adotado para solucionar a identificação foi pingar soros anti-A e anti-B em uma lâmina contendo algumas gotas de sangue, conforme o esquema ao lado.

Sabe-se que:
- o sangue de Marlene aglutinou apenas em I
- o sangue de Clarice não aglutinou nem em I nem em II
- o sangue do menino aglutinou em I e II
- o sangue do marido de Marlene aglutinou em I e II
- o sangue do marido de Clarice aglutinou apenas em I

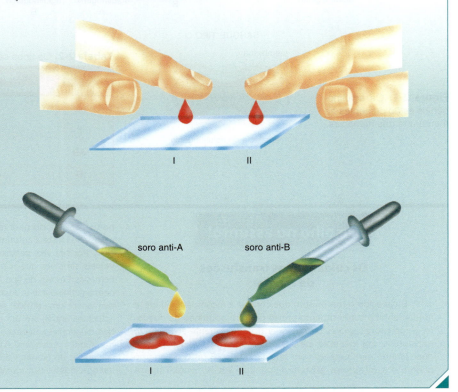

a. No sangue de Marlene existe aglutinogênio A nas hemácias, uma vez que houve aglutinação com o soro anti-A. Marlene possui tipo sanguíneo A.

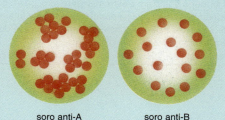

soro anti-A   soro anti-B

b. No sangue do suposto filho existem os aglutinogênios A e B, já que houve aglutinação com os dois soros. A criança é do tipo sanguíneo AB.

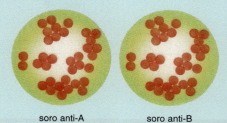

soro anti-A   soro anti-B

c. O sangue do marido de Marlene aglutinou nos dois soros. O marido possui tipo sanguíneo AB.

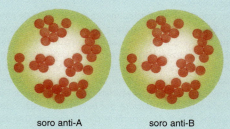

soro anti-A   soro anti-B

d. O sangue do marido de Clarice aglutinou apenas no soro anti-A. Ele possui tipo sanguíneo A.

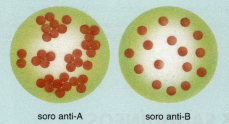

soro anti-A   soro anti-B

e. O sangue de Clarice não aglutinou em nenhum dos soros. O tipo sanguíneo dela é O.

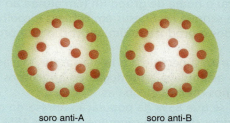

soro anti-A   soro anti-B

Com todos os fenótipos conhecidos, podemos montar o cruzamento, relacionando com os possíveis genótipos.

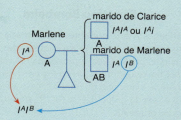

É possível concluir que o marido de Clarice seguramente não é o pai da criança, nem Clarice é a mãe.

O marido de Marlene *provavelmente* é o pai, uma vez que possui tipo sanguíneo AB, tendo transferido o gene I^B para o menino, e Marlene provavelmente é a mãe da criança, uma vez que é do grupo sanguíneo A e poderia ter transmitido o gene I^A para o filho.

2. Um casal em que o marido é do tipo sanguíneo A, filho de pais AB e cuja esposa é do tipo B, filha de pai AB e mãe O, deseja saber a probabilidade de ter duas crianças, a primeira do sexo masculino e tipo sanguíneo AB, e a segunda do sexo feminino e do grupo A.

Resolução:

A genealogia referente a essa família está representada abaixo. Note que se trata de eventos independentes nos quais importa a ordem dos eventos: a probabilidade obtida para a primeira criança (AB e sexo masculino) deve ser multiplicada pela probabilidade obtida para a segunda (A e sexo feminino).

Para a primeira criança ser do grupo AB, depende da probabilidade de que a mãe produza gametas I^B (P = 1/2), já que o pai, sendo I^AI^A, produzirá apenas gametas I^A; a probabilidade de ser do sexo masculino é igual a 1/2. Logo, P(♂ e AB) = 1/2 × 1/2 = 1/4. Seguindo o mesmo raciocínio, para a segunda criança ser do grupo A, depende da probabilidade de que a mãe produza gametas i (P = 1/2); a probabilidade de ser do sexo feminino é 1/2. Logo, P(♀ e A) = 1/2 × 1/2 = 1/4.

Para que os eventos aconteçam nessa ordem, devemos considerar a probabilidade do primeiro e a do segundo, isto é,

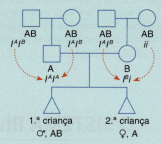

$$P(\male, AB) = \frac{1}{2} \times \frac{1}{2} = \frac{1}{4}$$

$$P(\female, A) = \frac{1}{2} \times \frac{1}{2} = \frac{1}{4}$$

$$P(\male \text{ e AB}) \text{ e } P(\female \text{ e A}) = \frac{1}{4} \times \frac{1}{4} = \frac{1}{16}$$

Alelos múltiplos e a herança de grupos sanguíneos

De olho no assunto!

Fenótipo Bombaim

Os antígenos A e B, presentes nas hemácias dos indivíduos dos grupos sanguíneos A, B e AB, são sintetizados a partir de uma substância H que, por sua vez, é produzida em razão de um *gene dominante H*. Com os genótipos HH ou Hh, um indivíduo I^Ai produzirá o antígeno A, e, claro, será do grupo A; caso ele seja I^Bi, fabricará o antígeno B e será do grupo B, e, se for I^AI^B, sintetizará os dois antígenos e será do grupo AB.

Por outro lado, o sangue das pessoas com genótipo hh não terá a substância H, e, portanto, não fabricará os antígenos A e B, mesmo tendo o genótipo para produzi-los. Assim, um genótipo I^Bihh será classificado como grupo O e não como grupo B. Porém, embora suas hemácias sejam classificadas como pertencentes ao grupo O, visto que ele não produziu antígeno B, geneticamente ele é do grupo B. Esse é o fenótipo **Bombaim**, descoberto na cidade de mesmo nome.

É possível descobrir se um indivíduo é um falso O: basta pingar uma gota de seu sangue em uma lâmina e adicionar a ela o anticorpo anti-H. Se houver aglutinação, o indivíduo possui o antígeno H e é um O verdadeiro. Se não houver aglutinação, é porque não há o antígeno H; portanto, o indivíduo é hh, um falso O.

O fenótipo Bombaim é extremamente raro, pois o gene *h* tem uma frequência muito baixa na população. Até hoje foram descritos cerca de 30 casos. Vejamos, como exemplo, um caso de fenótipo Bombaim, analisando a genealogia abaixo:

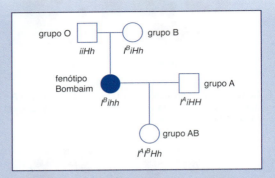

Tecnologia & Cotidiano

Como transformar sangues tipos A e B em tipo O?

Na superfície das hemácias de pessoas de sangue tipo A, existem antígenos A, enquanto antígenos B são encontrados na superfície das hemácias de pessoas de sangue tipo B. Esses antígenos são constituídos de moléculas de açúcar ligadas a moléculas de ácidos graxos (lipídios) existentes na membrana das hemácias. O que caracteriza o antígeno A é a presença de três açúcares – galactose, N-acetilglucosamina e fucose, ligados a um açúcar *terminal* denominado de N-acetilgalactosamina. No antígeno B, o açúcar *terminal*, ligado aos outros três, é também uma galactose, motivo da diferença entre os dois antígenos. Então o que determina que um sangue seja do tipo A ou B são os açúcares *terminais* expostos na superfície da membrana das hemácias. Em hemácias de uma pessoa do tipo O os açúcares terminais não existem. Assume-se, portanto, que nessas hemácias, relativamente ao sistema ABO, não haja antígenos. Esse é o motivo de se considerar pessoas contendo o sangue tipo O como doadoras universais.

Em transfusões, principalmente em cirurgias de emergência, em que é preciso com urgência do tipo sanguíneo adequado, seria importante o banco de sangue possuir sangue tipo O disponível. Muitas vezes, isso não acontece, o que gera um impasse na equipe cirúrgica. Agora, parece que esse problema pode ser resolvido em um futuro próximo. Um grupo de cientistas, liderado por Henrik Clausen, da Universidade de Copenhagen, Dinamarca, descobriu enzimas, *produzidas por bactérias*, capazes de "limpar" os antígenos A e B da superfície das hemácias, transformando-as em hemácias tipo O. Embora há vinte e cinco anos se tente efetuar a transformação de sangues tipos A e B em tipo O, com sucesso relativo, essa fantástica descoberta promete revolucionar os procedimentos de transfusão necessários principalmente em emergências, em que o paciente não pode esperar.

Extraído e adaptado de: Pesquisador cria sangue tipo O a partir de outros. *Folha de S.Paulo*, São Paulo, 3 abr. 2007, Caderno Ciência, p. A12.

▪ O SISTEMA Rh DE GRUPOS SANGUÍNEOS

Trabalhando com sangue de macacas *Rhesus*, Landsteiner, Wiener e colaboradores descobriram outro grupo sanguíneo, que recebeu o nome de grupo Rh (em alusão ao nome das macacas). Após efetuarem várias injeções de sangue de *Rhesus* em cobaias e coelhos, verificaram que esses animais ficavam sensibilizados e produziam um anticorpo que provocava a aglutinação das hemácias.

Seus estudos levaram à conclusão de que na superfície das hemácias das macacas existia um antígeno, denominado de **fator Rh**, que estimulava a produção de anticorpos (**anti-Rh**), responsáveis pela aglutinação das hemácias nos coelhos e cobaias.

Ao analisar o sangue humano, verificou-se que 85% da população apresenta o **fator Rh** nas hemácias e são classificados como indivíduos do grupo sanguíneo Rh⁺. Os 15% restantes não têm o fator Rh e são indivíduos Rh⁻. Veja a Figura 2-2.

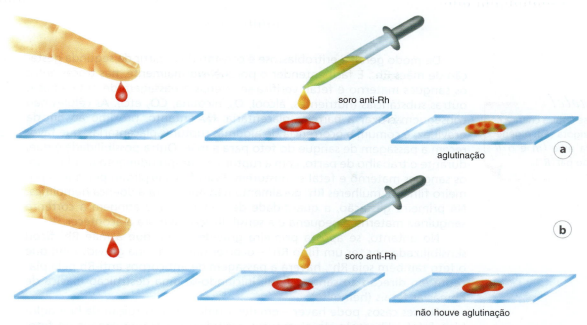

Figura 2-2. Se, em contato com o soro anti-Rh, as hemácias do sangue sofrem aglutinação (a), é porque existe fator Rh no sangue, e este é classificado como Rh⁺. Quando não sofrem aglutinação (b), há ausência de fator Rh nas hemácias e esse sangue é classificado como Rh⁻.

Ao contrário do que ocorre no sistema ABO, os anticorpos anti-Rh não são naturais. Isso quer dizer que sua produção deve ser decorrente de uma sensibilidade prévia. Assim, se uma pessoa Rh⁻ receber sangue Rh⁺ em uma primeira transfusão, ela será sensibilizada e produzirá anticorpos anti-Rh. No caso de haver uma segunda transfusão de sangue Rh⁺, poderá ocorrer destruição das hemácias no organismo receptor, revelando incompatibilidade sanguínea.

A Herança do Sistema Rh

Três pares de genes estão envolvidos na herança do fator Rh, tratando-se, portanto, de um caso de alelos múltiplos. Para simplificar, no entanto, considera-se o envolvimento de apenas um desses pares na produção do fator Rh, motivo pelo qual passa a ser considerado um caso de herança mendeliana simples. O gene *R*, dominante, determina a presença do fator Rh, enquanto o gene *r*, recessivo, condiciona a ausência do referido fator (veja a Tabela 2-4).

Tabela 2-4. Os possíveis fenótipos e genótipos relacionados ao sistema Rh.

Genótipos	Fenótipos
Rh⁺	RR, Rr
Rh⁻	rr

Doença hemolítica do recém-nascido (eritroblastose fetal)

A doença hemolítica do recém-nascido, também chamada de **eritroblastose fetal**, ocorre em crianças Rh⁺ filhas de mães Rh⁻. Nessas condições, se houver passagem de hemácias fetais contendo fator Rh para o sangue materno, há sensibilização da mãe, que passa a produzir anticorpos anti-Rh. Ao cruzarem a placenta (veja a Figura 2-3), esses anticorpos atingem a corrente sanguínea do feto e provocam a ruptura de hemácias fetais (hemólise).

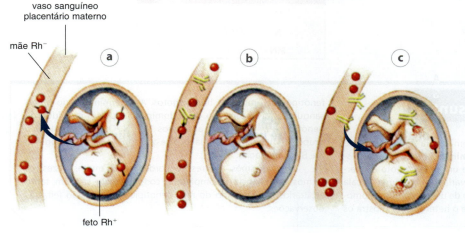

Figura 2-3. Em (a), hemácias do feto ultrapassam a barreira placentária e estimulam a formação de anticorpos maternos. Em uma gravidez posterior (b), caso o feto seja Rh⁺, (c) os anticorpos maternos reagem com os antígenos das hemácias, levando-as à destruição.

> **Anote!**
>
> Na eritroblastose fetal, a criança é sempre heterozigota (*Rr*), o gene *r* é herdado da mãe (*rr*) e o *R* é proveniente do pai (*R⁻*).

De modo geral, a eritroblastose é constatada a partir da segunda gestação de mães Rh⁻. É fácil entender o porquê. Normalmente, nas trocas entre os sangues materno e fetal, verifica-se apenas a passagem de anticorpos e outras substâncias (nutrientes, álcool, O_2, nicotina, CO_2 etc.). As células não conseguem cruzar a barreira placentária. No entanto, próximo ao fim da gravidez, é comum a ocorrência de algumas rupturas placentárias, que favorecem a passagem de sangue do feto para a mãe. Outra possibilidade é que, durante o trabalho de parto, com a ruptura e o desprendimento da placenta, os sangues materno e fetal se misturem. Esses fatos explicam por que o primeiro filho de mulheres Rh⁻ geralmente não apresenta a doença hemolítica. Na primeira gestação, a quantidade de hemácias que atingem a corrente sanguínea materna é pequena e a sensibilização demora a acontecer.

No entanto, se após a primeira gravidez – em que a mãe Rh⁻ ficou sensibilizada por ter um filho Rh⁺ – ocorrer uma segunda gravidez em que o feto também seja Rh⁺, haverá a passagem de anticorpos anti-Rh pela placenta em direção ao sangue fetal, iniciando-se uma destruição maciça de hemácias fetais (hemólise).

Nesses casos, pode haver – em decorrência da destruição da hemoglobina fetal – liberação de pigmentos prejudiciais a alguns órgãos do feto, notadamente o cérebro.

Atualmente, para evitar a eritroblastose fetal, imediatamente após o primeiro parto, a mãe recebe uma injeção de soro contendo anticorpos anti-Rh que destruirão as hemácias Rh⁺ do feto que eventualmente tenham passado para o sangue dela. Assim, a mãe deixará de ser sensibilizada e, em uma segunda gravidez, o feto não correrá o risco de ter a doença.

▪ O SISTEMA MN DE GRUPOS SANGUÍNEOS

> **Anote!**
>
> Os sistemas ABO, Rh e MN são independentes. Assim, não há sentido dizer que uma pessoa pertence ao grupo sanguíneo A ou Rh⁺ ou M etc. O correto é dizer que o indivíduo pertence, por exemplo, ao grupo sanguíneo A e Rh⁺ e MN. Outra pessoa poderá pertencer ao grupo B e Rh⁻ e N, e assim por diante.

Dois outros antígenos foram encontrados na superfície das hemácias humanas, sendo denominados M e N. Analisando o sangue de diversas pessoas, verificou-se que em algumas existia apenas o antígeno M, em outras, somente o N e várias pessoas possuíam os dois antígenos. Foi possível concluir, então, que existiam três grupos nesse sistema: M, N e MN. Os genes que condicionam a produção desses antígenos são apenas dois, que foram simbolizados por L^M e L^N (a letra L é a inicial do descobridor, Landsteiner). Trata-se de um caso de herança mendeliana simples. O genótipo $L^M L^M$ condiciona a produção do antígeno M, e $L^N L^N$, a do antígeno N. Entre L^M e L^N há codominância, de modo que pessoas com genótipo $L^M L^N$ produzem os dois tipos de antígenos (veja a Tabela 2-5).

Tabela 2-5. Possíveis fenótipos e genótipos relativos ao sistema MN.

Fenótipos	Genótipos
M	$L^M L^M$
N	$L^N L^N$
MN	$L^M L^N$

De olho no assunto!

Alguns autores diferenciam dominância incompleta de codominância. Para esses autores, **dominância incompleta** descreve a situação na qual o fenótipo de um heterozigoto é intermediário ao de dois homozigotos, variando em uma escala fenotípica, podendo estar mais próximo de um ou do outro homozigoto. **Codominância** é o caso em que o heterozigoto mostra os fenótipos de ambos os homozigotos. A determinação do grupo sanguíneo MN é um caso de codominância, pois o indivíduo de genótipo $L^M L^N$ produz os antígenos M e N. Outro exemplo é o grupo sanguíneo AB, no qual ocorre a produção do aglutinogênio A e B nas hemácias.

Esses mesmos autores concordam que, muitas vezes, os termos dominância incompleta e codominância são um tanto arbitrários, dependendo do nível fenotípico no qual são feitas as observações.

Transfusões no Sistema MN

A produção de anticorpos anti-M ou anti-N ocorre após sensibilização, como acontece com o sistema Rh. Assim, não haverá reação de incompatibilidade se uma pessoa que pertence ao grupo M, por exemplo, receber sangue tipo N, a não ser que ela esteja sensibilizada por transfusão anterior.

De olho no assunto!

Resumo de sistemas sanguíneos

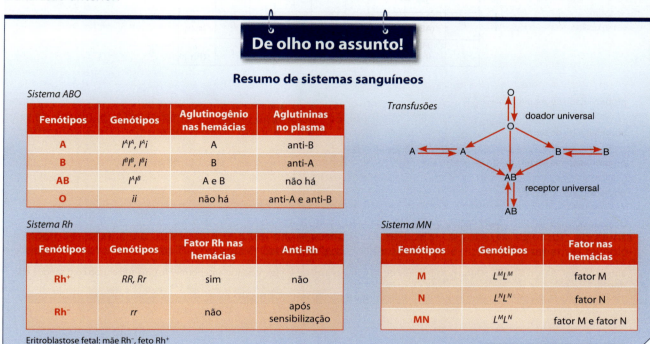

Sistema ABO

Fenótipos	Genótipos	Aglutinogênio nas hemácias	Aglutininas no plasma
A	I^AI^A, I^Ai	A	anti-B
B	I^BI^B, I^Bi	B	anti-A
AB	I^AI^B	A e B	não há
O	ii	não há	anti-A e anti-B

Sistema Rh

Fenótipos	Genótipos	Fator Rh nas hemácias	Anti-Rh
Rh^+	RR, Rr	sim	não
Rh^-	rr	não	após sensibilização

Eritroblastose fetal: mãe Rh^-, feto Rh^+

Sistema MN

Fenótipos	Genótipos	Fator nas hemácias
M	L^ML^M	fator M
N	L^NL^N	fator N
MN	L^ML^N	fator M e fator N

Acompanhe este exercício

Veja este heredograma:

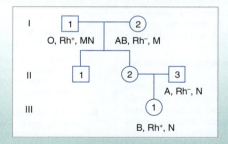

I-1: O, Rh^+, MN; I-2: AB, Rh^-, M
II-2 × II-3: A, Rh^-, N
III-1: B, Rh^+, N

a) O casal II-2 × II-3 deseja saber: qual a probabilidade de o próximo filho ser do sexo masculino, AB, Rh^+ e N?
b) Existe alguma possibilidade de o indivíduo II-2 ter tido eritroblastose fetal?

Resolução:

a) Como II-3 é *rr* e teve uma filha (III-1) Rh^+, então III-1 deve ser *Rr*, tendo recebido o gene *R* da mãe (II-2). Esta, por sua vez, deve ser heterozigota *Rr*, tendo recebido o gene *R* do pai (I-1) e o *r* da mãe (I-2). Para o grupo sanguíneo ABO, a esposa II-2 é I^Bi, pois recebeu o gene I^B da mãe (I-2) e o gene *i* do pai (I-1). O marido (II-3) deve ter o genótipo I^Ai (ele não pode ser I^AI^A, pois transmitiria o I^A para a sua filha III-1, o que não é possível, pois, conforme foi dado no problema, ela pertence ao grupo sanguíneo *B*). Assim, III-1 é I^Bi. Finalmente, para o grupo sanguíneo MN, II-2 é MN, pois sendo sua filha N (L^NL^N), ela deve ter recebido um alelo L^N do pai e o outro da mãe. Assim,

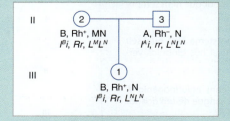

II-2: B, Rh^+, MN; I^Bi, Rr, L^ML^N
II-3: A, Rh^-, N; I^Ai, rr, L^NL^N
III-1: B, Rh^+, N; I^Bi, Rr, L^NL^N

A determinação dos três grupos sanguíneos é independente entre si, assim como o é a determinação sexual. Dessa forma, para sabermos qual a probabilidade de o próximo filho do casal II-2 × II-3 ser do sexo masculino, AB, Rh⁺ e N, deveremos multiplicar as probabilidades dos eventos independentes (aplicar a regra do **E**):

	I^A	i
I^B	I^AI^B (AB)	I^Bi (B)
i	I^Ai (A)	ii (O)

	L^N
L^M	L^ML^N (MN)
L^N	L^NL^N (N)

	r
R	Rr (Rh⁺)
r	rr (Rh⁻)

probabilidade de ser menino = $\frac{1}{2}$

probabilidade de ser AB = $\frac{1}{4}$

probabilidade de ser Rh⁺ = $\frac{1}{2}$

probabilidade de ser N = $\frac{1}{2}$

probabilidade (menino e AB e Rh⁺ e N) = 1/2 × 1/4 × 1/2 × 1/2 = 1/32

b) Sim, desde que seu irmão II-1 seja *Rr* e tenha sensibilizado a sua mãe. A única possibilidade de ocorrer a doença é quando a mãe é Rh⁻, com anticorpos anti-Rh, e o filho Rh⁺. Outra possibilidade de sensibilizar a mãe é ela ter recebido anteriormente uma transfusão com sangue do tipo Rh⁺.

Passo a passo

1. No caráter forma da semente em ervilha, o gene *R* determina a forma lisa, e seu alelo *r*, a forma rugosa. No entanto, um gene pode sofrer várias mutações, produzindo mais de dois alelos. Assim, um gene *A* pode originar A_1, A_2, A_3, diferentes uns dos outros, mas ocupando o mesmo *locus*. A respeito do texto acima, responda:

  a) Qual o nome que se dá a essa série de alelos produzidos por mutação?
  b) É correto afirmar que, existindo em uma população quatro genes alelos diferentes para um mesmo *locus*, cada indivíduo, quando homozigoto, é portador de quatro alelos iguais e, quando heterozigoto, é portador de quatro alelos diferentes? Justifique sua resposta.
  c) No caso de existirem dois ou mais genes alelos ocupando o mesmo *locus*, a 1.ª Lei de Mendel pode ser aplicada? Justifique sua resposta.
  d) Existindo três genes alelos ocupando o mesmo *locus* na população, quantos desses alelos ocorre no gameta de um indivíduo dessa população? E na célula somática?

2. Em 1990, Landsteiner notou que transfusões de sangue entre pessoas resultavam em aglutinação dos glóbulos vermelhos doados com oclusões dos capilares do receptor, provocando, às vezes, morte. No entanto, essas aglutinações não eram gerais, isto é, não ocorriam sempre. Pergunta-se: por que nem sempre ocorre aglutinação?

3. Indique, para cada grupo sanguíneo do sistema ABO, qual seu genótipo, o(s) aglutinogênio(s) presente(s) nos glóbulos vermelhos e a(s) aglutinina(s) do plasma.

4. Como se explica que um indivíduo com aglutinogênio A (grupo sanguíneo tipo A) pode receber sangue de um doador do grupo O que contém aglutinina anti-A?

5. Em coelhos, a cor do pelo é determinada por uma série de alelos múltiplos em que:

  C – selvagem; c^{ch} – chinchila; c^h – himalaia; c^a – albino.

Do cruzamento entre um macho himalaia heterozigoto com uma fêmea albina, qual a probabilidade de nascer:

  a) coelhos selvagens?
  b) 2 coelhos, sendo o 1.º albino e o 2.º himalaia?
  c) 3 coelhos albinos, sendo os dois primeiros machos e o último fêmea?

6. Qual o genótipo do casal de coelhos que, por cruzamento, originou em F_1 a proporção de 75% de descendentes do tipo selvagem e 25% himalaio?

7. Quais os fenótipos, em relação ao grupo sanguíneo ABO, dos descendentes do casal de genótipo $I^Ai \times I^Bi$?

8. Determine o genótipo do casal na questão a seguir: o sangue da mãe aglutinou com o soro anti-B. Dos filhos, 1/4 possui sangue tipo A, 1/4 sangue tipo AB e 1/2 sangue tipo B.

9. Considerando a genealogia e os grupos sanguíneos (sistemas ABO) de cada indivíduo na figura abaixo, determine qual a probabilidade de o indivíduo III-1 ser do sexo masculino e do grupo sanguíneo A.

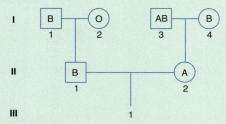

44 BIOLOGIA 3 • 4.ª edição

10. Uma mulher pertencente ao grupo sanguíneo Rh⁻, que sofreu uma transfusão de sangue Rh⁺, torna-se imunizada contra o antígeno Rh. Quais são as consequências dessa imunização em um filho Rh⁺?

11. A respeito dos itens abaixo, assinale V para as afirmações corretas e F para as incorretas.

a) Há indivíduos sem os antígenos M e N.
b) O genótipo $L^M L^M$ significa a presença do antígeno M nas hemácias.
c) O grupo sanguíneo N tem dois genótipos possíveis.
d) Os indivíduos de genótipo $L^M L^N$ produzem os dois tipos de antígenos.
e) A produção de anticorpo anti-M é natural, isto é, não necessita de sensibilização como ocorre no grupo sanguíneo ABO.

12. *Questão de interpretação de texto*

(FGV – SP) AUSTRALIANA MUDA DE GRUPO SANGUÍNEO APÓS TRANSPLANTE

A australiana Demi-Lee Brennan, 15, mudou de grupo sanguíneo, O Rh⁻, e adotou o tipo sanguíneo de seu doador, O Rh⁺, após ter sido submetida a um transplante de fígado, informou a equipe médica do hospital infantil de Westemead, Sydney. A garota tinha nove anos quando fez o transplante. Nove meses depois, os médicos descobriram que havia mudado de grupo sanguíneo, depois que as células-tronco do novo fígado migraram para sua medula óssea. O fato contribuiu para que seu organismo não rejeitasse o órgão transplantado.

Folha online, 24 jan. 2008.

Sobre esse fato, pode-se dizer que a garota

a) não apresentava aglutinogênios anti-A e anti-B em suas hemácias, mas depois do transplante passou a apresentá-los.
b) apresentava aglutininas do sistema ABO em seu plasma sanguíneo, mas depois do transplante deixou de apresentá-las.
c) apresentava o fator Rh, mas não apresentava aglutininas anti-Rh em seu sangue, e depois do transplante passou a apresentá-las.
d) quando adulta, se engravidar de um rapaz de tipo sanguíneo Rh⁻, poderá gerar uma criança de tipo sanguíneo Rh⁺.
e) quando adulta, se engravidar de um rapaz de tipo sanguíneo Rh⁺, não corre o risco de gerar uma criança com eritroblastose fetal.

Questões objetivas

1. (UNESP) Em coelhos, os alelos C, c^{ch}, c^h e c^a condicionam, respectivamente, pelagem tipo selvagem, chinchila, himalaia e albino. Em uma população de coelhos em que estejam presentes os quatros alelos, o número possível de genótipos diferentes será:

a) 4
b) 6
c) 8
d) 10
e) 12

2. (UFMS) O padrão fenotípico da pelagem de coelhos é determinado por uma série de 4 alelos (alelos múltiplos), como demonstrado na tabela abaixo:

Alelo	Fenótipo
C	aguti
c^{ch}	chinchila
c^h	himalaia
c^a	albino

Com relação à escala de dominância, o alelo C é dominante sobre todos os outros alelos; o alelo c^{ch} é dominante sobre o alelo c^h. Por sua vez, o alelo c^h é dominante sobre o alelo c^a. Em função dos genótipos de cada casal de coelhos, analise os cruzamentos propostos e assinale a(s) alternativa(s) que indica(m) a(s) possibilidade(s) correta(s).

(01) Do cruzamento $c^h c^h \times c^a c^a$, espera-se que 75% dos descendentes sejam himalaias.

(02) Do cruzamento $c^{ch} c^{ch} \times c^h c^a$, espera-se que 25% dos descendentes sejam albinos.

(04) Do cruzamento $c^h c^a \times c^a c^a$, espera-se que 50% dos descendentes sejam himalaias.

(08) Do cruzamento $Cc^{ch} \times c^a c^a$, espera-se que 25% dos descendentes sejam albinos.

(16) Do cruzamento $c^{ch} c^a \times c^{ch} c^a$, espera-se que 75% dos descendentes sejam chinchilas.

(32) Do cruzamento $CC \times c^{ch} c^{ch}$, espera-se que 100% dos descendentes sejam agutis.

3. (MACKENZIE – SP) A respeito de grupos sanguíneos, é correto afirmar que

a) um indivíduo pertencente ao tipo O não tem aglutininas.
b) um indivíduo com aglutinina do tipo B não pode ser filho de pai tipo O.
c) os indivíduos pertencentes ao tipo AB não podem ter filhos que pertençam ao tipo O.
d) um homem pertencente ao tipo A, casado com uma mulher do tipo B, não poderá ter filhos do tipo AB.
e) a ausência de aglutinogênios é característica de indivíduos pertencentes ao tipo AB.

4. (UNESP) Em um acidente de carro, três jovens sofreram graves ferimentos e foram levados a um hospital, onde foi constatada a necessidade de transfusão de sangue devido a uma forte hemorragia nos três acidentados. O hospital possuía em seu estoque 1 litro de sangue do tipo AB, 4 litros do tipo B, 6 litros do tipo A e 10 litros do tipo O. Ao se fazer a tipagem sanguínea dos jovens, verificou-se que o sangue de Carlos era do tipo O, o de Roberto do tipo AB e o de Marcos do tipo A. Considerando apenas o sistema ABO, os jovens para os quais havia maior e menor disponibilidade de sangue em estoque eram, respectivamente,

a) Carlos e Marcos.
b) Marcos e Roberto.
c) Marcos e Carlos.
d) Roberto e Carlos.
e) Roberto e Marcos.

5. (UEM – PR) Em relação ao sistema sanguíneo ABO, assinale o que for correto.

(01) A síntese dos componentes determinantes do sistema ABO é feita pelo retículo endoplasmático e determinada geneticamente.

(02) Indivíduos homozigotos recessivos não podem receber sangue de indivíduos heterozigotos.

(04) Indivíduos heterozigotos não podem receber sangue de indivíduos homozigotos.

(08) Todos os indivíduos homozigotos não podem receber sangue de indivíduos heterozigotos.

(16) Indivíduos homozigotos dominantes podem doar sangue para alguns indivíduos heterozigotos.

Alelos múltiplos e a herança de grupos sanguíneos

(32) A herança do sistema sanguíneo ABO é exemplo de polialelia ou de alelos múltiplos.

(64) A herança do sistema sanguíneo ABO é exemplo de dominância completa entre dois alelos.

6. (UFMS) A herança genética do sistema ABO é dada por alelos múltiplos (polialelia), representados pelos genes alelos "I^A", "I^B" e "i", os quais proporcionam diferentes tipos de fenótipos e genótipos sanguíneos em humanos. Em relação ao tipo de herança do sistema ABO, identifique as afirmativas corretas e dê sua soma ao final.

(01) O grupo AB apresenta 2 tipos de fenótipos e 4 tipos de genótipos.

(02) Indivíduos do grupo sanguíneo B possuem aglutinogênios B e aglutininas anti-A.

(04) Os genes alelos "I^A" e "I^B" são dominantes em relação a "i".

(08) Uma mulher e um homem, ambos pertencentes ao grupo sanguíneo do tipo O, não apresentam possibilidades de terem filhos do tipo A, B ou AB, mas somente do tipo O.

(16) Indivíduos do grupo sanguíneo do tipo A apresentam apenas 1 (um) tipo de genótipo e dois tipos de fenótipos.

(32) A produção de aglutinogênios é condicionada pelo gene alelo "i".

7. (UFAM) As transfusões sanguíneas exigem o conhecimento prévio ou "tipagem" do sangue do receptor e do sangue do doador. Conhecendo-se o sistema sanguíneo ABO, como o quadro abaixo deve ser completado?

Grupo sanguíneo	Pode doar a	Pode receber de
A	A e AB	
B		B e O
AB	AB	
O		O

a) A pode receber de A e O; B pode doar a B e AB; AB pode receber de A, B, AB e O; O pode doar a A, B, AB e O.

b) A pode receber de A e AB; B pode doar a B e O; AB pode receber de A, B, AB e O; O pode doar a A, AB e O.

c) A pode receber somente de A; B pode doar somente a B; AB pode receber de A, B, AB; O pode doar a B, AB e O.

d) A pode receber somente de O; B pode doar somente a AB; AB pode receber de B, AB e O; O pode doar a A, B, AB e O.

e) A pode receber somente de AB; B pode doar a O; AB pode receber de B, AB e O; O pode doar a B, AB e O.

8. (UPE) Ao receber a tipagem sanguínea AB e B, respectivamente, de seus gêmeos bivitelinos recém-nascidos, um homem questiona a equipe médica sobre uma possível troca de bebês, visto ele ser do grupo sanguíneo A e sua mulher, do tipo O. Além disso, o casal possuía duas filhas de quatro e três anos com tipos sanguíneos O e A, respectivamente. Os médicos alegaram não ter ocorrido troca, pois, naquele dia, apenas o casal havia gerado meninos, enquanto as demais crianças eram meninas.

A equipe médica realizou, então, uma bateria de testes com o casal e os bebês, obtendo os seguintes resultados:

1 – Após teste de DNA, foi revelado que os bebês pertenciam ao casal;

2 – A mãe dos bebês possui o fenótipo Bombaim.

As proposições abaixo estão relacionadas a esses fatos. Assinale verdadeiras em I e falsas em II. Analise-as e conclua.

I	II	
0	0	Os antígenos A e B são sintetizados a partir de uma substância H, devido a um gene H que se manifesta apenas em heterozigose.
1	1	O sangue dos indivíduos de genótipo hh não produz a substância H e, portanto, estes não poderão expressar antígenos A e/ou B, mesmo que possuam o genótipo para produzi-los.
2	2	O genótipo da mãe dos bebês é $I^B I^B hh$, o que justifica ela ser um falso O e poder ter crianças com antígeno B ou sem antígenos na superfície das hemácias.
3	3	Como o casal possui filhas com tipos O e A, o genótipo do pai dos bebês é, obrigatoriamente, $I^A I^A HH$.
4	4	A mãe, falso O, por ter o alelo I^B, poderá transmiti-lo aos seus descendentes, que poderão manifestar o fenótipo tipo B, por possuírem um gene H recebido do pai.

9. (UFSC)

Enzimas convertem sangue de todos os tipos em sangue "O"

Um método capaz de transformar em "O" sangue dos tipos A, B e AB foi criado por uma equipe internacional de pesquisadores. A técnica pode pôr fim aos problemas de suprimento nos bancos de sangue, onde falta frequentemente o tipo O negativo, o mais procurado, pois pode ser recebido por qualquer paciente. A compatibilidade é fundamental para a transfusão, pois esses antígenos podem reagir com anticorpos presentes no plasma e levar à morte em alguns casos. A equipe de Qiyong Liu, da empresa ZymeQuest (EUA), obteve enzimas capazes de remover da superfície dos glóbulos vermelhos as moléculas responsáveis pela reação imune. As enzimas foram desenvolvidas em laboratório a partir de proteínas produzidas por bactérias.

Disponível em: <http://www.cienciahoje.uol.com.br/controlPanel/materia/view/68658>.
Acesso em: 16 set. 2009. (Adaptado)

Sobre esse assunto, é **CORRETO** afirmar que:

(01) a incompatibilidade entre grupos sanguíneos deve-se a uma reação imunológica entre proteínas dissolvidas no plasma sanguíneo e moléculas presentes na membrana das hemácias.

(02) ao obter enzimas capazes de suprimir a reação imune, os cientistas podem alterar a herança genética das pessoas quanto ao tipo sanguíneo.

(04) a herança dos grupos sanguíneos do sistema ABO é determinada por um gene com alelos múltiplos.

(08) o sangue das pessoas que apresentam o tipo O recebe essa denominação porque não apresenta o antígeno A ou B (aglutinogênio A ou aglutinogênio B) nem as aglutininas anti-A ou anti-B.

(16) existe um pequeno número de pessoas na população mundial que pode ser erroneamente classificado como pertencente ao grupo sanguíneo O (falso O), embora não possuam genótipo correspondente a esse grupo (fenótipo Bombaim).

(32) para cada fenótipo sanguíneo existente no sistema ABO só existe um genótipo possível que o determine.

10. (UFOP – MG) As alternativas abaixo são referentes à transfusão de sangue e à herança de grupos sanguíneos. Marque a opção **incorreta**.

a) A eritroblastose fetal é um importante problema de incompatibilidade materno-fetal, vinculado ao fator Rh.
b) A transfusão sanguínea pode aumentar a incidência de doenças como a hepatite B, a AIDS e a hemofilia.
c) Hemácias jovens e ainda nucleadas, observadas no sangue de crianças com doença hemolítica do recém-nascido, são denominadas eritroblastos, o que explica o outro nome dado à doença: eristroblastose fetal.
d) A determinação do sistema Rh tem importância médico-legal em casos de identificação de amostras de sangue ou de investigação de paternidade.

11. (UFLA – MG) O sistema **Rh** em seres humanos é controlado por um gene com dois alelos, dos quais o alelo dominante **R** é responsável pela presença do fator **Rh** nas hemácias e, portanto, fenótipo **Rh⁺**. O alelo recessivo *r* é responsável pela ausência do fator **Rh** e fenótipo **Rh⁻**.

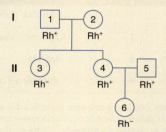

Com base no heredograma acima, determine os genótipos dos indivíduos 1, 2, 3, 4, 5 e 6, respectivamente.

a) RR, Rr, Rr, RR, Rr, RR
b) Rr, Rr, rr, Rr, Rr, rr
c) Rr, Rr, Rr, rr, RR, Rr
d) Rr, Rr, rr, RR, Rr, rr

12. (UFAC) Leia o texto a seguir.

Estudante descobre não ser filha dos pais em aula de genética

Uma aula sobre genética tumultuou a vida de uma família que vive em Campo Grande, Mato Grosso do Sul. Uma estudante descobriu que não poderia ser filha natural dos pais. Miriam Anderson cresceu acreditando que Holmes e Elisa eram os seus pais. Na adolescência, durante uma aula de genética, ela entendeu que o tipo sanguíneo dos pais era incompatível com o dela.

Jornal Hoje – Rede Globo, 29 set. 2008.

Considerando que o tipo sanguíneo de Miriam seja O, Rh⁻, assinale a alternativa que apresenta o provável tipo sanguíneo do casal que confirmaria o drama descrito na reportagem, ou seja, que Holmes e Elisa não poderiam ter gerado Miriam.

a) Pai: AB, Rh⁺ e mãe: O, Rh⁻.
b) Pai: A, Rh⁺ e mãe: B, Rh⁺.
c) Pai: B, Rh⁻ e mãe: B, Rh⁻.
d) Pai: O, Rh⁻ e mãe: A, Rh⁺.
e) Pai: B, Rh⁺ e mãe: A, Rh⁺.

13. (PUC – SP) O sangue de um determinado casal foi testado com a utilização dos soros anti-A, anti-B e anti-Rh (anti-D). Os resultados são mostrados abaixo. O sinal + significa aglutinação de hemácias e – significa ausência de reação.

Lâmina I – contém gotas de sangue da mulher misturadas aos três tipos de soro.
Lâmina II – contém gotas de sangue do homem misturadas aos três tipos de soro.

Esse casal tem uma criança pertencente ao grupo O e Rh negativo. Qual a probabilidade de o casal vir a ter uma criança que apresente aglutinogênios (antígenos) A, B e Rh nas hemáceas?

a) 1/2
b) 1/4
c) 1/8
d) 1/16
e) 3/4

14. (MACKENZIE – SP) Uma mulher pertencente ao tipo sanguíneo A, Rh⁻, filha de mãe tipo O, Rh⁺, casou-se com um homem do tipo B, Rh⁺, filho de pai A, Rh⁻. É correto afirmar que:

a) tanto o homem quanto a mulher são homozigotos para os genes do sistema ABO.
b) esse casal pode ter crianças pertencentes a todos os tipos sanguíneos.
c) essa mulher não poderá ter crianças com eritroblastose fetal.
d) há 50% de probabilidade de esse casal ter uma criança doadora universal.
e) a mulher é heterozigota para o gene do sistema Rh.

15. (PUC – Campinas – SP) A **doença hemolítica do recém-nascido (DHRN)** é causada pela incompatibilidade sanguínea do fator Rh entre o sangue materno e o sangue do bebê. O problema se manifesta durante a gravidez de mulheres Rh negativo que estejam gerando um filho Rh positivo.

Ao passarem para a mãe, as hemácias do feto, que carregam o fator Rh, desencadearão um processo em que o organismo da mãe começará a produzir anticorpos anti-Rh. Esses anticorpos chegarão, através da placenta, até a circulação do feto, destruindo as suas hemácias.

O heredograma a seguir representa uma família na qual a criança indicada pela seta desenvolveu a DHRN e como terapia recebeu transfusões sanguíneas após o nascimento.

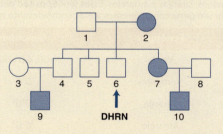

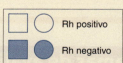

Com base nas informações acima e em seus conhecimentos, é **INCORRETO** afirmar:

a) Após o nascimento, a criança pode ter recebido sangue de um doador Rh negativo que não fosse sua mãe.
b) No heredograma, todos os homens normais representados são heterozigotos para a produção do fator Rh.
c) O indivíduo 4, representado no heredograma, só não desenvolveu a DHRN porque sua mãe deve ter recebido soroterapia preventiva durante a gestação.
d) A chance de o próximo filho do casal 7 × 8 ser Rh positivo é de 50%, mas, mesmo sendo Rh positivo, não é normalmente esperado que desenvolva DHRN.

Alelos múltiplos e a herança de grupos sanguíneos **47**

Questões dissertativas

1. (UNICAMP – SP) No início do século XX, o austríaco Karl Landsteiner, misturando o sangue de indivíduos diferentes, verificou que apenas algumas combinações eram compatíveis.

Descobriu, assim, a existência do chamado sistema ABO em humanos. No quadro abaixo são mostrados os genótipos possíveis e os aglutinogênios correspondentes a cada tipo sanguíneo.

Tipo sanguíneo	Genótipo	Aglutinogênio
A	$I^A I^A$ ou $I^A i$	A
B	$I^B I^B$ ou $I^B i$	B
AB	$I^A I^B$	A e B
O	ii	nenhum

a) Que tipo ou tipos sanguíneos poderiam ser utilizados em transfusão de sangue para indivíduos de sangue tipo A? Justifique.

b) Uma mulher com tipo sanguíneo A, casada com um homem com tipo sanguíneo B, tem um filho considerado doador de sangue universal. Qual a probabilidade de esse casal ter um(a) filho(a) com tipo sanguíneo AB? Justifique sua resposta.

2. (UFES) A cor da pelagem em coelhos é determinada por uma série de alelos múltiplos composta pelos genes C, c^1, c^2 e c^3, responsáveis pelos fenótipos aguti, chinchila, himalaio e albino, respectivamente. A ordem de dominância existente entre os genes é $C > c^1 > c^2 > c^3$.

a) Quais as proporções fenotípicas e genotípicas esperadas na progênie do cruzamento entre um coelho aguti (Cc^1) e um coelho chinchila ($c^1 c^2$)?

b) Como você explicaria o aparecimento de coelhos albinos a partir de um cruzamento entre coelhos himalaios?

3. (UNESP) Uma espécie de peixe possui indivíduos verdes, vermelhos, laranjas e amarelos. Esses fenótipos são determinados por um gene com diferentes alelos, como descrito na tabela.

Fenótipos	Genótipos
Verde	GG, GG^1, GG^2
Vermelho	$G^1 G^1$
Laranja	$G^1 G^2$
Amarelo	$G^2 G^2$

Suponha que esses peixes vivam em lagoas onde ocorre despejo de poluentes que não causam sua morte, porém os tornam mais visíveis aos predadores.

a) Em uma dessas lagoas, os peixes amarelos ficam mais visíveis para os predadores, sendo completamente eliminados naquela geração. Haverá a possibilidade de nascerem peixes amarelos na geração seguinte? Explique.

b) Em outra lagoa, os peixes verdes ficam mais visíveis aos predadores e são eliminados naquela geração. Haverá possibilidade de nascerem peixes verdes na geração seguinte? Explique.

4. (UNICAMP – SP) Para desvendar crimes, a polícia científica costuma coletar e analisar diversos resíduos encontrados no local do crime. Na investigação de um assassinato, quatro amostras de resíduos foram analisadas e apresentaram os componentes relacionados na tabela abaixo.

Amostras	Componentes
1	clorofila, ribose e proteínas
2	ptialina e sais
3	quitina
4	queratina e outras proteínas

Com base nos componentes identificados em cada amostra, os investigadores científicos relacionaram uma das amostras a cabelo e as demais a artrópode, planta e saliva.

a) A qual amostra corresponde o cabelo? E a saliva? Indique qual conteúdo de cada uma das amostras permitiu a identificação do material analisado.

b) Sangue do tipo AB Rh$^-$ também foi coletado no local. Sabendo-se que o pai da vítima tem o tipo sanguíneo O Rh$^-$ e a mãe tem o tipo AB Rh$^+$, há possibilidade de o sangue ser da vítima? Justifique sua resposta.

5. (FUVEST – SP) Um casal afirma que determinada criança achada pela polícia é seu filho desaparecido. Os resultados dos testes para grupos sanguíneos foram:

- suposto pai – Rh$^+$, A, M.
- suposta mãe – Rh$^+$, B, M.
- criança – Rh$^-$, O, N.

Explique como esses resultados excluem ou não a possibilidade de que a criança em questão seja o filho do casal.

Programas de avaliação seriada

1. (PSS – UFS – SE) A genética é o ramo da Biologia que estuda a hereditariedade. Sobre as características hereditárias dos organismos, analise as seguintes informações:

(0) Genes localizados no mesmo cromossomo sempre atuam na mesma característica.

(1) A expressão de um gene é resultado de sua interação com o ambiente e com outros genes.

(2) O genótipo de um indivíduo para determinada característica só pode ser conhecido através de técnicas moleculares.

(3) Existem casos em que dois ou mais genes interagem para produzir um determinado caráter.

(4) Alelos múltiplos são aqueles que afetam mais de um caráter.

2. (PSC – UFAM) No quadro ao lado estão representados os resultados da reação de aglutinação de hemácias de quatro indivíduos, na presença de anticorpos **anti-A**, **anti-B** e **anti-Rh**.

	Anti-A	Anti-B	Anti-Rh
Maria	+	–	+
Pedro	–	+	–
João	+	+	+
Laura	–	–	–

Com base nos resultados apresentados no teste de aglutinação, marque qual das alternativas contém a afirmativa correta.

a) Laura pertence ao grupo sanguíneo O Rh$^+$.

b) João possui aglutininas anti-A e anti-B no plasma.

c) Maria possui aglutinogênio ou antígeno B em suas hemácias.

d) Pedro possui aglutinogênio ou antígeno A em suas hemácias.

e) João pode receber sangue de Maria.

48 BIOLOGIA 3 • 4.ª edição

Herança e sexo

Capítulo 3

Calvície: um problema que atinge mais homens que mulheres

Começam a cair alguns fiozinhos de cabelo e algumas pessoas já ficam preocupadas com a possibilidade de se tornarem calvas.

A queda de cabelo, que pode ocorrer como resultado, por exemplo, de estresse, má alimentação, alterações hormonais, seborreia ou problemas de tireoide, não é o mesmo que calvície, pois esta é de origem genética. Na maioria dos casos, a queda de cabelo pode ser revertida simplesmente tratando-se a sua causa. Já a calvície, também chamada de alopecia androgenética, é uma condição progressiva, que pode atingir tanto homens como mulheres em diferentes graus, e sua herança é influenciada pelo sexo.

Algumas pessoas imaginam que irão começar a perceber os sinais da calvície quando já estiverem ao redor da meia-idade, porém aqueles que apresentam uma predisposição genética para a calvície geralmente manifestam essa condição em idade relativamente precoce. Dos que ficarão calvos, 95% apresentarão essa condição entre os 17 e os 30 anos e apenas 5% notarão o problema após os 30.

Neste capítulo, você vai conhecer as características relacionadas aos cromossomos sexuais e as condições relacionadas à herança ligada ao sexo, como é o caso da calvície.

▪ UM RESULTADO NÃO ESPERADO

Com a redescoberta dos trabalhos de Mendel, um grande número de geneticistas passou a realizar cruzamentos com os mais diferentes seres vivos.

Em 1906, L. Doncaster e G. H. Raynor, ao estudar a cor da asa da mariposa do gênero *Abraxas*, tiveram um resultado não esperado a partir de certo cruzamento. Ao cruzarem fêmeas de asas claras com machos de asas escuras, toda a descendência nasceu com asas escuras, atestando que o alelo para asa escura é dominante e, naturalmente, para asa clara é recessivo. Porém, no cruzamento recíproco (fêmea de asa escura com macho de asa clara), toda a descendência do sexo feminino tinha asas claras e nenhuma fêmea possuía asas escuras!

W. Bateson, na mesma época, cruzou galinhas, obtendo os mesmos resultados não esperados de Doncaster e Raynor: ao estudar a herança da plumagem, notou dois fenótipos – plumagem com listras, que denominou de barrada (dominante), e plumagem de cor uniforme, denominada não barrada (recessiva).

Fazendo o cruzamento entre uma fêmea barrada com um macho não barrado, todas as fêmeas nasceram não barradas e todos os machos, barrados. Não havia nenhuma fêmea barrada e nenhum macho não barrado! Até então, todos os cruzamentos recíprocos davam resultados iguais.

Como explicar esses resultados?

Para responder a essa pergunta, precisamos voltar a 1891. Nesse ano, o cientista H. Henring estudava o processo de meiose, divisão celular que explica a formação de gametas, em certa espécie de percevejo (inseto). Na prófase I da meiose ocorre o pareamento dos homólogos: foi quando Henring observou um cromossomo aparentemente não pareado, a que chamou "corpo X". Mais tarde, em 1905, E. Wilson observou, no processo da meiose, que as fêmeas de certa espécie de inseto tinham seis pares de cromossomos pareados, mas que os machos possuíam apenas cinco pares pareados e um aparentemente não pareado. Nesse mesmo ano, N. Stevens deu um passo importante para a resposta à nossa pergunta: ao estudar o processo de meiose em certa espécie de besouro, notou que um dos pares cromossômicos nos machos diferia em tamanho. Chamou o maior de cromossomo X (o "corpo X" de Henring), e o outro, menor, de cromossomo Y. Nas fêmeas, os dois cromossomos são iguais ao cromossomo maior do macho, e ele os denominou cromossomos XX. Então, Stevens concluiu que os machos são XY e as fêmeas são XX, pelo menos para a espécie estudada.

Os resultados não esperados dos cruzamentos entre mariposas e entre galinhas foram explicados a partir de experimentos realizados no laboratório da Universidade de Colúmbia (EUA), conhecido como "sala das moscas", comandado pelo eminente cientista T. H. Morgan.

▪ AUTOSSOMOS E HETEROSSOMOS: A FÓRMULA CROMOSSÔMICA DAS CÉLULAS

Em condições normais, qualquer célula diploide humana contém 23 pares de cromossomos homólogos, isto é, $2n = 46$. Desses cromossomos, 44 são **autossomos** e 2 são os **cromossomos sexuais**, também conhecidos como **heterossomos**.

Os cromossomos autossômicos são os relacionados a características comuns aos dois sexos, enquanto os sexuais são os responsáveis pelas características próprias de cada sexo. A formação de órgãos somáticos, tais como o fígado, o baço, o estômago e outros, deve-se a genes localizados nos autossomos, visto que esses órgãos existem nos dois sexos. O conjunto haploide de autossomos de uma célula é representado pela letra **A**. Por outro lado, a formação dos órgãos reprodutores, testículos e ovários, característicos de cada sexo, é condicionada por genes localizados nos cromossomos sexuais e são representados, de modo geral, por **X** e **Y**. O cromossomo **Y** é exclusivo do sexo masculino. O cromossomo **X** existe na mulher em dose dupla, enquanto no homem ele se encontra em dose simples (veja a Figura 3-1).

Figura 3-1. Na espécie humana, em indivíduos normais, o cromossomo **Y** é exclusivo do homem e encontra-se em dose única, enquanto na mulher o cromossomo **X** aparece em dose dupla.

Os Cromossomos Sexuais

O cromossomo **Y** é mais curto e possui menos genes que o cromossomo **X**, além de conter uma porção encurvada, em que existem genes exclusivos do sexo masculino. Observe na Figura 39-2 que uma parte do cromossomo **X** não possui alelos em **Y**, isto é, entre os dois cromossomos há uma região não homóloga.

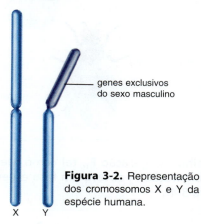

Figura 3-2. Representação dos cromossomos X e Y da espécie humana.

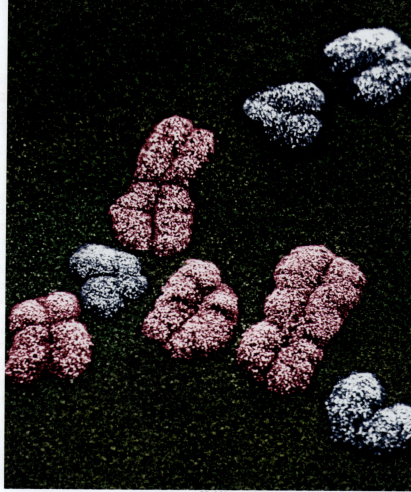

Fotomicrografia de cromossomos sexuais humanos. Coloridos artificialmente, em rosa encontram-se os cromossomos X e em azul, os Y.

DR. GOPAL MURTI/VISUALS UNLIMITED/GLOW IMAGES

Como foram descobertos os cromossomos sexuais?

Para chegar a todas essas conclusões, vários estudos foram feitos por cientistas de muitos centros de pesquisa. Um dos mais importantes foi T. H. Morgan (1866-1945). Ele e seus colaboradores trabalharam com a *Drosophila melanogaster* que, como vimos, apresenta uma série de vantagens como material de trabalho:

1. possui número reduzido de cromossomos, apenas 4 pares ($2n = 8$);
2. o ciclo reprodutivo é bem conhecido, envolvendo a postura de ovos pela fêmea e o surgimento de uma larva que, depois de curto intervalo de tempo, se empupa, originando adultos após a metamorfose. Entre 12 e 14 horas os insetos estarão prontos para se reproduzir;
3. a fêmea é capaz de pôr centenas de ovos, o que permite ao pesquisador chegar a conclusões válidas, pois estatisticamente o número de descendentes é representativo;
4. a mosca adulta tem pouco mais de 2 milímetros de comprimento, de modo que ocupa um espaço reduzido. Dessa forma, o pesquisador pode armazenar milhares de moscas em frascos em uma única prateleira de laboratório;
5. o ciclo de vida é muito curto, pois dura em torno de doze dias; assim, o pesquisador pode avaliar sucessivas gerações em um período de tempo relativamente curto. Imagine, por exemplo, quantas gerações podem ser avaliadas em um ano.

Em 1910, ao estudar a herança da cor do olho em drosófila, Morgan observou um fato novo que lhe permitiu tirar conclusões muito importantes. Ao cruzar repetidamente moscas de olhos vermelhos, obteve, casualmente, descendentes de olhos brancos, provavelmente originados por mutação e que passaram a constituir uma linhagem pura.

Em seguida, cruzou uma fêmea pura de olhos vermelhos com um macho mutante de olhos brancos. Obteve em F₁ todos os descendentes de olhos vermelhos, atestando que no caráter cor de olho de drosófila "o vermelho domina o branco" (veja a Figura 3-3).

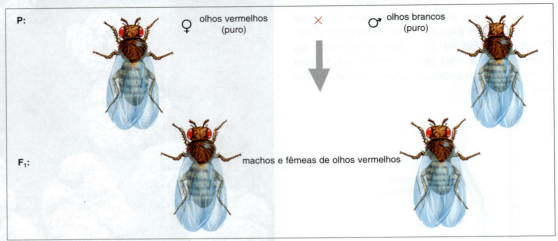

Figura 3-3. Geração F₁ da experiência de Morgan.

Cruzou entre si alguns indivíduos de olhos vermelhos da geração F₁, tal como Mendel havia procedido em seus experimentos com ervilha. Na geração F₂ obteve um fato esperado e outro curioso, que chamou sua atenção (veja a Figura 3-4).

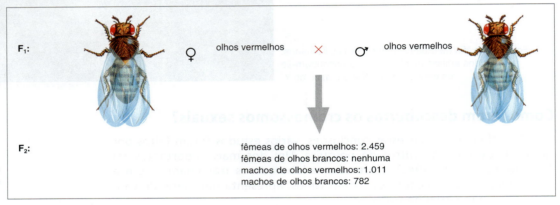

Figura 3-4. Geração F₂ da experiência de Morgan.

Conforme o *esperado*, a proporção mendeliana de 3 : 1 foi obedecida, já que, para cada três moscas de olhos vermelhos, surgiu uma de olho branco. O *curioso*, porém, é que em F₂ não se observou nenhuma fêmea de olho branco!

Morgan elaborou novos cruzamentos, dessa vez cruzando machos de olhos brancos com suas filhas heterozigotas para a cor de olhos, resultando em machos e fêmeas de olhos vermelhos e de olhos brancos. Esse fato levou Morgan a elaborar importantes conclusões relativas à herança ligada ao sexo e à teoria cromossômica da herança, por ele estabelecida.

▪ DETERMINAÇÃO GENÉTICA DO SEXO

O Sistema XY

Em algumas espécies animais, incluindo a humana, a constituição genética dos indivíduos do sexo masculino é representada por 2AXY e a dos gametas por eles produzidos, AX e AY; na fêmea, cuja constituição genética é indicada por 2AXX, produzem-se apenas gametas AX. No homem, a constituição genética é representada por 44XY e a dos gametas por ele produzidos, 22X e 22Y; na mulher, 44XX e os gametas, 22X. Indivíduos que formam só um tipo de gameta, quanto aos cromossomos sexuais, são denominados **homogaméticos**. Os que produzem dois tipos são chamados de **heterogaméticos**. Na espécie humana, o sexo *feminino* é *homogamético*, enquanto o *masculino* é *heterogamético* (veja a Figura 3-5).

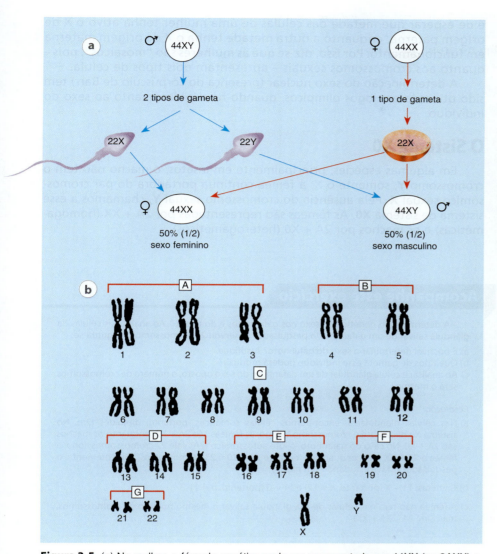

Leitura

Temperatura e determinação de sexo

Um caso interessante que relaciona sexo e temperatura ocorre entre os répteis. A temperatura à qual os ovos são submetidos durante seu desenvolvimento tem papel fundamental na determinação do sexo dos filhotes que vão nascer: nas tartarugas (quelônios), por exemplo, uma temperatura mais alta favorece o desenvolvimento de machos.

Agora, pense no aquecimento que nosso planeta vem sofrendo e como isso poderá influenciar a sobrevivência de algumas espécies, como a de tartarugas (teme-se que, se a temperatura subir excessivamente, a quantidade de fêmeas será extremamente reduzida). Que medidas você tem adotado para ajudar a conter o aquecimento global?

Figura 3-5. (a) Na mulher, a fórmula genética pode ser representada por 44XX (ou 2AXX) e, no homem, por 44XY (ou 2AXY). (b) Cariótipo de célula normal de indivíduo do sexo masculino. Notar os cromossomos **X** e **Y**.

Mecanismo de compensação de dose

Em 1949, o pesquisador inglês Murray Barr descobriu que há uma diferença entre os núcleos interfásicos das células masculinas e femininas: na periferia dos núcleos das células femininas dos mamíferos existe uma massa de cromatina que não existe nas células masculinas. Essa cromatina possibilita identificar o sexo celular dos indivíduos pelo simples exame dos núcleos interfásicos: a ela dá-se o nome de **cromatina sexual** ou **corpúsculo de Barr**.

A partir da década de 1960, evidências permitiram que a pesquisadora inglesa Mary Lyon levantasse a hipótese de que cada corpúsculo de Barr seria um cromossomo X que, na célula interfásica, se espirala e se torna inativo; dessa forma, esse corpúsculo cora-se mais intensamente que todos os demais cromossomos, que se encontram ativos e na forma desespiralada de fios de cromatina.

Segundo a hipótese de Lyon, a inativação atinge ao acaso qualquer um dos dois cromossomos X da mulher, seja o proveniente do espermatozoide ou o do óvulo dos progenitores. Alguns autores acreditam que a inativação de um cromossomo X na mulher seria uma forma de igualar a quantidade de genes nos dois sexos. A esse mecanismo chamam de **compensação de dose**. Como a inativação ocorre ao acaso e em uma fase de desenvolvimento na qual o número de células é relativamente pequeno,

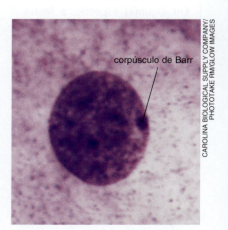

Corpúsculo de Barr em célula epitelial de mulher. Ele é uma massa de cromatina (um cromossomo X inativo), situado na borda do núcleo, e pode ser visto durante a intérfase.

Herança e sexo **53**

> **Anote!**
>
> A técnica para separar espermatozoides contendo cromossomo X de espermatozoides contendo cromossomo Y baseia-se na quantidade de DNA presente nos cromossomos: os que carregam cromossomo X possuem 2,8% mais DNA do que os que carregam o cromossomo Y. Por trabalhar com uma diferença tão ínfima, a margem de acerto na definição dos espermatozoides chega a 92,9%.

é de esperar que metade das células de uma mulher tenha ativo o X de origem paterna, enquanto a outra metade tenha o X de origem materna em funcionamento. Por isso, diz-se que as mulheres são "mosaicos", pois – quanto aos cromossomos sexuais – apresentam dois tipos de célula.

A determinação do sexo nuclear (presença do corpúsculo de Barr) tem sido utilizada em jogos olímpicos, quando há dúvidas quanto ao sexo do indivíduo.

O Sistema X0

Em algumas espécies, principalmente em insetos, o macho não tem o cromossomo **Y**, somente o **X**; a fêmea continua portadora do par cromossômico sexual **X**. Pela ausência do cromossomo sexual **Y**, chamamos a esse sistema de sistema **X0**. As fêmeas são representadas por 2A + XX (homogaméticas) e os machos por 2A + X0 (heterogaméticos).

Acompanhe este exercício

A determinação genética do sexo nos gafanhotos é do tipo X0. Ao analisar as células da glândula salivar de um gafanhoto, o pesquisador observou 23 cromossomos. Pergunta-se:

a) É possível determinar o sexo do gafanhoto? Justifique.
b) Que tipos de gameta esse indivíduo poderá produzir?
c) Ao analisar a célula glandular de um gafanhoto do sexo oposto, o número de cromossomos será o mesmo?

Resolução:

a) Nas células glandulares, encontramos células somáticas, portanto, diploides (2n). No sistema X0 não existe o cromossomo Y, logo, as fêmeas são 2A + XX, enquanto os machos são 2A + X0. No caso do gafanhoto, o lote autossômico (2A) vale 22 cromossomos; logo, a fêmea é 22 + XX = 24, enquanto o macho é 22 + X0 = 23 cromossomos. Evidentemente, o pesquisador estava estudando um macho.

b) Gametas: 11 + X (portanto, *n* = 12) e 11 + 0 (portanto, *n* = 11).

c) A fêmea não terá nas células de sua glândula salivar o mesmo número de cromossomos, mas, sim, 24 (22A + XX).

O Sistema ZW

Em muitas aves (incluindo os nossos conhecidos galos e galinhas), borboletas e alguns peixes, a composição cromossômica do sexo é oposta à que acabamos de estudar: o sexo *homogamético* é o *masculino*, enquanto as fêmeas são *heterogaméticas*. Também a simbologia utilizada, nesse caso, para não gerar confusão com o sistema XY, é diferente: os cromossomos sexuais dos machos são representados por **ZZ**, enquanto nas fêmeas os cromossomos sexuais são representados por **ZW**.

> **Anote!**
>
> Em algumas espécies, a fêmea não tem cromossomo W: elas passam a ser Z0, enquanto os machos continuam a ser ZZ. Note que o sexo heterogamético é o sexo feminino.

Abelhas e Partenogênese: Um Caso Especial

Nas abelhas, a determinação sexual difere acentuadamente da que até agora foi estudada. Nesses insetos, o sexo não depende da presença de cromossomos sexuais, e sim da *ploidia*. Assim, *machos* (zangões) são sempre *haploides*, enquanto as fêmeas são *diploides*. A rainha é a única fêmea fértil da colmeia e, por meiose, produz centenas de óvulos, muitos dos quais serão fecundados. Óvulos fecundados originam zigotos que se desenvolvem em fêmeas. Se, na fase larval, essas fêmeas receberem alimentação especial, transformar-se-ão em novas rainhas. Caso contrário, desenvolver-se-ão em operárias, que são estéreis.

Os óvulos não fecundados desenvolvem-se por mitose em machos haploides. Esse processo é chamado de **partenogênese** (do grego, *partheno* = virgem + *génesis* = origem), ou seja, é considerado um processo de desenvolvimento de óvulos não-fertilizados em indivíduos adultos haploides (veja a Figura 3-6).

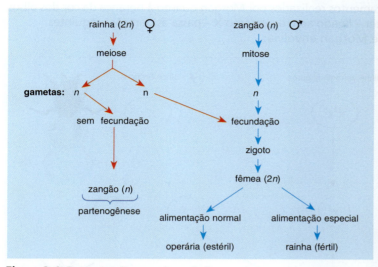

Figura 3-6. Determinação sexual em abelhas.

▪ HERANÇA LIGADA AO SEXO

Em 1910, estudando a herança da cor dos olhos em drosófila, Morgan e seus colaboradores cruzaram uma fêmea pura de olhos vermelhos com um macho mutante de olhos brancos. Obtiveram em F_1 todos os descendentes de olhos vermelhos. Em seguida, cruzaram entre si indivíduos de olhos vermelhos da geração F_1. Na geração F_2 obtiveram a proporção mendeliana de 3 : 1; porém, um fato curioso chamou sua atenção: em F_2 não se observou nenhuma fêmea de olho branco. A conclusão de Morgan foi que a herança da cor dos olhos em drosófila era um caráter ligado ao sexo, estando os genes para esse caráter localizados no cromossomo X, na parte não homóloga ao Y. Em drosófilas, nos machos, só existe um gene para a determinação da cor dos olhos, localizado no único cromossomo X que possuem. O cromossomo Y não possui genes relacionados a essa característica. Nas fêmeas, possuidoras de dois cromossomos X, há um par de genes que condiciona a cor dos olhos. Desse modo, para que um macho de drosófila tenha olhos brancos, apenas um gene é suficiente. Já uma fêmea precisa ter dois genes recessivos para que os olhos sejam brancos (veja a Figura 3-7).

A descoberta de que os genes que determinam a cor dos olhos em drosófila se localizam no cromossomo *X* abriu caminho para a segunda importante conclusão de Morgan: se os genes para a cor dos olhos se localizam nos cromossomos *X*, então todos os genes localizam-se nos cromossomos, sejam ou não ligados ao sexo **(teoria cromossômica da herança)**.

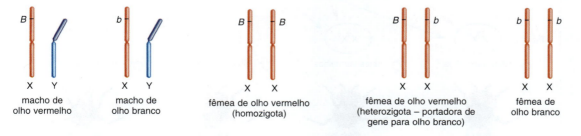

Figura 3-7. Observe que, em drosófilas, não há macho heterozigoto para a cor dos olhos, pois os genes para essa característica encontram-se localizados no cromossomo X, na região não homóloga ao Y. Costuma-se dizer que os machos são hemizigóticos.

Herança e sexo **55**

Cruzamentos Efetuados por Morgan sobre a Herança da Cor dos Olhos em Drosófilas

Os experimentos de Morgan foram importantes para a determinação de que alguns caracteres são transmitidos às gerações seguintes por meio de genes que se encontram nos cromossomos sexuais.

Vamos acompanhar os cruzamentos realizados por Morgan quanto à herança da cor dos olhos em drosófilas, e como esse caráter – ligado ao cromossomo X – passa às gerações seguintes.

O primeiro cruzamento de Morgan envolvia:

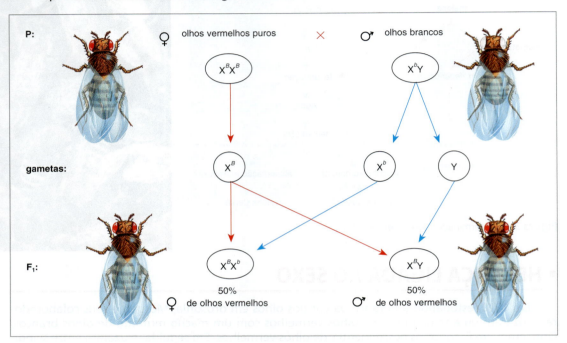

Cruzando fêmeas e machos de F$_1$, Morgan obteve em F$_2$:

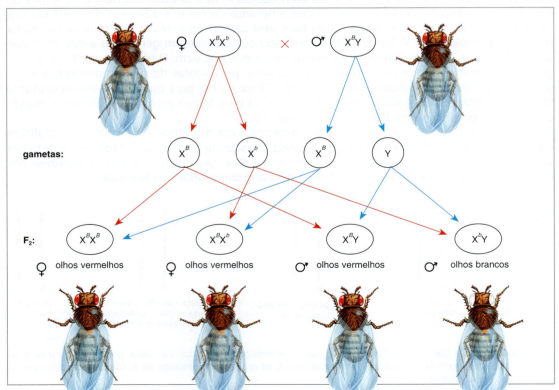

Note que em F₂ as fêmeas são todas de olhos vermelhos, $X^B X^b$ ou $X^B X^B$ (portanto, X^B é dominante). Os machos têm olhos vermelhos, $X^B Y$, e olhos brancos, $X^b Y$.

Não foi difícil para Morgan explicar a herança da cor dos olhos nas fêmeas: elas sempre possuem dois cromossomos X, um proveniente do pai e outro da mãe. Ora, se o pai da geração F₁ é $X^B Y$, com certeza ele transmitirá o cromossomo X^B para todas as suas filhas, que nascerão com olhos vermelhos. Para que nascesse uma fêmea de olhos brancos, o pai teria de ser obrigatoriamente $X^b Y$, independentemente de ser o genótipo materno $X^B X^b$ ou $X^b X^b$. Observe:

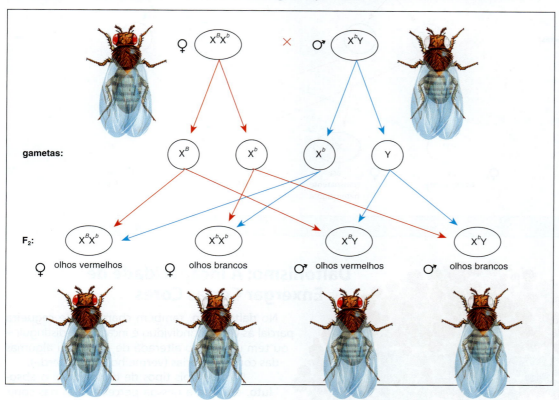

Graças às experiências realizadas por Morgan e colaboradores, foi possível explicar a herança de algumas anomalias ligadas ao sexo no homem, entre elas o **daltonismo**, a **hemofilia** e a **distrofia muscular de Duchenne**.

Acompanhe este exercício

Foram cruzadas duas drosófilas com asas transparentes normais. Na descendência, apareceram insetos com asas foscas. A prole foi a seguinte:
- 220 fêmeas de asas transparentes;
- 110 machos de asas transparentes;
- 110 machos de asas foscas.

Qual é a explicação genética para esses resultados? Dê os genótipos dos genitores e de todos os descendentes.

Resolução:

A primeira etapa é descobrir que tipo de asa se deve ao gene dominante e ao recessivo. Nesse caso, não há dúvida de que a asa transparente é determinada pelo gene dominante, pois o casal normal originou descendentes com asas foscas, que só podem ser recessivos, visto que recessivo × recessivo não pode originar um fenótipo dominante.

Em seguida, podemos pensar que se trata de um caso da 1.ª Lei de Mendel, pois o cruzamento deve ter sido entre pais heterozigotos, uma vez que na descendência notamos a proporção de 3 : 1 (330 transparentes para 110 foscas).

No entanto, um fato chama a atenção: não temos nenhuma fêmea de asa fosca. Se os genes que determinam o tipo de asa estivessem em um cromossomo autossômico, alguma fêmea deveria ter asa fosca. Isso não aconteceu. Logo, descartamos que seja uma herança autossômica.

Trata-se de um caso de herança ligada ao sexo, em que podemos ter os seguintes genótipos com seus respectivos fenótipos:

- $X^F X^F$ – fêmea de asas transparentes;
- $X^F X^f$ – fêmea de asas transparentes heterozigota;
- $X^f X^f$ – fêmea de asas foscas;
- $X^F Y$ – macho de asas transparentes;
- $X^f Y$ – macho de asas foscas.

Vejamos agora os genótipos e fenótipos dos pais e dos descendentes:

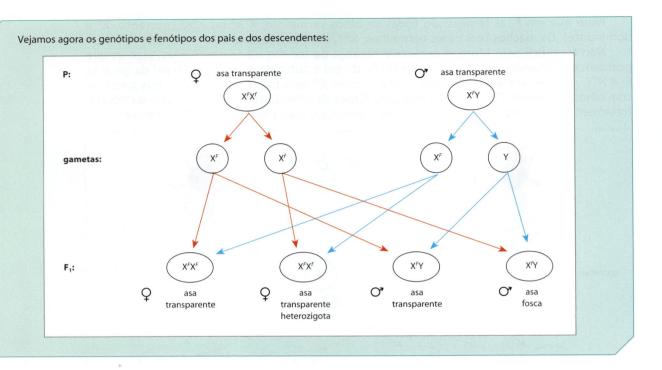

Daltonismo: A Incapacidade de Enxergar Certas Cores

No **daltonismo**, também chamado de **cegueira parcial às cores**, o indivíduo é incapaz de distinguir – ou tem uma visão alterada de – uma ou algumas das cores primárias (vermelho, azul e verde).

Existem dois tipos de daltonismo: o **absoluto**, em que a pessoa percebe duas das cores primárias, em geral com dificuldades para distinguir o verde (*deuteranopia*) ou o vermelho (*protanopia*); e o **relativo**, em que o indivíduo é sensível às três cores fundamentais, porém tem alguma dificuldade para distingui-las. É uma anomalia determinada por gene recessivo ligado ao cromossomo X, representado pela letra X^d. O alelo dominante, X^D, condiciona visão normal para cores. A mulher só é daltônica se for homozigota recessiva ($X^d X^d$), mas basta o alelo X^d para que o homem seja daltônico. Veja a Tabela 3-1.

Anote!
A dificuldade para distinguir a cor azul não é uma herança ligada ao sexo, ou seja, o gene que determina essa anomalia não está ligado ao cromossomo X, mas sim a um autossomo.

Se você consegue distinguir perfeitamente o número 74 entre as bolinhas da figura acima, então você não é daltônico.

Tabela 3-1. Diferentes fenótipos para daltonismo, resultante da combinação de gametas.

$X^D X^D$	mulher normal
$X^D X^d$	mulher normal portadora
$X^d X^d$	mulher daltônica
$X^D Y$	homem normal
$X^d Y$	homem daltônico

Acompanhe estes exercícios

1. A genealogia abaixo representa uma família com alguns indivíduos daltônicos, os quais estão assinalados em preto. Determine os genótipos de todos os indivíduos envolvidos.

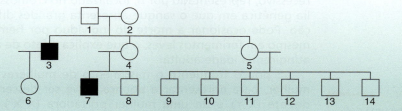

Resolução:

- O genótipo dos homens normais (1 e 8 a 14) é X^DY.
- O genótipo dos homens daltônicos (3 e 7) é X^dY.
- 3 e 7 herdaram, obrigatoriamente, o X^d de suas mães (2 e 4), as quais, sendo normais, devem ser portadoras (X^DX^d).
- A mulher 5, normal, teve seis filhos normais e, com grande probabilidade, seu genótipo é X^DX^D.
- A mulher 6, normal, é portadora do gene para o daltonismo (X^DX^d), já que seu pai, 3, é daltônico.

Veja, a seguir, a mesma genealogia com os genótipos:

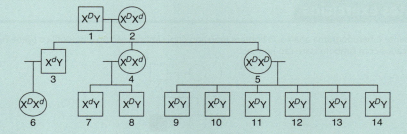

2. Analise cuidadosamente o heredograma abaixo: que tipo de transmissão para o fenótipo determinado pelo símbolo escuro está ocorrendo? Justifique sua resposta.

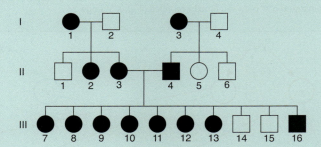

Resolução:

Inicialmente podemos concluir que o fenótipo designado pelo símbolo escuro é determinado por um gene dominante, pois o casal II-3 × II-4 originou indivíduos marcados com símbolo branco (III-14 e III-15) e, portanto, devem ser heterozigotos.

Ao analisarmos a geração III, chama a atenção que nasceram 7 filhas e 3 filhos, e que todas as filhas têm o mesmo fenótipo dos pais. Entre os filhos, 2 são marcados com símbolos brancos e 1, com símbolo escuro. Caso fosse uma herança autossômica, a probabilidade de nascer crianças com fenótipo designado pelos símbolos escuro e claro seria a mesma, independentemente do sexo. Logo, deveria ter nascido pelo menos uma filha designada pelo símbolo claro. Isso não aconteceu. Trata-se, então, de uma característica ligada ao sexo.

Assim,

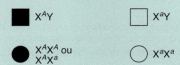

Repare que II-3 é X^AX^a e II-4 é X^AY. Logo, todas as suas filhas receberam o X^A do pai; por isso, todas são marcadas pelo símbolo escuro. A mãe II-3 cedeu o X^A para o filho III-16 e X^a para os filhos III-14 e III-15. É claro que o Y desses três filhos veio do pai (II-4).

Para confirmar essa hipótese, repare que a filha II-5 é X^aX^a, sendo que um X^a veio da mãe I-3 (X^AX^a) e o outro veio do pai I-4 (X^aY). A mãe I-3 cedeu X^a para o filho II-6 (X^aY) e o X^a para o II-4 (X^aY).

Concluindo, o símbolo escuro representa uma característica determinada por um gene dominante ligado ao sexo.

Hemofilia: Dificuldade na Coagulação do Sangue

A hemofilia atinge cerca de 300 mil pessoas. É condicionada por gene recessivo, representado por *h*, localizado no cromossomo X. É uma anomalia genética em que o sangue apresenta grandes dificuldades de coagulação. Pode ocasionar a morte do indivíduo por hemorragia incontrolável, mesmo em ferimentos leves, o que explica o fato de as pessoas dificilmente atingirem a idade adulta.

É pouco frequente o nascimento de mulheres hemofílicas, já que a mulher, para apresentar a doença, deve ser descendente de um homem doente (X^hY) e de uma mulher portadora (X^HX^h) ou hemofílica (X^hX^h). Como esse tipo de cruzamento é extremamente raro, acreditava-se que praticamente inexistiriam mulheres hemofílicas. No entanto, já foram relatados casos de hemofílicas, contrariando assim a noção popular de que essas mulheres morreriam por hemorragia após a primeira menstruação (a interrupção do fluxo menstrual deve-se à contração dos vasos sanguíneos do endométrio, e não à coagulação do sangue).

> **Anote!**
> Na hemofilia tipo A, há uma deficiência na produção da globulina anti-hemofílica, que tem sido corrigida com o uso do "fator VIII", preparado a partir do plasma humano.

Acompanhe estes exercícios

1. Analise cuidadosamente o heredograma abaixo. O homem marcado com símbolo escuro é hemofílico (gene recessivo *h* ligado ao sexo) e os indivíduos marcados com símbolo claro são normais.

Qual a probabilidade de o casal I-1 × I-2 vir a ter um outro filho hemofílico?

Resolução:

Inicialmente, devemos descobrir o genótipo do casal. O pai (I-2), sendo normal, só pode ser X^HY. A mãe (I-1), também normal, só pode ser X^HX^h, pois foi ela quem transmitiu o X^h para seu filho hemofílico (II-2), X^hY. Logo,

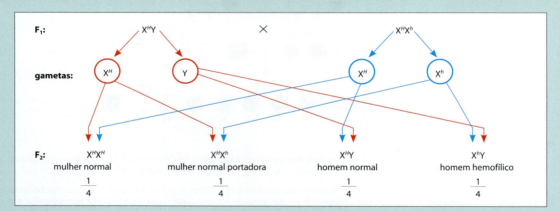

Portanto, a resposta é $\frac{1}{4}$.

2. Analise cuidadosamente o heredograma a seguir. Os indivíduos marcados com símbolo escuro são albinos (gene recessivo localizado em certo cromossomo autossômico). O símbolo claro representa uma pele normalmente pigmentada.

O casal I-1 × I-2 deseja saber qual a probabilidade de vir a ter um filho albino.

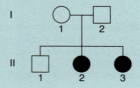

Resolução:
Inicialmente, devemos descobrir o genótipo dos pais. Como eles têm pigmentação normal e tiveram duas filhas albinas (*aa*), só podem ser heterozigotos (*Aa*). Então,

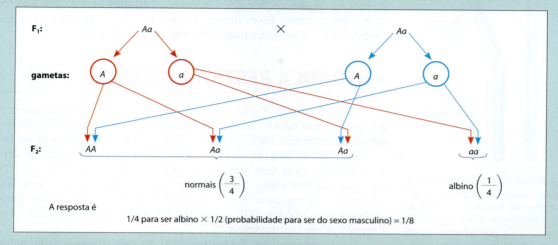

F₁: Aa × Aa

gametas: A, a, A, a

F₂: AA, Aa, Aa, aa

normais $\left(\frac{3}{4}\right)$ albino $\left(\frac{1}{4}\right)$

A resposta é

1/4 para ser albino × 1/2 (probabilidade para ser do sexo masculino) = 1/8

Comentário: Observe que, neste caso, multiplicamos por 1/2, pois o albinismo deve-se a um gene localizado em cromossomo autossômico, que é independente dos cromossomos sexuais. No problema anterior, referente à hemofilia, não há necessidade de multiplicar por 1/2, pois o gene já está localizado nos cromossomos sexuais.

Distrofia Muscular de Duchenne: Lenta Degeneração dos Músculos

Disfunção de origem genética, caracterizada por degeneração dos músculos estriados (tanto os dos movimentos voluntários como o do coração), desde branda até severa, levando a uma incapacidade progressiva. Estima-se que essa síndrome acometa uma a cada 3.500 pessoas. É condicionada por um gene recessivo ligado ao cromossomo X, afetando todos os homens que carregam esse gene recessivo. Nas mulheres heterozigotas para esse caráter, a doença pode se apresentar de forma branda ou estar totalmente ausente, sendo que, nas homozigotas, ela se apresenta de forma severa.

Leitura

"Eu pensei que a humanidade já estava infringida de males suficientes... e não parabenizo o Senhor pelo novo presente que a humanidade ganhou."

Essa frase polêmica é de autoria do neurologista francês Guillaume Duchenne, responsável pela descrição da Distrofia Muscular de Duchenne (DMD), em 1868. A DMD é uma doença de cunho genético, cujo principal sintoma é a atrofia muscular progressiva, o que pode levar o portador dessa anomalia a depender, durante toda a sua vida, de uma cadeira de rodas para sobreviver.

Tal anomalia é caracterizada como recessiva ligada ao X, uma vez que o gene mutante responsável já foi localizado pelos pesquisadores na região cromossômica Xp21. Como já foi visto, a manifestação de uma anomalia recessiva ligada ao X é maior em pessoas do sexo masculino, pois, para elas, apenas a presença de uma "dose" do gene recessivo é suficiente. Em mulheres, para que a DMD se desenvolva de maneira mais severa, é necessário que esse gene esteja em "dose" dupla, sendo que uma das doses deverá vir do genitor paterno e a outra, do genitor materno. Devido ao fato de que a doença limita de modo bastante acentuado a longevidade de seus portadores, e, com isso, esses indivíduos dificilmente alcançam a maturidade sexual e, mesmo que a alcancem, não conseguem se reproduzir, a incidência de mulheres que apresentam o grau mais severo da DMD torna-se bastante rara.

A doença tem origem em uma alteração no gene responsável pela produção da distrofina, uma proteína essencial cuja (...) função é regular a permeabilidade da membrana de células musculares em conjunto com um complexo de outras proteínas. Esse gene é bastante grande, sendo que as alterações que levam à supressão da produção da distrofina podem estar relacionadas à perda de um pedaço do gene (...).

Muitos dos meninos que apresentam a DMD assemelham-se a crianças normais em seus primeiros 2 anos de vida, mas, logo após esse período, passam a desenvolver uma série de dificuldades em realizar tarefas motoras usuais para a idade, como andar, correr e levantar do chão, além de sofrerem quedas frequentes. Com o passar do tempo, a doença afeta de modo irreversível os membros inferiores, quadris e, mais tarde, os membros superiores, com lesões na coluna e nos tendões. Com isso, o paciente passa a manifestar uma fraqueza excessiva e dificuldades enormes para se locomover.

Atualmente, estão sendo desenvolvidos vários tratamentos para pessoas que apresentam a DMD a fim de lhes garantir melhor qualidade de vida. Porém, esses pacientes não apresentam uma sobrevida maior do que 25 anos, sendo levados à morte por insuficiência respiratória ou cardíaca e broncopneumonia.

Disponível em: <http://www.wgate.com.br/conteudo/medicinaesaude/fisioterapia/neuro/duchenne.htm>.
Acesso em: 2 set. 2012.

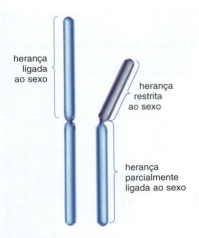

Figura 3-8. Nos cromossomos sexuais, a localização dos genes caracteriza determinado tipo de herança: a *ligada ao sexo*, no cromossomo X, na porção não homóloga ao Y; a *parcialmente ligada ao sexo*, na porção homóloga ao X e ao Y; e a *restrita ao sexo*, na região não homóloga do cromossomo Y.

HERANÇA PARCIALMENTE LIGADA AO SEXO

O cromossomo Y possui uma porção homóloga ao cromossomo X (veja a Figura 3-8). Nessa porção, são compartilhados vários genes alelos entre os dois cromossomos. Esses genes seguem o padrão da herança autossômica e caracterizam a **herança parcialmente ligada ao sexo**.

HERANÇA RESTRITA AO SEXO

O cromossomo Y possui alguns genes que lhe são exclusivos, na porção encurvada que não é homóloga ao X. Esses genes, também conhecidos como **genes holândricos**, caracterizam a chamada **herança restrita ao sexo**.

Não há dúvida de que a masculinização está ligada ao cromossomo Y. Um gene que tem um papel importante nesse fato é o TDF (iniciais de *testis-determining factor*), também chamado SRY (iniciais de *sex-determining region of Y chromossome*), que codifica o fator determinante de testículos. O gene TDF já foi identificado e está localizado na região não homóloga do cromossomo Y.

Tradicionalmente, a *hipertricose*, ou seja, presença de pelos no pavilhão auditivo dos homens, era citada como um exemplo de herança restrita ao sexo. No entanto, a evidência de que a hipertricose se deve a uma herança ligada ao Y está sendo considerada inconclusiva, pois, em algumas famílias estudadas, os pais com hipertricose tiveram filhos homens com e sem pelos nas bordas das orelhas.

HERANÇA INFLUENCIADA PELO SEXO

Certos casos de herança autossômica sofrem influência dos hormônios sexuais. Na espécie humana, a calvície e o comprimento do dedo indicador são dois exemplos. O gene que condiciona a calvície, C, é dominante no homem. Na mulher, a calvície só se manifesta se o alelo dominante, C, estiver em homozigose. Assim, o genótipo heterozigoto resultará em fenótipos diferentes, influenciado pelo sexo do portador. Veja a Tabela 3-2 e a Figura 3-9.

Tabela 3-2. Calvície no homem e na mulher.

Genótipo	No homem	Na mulher
CC	calvo	calva
Cc	calvo	não calva
cc	não calvo	não calva

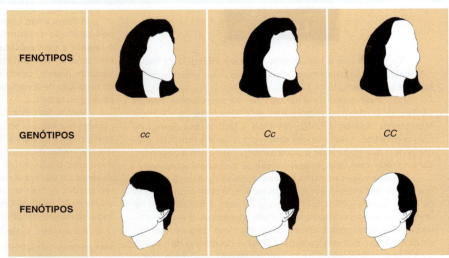

Figura 3-9. A calvície é um caso de herança influenciada pelo sexo. Nas mulheres, é uma característica que só se manifesta se o alelo dominante estiver em homozigose.

Outro exemplo é o comprimento do dedo indicador: dedo indicador mais longo que o anular é dominante nas mulheres e recessivo nos homens. Dedo indicador mais curto que o anular é dominante nos homens e recessivo nas mulheres.

Acompanhe este exercício

Na espécie humana, o comprimento do dedo indicador é uma característica influenciada pelo sexo. O dedo indicador curto é dominante nos homens e recessivo nas mulheres. Um casal heterozigoto para esta característica deseja saber as proporções fenotípicas esperadas entre seus descendentes.

Resolução:

Inicialmente, definiremos a expressão fenotípica dos três genótipos em cada sexo. O gene *L* determina dedo curto, o gene *l* determina dedo longo. Os indivíduos do sexo masculino *LL* e *Ll* terão dedos indicadores curtos, enquanto os homens *ll* terão dedos longos. Nas mulheres, a única possibilidade de terem o dedo indicador curto é serem homozigotas (*LL*).

Genótipos	Homens	Mulheres
LL	curto	curto
Ll	curto	longo
ll	longo	longo

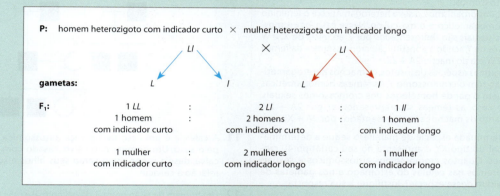

Nos homens, a proporção é de 3 com indicador curto : 1 com indicador longo e, nas mulheres, dá-se o oposto: 3 com indicador longo : 1 com indicador curto.

▪ HERANÇA LIMITADA AO SEXO

Alguns genes autossômicos, portanto não localizados nos cromossomos sexuais, têm sua manifestação determinada em apenas um sexo, muitas vezes em função da presença de alguns hormônios. O homem, por exemplo, pode ter o gene para seios fartos recebido de sua mãe e transmiti-lo às suas filhas, porém, nele, a característica não se manifesta.

Ética & Sociedade

Uma senhora tem um filho afetado por distrofia muscular de Duchenne (DMD), doença letal grave, cujos afetados raramente ultrapassam a terceira década, e busca orientação em um serviço de aconselhamento genético. O exame de DNA revela que, tanto a consulente como sua mãe são portadoras do gene da DMD e, portanto, há risco de 50% de virem a ter outros descendentes do sexo masculino com DMD. Durante o aconselhamento genético, a consulente é informada sobre seu risco genético e que suas tias, primas e sobrinhas precisam ser alertadas, pois também têm risco de serem portadoras do gene para DMD. Elas podem recorrer ao exame de DNA para tentar prevenir o nascimento de novos afetados.

A consulente, para não causar decepções, nega-se terminantemente a alertar seus familiares sobre esse risco.

- Você considera ético deixar que pessoas em risco ignorem essas informações que poderiam prevenir o nascimento de uma criança afetada por uma doença genética grave?
- Por outro lado, temos o direito de invadir a privacidade dos outros e avisar os possíveis afetados, ou o princípio da confidencialidade presente no aconselhamento genético deve sempre ser mantido?

Passo a passo

1. Como é denominado o sexo que apresenta só um tipo de gameta, quanto aos cromossomos sexuais, e o que produz dois tipos de gameta?

2. Em *Drosophila melanogaster*, o número diploide de cromossomos é 8. Se designarmos o complemento haploide de autossomos pela letra A, qual será a constituição cromossômica do macho e da fêmea, sabendo que os machos são heterogaméticos? Quantos cromossomos autossômicos e sexuais encontraremos nas células do estômago e nos gametas de um indivíduo dessa espécie?

3. Nas frases a seguir, assinale com V as verdadeiras e com F as falsas.
   a) Os cromossomos sexuais são morfologicamente iguais no homem e diferentes na mulher.
   b) O cromossomo Y é exclusivo do sexo masculino; o cromossomo X existe na mulher e no homem em dose dupla.
   c) Um indivíduo 2n = 46 cromossomos produz gametas com 23 autossomos.
   d) Em alguns organismos, o sexo heterogamético é o feminino e o homogamético é o masculino. Nesse caso, os cromossomos sexuais são representados por Z ao invés de X, e W ao invés de Y, sendo a constituição cromossômica da fêmea 2A + ZW e a do macho 2A + ZZ.
   e) Em algumas espécies de insetos, os machos heterogaméticos não têm o cromossomo Y. As fêmeas homogaméticas possuem o par de homólogos dos cromossomos sexuais. Nesse caso, as fêmeas são representadas por 2A + XX, enquanto os machos são representados por 2A + X0.

4. Uma determinada espécie de mamífero segue a determinação sexual do tipo XY e apresenta no seu cariótipo 40 cromossomos. Quantos cromossomos autossômicos e sexuais encontraremos nas células do estômago e nos gametas de um indivíduo dessa espécie? Justifique a sua resposta.

5. É correto afirmar que o cromossomo X contém genes relacionados exclusivamente com a determinação do sexo? Justifique sua resposta.

6. Preencha o quadro abaixo

Daltonismo		Hemofilia	
Genótipo	Fenótipo	Genótipo	Fenótipo
	mulher normal		mulher normal
	mulher normal portadora		mulher normal portadora
	mulher daltônica		mulher hemofílica
	homem normal		homem normal
	homem daltônico		homem hemofílico

7. Qual o genótipo de um casal de visão normal que tem um filho daltônico e uma filha de visão normal?

8. Nas frases a seguir, assinale com V as verdadeiras e com F as falsas.
   a) Na espécie humana, casos de herança ligada ao sexo, como, por exemplo, daltonismo, são mais frequentes no sexo masculino, pois o homem possui apenas um cromossomo X, enquanto a mulher é dotada de dois cromossomos X.
   b) Um pai daltônico não poderá ter um filho homem daltônico.
   c) Cada homem recebe seu cromossomo X de sua mãe e não o transmite a seus filhos homens.
   d) Na herança ligada ao sexo dominante, a mulher heterozigota transmite à metade de seus filhos homens e à metade de suas filhas; já o homem afetado não transmite a nenhum filho e sim a todas as filhas.
   e) Na herança recessiva ligada ao sexo, as filhas de uma mãe afetada serão obrigatoriamente também afetadas.

9. Uma mulher, cuja avó materna é heterozigota para hemofilia e cujos pais são normais, casa-se com um homem normal. O casal tem um filho homem hemofílico. Construa o heredograma da família e calcule a probabilidade de o casal vir a ter dois filhos homens hemofílicos.

10. Após analisar cuidadosamente o heredograma abaixo, pode-se concluir que se trata de um caso de herança ligada ao sexo dominante? Justifique sua resposta.

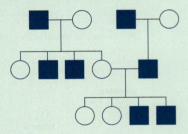

11. A calvície é um caso de herança autossômica influenciada pelo sexo. Um homem não calvo, casado com uma mulher calva, deseja saber como serão seus filhos e suas filhas em relação à calvície.

12. Um homem de visão normal, de pai normal e mãe normal portadora de daltonismo, casa-se com uma mulher normal portadora, cujo pai era daltônico e a mãe normal portadora. Construa o heredograma da família e calcule a probabilidade de esse casal vir a ter um filho daltônico. Justifique sua resposta.

13. Associe os itens abaixo, referentes à determinação sexual, com as respectivas fórmulas cromossômicas das células, numeradas de I a VI.
    a) sexo homogamético
    b) sistema X0
    c) cromossomos autossômicos
    d) cariótipo 2n = 8 cromossomos
    e) sexo heterogamético
    f) sistema ZW

    I – Cromossomos relacionados a características comuns aos dois sexos, como a formação de estômago, pulmões, fígado.
    II – Espécie em que o macho apresenta dois cromossomos sexuais iguais, enquanto a fêmea apresenta dois tipos de cromossomos sexuais.
    III – Espécie em que o cariótipo dos dois sexos revela que o número não é igual.
    IV – Indivíduo que produz gametas com três autossomos e um cromossomo sexual.
    V – O sexo tem dois cromossomos idênticos.
    VI – O sexo possui combinação XY ou ZW.

14. Um cidadão inglês de nome Edward Lambert, nascido em 1717, foi denominado "homem porco-espinho", pois tinha a pele escamada e os seus pelos eram semelhantes aos dos ouriços. Ele teve seis filhos homens e todos exibiam o mesmo fenótipo. Essa característica foi transferida dos pais para os filhos homens durante quatro gerações e nenhuma das filhas exibiu esse fenótipo. Esse fato pode ser explicado como herança influenciada pelo sexo? Justifique sua resposta.

15. *Questão de interpretação de texto*

Alternativa para daltonismo

Macacos daltônicos passaram a enxergar cores após terem sido submetidos a um tratamento baseado em terapia genética. A novidade, descrita na edição desta quinta-feira (17/9) da revista *Nature*, demonstra o potencial da terapia para o tratamento de problemas de visão em humanos.

Os pesquisadores introduziram genes para fotopigmentação presentes em algumas fêmeas em células fotorreceptoras nas retinas de dois machos adultos. A introdução se deu por meio de vírus inofensivos. Os genes produziram proteínas chamadas opsinas, que atuam para a produção, na retina, de pigmentos sensíveis ao vermelho e ao verde.

Cinco semanas após o tratamento, testes físicos e comportamentais comprovaram que os animais passaram a distinguir entre as cores verde e vermelho, o que não conseguiam fazer antes da terapia genética.

Extraído de: Agência de Notícias da FAPESP, 17 set. 2009.

(PUC – SP) Considerando as informações contidas no texto e supondo que esse tipo de daltonismo encontrado nos macacos seja determinado geneticamente da mesma forma que na espécie humana, um estudante do Ensino Médio fez cinco afirmações. Assinale a única **ERRADA**.

a) As fêmeas doadoras de genes produziam normalmente opsinas.

b) As sequências de nucleotídeos introduzidas nas retinas dos dois machos controlaram, no interior das células fotorreceptoras, os processos de transcrição e tradução gênica.

c) Após o tratamento, os macacos receptores apresentavam gene recessivo localizado no cromossomo X.

d) Originalmente, os macacos receptores apresentavam gene recessivo localizado no cromossomo X.

e) Os vírus utilizados como vetores no experimento foram responsáveis pela transferência de RNA mensageiro de fêmeas para machos.

Questões objetivas

1. (UFMS) Cada espécie animal apresenta um número determinado de cromossomos. Nesse sentido, o homem, o bovino e o equino apresentam número haploide de 23, 30 e 32 cromossomos, respectivamente. Com relação ao número normal de cromossomos, autossomos e sexuais, de gametas (haploides) e células somáticas (diploides), indique a(s) proposição(ões) correta(s) e dê sua soma ao final.

(01) Uma célula epitelial equina apresenta 62 cromossomos autossomos e 2 sexuais.

(02) Um neurônio bovino apresenta 1 cromossomo sexual e 59 autossomos.

(04) Um leucócito humano apresenta 44 cromossomos autossomos e 2 sexuais.

(08) Um espermatozoide equino apresenta 2 cromossomos sexuais e 30 autossomos.

(16) Um óvulo humano apresenta 2 cromossomos sexuais e 21 autossomos.

(32) Um espermatozoide bovino apresenta 29 cromossomos autossomos e 1 sexual.

2. (UnB – DF) Com relação à coloração da pelagem de gatos, observam-se os seguintes fenótipos:

fêmeas amarelas	fêmeas manchadas (amarelo e preto)	fêmeas pretas
machos amarelos	–	machos pretos

Utilizando as informações anteriores, julgue os itens a seguir e indique o único incorreto:

a) O caráter cor da pelagem, nos gatos, é condicionado por genes ligados ao cromossomo X, não havendo dominância.

b) As fêmeas manchadas são heterozigotas para o caráter cor da pelagem.

c) Os descendentes de uma fêmea amarela, cruzada com um macho preto, serão manchados.

d) Um gato macho não transmite para seus filhos machos os genes para cor da pelagem.

3. (UECE) A geração F_1, resultante do cruzamento hipotético de determinada espécie animal, apresentava cor marrom. Na geração parental, a fêmea era pura e apresentava cor amarela, enquanto os machos, também puros, apresentavam cor marrom. Já na geração F_2, todos os machos apresentavam cor marrom, enquanto as fêmeas apresentavam cor marrom e amarela, na proporção 50% para cada tipo de cor. O cariótipo revelou que as fêmeas apresentavam um cromossomo a menos que os machos. Da análise do problema concluímos que este tipo de herança é ligado ao sexo, no qual os machos e as fêmeas são, respectivamente,

a) XY e YY. b) X0 e XX. c) ZZ e ZW. d) ZZ e Z0.

4. (UFU – MG) Em uma olimpíada, a ausência de corpúsculo de Barr (cromatina sexual) nas células interfásicas da mucosa bucal pode ser um critério utilizado para a exclusão de atletas de uma competição feminina. Sabendo-se que o corpúsculo de Barr corresponde a um cromossomo X inativo (heterocromatina), analise as seguintes afirmativas:

I – Nas mulheres (assim como nas fêmeas dos mamíferos em geral), o cromossomo X inativo é, preferencialmente, o cromossomo X de origem paterna.

II – A ausência de cromatina sexual, nas células interfásicas da mucosa bucal, permite detectar mulheres com cariótipo masculino (46, XY) que possuem mutação ou deleção no gene SRY.

III – A inativação do cromossomo X faz com que a quantidade de genes ativos nas células das fêmeas dos mamíferos seja igual à quantidade de genes ativos nas células dos machos. A esse mecanismo dá-se o nome de compensação de dose.

IV – O exame de corpúsculo de Barr permite detectar precocemente indivíduos aneuploides com cariótipos: 45, X; 47, XXY; e 47, XYY.

Assinale a alternativa correta.

a) Apenas I e III são verdadeiras.

b) Apenas I e IV são verdadeiras.

c) Apenas II e III são verdadeiras.

d) Apenas II e IV são verdadeiras.

5. (UFSCar – SP) Os machos de abelha originam-se de óvulos não fecundados e são haploides. As fêmeas resultam da fusão entre óvulos e espermatozoides, e são diploides.

Herança e sexo **65**

Em uma linhagem desses insetos, a cor clara dos olhos é condicionada pelo alelo recessivo **a** de um determinado gene, enquanto a cor escura é condicionada pelo alelo dominante **A**. Uma abelha rainha de olhos escuros, heterozigótica **Aa**, foi inseminada artificialmente com espermatozoides de machos de olhos escuros. Espera-se que a prole dessa rainha tenha a seguinte composição:

	Fêmeas (%) olhos escuros	Fêmeas (%) olhos claros	Machos (%) olhos escuros	Machos (%) olhos claros
a)	50	50	50	50
b)	50	50	75	25
c)	75	25	75	25
d)	100	–	50	50
e)	100	–	100	–

6. (UFSC) Em relação à determinação cromossômica do sexo e à herança de genes localizados nos cromossomos sexuais, é **CORRETO** afirmar que:

(01) na determinação cromossômica do sexo na espécie humana, o homem é representado como "XX" e a mulher como "XY", sendo ela, portanto, quem determina o sexo dos filhos.
(02) a hemofilia, doença caracterizada pela falha no sistema de coagulação do sangue, constitui-se em um exemplo de herança genética, cujo gene está localizado no cromossomo X.
(04) nenhum dos genes localizados em cromossomos autossômicos tem influência sobre características determinadas por genes presentes em cromossomos sexuais.
(08) X e Y são apenas letras que representam os cromossomos sexuais; na prática, esses dois cromossomos são idênticos quanto aos genes que os compõem.
(16) o daltonismo, caracterizado pela dificuldade em distinguir cores, constitui-se em um exemplo de herança genética, cujo gene está localizado no cromossomo Y, por isso afeta mais os homens que as mulheres.
(32) a cromatina sexual corresponde a um dos cromossomos X, desativado durante o desenvolvimento embrionário feminino.

7. (UFMG) Duas irmãs, que nunca apresentaram problemas de hemorragia, tiveram filhos. Todos eles, após extrações de dente, tinham hemorragia. No entanto, os filhos do irmão das duas mulheres nunca apresentaram esse tipo de problema.

É **CORRETO** afirmar que essa situação reflete, **mais provavelmente**, um padrão de herança

a) dominante ligada ao cromossomo Y.
b) dominante ligada ao cromossomo X.
c) recessiva ligada ao cromossomo X.
d) restrita ao cromossomo Y.

8. (UFMG) Um casal normal para a hemofilia – doença recessiva ligada ao cromossomo X – gerou quatro crianças: duas normais e duas hemofílicas. Considerando-se essas informações e outros conhecimentos sobre o assunto, é **INCORRETO** afirmar que

a) a mãe das crianças é heterozigótica para a hemofilia.
b) a probabilidade de esse casal ter outra criança hemofílica é de 25%.
c) as crianças do sexo feminino têm fenótipo normal.
d) o gene recessivo está presente no avô paterno das crianças.

9. (FUVEST – SP) O heredograma a seguir mostra homens afetados por uma doença causada por um gene mutado que está localizado no cromossomo X.

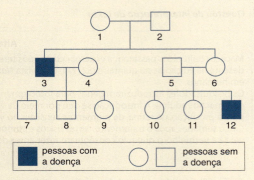

Considere as afirmações:

I – Os indivíduos **1, 6** e **9** são certamente portadores do gene mutado.
II – Os indivíduos **9** e **10** têm a mesma probabilidade de ter herdado o gene mutado.
III – Os casais **3-4** e **5-6** têm a mesma probabilidade de ter criança afetada pela doença.

Está correto apenas o que se afirma em

a) I.   b) II.   c) III.   d) I e II.   e) II e III.

10. (UEL – PR) A hemofilia é uma doença hereditária recessiva ligada ao cromossomo sexual X, presente em todos os grupos étnicos e em todas as regiões geográficas do mundo. Caracteriza-se por um defeito na coagulação sanguínea, manifestando-se através de sangramentos espontâneos que vão de simples manchas roxas (equimoses) até hemorragias abundantes.

Com base no enunciado e nos conhecimentos sobre o tema, é correto afirmar:

a) Casamento de consanguíneos diminui a probabilidade de nascimento de mulheres hemofílicas.
b) Pais saudáveis de filhos que apresentam hemofilia são heterozigotos.
c) A hemofilia ocorre com a mesma frequência entre homens e mulheres.
d) As crianças do sexo masculino herdam o gene da hemofilia do seu pai.
e) Mulheres hemofílicas são filhas de pai hemofílico e mãe heterozigota para este gene.

11. (UFAM) Um indivíduo é normal para hemofilia. A mãe de sua esposa é portadora do gene para esse caráter patológico. O casal já tem um filho hemofílico. Qual a probabilidade de esse casal ter uma filha portadora?

a) 100%   b) 75%   c) 50%   d) 45%   e) 25%

12. (UFPR) Considere os seguintes cruzamentos entre humanos:

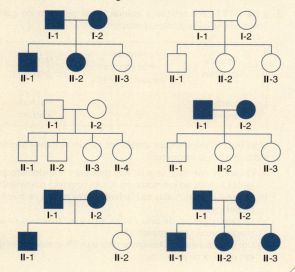

Com base nesses cruzamentos, é correto afirmar que a anomalia presente nos indivíduos assinalados em azul é causada:

a) por um gene autossômico dominante.
b) por um gene dominante ligado ao cromossomo X.
c) por um gene autossômico recessivo.
d) pela ação de um par de genes recessivos ligados ao cromossomo Y.
e) pela ação de dois pares de genes dominantes com interação epistática.

13. (PUC – RJ) A figura abaixo apresenta um heredograma de uma família em que alguns de seus membros apresentam uma doença hereditária chamada fibromatose gengival, que é caracterizada por aumento da gengiva devido à formação de tumores.

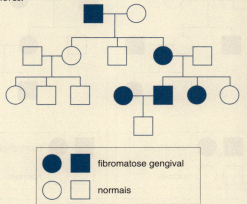

Através da análise desse heredograma, conclui-se que o tipo de herança genética dessa doença é classificado como

a) sexual ligada ao X.
b) sexual ligada ao Y.
c) autossômica recessiva.
d) autossômica dominante.
e) autossômica por codominância.

14. (UNESP) O diagrama representa o padrão de herança de uma doença genética que afeta determinada espécie de animal silvestre, observado a partir de cruzamentos controlados realizados em cativeiro.

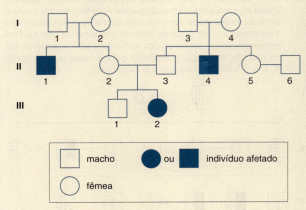

Com base na análise da ocorrência da doença entre os indivíduos nascidos dos diferentes cruzamentos, foram feitas as afirmações a seguir.

I – Trata-se de uma doença autossômica recessiva.
II – Os indivíduos I-1 e I-3 são obrigatoriamente homozigotos dominantes.
III – Não há nenhuma possibilidade de que um filhote nascido do cruzamento entre os indivíduos II-5 e II-6 apresente a doença.
IV – O indivíduo III-1 só deve ser cruzado com o indivíduo II-5, uma vez que são nulas as possibilidades de que desse cruzamento resulte um filhote que apresente a doença.

É verdadeiro o que se afirma em

a) I, apenas.
b) II e III, apenas.
c) I, II e III, apenas.
d) I e IV, apenas.
e) III e IV, apenas.

15. (UFF – RJ – adaptada) Apesar da série de polêmicas sobre os efeitos negativos da mestiçagem racial discutidos no século XIX (...), atualmente a ciência já estabelece que a identidade genética é o que realmente determina a incidência de doenças e anomalias presentes nas populações. Assim, a miscigenação pode diminuir a incidência dessas doenças, ao diminuir estatisticamente o pareamento de genes recessivos naquelas populações.

O heredograma abaixo mostra a ocorrência de determinada anomalia em uma família.

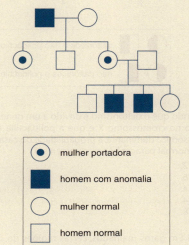

A condição demonstrada no heredograma é herdada como característica:

a) dominante autossômica.
b) recessiva autossômica.
c) recessiva ligada ao cromossomo Y.
d) dominante ligada ao cromossomo X.
e) dominante ligada ao cromossomo X.

16. (FUVEST – SP) No heredograma abaixo, o símbolo ■ representa um homem afetado por uma doença genética rara, causada por mutação em um gene localizado no cromossomo X. Os demais indivíduos são clinicamente normais.

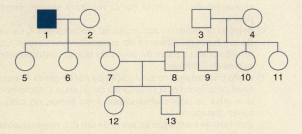

As probabilidades de os indivíduos 7, 12 e 13 serem portadores do alelo mutante são, respectivamente,

a) 0,5; 0,25 e 0,25.
b) 0,5; 0,25 e 0.
c) 1; 0,5 e 0,5.
d) 1; 0,5 e 0.
e) 0; 0 e 0.

17. (UFAC) Na espécie humana, o cromossomo X está presente em indivíduos tanto do sexo feminino quanto do masculino. O cromossomo Y possui genes exclusivos que determinam a herança restrita ao sexo ou herança:

a) autossômica.
b) holândrica.
c) hemofílica.
d) daltônica.
e) retinosquise.

18. (MACKENZIE – SP)

Sabendo que o daltonismo é devido a um gene recessivo localizado no cromossomo X e que a polidactilia é uma herança autossômica dominante, a probabilidade do casal 3 × 4 ter uma filha normal para ambos os caracteres é

a) 1/2.
b) 1/6.
c) 3/4.
d) 1/4.
e) 1/8.

19. (UPE) Em gatos malhados, certas regiões do corpo apresentam coloração preta (X^P) ou amarelo-alaranjada (X^A), relacionadas a genes presentes no cromossomo X, entremeadas por áreas de pelos brancos, condicionadas pela ação de genes autossômicos de caráter recessivo (bb). As fêmeas heterozigotas apresentam três cores e recebem a denominação de cálico, enquanto os machos possuem apenas duas cores. No Texas (EUA), ocorreu a clonagem de uma gatinha cálico chamada Rainbow, e, para surpresa dos pesquisadores, o clone que deveria ser idêntico à matriz apresentou um padrão de manchas diferentes da original. Isso ficou conhecido como o caso Carbon Copy ou Copy Cat.

A clonagem da gatinha não foi bem-sucedida devido à(ao)

a) adição de um cromossomo X em certo par, constituindo uma trissomia e elevando a homozigose; por isso, a clonagem de um cálico nunca resultará em um mesmo padrão.
b) deleção de determinada região do cromossomo X, causando um fenótipo diferente do esperado, visto Carbon Copy ter sido criada a partir de um óvulo que se misturou com o núcleo de Rainbow.
c) efeito pleiotrópico, no qual a ação do par de genes é responsável pela ocorrência simultânea de diversas características que ativa os dois cromossomos X da fêmea, no caso de haver clonagem.
d) processo de inativação ao acaso de um dos cromossomos X da fêmea, relacionado a genes que aparecem em heterozigose, resultando em padrão de pelagem diferente, mesmo quando os indivíduos são geneticamente idênticos.
e) tipo de herança quantitativa, em que os genes possuem efeito aditivo e recebem o nome de poligenes. Assim, em cada gata, haverá um padrão de pelagem diferente, pois só funcionará um cromossomo X por indivíduo.

20. (PUC – Campinas – SP) Os dois heredogramas abaixo foram montados para que os estudantes pudessem comparar dois tipos de "**herança ligada ao sexo**": na Família I, pode-se estudar a ocorrência de **hemofilia A** (herança na qual os afetados podem apresentar episódios recorrentes de sangramento, devido a uma deficiência no Fator VIII) e, na Família II, pode-se estudar a ocorrência de **raquitismo hipofosfatêmico** (um tipo de raquitismo hereditário caracterizado por uma perda anormal de fosfato nos rins e resistente ao tratamento com vitamina D).

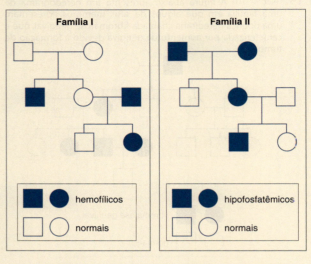

Com base na análise dos heredogramas e em seus conhecimentos sobre o assunto, é correto afirmar, **EXCETO**:

a) Para os dois caracteres estudados, não há transmissão do alelo determinante das anomalias de pai para filhos do sexo masculino.
b) No mundo, nascem mais homens afetados por raquitismo hipofosfatêmico do que mulheres afetadas.
c) A maioria dos indivíduos que nascem com hemofilia A é do sexo masculino.
d) O raquitismo hipofosfatêmico manifesta-se tanto nas mulheres homozigotas como nas heterozigotas.

21. (UPE) Sabendo-se que o daltonismo tem herança recessiva ligada ao sexo, e o sistema sanguíneo ABO tem herança autossômica condicionada por uma série de alelos múltiplos, analise a genealogia e, em seguida, assinale a alternativa correta. Para interpretação, os símbolos dos indivíduos têm representados, na metade esquerda, o fenótipo para a visão e, na metade direita, o fenótipo para o grupo sanguíneo.

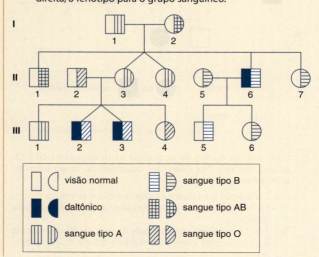

a) Considerando que o pai do indivíduo II-5 é daltônico e de sangue tipo O, a probabilidade de que o casal II-5 × II-6 venha a ter uma criança do sexo masculino, daltônica e de sangue tipo O é de 1/16.
b) Os genótipos dos gêmeos monozigóticos e dizigóticos correspondem a X^dYii e $X^DX^dI^Ai$, respectivamente.
c) Em casos de extrema necessidade, o indivíduo III-6 poderá receber sangue dos indivíduos I-2, II-1, II-5, II-6 e III-5.
d) O indivíduo II-1, casando-se com uma mulher daltônica e de sangue tipo AB, terá 1/4 de probabilidade de ter uma criança do sexo feminino, daltônica e de sangue tipo AB.
e) Os genótipos dos indivíduos III-1 e II-7 são, respectivamente, X^DYI^Ai e $X^DX^dI^BI^B$.

22. (FGV – SP) **Vítimas de Hiroshima no Brasil serão indenizadas**

Os três homens, que pediram para não serem identificados, vão receber US$ 24,7 mil, decidiu um tribunal japonês.

Folha de S.Paulo, 9 fev. 2006.

Emília interessou-se pela notícia. Afinal, acreditava que seu único filho, Mário, portador de hemofilia do tipo A, a mais grave delas, era uma vítima indireta da radiação liberada pela bomba. Emília havia lido que a doença é genética, ligada ao sexo, e muito mais frequente em homens que em mulheres.

O sogro de Emília, Sr. Shiguero, foi um dos sobreviventes da bomba de Hiroshima. Após a guerra, migrou para o Brasil, onde se casou e teve um filho, Takashi. Anos depois, o Sr. Shigero faleceu de leucemia.

Emília, que não tem ascendência oriental, casou-se com Takashi e atribuía a doença de seu filho Mário à herança genética do Shiguero. Depois da notícia do jornal, Emília passou a acreditar que seu filho talvez pudesse se beneficiar com alguma indenização.

Sobre suas convicções quanto à origem da doença de Mário, pode-se dizer que Emília está

a) correta. Do mesmo modo como a radiação provocou a leucemia do Sr. Shiguero, também poderia ter provocado mutações nas células de seu tecido reprodutivo que, transmitidas à Takashi, e deste a seu filho, provocaram a hemofilia de Mário.
b) correta. A hemofilia ocorre mais frequentemente em homens, uma vez que é determinada por um alelo no cromossomo Y. Deste modo, Mário só pode ter herdado esse alelo de seu pai, que, por sua vez, o herdou do Sr. Shiguero.
c) apenas parcialmente correta. Como a hemofilia é um caráter recessivo e só se manifesta nos homozigotos para esse alelo, a doença de seu filho Mário é causada pela presença de um alelo herdado pela via paterna e por outro herdado pela via materna.
d) errada. Como a hemofilia é um caráter dominante, se seu filho Mário tivesse herdado o alelo do pai, que o teria herdado do Sr. Shiguero, todos seriam hemofílicos.
e) errada. É mais provável que a hemofilia de Mário seja determinada por um alelo herdado por via materna, ou que Mário seja portador de uma nova mutação sem qualquer relação com a radiação a que o Sr. Shiguero foi submetido.

Questões dissertativas

1. (UFPR) Algumas raças de galinhas são criadas especificamente para a postura de ovos. É comum nessas raças a utilização de características fenotípicas que facilitam a determinação do sexo da ave logo após a eclosão do ovo. Em galinhas da raça "Plimouth Rock", um gene dominante "B", ligado ao sexo, produz plumagem barrada nos adultos. O alelo recessivo "b" produz plumagem uniforme. Aves com plumagem barrada podem ser reconhecidas logo após a eclosão por uma mancha branca no topo da cabeça. Sugira um cruzamento que poderia ser utilizado para a seleção precoce de fêmeas destinadas à postura. Lembre-se de que em galinhas o sexo é determinado por um par de cromossomos denominado ZW, sendo o macho homogamético e a fêmea heterogamética.

2. (UFJF – MG) A hemofilia é uma doença hereditária que causa problemas no processo de coagulação sanguínea nos indivíduos doentes. Um dos tipos mais graves de hemofilia, a hemofilia A, é condicionada por um alelo recessivo (h), localizado no cromossomo X.
a) Qual sexo você espera que seja mais afetado pela doença? Justifique a sua resposta.
b) Quais as chances de uma mulher normal, filha de pai hemofílico, casada com um homem normal, ter um filho do sexo masculino hemofílico?
c) Quais os possíveis genótipos da mãe da mulher citada no item (b)?
d) Qual é a lei de Mendel que explica o tipo de herança descrito acima?

3. (UFABC – SP) O daltonismo tem herança recessiva ligada ao cromossomo X. Observe o heredograma a seguir em que os indivíduos afetados estão representados pelas figuras preenchidas.

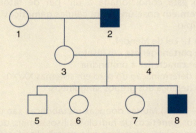

a) Indique, pelo número, quais pessoas podem ter seus genótipos identificados com certeza.
b) Se a mulher 6 se casar com um homem daltônico, qual a probabilidade de gerar uma criança daltônica? Se essa criança for do sexo masculino, qual a probabilidade de que seja daltônico?

4. (UNICAMP – SP) Um senhor calvo, que apresentava pelos em suas orelhas (hipertricose auricular), casou-se com uma mulher não calva, que não apresentava hipertricose auricular. Esse casal teve oito filhos (quatro meninos e quatro meninas). Quando adultos, todos os filhos homens apresentavam pelos em suas orelhas, sendo três deles calvos. Nenhuma das filhas apresentava hipertricose, mas uma era calva e três não eram.
a) Qual é o tipo de herança de cada uma das características mencionadas, isto é, hipertricose auricular e calvície? Justifique.
b) Faça o cruzamento descrito acima e indique os genótipos do filho homem não calvo com hipertricose auricular e da filha calva sem hipertricose auricular.
Obs.: deixe claramente diferenciadas as notações maiúsculas e minúsculas.

5. (UFLA – MG) A calvície é controlada por um par de alelos (A/a) que são influenciados pelo sexo. Dessa forma, o alelo (A), que causa a calvície, é dominante nos homens e recessivo nas mulheres. Um homem não calvo, casado com uma mulher não calva, deseja saber se é possível vir a ter um filho calvo. Demonstre, argumentando apenas do ponto de vista do genótipo, a possibilidade ou a impossibilidade disso acontecer.

6. (UNESP) APELO ASSEXUAL – CASO ÚNICO NA NATUREZA, ESPÉCIE DE FORMIGA DISPENSOU SEUS MACHOS E DESCOBRIU QUE, AO MENOS PARA ELA, SEXO NÃO VALE A PENA.

Trata-se da *Mycocepurus smithii*, uma espécie de formiga que não tem machos: a rainha bota ovos que crescem sem precisar de fertilização, originando operárias estéreis ou futuras rainhas. Aparentemente, este mecanismo de reprodução traz uma desvantagem, que é a falta de diversidade genética que pode garantir a sobrevivência da espécie em desafios ambientais futuros. Duas hipóteses foram levantadas para explicar a origem destes ovos diploides: a primeira delas diz que os ovos são produzidos por mitoses e permanecem diploides sem passar por uma fase haploide; a segunda sugere que se formam dois ovos haploides que fertilizam um ao outro.

Adaptado de: Unesp Ciência, nov. 2009.

Considere as duas hipóteses apresentadas pelo texto. Cada uma dessas hipóteses, isoladamente, reforça ou fragiliza a suposição de que essa espécie teria desvantagem por perda de variabilidade genética? Justifique suas respostas.

7. (UNESP) Em uma novela da TV, a personagem Safira, preocupada com o relacionamento amoroso de sua filha com seu sobrinho, disse à garota: "Prima com primo não pode. O filho pode nascer com defeito".

a) A frase é verdadeira? Ou seja, nos relacionamentos onde o casal é formado por primos que compartilham um mesmo casal de avós, é maior a probabilidade de a criança nascer com problemas anátomo-fisiológicos? Justifique.
b) Suponha um casal de primos em que ambos são normais, mas são filhos de dois irmãos hemofílicos casados com esposas em cujas famílias não há relato de hemofilia. Se o primeiro filho desse casal de primos for um garoto, qual a probabilidade de também ser hemofílico? Justifique.

8. (UFPR) Um dos dogmas centrais da Biologia é que, na reprodução em humanos, todas as mitocôndrias têm origem materna. Embora, atualmente, saiba-se que é possível herdar mitocôndrias paternas, ainda assim a grande maioria delas provém da mãe. O que justificaria a predominância de herança materna dessa organela, uma vez que se sabe que tanto os gametas femininos quanto os masculinos contribuem para a formação do zigoto?

9. (UFSCar – SP) Um funcionário trabalhou vários anos em uma indústria química. Durante esse período, teve dois filhos: um menino que apresenta uma grave doença causada por um gene situado no cromossomo X e uma menina que não apresenta a doença. O funcionário quis processar a indústria por responsabilidades na doença de seu filho, mas o médico da empresa afirmou que a acusação não era pertinente.

a) Por que o médico afirmou que a acusação não era pertinente?
b) O alelo causador da doença é dominante ou recessivo? Justifique.

Programas de avaliação seriada

1. (PSS – UFPA) O enunciado "cada característica de um indivíduo está condicionada a um par de fatores os quais ocorrem em dose única em células gaméticas" refere-se ao princípio

a) da 1.ª Lei de Mendel.
b) da partenogênese em insetos.
c) que caracteriza a protandria.
d) da determinação do sexo em sistemas XX/X0.
e) da herança dos grupos sanguíneos.

2. (PSS – UFPA) Muitas doenças metabólicas são causadas por defeitos genéticos de hidrolases lisossomais, do que resulta o acúmulo de substratos não metabolizados. Como exemplo, temos a doença de Fabry, deficiência da enzima alfa-galactosidade ácida que não é produzida pelo organismo ou é produzida em pequena quantidade. Sem essa enzima, as células não removem uma espécie de lipídio chamado globotriaosilceramida ou GL-3, que fica, então, retido nos lisossomos. O resultado é um acúmulo progressivo dessa molécula nas paredes dos vasos sanguíneos e tecidos, o que leva a danos no coração, rim e cérebro. Uma das formas de aquisição da doença está demonstrada no heredograma abaixo.

A respeito desse heredograma, é **INCORRETO** afirmar:

a) O gene deficiente que causa a doença de Fabry está localizado no cromossomo X. Tanto os homens como as mulheres podem ter esse gene.
b) Como o único exemplar do gene que o pai afetado tem é deficiente, ele vai transmitir o gene a todas as filhas, mas a nenhum dos filhos.
c) A doença é uma herança recessiva, em que o gene deficiente está localizado no cromossomo Y.
d) As mulheres podem ter um gene deficiente e um gene normal, e, em cada gravidez, terão 50% de probabilidade de transmitir o gene deficiente tanto às filhas como aos filhos.
e) O pai afetado apresenta 100% de probabilidade de transmitir o gene deficiente às filhas.

3. (PSS – UFPA) Analise o heredograma a seguir, que demonstra a segregação de uma característica hereditária considerada em indivíduos afetados.

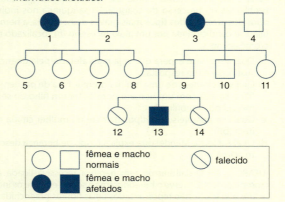

Considerada a análise, é correto afirmar:
a) A característica das fêmeas e machos afetados é recessiva.
b) A característica dos indivíduos afetados é dominante ligada ao sexo.
c) Os indivíduos 2 e 4 são heterozigotos.
d) Os indivíduos enumerados de 5 a 8 são homozigotos dominantes e os indivíduos de 9 a 11 são heterozigotos.
e) Os indivíduos 12 a 14 são homozigotos recessivos portadores letais.

4. (PAES – UNIMONTES – MG) Herança genética ou biológica é o processo pelo qual um organismo ou célula adquire ou se torna predisposto(a) a adquirir características semelhantes à do organismo ou célula que o/a gerou, através de informações codificadas que são transmitidas à descendência. A figura a seguir exemplifica esse processo. Analise-a.

Considerando a figura e o assunto abordado, analise as alternativas abaixo e assinale a **CORRESPONDENTE** ao tipo de herança contemplado na figura.

a) recessiva ligada ao X
b) autossômica dominante
c) autossômica recessiva
d) codominante

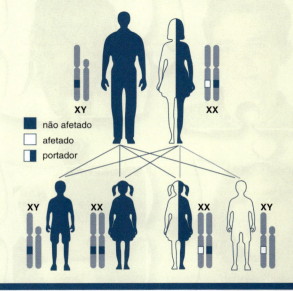

5. (PSIU – UFPI) Analise os heredogramas abaixo, identificando os distúrbios relacionados aos padrões de herança autossômicos e ligados ao sexo. Marque a alternativa que contém somente informações corretas.

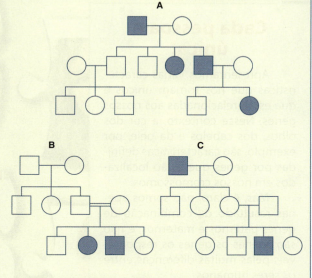

a) A doença de Huntington pode ser associada ao padrão **A**. A fenilcetonúria pode ser associada ao padrão **C**. O daltonismo pode ser associado ao padrão **B**.
b) A doença de Huntington pode ser associada ao padrão **C**. A fenilcetonúria pode ser associada ao padrão **A**. O daltonismo pode ser associado ao padrão **B**.
c) A doença de Huntington pode ser associada ao padrão **C**. A fenilcetonúria pode ser associada ao padrão **B**. O daltonismo pode ser associado ao padrão **A**.
d) A doença de Huntington pode ser associada ao padrão **B**. A fenilcetonúria pode ser associada ao padrão **C**. O daltonismo pode ser associado ao padrão **A**.
e) A doença de Huntington pode ser associada ao padrão **A**. A fenilcetonúria pode ser associada ao padrão **B**. O daltonismo pode ser associado ao padrão **C**.

Capítulo 4
Segunda Lei de Mendel e *linkage*

Cada pessoa é única!

Apresentamos várias características que nos tornam únicos e que estão relacionadas aos nossos genes. Nesse contexto, a cor dos olhos, dos cabelos e da pele, por exemplo, são características definidas por genes que estão localizados em nossos cromossomos.

Mas, é claro, não somos apenas resultado da combinação de genes paternos e maternos, e não são apenas os genes os responsáveis pelas muitas diferenças entre os seres humanos.

Somos únicos porque, também, somos fruto de um ambiente e de um estilo de criação particulares, que geram experiências que moldam nossa personalidade, nosso caráter, e influenciam no modo como nos relacionamos com o mundo à nossa volta.

Neste capítulo, conheceremos como os mecanismos envolvidos na divisão celular e a disposição dos genes no cromossomo estão relacionados com a transmissão das características hereditárias.

Como vimos no Capítulo 1, as sete características da ervilha estudadas por Mendel diferiam nitidamente umas das outras. Também já sabemos que ele analisou uma característica por vez, chegando a conclusões importantes, sintetizadas em sua 1.ª Lei. Ao prosseguir os estudos, porém, Mendel passou a examinar duas ou mais características simultaneamente. Durante cerca de três anos, ele realizou uma série de experimentos que acabariam, afinal, resultando em sua 2.ª Lei.

▪ OS EXPERIMENTOS DE MENDEL SOBRE DI-HIBRIDISMO

Uma das experiências de Mendel foi analisar duas características de ervilhas simultaneamente: a cor e a forma da semente. Ele cruzou uma planta produtora de sementes amarelas e lisas, homozigota para as duas características, com outra, duplo-homozigota, produtora de sementes verdes e rugosas. Desse cruzamento, resultaram plantas duplo-heterozigotas em F_1, também chamadas **di-híbridas**, que produziam sementes amarelas e lisas, pois – como já vimos – a cor amarela e a forma lisa das sementes são dominantes em ervilhas. Mendel deixou que essas plantas di-híbridas sofressem autofecundação, obtendo, na geração F_2, quatro classes fenotípicas para essas características, na proporção aproximada de 9 : 3 : 3 : 1 (veja a Tabela 4-1). Porém, como poderia explicá-las?

Tabela 4-1. Resultado obtido por Mendel dos cruzamentos entre duas classes fenotípicas.

Classes fenotípicas (cor e forma das sementes)	Quantidade	Proporção aproximada
Amarelas/lisas (dominante/dominante)	315	9
Amarelas rugosas (dominante/recessivo)	101	3
Verdes/lisas (recessivo/dominante)	108	3
Verdes/rugosas (recessivo/recessivo)	32	1

A Análise dos Resultados

Mendel era, acima de tudo, um matemático. Com base nos dados obtidos em F_2, observou que a soma dos indivíduos amarelos (315 + 101) totalizava 416; dos verdes, (108 + 32) era igual a 140, resultando na proporção aproximada de 3 : 1. Contando as sementes lisas (315 + 108), obteve 423 e as rugosas (101 + 32), 133, o que também correspondia à proporção aproximada de 3 : 1.

A presença da proporção 3 : 1 duas vezes permitiu a Mendel deduzir que o caso analisado não era nada mais do que duas proporções independentes de 3 : 1, combinadas de todas as formas possíveis

[(3 amarelas : 1 verde) × (3 lisas : 1 rugosa) = 9 amarelas/lisas : 3 amarelas/rugosas : 3 verdes/lisas : 1 verde/rugosa].

Faltava, porém, dar uma explicação biológica. Ele concluiu que as duas características analisadas eram transmitidas de forma *independente*. Ou seja, a cor e a forma da semente não apresentavam nenhuma vinculação. O fato de a ervilha apresentar, por exemplo, cor amarela, não implicava que, necessariamente, fosse lisa. Esse mesmo raciocínio vale para as outras características estudadas por Mendel.

Essa nova maneira de estudar cruzamentos resultou na 2.ª Lei de Mendel, que pode ser entendida como:

> Em um híbrido, *durante a formação de gametas*, a segregação (separação) dos alelos de um gene para determinada característica é independente da segregação dos alelos de um gene para outra característica.

Suspeitando que as diferentes características da ervilha fossem independentes e utilizando os conhecimentos de sua 1.ª Lei, Mendel formulou a seguinte hipótese: *existe um par de fatores* (agora se sabe que são os genes) *que determina a cor da semente e um par de fatores que determina a forma da semente*. A relação fator/característica pode ser assim esquematizada:

Segunda Lei de Mendel e *Linkage*   **73**

V determina cor amarela da semente, *v* determina cor verde da semente, *R* determina forma lisa da semente e *r* determina forma rugosa da semente.

Utilizando, como exemplo, o di-híbrido *VvRr*, os fatores para as duas características estão juntos no indivíduo, separando-se (segregando-se), porém, independentemente, quando da formação dos gametas. Assim, a probabilidade de o fator *V* acompanhar o *R* na formação de um gameta é a mesma de *V* acompanhar o fator *r*. O mesmo acontece com o fator *v* em relação aos fatores *R* e *r*, visto que, relembremos, a segregação é independente, como ao jogar duas moedas simultaneamente. Logo, a combinação dos fatores durante a formação dos gametas ocorre ao acaso. Podemos esquematizar os tipos de gameta produzidos pelo indivíduo *VvRr* da forma apresentada na Figura 4-1.

Vamos esquematizar na Figura 4-2 os cruzamentos realizados por Mendel, a partir da geração parental, e entender por que ele obteve em F$_2$ a proporção 9 : 3 : 3 : 1.

Da autofecundação de plantas F$_1$ resulta:

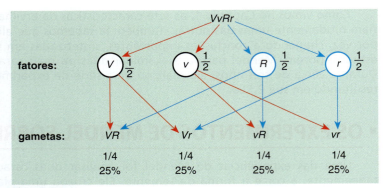

Figura 4-1.

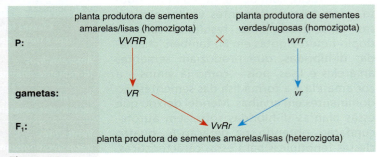

Figura 4-2.

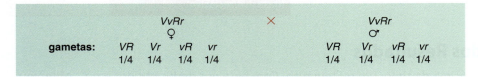

Montando o quadro de cruzamentos, teremos:

♂ \ ♀	VR (1/4)	Vr (1/4)	vR (1/4)	vr (1/4)
VR (1/4)	VVRR amarela/lisa (1/16)	VVRr amarela/lisa (1/16)	VvRR amarela/lisa (1/16)	VvRr amarela/lisa (1/16)
Vr (1/4)	VVRr amarela/lisa (1/16)	VVrr amarela/rugosa (1/16)	VvRr amarela/lisa (1/16)	Vvrr amarela/rugosa (1/16)
vR (1/4)	VvRR amarela/lisa (1/16)	VvRr amarela/lisa (1/16)	vvRR verde/lisa (1/16)	vvRr verde/lisa (1/16)
vr (1/4)	VvRr amarela/lisa (1/16)	Vvrr amarela/rugosa (1/16)	vvRr verde/lisa (1/16)	vvrr verde/rugosa (1/16)

Com relação aos fenótipos, existem 9 "casas" com a classe fenotípica amarela/lisa; 3 com a classe amarela/rugosa; 3 com o fenótipo verde/liso e 1 casa apenas caracterizando o fenótipo verde/rugoso. Isso confirma a proporção 9 : 3 : 3 : 1 obtida quando ocorre o cruzamento entre dois indivíduos duplo-heterozigotos para duas características independentes.

Anote!
A 2.ª Lei de Mendel também é conhecida como Lei da Segregação Independente.

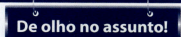

Para testar sua hipótese, Mendel realizou o retrocruzamento das plantas heterozigotas produtoras de sementes amarelas e lisas:

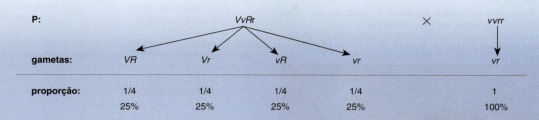

Mendel obteve desta vez quatro classes fenotípicas, porém NÃO na proporção 9 : 3 : 3 : 1 – como um dos progenitores é duplo-recessivo (vvrr), produz apenas um tipo de gameta (vr). A proporção obtida, nesse caso, foi de 1 : 1 : 1 : 1. (Veja o quadro ao lado.)

As experiências de Mendel confirmaram a hipótese de que os *fatores (genes) para as diferentes características passam para os gametas de maneira totalmente independente, combinando-se ao acaso*. Como vimos, este princípio ficou conhecido como a 2.ª Lei de Mendel, também chamada de **Lei da Segregação Independente**.

	vr
VR	VvRr amarelas/lisas
Vr	Vvrr amarelas/rugosas
vR	vvRr verdes/lisas
vr	vvrr verdes/rugosas

Obtendo a Proporção 9 : 3 : 3 : 1 sem Utilizar o Quadro de Cruzamentos

No Capítulo 1, aprendemos a calcular a probabilidade de eventos independentes e simultâneos ocorrerem, utilizando a regra do E. A 2.ª Lei de Mendel é uma aplicação direta dessa regra, permitindo chegar aos mesmos resultados sem a construção trabalhosa do quadro de cruzamentos. Vamos exemplificar, partindo do cruzamento entre duas plantas de ervilha duplo-heterozigotas:

P: VvRr   ×   VvRr

a. Consideremos, primeiro, o resultado do cruzamento das duas características isoladamente:

Vv × Vv	Rr × Rr
3/4 sementes amarelas	3/4 sementes lisas
1/4 sementes verdes	1/4 sementes rugosas

b. Como desejamos considerar as duas características simultaneamente, vamos calcular a probabilidade de obtermos sementes amarelas e lisas, já que se trata de eventos independentes. Assim,

sementes amarelas	E	sementes lisas	
3/4	×	3/4	= 9/16

c. E a probabilidade de obtermos sementes amarelas e rugosas:

sementes amarelas	E	sementes rugosas	
3/4	×	1/4	= 3/16

d. Agora, a probabilidade de obtermos sementes verdes e lisas:

sementes verdes	E	sementes lisas	
3/4	×	3/4	= 3/16

e. Finalmente, a probabilidade de nós obtermos sementes verdes e rugosas:

sementes verdes	E	sementes rugosas	
1/4	×	1/4	= 1/16

Utilizando a regra do E, chegamos ao mesmo resultado obtido na construção do quadro de cruzamentos, com a vantagem da rapidez na obtenção da resposta.

Acompanhe este exercício

Os tomateiros altos são produzidos pela ação do alelo dominante *A* e as plantas anãs por seu alelo recessivo *a*. Os caules peludos são produzidos pelo gene dominante *N* e os caules sem pelos são produzidos por seu alelo recessivo *n*.

Os genes que determinam essas duas características segregam-se independentemente.

a) Qual a proporção fenotípica esperada do cruzamento, entre di-híbridos, em que nasceram 256 indivíduos?
b) Qual a proporção genotípica esperada de indivíduos di-híbridos entre os 256 descendentes?

Resolução:

a) Trata-se de um caso envolvendo a 2.ª Lei de Mendel, pois os genes citados segregam-se independentemente, isto é, os genes não alelos estão em cromossomos diferentes. Então, no cruzamento entre *AaNn* × *AaNn*, a proporção fenotípica esperada na descendência é de 9 : 3 : 3 : 1. Logo, temos a seguinte proporção esperada de indivíduos:

$\frac{9}{16}$ altos, com pelos (= 144 indivíduos) $\frac{3}{16}$ anãs, com pelos (= 48 indivíduos)

$\frac{3}{16}$ altos, com pelos (= 48 indivíduos) $\frac{1}{16}$ anãs, com pelos (= 16 indivíduos)

b) Para responder a esse item, não é necessário montar o quadro de cruzamentos com 16 casas e contar o resultado. Existe uma maneira mais prática. Como se trata de segregação independente, podemos aplicar a regra do "e", pois queremos determinar uma ocorrência simultânea de dois eventos independentes. Assim,

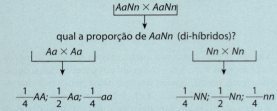

Logo, a probabilidade de obter indivíduos *Aa* e *Nn* é:

$$\frac{1}{2} \times \frac{1}{2} = \frac{1}{4}$$

Assim, teoricamente, a proporção genotípica é 1/4, sendo que 1/4 de 256 é igual a 64 indivíduos com o genótipo pesquisado.

Segregação Independente e Poli-hibridismo

Em seus experimentos, Mendel também considerou a ocorrência simultânea de três características nos cruzamentos. Verificou que a proporção dos fenótipos em F_2 era de 27 : 9 : 9 : 9 : 3 : 3 : 3 : 1, indicando que sua 2.ª Lei também era válida para mais de dois pares de alelos. Mas quantos tipos de gametas seriam formados quando consideramos vários pares de alelos?

Suponha a constituição genética de indivíduos hipotéticos, representada a seguir, e vamos descobrir juntos os tipos de gameta por eles produzidos, com suas respectivas proporções.

Indivíduos	Constituição genética	Gametas	N.º de tipos
1	aabbcc	abc	apenas um
2	AABBCC	ABC	apenas um
3	Aabbcc	Abc abc	2
4	AaBbcc	ABc Abc aBc abc	4
5	AaBbCc	ABC ABc aBC aBc AbC Abc abC abc	8

Outra maneira de encontrar os tipos de gameta produzidos por um indivíduo é recorrer à fórmula 2^n, em que *n* representa o número de pares de heterozigotos existentes no genótipo.

> *Anote!*
>
> O processo de segregação independente dos alelos e a união ao acaso dos gametas seguem as regras da probabilidade. Nos seres humanos, não é possível realizar cruzamentos controlados e, portanto, a análise genética se dá por meio do acompanhamento de várias gerações de uma mesma família.

76 BIOLOGIA 3 • 4.ª edição

Se utilizássemos essa fórmula no nosso exemplo, teríamos:

Indivíduos	Constituição genética	2^n	N.º de tipos
1	aabbcc	2^0	1
2	AABBCC	2^0	1
3	Aabbcc	2^1	2
4	AaBbcc	2^2	4
5	AaBbCc	2^3	8

A Relação Meiose-2.ª Lei de Mendel

Existe uma correspondência entre as *Leis de Mendel* e a meiose. Acompanhe na Figura 4-3 o processo de formação de gametas em uma célula de indivíduo di-híbrido, relacionando-o à 2.ª Lei de Mendel. Note que, durante a meiose, os homólogos se alinham em metáfase e sua separação ocorre ao acaso, em duas possibilidades igualmente viáveis. A segregação independente dos homólogos e, consequentemente, dos *fatores* (genes) que carregam, resulta nos genótipos *VR*, *vr*, *Vr* e *vR* em igual frequência.

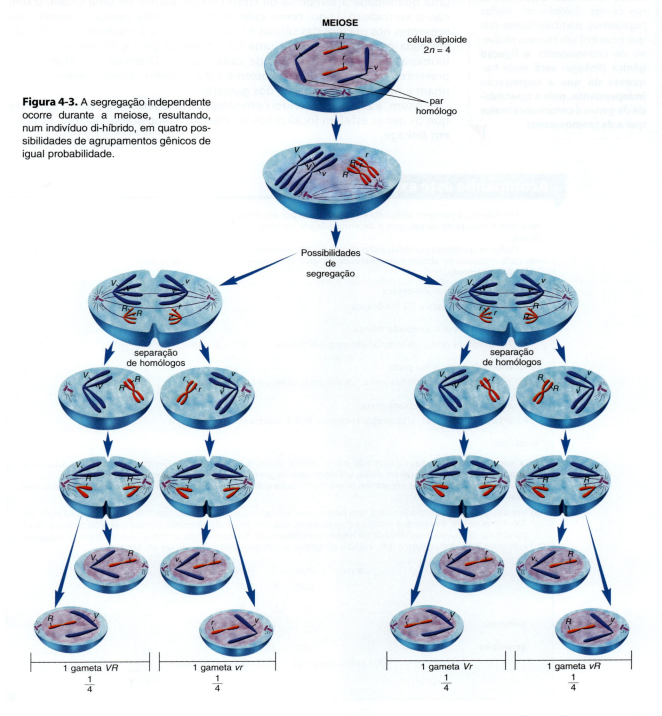

Figura 4-3. A segregação independente ocorre durante a meiose, resultando, num indivíduo di-híbrido, em quatro possibilidades de agrupamentos gênicos de igual probabilidade.

Segunda Lei de Mendel e *Linkage*

A 2.ª Lei de Mendel É sempre Obedecida?

A descoberta de que os genes estão situados nos cromossomos gerou um impasse no entendimento da 2.ª Lei de Mendel. Como vimos, de acordo com essa lei, dois ou mais genes não alelos segregam-se independentemente, desde que estejam localizados em cromossomos diferentes.

Surge, no entanto, um problema: Mendel afirmava que os genes relacionados a duas ou mais características sempre apresentavam segregação independente. Se essa premissa fosse verdadeira, então haveria um cromossomo para cada gene ou, falando de outro modo, cada cromossomo só teria um gene. Se considerarmos que existe uma infinidade de genes, haveria, então, uma quantidade assombrosa de cromossomos dentro de uma célula, o que não é verdadeiro. Logo, como existem relativamente poucos cromossomos presentes nos núcleos das células e inúmeros genes, é intuitivo concluir que, em cada cromossomo, existe uma infinidade de genes, responsáveis pelas inúmeras características típicas de cada espécie. Dizemos que esses genes presentes *em um mesmo cromossomo* estão *ligados* ou em **linkage** e caminham juntos para a formação dos gametas.

Assim, a 2.ª Lei de Mendel nem sempre é obedecida, bastando para isso que os genes estejam localizados no mesmo cromossomo, ou seja, estejam em *linkage*.

> ### Anote!
> A 2.ª Lei de Mendel é obedecida unicamente se os genes não alelos estiverem localizados em cromossomos diferentes. Dessa forma, nas células diploides de muitos organismos, particularmente nos que possuem um número pequeno de cromossomos, **a ligação gênica (*linkage*) será mais frequente do que a segregação independente, pois a quantidade de genes é certamente maior que a de cromossomos**.

Acompanhe este exercício

Em cobaias, a pelagem arrepiada é condicionada por um gene dominante *L* e a pelagem lisa é devida ao alelo recessivo *l*; a cor preta da pelagem é determinada por um gene dominante *B* e a cor branca é devida ao alelo recessivo *b*.

Dados os genótipos parentais e dos descendentes, assim como a proporção destes na descendência, determinar em cada cruzamento abaixo esquematizado os genótipos parentais. As duas características citadas segregam-se independentemente.

a) P: arrepiada-preta × lisa-branca
   F$_1$: 1/2 arrepiada-preta e 1/2 lisa-branca

b) P: arrepiada-preta × arrepiada-branca
   F$_1$: 3/8 arrepiada-preta, 3/8 arrepiada-branca, 1/8 lisa-preta e 1/8 lisa-branca

c) P: arrepiada-preta × lisa-preta
   F$_1$: 3/8 arrepiada-preta, 3/8 lisa-preta, 1/8 arrepiada-branca e 1/8 lisa-branca

d) P: arrepiada-preta × arrepiada-preta
   F$_1$: 9/16 arrepiada-preta, 3/16 arrepiada-branca, 3/16 lisa-preta e 1/16 lisa-branca

Resolução:

Para responder às perguntas do exercício, basta lembrar da regra fundamental da Genética: para uma característica determinada por um par de genes alelos, um deles vem do genitor masculino e o outro do genitor feminino.
As duas características citadas encontram-se em cromossomos diferentes (segregação independente), então podemos analisá-las separadamente.

a) Um dos genitores (arrepiada-preta) tem pelo menos um gene *L* e um *B*. O outro genitor (lisa-branca) só pode ser *llbb* (birrecessivo). Repare que todos os descendentes que nasceram são arrepiados; então o genitor só pode ser *LL* (caso fosse *Ll* haveria possibilidade de nascer indivíduos lisos, *ll*, fato que não ocorreu). Quanto à cor da pelagem, nasceram indivíduos brancos (*bb*), então o genitor com pelagem preta só pode ser *Bb*. Assim,

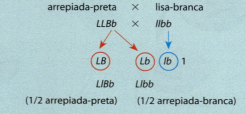

b) Repare que nasceram indivíduos com fenótipos de pelagem lisa (*ll*); então, os genitores só podem ser heterozigotos (*Ll*). Repare que nasceram indivíduos com pelagem branca (*bb*); então o genitor de pelagem preta é heterozigoto (*Bb*). Assim,

arrepiada-preta $\times$ arrepiada-branca

LlBb $\times$ *Llbb*

gametas: Lb, Lb, lB, lb   Lb, lb

genótipos:

Gametas	1/2 *Lb*	1/2 *lb*
1/4 *LB*	1/8 *LLBb* (arrepiada-preta)	1/8 *LlBb* (arrepiada-preta)
1/4 *Lb*	1/8 *LLbb* (arrepiada-branca)	1/8 *Llbb* (arrepiada-branca)
1/4 *lB*	1/8 *LlBb* (arrepiada-preta)	1/8 *llBb* (lisa-preta)
1/4 *lb*	1/8 *Llbb* (arrepiada-branca)	1/8 *llbb* (lisa-branca)

3/8 arrepiada-branca; 3/8 arrepiada-preta; 1/8 lisa-preta; 1/8 lisa-branca

c) Nasceram indivíduos com pelagem branca (*bb*), então os genitores para a cor da pelagem são *Bb*. Nasceram indivíduos com pelagem lisa (*ll*), então o genitor de pelagem arrepiada é *Ll*. Assim,

arrepiada-preta $\times$ lisa-branca

LlBb $\times$ *llBb*

gametas: LB, Lb, lB, lb   lB, lb

genótipos:

Gametas	1/2 *lB*	1/2 *lb*
1/4 *LB*	1/8 *LlBB* (arrepiada-preta)	1/8 *LlBb* (arrepiada-preta)
1/4 *Lb*	1/8 *Llbb* (arrepiada-branca)	1/8 *Llbb* (arrepiada-branca)
1/4 *lB*	1/8 *llBB* (lisa-preta)	1/8 *llBb* (lisa-preta)
1/4 *lb*	1/8 *llBb* (lisa-preta)	1/8 *llbb* (lisa-branca)

3/8 arrepiada-preta; 3/8 lisa-preta; 1/8 lisa-branca; 1/8 arrepiada-branca

d) Nasceram indivíduos com pelagem branca (*bb*), então os genitores com pelagem preta são heterozigotos (*Bb*). Nasceram indivíduos com pelagem lisa, logo os genitores com pelagem arrepiada são *Ll*. Assim,

arrepiada-preta $\times$ arrepiada preta

LlBb $\times$ *LlBb*

Ll $\times$ *Ll* = 3/4 arrepiada e 1/4 lisa

Bb $\times$ *Bb* = 3/4 preta e 1/4 branca

arrepiada e preta: 3/4 $\times$ 3/4 = 9/16

arrepiada e branca = 3/4 $\times$ 1/4 = 3/16

lisa e preta = 1/4 $\times$ 3/4 = 3/16

lisa e branca = 1/4 $\times$ 1/4 = 1/16

Proporção = 9 : 3 : 3 : 1

▪ LINKAGE

A União entre dois Pares de Genes

Flor de ervilha.

Nos primeiros anos do século XX, W. Bateson e R. Punnet, estudando a herança em ervilhas-de-cheiro, o mesmo material usado por Mendel, obtiveram como resultado de um cruzamento algo surpreendente e seguramente não esperado.

Em seus estudos, Bateson e Punnet analisavam duas características das ervilhas-de-cheiro: a cor da flor e a forma do grão de pólen. O gene dominante *V* determina a cor púrpura da flor e o gene recessivo *v*, a cor vermelha. Quanto ao grão de pólen, o gene dominante *R* determina grão de pólen longo e o gene recessivo *r*, grão de pólen redondo.

Os pesquisadores cruzaram indivíduos *VVRR* × *vvrr* e obtiveram em F_1, como esperado, apenas indivíduos *VvRr*. Da autofecundação dos indivíduos de F_1 obtiveram 6.952 indivíduos em F_2. Levando em conta a 2.ª Lei de Mendel, esperavam obter em F_2 a proporção de fenótipos 9 : 3 : 3 : 1, mas não foi o que verificaram: obtiveram 4.831 indivíduos *V_R_* (púrpura-longo), 1.338 *vvrr* (vermelho-redondo), 390 *V_rr* (púrpura-redondo) e 393 *vvR_* (vermelho-longo).

Então,

cor púrpura: *V_*   grão de pólen longo: *R_*
cor vermelha: *vv*   grão de pólen redondo: *rr*

P: VVRR   ×   vvrr
         púrpura-longo   vermelho-redondo

F_1: 100% púrpura-longo (*VvRr*)

F_2:   VvRr   ×   VvRr

	Resultado esperado em F_2 (9 : 3 : 3 : 1 pela 2.ª Lei de Mendel)	Resultado observado em F_2
púrpura-longo (*V_R_*)	3.911	4.831
púrpura-redondo (*V_rr*)	1.303	390
vermelho-longo (*vvR_*)	1.303	393
vermelho-redondo (*vvrr*)	435	1.338

Com base nesses resultados, os dois cientistas questionaram a distribuição independente, proposta por Mendel, pois a geração F_1 tinha, na verdade, produzido mais gametas *VR* e *vr* do que seriam produzidos de acordo com a 2.ª Lei de Mendel (compare os resultados esperados com os observados).

Concluíram que deveria existir uma proximidade física entre os genes não alelos *VR* e *vr*, proximidade essa que, de alguma forma, impediu a segregação independente. Os dois pesquisadores não souberam explicar geneticamente a natureza dessa proximidade.

> *Anote!*
> O grande mérito do experimento de W. Bateson e R. Punnet foi ter provocado o surgimento de uma dúvida: por que, na mesma ervilha, o cruzamento entre di-híbridos para sementes amarelas e lisas produziu descendentes na proporção 9 : 3 : 3 : 1, diferentemente do que obtiveram no cruzamento para cor da flor e forma dos grãos?

A resposta veio por meio de outro pesquisador, Thomas Hunt Morgan, que, trabalhando com drosófilas no laboratório de Genética da Universidade de Colúmbia (EUA), realizou notáveis descobertas. Morgan já havia demonstrado em sua *teoria cromossômica da herança* que todos os genes estão localizados nos cromossomos e deduziu que a proximidade física proposta por Bateson e Punnet ocorria porque os genes estavam **ligados** no mesmo cromossomo; por isso mantêm-se juntos na formação dos gametas, não se segregando independentemente. Quando os genes estão *ligados* no mesmo cromossomo, diz-se que eles estão em *linkage*.

De olho no assunto!

Trabalhando com *Drosophila melanogaster*, Morgan e seus colaboradores obtiveram resultados que lhes permitiram chegar a importantes conclusões. Essa mosca apresenta uma série de vantagens como material de experimentação, entre elas um rápido ciclo reprodutivo e a grande produção de descendentes.

Outra característica que marcou a drosófila como excelente material experimental foi a constatação do surgimento de diversos mutantes entre os descendentes. Apresentando diferenças marcantes em relação aos tipos originais, chamados **selvagens** (cinza), esses mutantes eram utilizados em cruzamentos cujos resultados serviram de suporte para as importantes conclusões obtidas pelos cientistas.

Na drosófila, temos cerca de 5 mil genes distribuídos em apenas quatro pares de cromossomos homólogos (veja a Figura 4-4), enquanto nos 23 pares de cromossomos homólogos característicos da espécie humana, há cerca de 30 mil genes!

Assim, não é difícil concluir que tanto na drosófila quanto na espécie humana a segregação independente não é tão frequente.

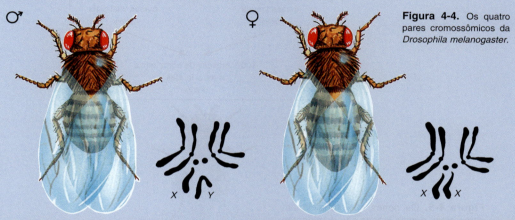

Figura 4-4. Os quatro pares cromossômicos da *Drosophila melanogaster*.

Trabalhando com drosófilas, Morgan constatou o surgimento de muitos *mutantes*, entre eles, por exemplo, o mutante de olho branco, que surgiu do cruzamento de moscas de olhos vermelhos, consideradas como pertencentes ao tipo selvagem.

Um dos Cruzamentos Efetuados por Morgan

Em um de seus experimentos, Morgan cruzou moscas selvagens de corpo cinza e asas longas com mutantes de corpo preto e asas curtas (chamadas de asas *vestigiais*). Todos os descendentes de F$_1$ apresentavam corpo cinza e asas longas, atestando que o gene que condiciona corpo cinza (*P*) domina o que determina corpo preto (*p*), assim como o gene para asas longas (*V*) é dominante sobre o que condiciona surgimento de asas vestigiais (*v*). Veja a Figura 4-5.

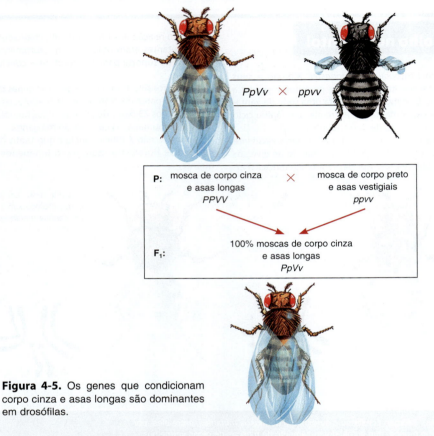

Figura 4-5. Os genes que condicionam corpo cinza e asas longas são dominantes em drosófilas.

A seguir, Morgan cruzou descendentes de F$_1$ com duplo-recessivos, ou seja, realizou cruzamentos-testes (veja a Figura 4-6).

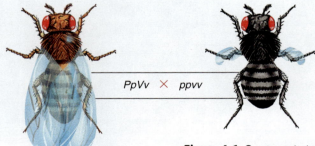

Figura 4-6. Cruzamento-teste realizado por Morgan.

Para Morgan, os resultados dos cruzamentos-testes revelariam se os genes estavam localizados em cromossomos diferentes (segregação independente) ou em um mesmo cromossomo (*linkage*).

Surpreendentemente, porém, nenhum dos resultados esperados foi obtido. A separação e a contagem dos descendentes de F$_2$ revelaram o seguinte resultado:
- 41,5% de moscas com corpo cinza e asas longas;
- 41,5% de moscas com corpo preto e asas vestigiais;
- 8,5% de moscas com corpo preto e asas longas;
- 8,5% de moscas com corpo cinza e asas vestigiais.

Ao analisar esse resultado, Morgan convenceu-se de que os genes *P* e *V* localizavam-se no mesmo cromossomo. Se estivessem localizados em cromossomos diferentes, a proporção esperada seria outra (1 : 1 : 1 : 1). No entanto, restava a dúvida: como explicar a ocorrência dos fenótipos corpo cinza/asas vestigiais e corpo preto/asas longas?

A resposta não foi difícil de ser obtida. Por essa época, já estava razoavelmente esclarecido o processo da meiose. O cientista F. A. Janssens já havia relatado, até mesmo, dois importantes fenômenos relacionados àquele tipo de divisão celular: o pareamento de cromossomos homólogos e a ocorrência de *quiasmas*, durante a prófase I. O quiasma é uma figura meiótica decorrente do *crossing-over* (veja a Figura 4-7). O *crossing* (ou permuta) corresponde à quebra seguida da troca de trechos entre cromátides homólogas.

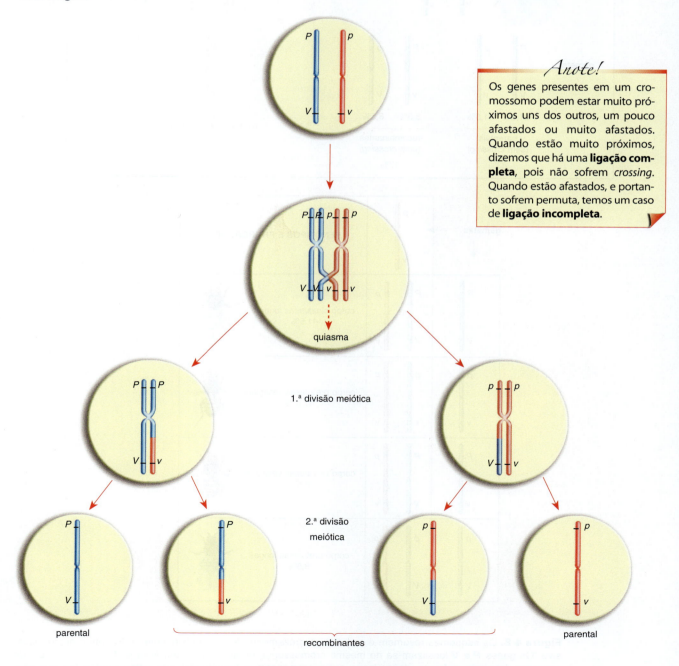

Anote!
Os genes presentes em um cromossomo podem estar muito próximos uns dos outros, um pouco afastados ou muito afastados. Quando estão muito próximos, dizemos que há uma **ligação completa**, pois não sofrem *crossing*. Quando estão afastados, e portanto sofrem permuta, temos um caso de **ligação incompleta**.

Figura 4-7. Representação esquemática da ocorrência de *crossing* entre cromátides homólogas. Note a presença de *quiasma* (em forma de X), que indica a região em que houve troca de pedaços.

Com base nesses conhecimentos, Morgan concluiu que os fenótipos corpo cinza/asas vestigiais e corpo preto/asas longas eram recombinantes e devidos à ocorrência de *crossing-over* (veja a Figura 4-8).

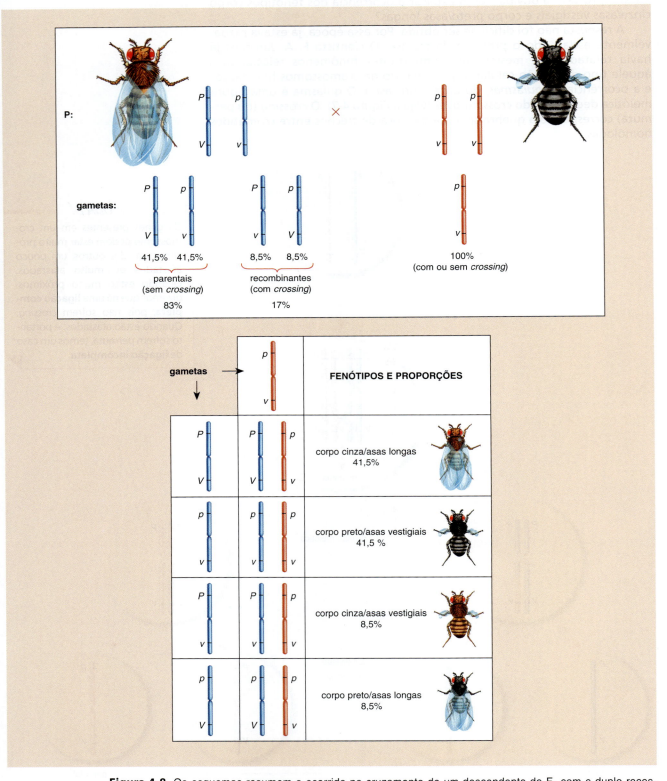

Figura 4-8. Os esquemas resumem o ocorrido no cruzamento de um descendente de F_1 com o duplo-recessivo. Os genes *P* e *V* localizam-se no mesmo cromossomo, ou seja, estão em *linkage*. Mas a ocorrência de permutas (quebras e trocas de pedaços entre cromossomos homólogos) nos heterozigotos faz aparecer os recombinantes. Como as permutas não são frequentes, a porcentagem de recombinantes é menor que a dos tipos originais (parentais).

Como Diferenciar Segregação Independente (2.ª Lei de Mendel) de *Linkage*?

Quando comparamos o comportamento de pares de genes para duas características de acordo com a 2.ª Lei de Mendel com a ocorrência de *linkage* e *crossing-over* em um cruzamento genérico do tipo *AaBb* × *aabb*, verificamos que em todos os casos resultam quatro fenótipos diferentes:

- dominante/dominante;
- dominante/recessivo;
- recessivo/dominante;
- recessivo/recessivo.

A diferença em cada caso está nas proporções obtidas. No caso da 2.ª Lei de Mendel, haverá 25% de cada fenótipo. No *linkage* com *crossing*, todavia, os dois fenótipos parentais surgirão com frequência maior do que as frequências dos recombinantes.

A explicação para isso reside no fato de, durante a meiose, a permuta não ocorrer em todas as células, sendo, na verdade, um evento relativamente raro. Por isso, nos cruzamentos das drosófilas *PpVv* × *ppvv* foram obtidos 83% de indivíduos do tipo parental (sem *crossing*) e 17% do tipo recombinante (resultantes da ocorrência de permutas).

Frequentemente, nos vários cruzamentos realizados do tipo *AaBb* × *aabb*, Morgan obteve somente os dois fenótipos parentais (*AaBb* e *aabb*), na proporção de 50% cada. Para explicar esse resultado, ele sugeriu a hipótese de que os genes ligados ficam tão próximos um do outro que dificultam a ocorrência de *crossing* entre eles. Assim, por exemplo, o gene que determina cor preta do corpo em drosófila e o gene que condiciona cor púrpura dos olhos ficam tão próximos que entre eles não ocorre permuta. Nesse caso, se fizermos um cruzamento-teste entre o duplo-heterozigoto e o duplo-recessivo, teremos nos descendentes apenas dois tipos de fenótipo, que serão correspondentes aos tipos parentais.

> **Anote!**
> W. Bateson e R. C. Punnett foram os pesquisadores que, no início do século XX (1905-1908), esclareceram as ideias a respeito dos **grupos de *linkage***, ou seja, que ao longo de um cromossomo existem vários genes. Essa hipótese foi sugerida inicialmente por outro pesquisador, Sutton, em 1903. Porém, não conseguindo comprová-la experimentalmente, coube àqueles dois cientistas o esclarecimento experimental daquela hipótese por meio de cruzamentos efetuados com plantas de ervilha.

De olho no assunto!

Cruzamento entre um duplo-heterozigoto e um duplo-recessivo

Do que estudamos até o momento, sabemos que se cruzarmos um duplo-heterozigoto com um duplo-recessivo, três possíveis situações poderão resultar:

I. Segregação independente (2.ª Lei de Mendel)

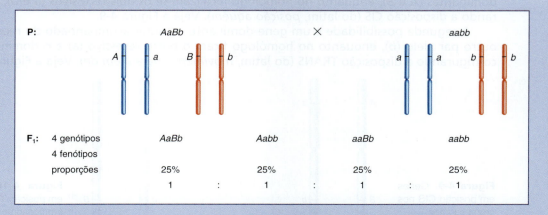

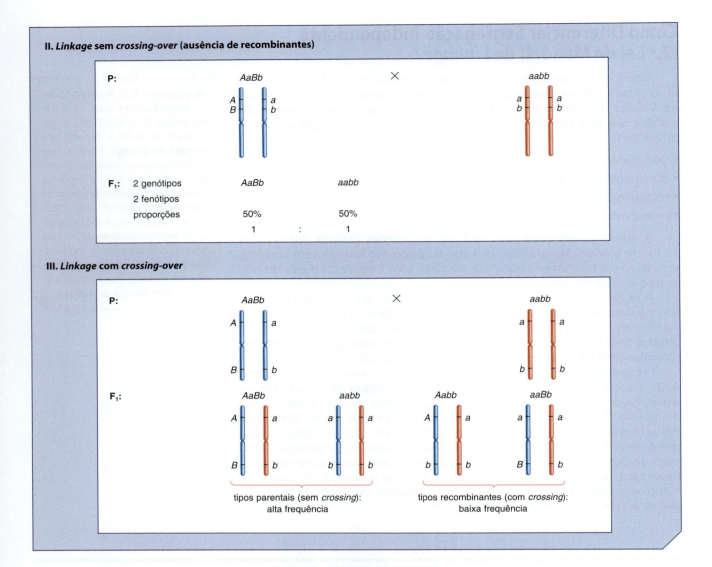

A ORDEM DOS GENES NOS CROMOSSOMOS: A DISPOSIÇÃO CIS E TRANS

Se imaginarmos um duplo-heterozigoto *AaBb*, como devem estar dispostos os genes nos cromossomos?

Há duas possibilidades: na primeira, em um dos cromossomos, situam-se os dois genes dominantes (*A* e *B*), enquanto no homólogo localizam-se os dois recessivos (*a* e *b*), configurando a disposição CIS (do latim, *posição aquém*). Veja a Figura 4-9.

A segunda possibilidade é um gene dominante (*A*) estar acompanhado do recessivo do outro par alelo (*b*), enquanto no homólogo ficam o outro recessivo (*a*) e o dominante (*B*), configurando a disposição TRANS (do latim, *movimento para além de*). Veja a Figura 4-10.

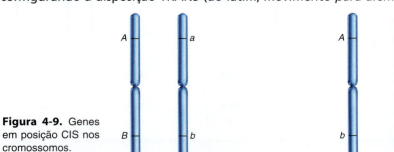

Figura 4-9. Genes em posição CIS nos cromossomos.

Figura 4-10. Genes em posição TRANS nos cromossomos.

Acompanhe este exercício

Um macho de genótipo *AaBb* foi cruzado com uma fêmea *aabb*, sendo obtidos descendentes nas seguintes proporções fenotípicas:

8%	aabb
42%	Aabb
8%	AaBb
42%	aaBb

a) Trata-se de um caso de segregação independente?
b) De que maneira estão dispostos (CIS ou TRANS) os genes nos cromossomos do macho heterozigoto? Justifique.

Resolução:
a) Não, é um caso de *linkage* com *crossing-over*, em virtude das proporções genotípicas obtidas.

b) O heterozigoto tem disposição TRANS, pois sua constituição é $\frac{A\ b}{a\ B}$. Isso é verificado pelo fato de ter produzido 42% de gametas $\frac{A\ b}{}$ e 42% de $\frac{a\ B}{}$. Além disso, produziu 8% de gametas $\frac{A\ B}{}$ e 8% de $\frac{a\ b}{}$, devido ao *crossing-over*, reforçando a suposição de disposição TRANS.

Caso a disposição fosse CIS, $\frac{A\ B}{a\ b}$, os gametas produzidos seriam 42% de $\frac{A\ B}{}$, 42% de $\frac{a\ b}{}$, 8% de $\frac{A\ b}{}$ e 8% de $\frac{a\ B}{}$.

▪ MAPAS GENÉTICOS

Um dos mais jovens discípulos de Morgan, H. A. Sturtevant, de posse dos resultados dos cruzamentos efetuados entre duplo-heterozigotos e duplo-recessivos para diversas características, elaborou várias conclusões:

- os genes devem estar dispostos linearmente no cromossomo, lembrando as pérolas de um colar. Em consequência, o *crossing-over* deveria acontecer com igual probabilidade em qualquer parte do cromossomo;

- a frequência de *crossing-over* deveria refletir, de alguma forma, a distância entre os genes;

- se a porcentagem de *crossing-over* é baixa, então os genes devem estar próximos uns dos outros, tornando menos prováveis a quebra e a troca de pedaços entre os homólogos. No entanto, se a porcentagem de indivíduos com fenótipo recombinante for alta, então os genes devem estar mais afastados, favorecendo a ocorrência de *crossing-over* entre eles (veja a Figura 4-11).

Com base nessas conclusões, Sturtevant estava em condições de localizar os genes nos cromossomos, ou seja, construir o chamado **mapa genético**. Havia, porém, problemas a serem resolvidos.

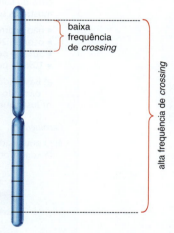

Figura 4-11. A distância dos genes no cromossomo influi, segundo Sturtevant, na frequência de *crossing*.

A Unidade do Mapa Genético

É óbvio que Sturtevant não olhava nem media a distância dos genes ao longo do cromossomo. Ele deduzia a distância entre os genes com base nas frequências percentuais relativas de *crossing-over*, obtidas nos cruzamentos. Assim, ele precisava estabelecer uma unidade-padrão que pudesse refletir a distância relativa existente entre os genes. Convencionou que *uma unidade de recombinação* no mapa genético corresponderia a um intervalo no qual ocorre 1% de *crossing-over*. Dessa forma, se entre os descendentes de um cruzamento houver 10% de recombinantes, então a distância entre os dois genes envolvidos será de 10 unidades.

Aplicando esses conhecimentos, por exemplo, ao cruzamento-teste entre moscas de corpo cinza/asas longas e moscas de corpo preto/asas vestigiais (*PpVv* × *ppvv*) que estudamos anteriormente, podemos elaborar o mapa genético para esses caracteres. Vejamos os resultados obtidos nesse cruzamento:

moscas de corpo cinza/asas longas	41,5%	} 83% sem *crossing*
moscas de corpo preto/asas vestigiais	41,5%	
moscas de corpo cinza/asas vestigiais	8,5%	} 17% com *crossing*
moscas de corpo preto/asas longas	8,5%	

Anote!
A unidade de recombinação (u.r.) foi chamada de morganídeo em homenagem ao cientista Thomas Morgan.

Como a distância entre os genes é dada pela frequência percentual relativa de *crossing*, podemos dizer que a distância entre os genes que determinam a cor do corpo (*P* e *p*) e o tamanho das asas (*V* e *v*) é de 17 unidades de recombinação, abreviadamente, u.r. (veja a Figura 4-12).

Utilizando essa técnica, Sturtevant conseguiu determinar a distância relativa de vários genes nos cromossomos da drosófila.

Figura 4-12. Distância entre os genes para cor do corpo e para tamanho da asa.

Acompanhe estes exercícios

1. (FUVEST – SP) Um organismo homozigoto para os genes *ABCD*, todos localizados em um mesmo cromossomo, é cruzado com outro que é homozigoto recessivo para os mesmos genes. O retrocruzamento de F_1 (com o recessivo) mostra os seguintes resultados:

- não ocorreu permuta entre os genes *A* e *C*;
- ocorreu 20% de permuta entre os genes *A* e *B*;
- 30% de permuta entre os genes *A* e *D*;
- 10% de permuta entre os genes *B* e *D*.

a) Baseando-se nos resultados acima, qual é a sequência mais provável desses quatro genes no cromossomo, a partir do gene *A*?
b) Justifique sua resposta.

Resolução:

a) O enunciado deixa claro que houve cruzamento de heterozigoto de F_1 com recessivo e que os genes estão em *linkage*. Com base nos resultados, pode-se construir o mapa genético abaixo.

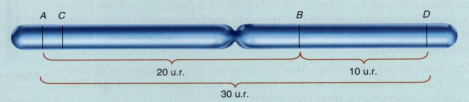

b) Sabendo-se que os genes estão dispostos linearmente no cromossomo; que a taxa de permuta reflete a distância que os separa; que 1% de permuta equivale a uma unidade de distância, conclui-se que:
- os genes *A* e *C* estão muito próximos e entre eles não houve *crossing*;
- o gene *A* está mais próximo de *B* do que de *D* (20% e 30%, respectivamente).

2. Diferentes cruzamentos em drosófilas entre di-híbridos e birrecessivos foram realizados, resultando nas distâncias entre 8 *loci* localizados no segundo cromossomo. As distâncias estão representadas na tabela abaixo.

	d	Dp	net	J	ed	ft	cl	ho
D		18	31	10	20	19	14,5	27
DP			13	28	2	1	3,5	9
Net				41	11	12	16,5	4
41/11					30	29	24,5	37
ed						1	5,5	7
Ft							4,5	8
cl								12,5
ho								

Construa o mapa genético, incluindo os oito genes.

Resolução:

Como os oito genes estão no mesmo cromossomo, trata-se de um caso de *linkage*. Vamos inicialmente achar os dois genes que estão mais afastados; para isso, basta procurar na tabela o maior número. Lembre-se de que 1 u.r. corresponde a 1% de indivíduos com fenótipo devido ao *crossing-over*, então 41 u.r. aparecem entre os genes *net* e *J*. Logo, são eles que estão mais afastados.

O mais próximo do *net* é o *ho*, 4 u.r.; depois, é o *ed*, 11 u.r., confirmado pela distância entre o *ho* e *ed*, que é de 7 u.r.

Entre *net* e *ft* existem 12 u.r., o que permite deduzir que existe 1 u.r. entre *ed* e *ft*, confirmado pela tabela.

Agora, continuando esse raciocínio, procure identificar a sequência dos três gases restantes.

3. Uma fêmea de um animal com genótipo *AaBb* é cruzada com um macho *aabb* (cruzamento-teste). Na descendência obteve-se 442 *Aabb*; 458 *aaBb*; 46 *AaBb* e 46 *aabb*. Explique o resultado do cruzamento.

Resolução:

A primeira pergunta a ser respondida: trata-se de um caso da 2.ª Lei de Mendel ou de *linkage*? Trata-se de um caso de *linkage* com *crossing-over*, pois se fosse 2.ª Lei de Mendel teríamos como resultado quatro genótipos diferentes na proporção de 1 : 1 : 1 : 1, fato que não ocorreu.

Os dois genótipos com maior frequência correspondem a indivíduos em que não ocorreu *crossing* (442 *Aabb*; 458 *aaBb*) e, claro, os de menor frequência, com *crossing* (46 *AaBb*; 46 *aabb*).

A segunda pergunta a ser respondida é se os genes estão em posição CIS ou TRANS. Veja o cruzamento e observe que estão em posição TRANS:

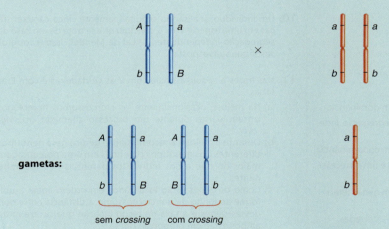

F₁:

gametas →	*Ab*	*aB*	*AB*	*ab*
ab	*Aabb* 442	*aaBb* 458	*AaBb* 46	*aabb* 46
	sem *crossing* (parentais)		com *crossing* (recombinantes)	

A disposição CIS daria um resultado invertido, ou seja, 442 *AaBb*; 458 *aabb*; 46 *Aabb* e 46 *aaBb*.

Agora precisamos saber qual a distância entre os dois genes não alelos estudados:

442 + 458 + 46 + 46 = 992, sendo 92 (46 + 46) com *crossing*
92/992 = 0,09 = 9% de recombinantes.

Então, a distância entre os dois genes é de 9 u.r. (morganídeos).

Passo a passo

1. Na ervilha, o caráter cor da semente amarela (*V*) domina sobre a verde (*v*); a forma lisa (*R*) da semente domina sobre a forma rugosa (*r*). Pedem-se:

  a) os gametas produzidos pelos indivíduos:

  Vvrr,vvRr e *VvRr*.

  b) as proporções genotípicas e fenotípicas dos descendentes dos seguintes cruzamentos:

  VvRr x *vvrr*

  vvRr x *Vvrr*

  VVRr x *vvrr*

2. Quantos tipos de gameta são produzidos pelos indivíduos abaixo, sabendo que se trata de segregação independente (2.ª Lei de Mendel)?

  a) AaBbCCDd
  b) AABBCCDD
  c) AABbCcDD
  d) AaBbCcDd

3. Associe os itens a seguir, antecedidos por letras, com os respectivos conceitos de genética, relacionados nos itens numerados de I a VIII.

  a) proporção fenotípica de 1 : 1 : 1 : 1
  b) linhagem pura
  c) mono-híbrido
  d) proporção fenotípica de 9 : 3 : 3 : 1
  e) di-híbrido
  f) proporção fenotípica de 1 : 2 : 1
  g) proporção fenotípica de 1 : 2
  h) proporção fenotípica de 3 : 1

  I – indivíduo *VVRr*

  II – indivíduo *VVRR* ou *vvrr*

  III – *Vv*

  IV – cruzamento entre dois mono-híbridos com dominância

  V – cruzamento entre dois di-híbridos com segregação independente

  VI – cruzamento entre dois mono-híbridos com codominância

  VII – cruzamento entre um duplo-heterozigoto e um birrecessivo, de acordo com a 2.ª Lei de Mendel

  VIII – cruzamento entre dois mono-híbridos com genes letais

4. Assinale **C** para as afirmações corretas e **E** para as erradas.

  a) Para fazer um cruzamento entre os di-híbridos (*VvRr* x *VvRr*), Mendel, inicialmente, cruzou duas linhagens parentais puras iguais.
  b) A ervilha amarela lisa di-híbrida (heterozigota) *VvRr* produzirá, de acordo com a 2.ª Lei de Mendel, os gametas *VR, Vr, vR* e *vr* em proporções diferentes, pois a cor da semente da ervilha interfere na forma da semente.
  c) De acordo com a 2.ª Lei de Mendel, durante a formação dos gametas, a separação dos alelos de um gene é independente da segregação dos alelos do outro. Então, para calcular a probabilidade de determinado fenótipo ou genótipo nos descendentes, podemos aplicar a regra estatística do "e".
  d) Ao cruzar 2 di-híbridos, Mendel percebeu que a proporção fenotípica 9 (dominante-dominante) : 3 (dominante-recessivo) : 3 (recessivo-dominante) : 1 (recessivo-recessivo) não era nada mais do que duas proporções independentes de 3 : 1 combinadas aleatoriamente.

5. No homem, a cor castanha de olhos é dominante (*A*) sobre o alelo recessivo (*a*) que determina olhos azuis. A habilidade para a mão direita ou ser destro (*C*) é dominante sobre a habilidade para a mão esquerda (*c*).

Um homem canhoto, de olhos castanhos, cujo pai tem olhos azuis, casa-se com uma mulher destra pertencente a uma família em que todos os membros foram destros por várias gerações e de olhos castanhos, mas cuja mãe tem olhos azuis. Quais são os genótipos e fenótipos para as duas características citadas e em que proporção são esperados?

Um homem destro de olhos azuis, cujos pais são heterozigotos para as duas características citadas, casa-se com uma mulher canhota de olhos azuis, cujos pais são destros de olhos castanhos. Esse casal tem um filho canhoto de olhos azuis, que se casa com uma mulher destra de olhos castanhos, cuja mãe é destra de olhos azuis e cujo pai é canhoto de olhos azuis. A respeito do texto acima responda às questões **6** e **7**.

6. Construa o heredograma citando os possíveis genótipos dos indivíduos dessa família.

7. Qual a probabilidade de o casal canhoto de olhos azuis × destra de olhos castanhos vir a ter um filho do sexo masculino, canhoto e de olhos azuis?

8. Ao analisarmos duas ou mais características simultaneamente, é possível afirmar que a 2.ª Lei de Mendel é sempre obedecida? Justifique sua resposta.

9. Esquematize um cruzamento entre um duplo-heterozigoto e um birrecessivo, um caso da 2.ª Lei de Mendel (segregação independente) e um caso de *linkage*.

10. Um indivíduo, analisando simultaneamente cinco características em uma espécie $2n = 8$, concluiu que se trata de um caso de segregação independente (2.ª Lei de Mendel). Isso é correto? Justifique sua resposta.

11. Nas frases a seguir, assinale com V as verdadeiras e com F as falsas

  a) Na meiose, ocasionalmente, os cromossomos homólogos trocam partes durante um processo chamado *crossing-over*.
  b) Durante a meiose, a recombinação gênica gera genótipos diferentes dos genótipos parentais em uma porcentagem maior do que a dos indivíduos parentais não recombinantes.
  c) Como os genes estão localizados em ordem linear e uniforme ao longo de um cromossomo, a distância entre dois desses genes e a taxa de recombinação que ocorre entre ambos estão em proporção direta.
  d) Na construção do mapa genético, podemos usar a porcentagem de recombinação como indicador quantitativo da distância linear entre dois genes em um cromossomo.
  e) Uma unidade de recombinação no mapa genético é uma unidade relativa e corresponde a 1% de indivíduos com fenótipos da geração parental não recombinante.

12. Os genes *A* e *B* estão em um mesmo cromossomo autossômico e sua taxa de recombinação é de 30%. Quais são os tipos de gameta produzidos por um indivíduo $\frac{Ab}{aB}$?

13. Do cruzamento entre um duplo-heterozigoto com um birrecessivo (*CcDd* × *ccdd*) nasceram:

2.100 indivíduos *CcDd*
1.900 indivíduos *ccdd*
210 indivíduos *Ccdd*
190 indivíduos *ccDd*

Pergunta-se:

  a) Qual é a disposição dos genes no cromossomo: CIS ou TRANS?
  b) Qual a distância entre os genes?

14. As taxas de recombinação entre 4 genes que pertencem a um grupo de *linkage* são:

AB – 10%; *DB* – 6%; *AC* – 13%; *BC* – 3%; *AC* – 13%; *AD* – 4%.

Qual é a sequência desses genes no cromossomo?

15. Nas frases a seguir, assinale com V as corretas e com F as incorretas.

a) Dois pares de genes não alelos, di-híbridos, localizados em cromossomos não homólogos foram submetidos a um cruzamento-teste. O resultado fenotípico esperado é 9 : 3 : 3 : 1.

b) O número de cromossomos dos seres vivos, em geral, é muito menor que o número possível de caracteres. Sabendo que os genes localizam-se nos cromossomos, então cada cromossomo deve transportar mais de um gene, caracterizando o *linkage*.

c) O grupo sanguíneo O, pelo fato de apresentar aglutininas anti-A e anti-B, só pode receber sangue de um indivíduo O.

d) Quando analisamos simultaneamente em um indivíduo os sistemas sanguíneos ABO, MN e fator Rh, estamos tratando de um caso de *linkage*.

e) De modo geral, a eritroblastose fetal se manifesta a partir da 2.ª gravidez, porém, se a mãe receber transfusão de sangue Rh$^+$, a eritroblastose pode ocorrer logo na primeira gravidez.

f) Disposição CIS e disposição TRANS referem-se à 2.ª Lei de Mendel.

g) Os genes estão dispostos linearmente no cromossomo e a frequência de *crossing-over* reflete a distância relativa entre os genes.

Questões objetivas

1. (PUC – SP) De acordo com a 2.ª Lei de Mendel, o cruzamento *AaBbCc* × *aabbcc* terá chance de produzir descendentes com genótipo *AaBbCc* igual a

a) 1/2
b) 1/4
c) 1/8
d) 1/16
e) 1/64

2. (UFPR – adaptada) A cegueira provocada pela catarata e a extrema fragilidade dos ossos são características que podem aparecer em seres humanos e resultam da ação de dois genes dominantes autossômicos presentes em cromossomos diferentes. Um homem com catarata e ossos normais, cujo pai tem olhos normais, casa-se com uma mulher de olhos livres de catarata, mas com ossos frágeis. O pai da mulher tem ossos normais. Assim, pode-se afirmar que um descendente do casal tem:

a) 100% de probabilidade de nascer livre de ambas as anomalias.

b) 50% de probabilidade de vir a sofrer de catarata e ter ossos normais.

c) 25% de probabilidade de vir a ter olhos normais e ossos frágeis.

d) 50% de probabilidade de vir a apresentar ambas as anomalias.

e) 100% de probabilidade de apresentar uma das anomalias.

3. (UFSCar – SP) Suponha um organismo diploide, $2n = 4$, e a existência de um gene *A* em um dos pares de cromossomos homólogos e de um gene *B* no outro par de homólogos. Um indivíduo heterozigótico para os dois genes formará

a) 2 tipos de gameta na proporção 1 : 1.
b) 2 tipos de gameta na proporção 3 : 1.
c) 4 tipos de gameta nas proporções 9 : 3 : 3 : 1.
d) 4 tipos de gameta nas proporções 1 : 1 : 1 : 1
e) 4 tipos de gameta na proporção 1 : 2 : 1.

4. (FGV – SP) No milho, a cor púrpura dos grãos (*A*) é dominante em relação à amarela (*a*), e grãos cheios (*B*) são dominantes em relação aos murchos (*b*). Essas duas características são controladas por genes que se distribuem independentemente. Após o cruzamento entre indivíduos heterozigotos para ambos os caracteres, a proporção esperada de descendentes com o fenótipo de grãos amarelos e cheios é:

a) 1/4.
b) 9/16.
c) 3/16.
d) 5/4.
e) 1/16.

5. (MACKENZIE – SP) A fibrose cística e a miopia são causadas por genes autossômicos recessivos. Uma mulher míope e normal para fibrose cística casa-se com um homem normal para ambas as características, filho de pai míope. A primeira criança nascida foi uma menina de visão normal, mas com fibrose. A probabilidade de o casal ter outra menina normal para ambas as características é de

a) 3/8.
b) 1/4.
c) 3/16.
d) 3/4.
e) 1/8.

6. (UFMG) Analise a tabela a seguir, em que estão relacionadas características das gerações F$_1$ e F$_2$, resultantes dos cruzamentos de linhagens puras de três organismos diferentes.

Organismos	Características das linhagens puras	F$_1$	F$_2$
ervilha	semente lisa × semente rugosa	lisa	3 lisas; 1 rugosa
galinha	plumagem preta × plumagem branca	azulada	1 preta 2 azuladas 1 branca
mosca	asa normal cinza × asa vestigial preta	normal cinza	9 normais cinzas 3 normais pretas 3 vestigiais cinzas 1 vestigial preta

Considerando-se as informações contidas nessa tabela e outros conhecimentos sobre o assunto, é **INCORRETO** afirmar que

a) os pares de genes que determinam o "tipo" e a "cor" da asa das moscas estão localizados em cromossomos não homólogos.

b) as características "tipo de semente" e "cor da plumagem" são determinadas, cada uma delas, por um único par de gene.

c) as plantas da F$_2$ com "sementes rugosas", quando autofecundadas, originam apenas descendentes com sementes rugosas.

d) o gene que determina "plumagem azulada" é dominante sobre os genes que determinam "plumagem preta" ou "plumagem branca".

Segunda Lei de Mendel e *Linkage* **91**

7. (PUC – PR) Assinale a alternativa que indica os genótipos dos pais que têm ou poderão ter filhos nas seguintes proporções ou percentuais:

25% de filhos canhotos, podendo ter olhos castanhos ou azuis;

75% de filhos destros, podendo ter olhos castanhos ou azuis;

25% de filhos com olhos azuis, podendo ser destros ou canhotos;

75% de filhos com olhos castanhos, podendo ser destros ou canhotos.

Dados: gene para olhos castanhos – C
gene para olhos azuis – c
gene para destro – D
gene para canhoto – d

a) *CCDD* e *CCDD*
b) *ccdd* e *ccdd*
c) *CCdd* e *ccDD*
d) *CcDd* e *CcDd*
e) *CdDd* e *ccdd*

8. (UFPB) A cor do pelo, em cobaias, pode ser marrom ou negra, e a textura do pelo pode ser lisa ou crespa. Essas características são determinadas geneticamente.

Em um cruzamento entre cobaias puras de cor negra e pelo liso com cobaias puras de cor marrom e pelo crespo, obtiveram-se 15 descendentes, todos negros e de pelos lisos. O cruzamento entre duas cobaias da geração F_1 produziu 18 descendentes com os seguintes fenótipos:

- 10 com pelos negros e lisos,
- 3 com pelos negros e crespos,
- 4 com pelos marrons e lisos,
- 1 com pelos marrons e crespos.

De acordo com essas informações, é correto afirmar que

a) o alelo que determina a cor do pelo negro é recessivo em relação ao alelo que determina a cor do pelo marrom.
b) não é possível determinar a existência de dominância entre os alelos responsáveis pela textura do pelo.
c) as proporções obtidas em F_2 estão de acordo com o esperado pela lei da segregação independente: os alelos que condicionam a cor dos pelos segregam-se independentemente daqueles que condicionam a textura.
d) não existe probabilidade de nascerem descendentes marrons de pelos crespos, a partir do cruzamento entre qualquer um dos indivíduos negros de pelos crespos da geração F_2 com um duplo recessivo para os caracteres em questão.
e) não existe probabilidade de nascerem descendentes marrons de pelos lisos a partir do cruzamento entre qualquer um dos indivíduos marrons de pelos lisos da geração F_2 com um duplo recessivo para os caracteres em questão.

9. (FURG – RS) Nas ervilhas, a cor amarela das sementes é determinada por um gene dominante *Y*, e a cor verde, por seu alelo recessivo *y*; a forma lisa é determinada pelo alelo dominante *L*, enquanto a forma rugosa é determinada pelo seu alelo recessivo *l*. Sabe-se que os dois locos segregam-se de maneira independente. Em um determinado cruzamento entre plantas de ervilha obteve-se o seguinte resultado: $\frac{3}{8}$ amarelas/lisas; $\frac{3}{8}$ amarelas/rugosas; $\frac{1}{8}$ verdes/lisas e $\frac{1}{8}$ verdes/rugosas.

Das alternativas abaixo, assinale a que melhor expressa o genótipo das plantas envolvidas nesse cruzamento.

a) *YyLL* × *Yyll*
b) *YYLl* × *YYLl*
c) *yyLl* × *Yyll*
d) *YyLl* × *Yyll*
e) *YyLL* × *YyLL*

10. (UFRGS – RS) Se um caráter tem três alelos possíveis, podendo haver seis genótipos, e um segundo caráter apresenta oito genótipos possíveis, quando ambos forem estudados simultaneamente, poderão ocorrer:

a) 7 genótipos.
b) 12 genótipos.
c) 24 genótipos.
d) 48 genótipos.
e) 96 genótipos.

11. (UFPI) "Devo, finalmente, chamar a atenção para a possibilidade do pareamento dos cromossomos paternos e maternos, e sua subsequente separação durante a divisão reducional, constituírem as bases físicas das leis de Mendel."

Walter S. Sutton, 1902.

O que Sutton achava possível sabe-se, hoje, ser verdade, isto é:

I – os genes estão localizados nos cromossomos;
II – dois ou mais genes localizados no mesmo cromossomo são herdados, na maioria dos casos, em gametas diferentes;
III – dois ou mais genes localizados em cromossomos diferentes segregam de maneira independente.

Sobre as afirmativas acima, pode-se dizer que:

a) somente III está correta.
b) I e II estão corretas.
c) II e III estão corretas.
d) I e III estão corretas.
e) somente II está correta.

12. (UECE – adaptada) Quando dois pares de genes estão no mesmo par de cromossomos homólogos, dizemos que ocorre:

a) ligação gênica, podendo os genes ligados ir para gametas diferentes em consequência de segregação independente.
b) ligação gênica, podendo os genes ligados ir para gametas diferentes por meio do *crossing-over*.
c) segregação independente dos genes, podendo se juntar no mesmo gameta por permutação.
d) segregação independente dos genes, os quais obrigatoriamente irão para gametas diferentes.
e) ligação gênica, de forma que os genes irão obrigatoriamente para o mesmo gameta.

13. (UNICID – SP) Um organismo diploide ($2n = 2$), duplo-heterozigoto (posição TRANS) apresenta a permutação em 60% de suas células germinativas. A porcentagem de gametas recombinantes com alelos apenas recessivos seria o equivalente a

a) 60%.
b) 30%.
c) 20%.
d) 15%.
e) 10%.

14. (UFPB) Em um cromossomo, a distância entre os locos gênicos *A* e *B* é 16 unidades de recombinação. Nessa situação, a frequência dos gametas dos tipos *AB*, *ab*, *Ab* e *aB*, produzidos pelo indivíduo de genótipo $\frac{AB}{ab}$, será respectivamente:

	AB	ab	Ab	aB
a)	25%	25%	25%	25%
b)	8%	8%	42%	42%
c)	42%	42%	8%	8%
d)	34%	34%	16%	16%
e)	16%	16%	34%	34%
f)	50%	50%	0%	0%

15. (UEL – PR) Na cultura do pepino, as características de frutos de cor verde brilhante e textura rugosa são expressas por alelos dominantes em relação a frutos de cor verde fosco e textura lisa. Os genes são autossômicos e ligados com uma distância de 30 u.m. (unidade de mapa de ligação).

92 BIOLOGIA 3 • 4.ª edição

Considere o cruzamento entre plantas duplo-heterozigotas em arranjo *cis* para esses genes com plantas duplo-homozigotas de cor verde fosca e textura lisa.

Com base nas informações e nos conhecimentos sobre o tema, considere as afirmativas a seguir, com as proporções esperadas destes cruzamentos.

I – 15% dos frutos serão de cor verde fosco e textura rugosa.
II – 25% dos frutos serão de cor verde fosco e textura lisa.
III – 25% dos frutos serão de cor verde brilhante e textura lisa.
IV – 35% dos frutos serão de cor verde brilhante e textura rugosa.

Assinale a alternativa correta.

a) Somente as afirmativas I e IV são corretas.
b) Somente as afirmativas II e III são corretas.
c) Somente as afirmativas III e IV são corretas.
d) Somente as afirmativas I, II e III são corretas.
e) Somente as afirmativas I, II e IV são corretas.

16. (UFMS) Em camundongos, os genes responsáveis por dois diferentes tipos de distúrbios nervosos, gene "camundongos dançantes" (*dc*) e gene "camundongos inquietos" (*iq*), estão localizados no cromossomo 6, separados por 20 u.r. Uma empresa especializada no fornecimento de animais para laboratório, e que mantém um estoque de camundongos fenotipicamente normais, recebeu uma encomenda para fornecer 30 camundongos "dançantes", 30 "inquietos" e 30 "dançantes e inquietos".

Sabendo-se que os machos e as fêmeas mantidos na empresa são todos heterozigotos em arranjo CIS, é correto considerar que:

a) é possível produzir somente camundongos normais e camundongos "dançantes e inquietos", pois os genes estão ligados no mesmo cromossomo.
b) é possível produzir somente camundongos normais, pois os genes estão ligados no mesmo cromossomo e são ambos recessivos.
c) é possível produzir os animais solicitados, pois, mesmo estando ligados, os genes podem produzir gametas recombinantes.
d) é perfeitamente possível produzir os animais solicitados, pois os genes estão ligados, mas têm segregação independente.
e) é possível produzir os animais solicitados, desde que se possa contar com machos e fêmeas homozigotos recessivos sem genes ligados.

17. (PUC – SP) As distâncias entre cinco genes localizados em um grupo de ligação de determinado organismo estão contidas na tabela abaixo:

	Gene				
	A	**B**	**C**	**D**	**E**
A	–	8	12	4	1
B	8	–	4	12	9
C	12	4	–	16	13
D	4	12	16	–	3
E	1	9	13	3	–

Identifique o mapeamento correto para tal grupo de ligação.

a) CBADE
b) EABCD
c) DEABC
d) ABCDE
e) n.d.a.

Questões dissertativas

1. (UFF – RJ) Em meados do século XIX, Gregor Mendel realizou cruzamentos entre pés de ervilha que apresentavam diferentes características morfológicas. Mendel avaliou a herança de fenótipos relacionados com a altura, tipos de flores, morfologia das vagens e sementes. A partir da análise dos resultados desses experimentos ele postulou o que ficou conhecido como as leis de Mendel. Na 1.ª Lei de Mendel ou Lei da Segregação dos Fatores, cada característica morfológica observada nas plantas é determinada por fatores que se encontram em dose dupla nesses organismos. Entretanto, no processo de reprodução ocorre a segregação desses fatores, que são transmitidos de forma simples para uma nova geração.

Com base nas descobertas realizadas pela biologia celular e molecular, responda às questões a seguir.

a) Atualmente, como são denominados os fatores citados por Mendel e por que eles se encontravam anteriormente em dose dupla nas plantas?
b) Qual a macromolécula que compõe esses fatores? Como é denominada e constituída a unidade básica desse polímero?
c) Explique por que durante o ciclo celular a segregação dos fatores está relacionada com o aumento da variabilidade genética.
d) Em uma planta de ervilha, os alelos *V* (dominante) e *v* (recessivo) determinam a cor amarela ou verde das sementes e os alelos *R* (dominantes) e *r* (recessivo) determinam a forma lisa ou rugosa das mesmas, respectivamente. A partir da autofecundação de um indivíduo heterozigoto para ambos os alelos, indique os prováveis fenótipos e suas respectivas proporções de acordo com a 2.ª Lei de Mendel.

2. (UEM – PR) Uma abelha rainha tem os seguintes pares de genes alelos que se segregam independentemente: *AaBbDdEe*. Sabendo-se que os zangões se desenvolvem por partenogênese, quantos genótipos diferentes, relativos a esses quatro genes, podem apresentar zangões filhos dessa rainha?

3. (UFT – TO) Durante a gametogênese humana, uma célula diploide é capaz de originar quatro células-filhas haploides. A figura a seguir representa um par de cromossomos homólogos de uma célula gamética (2n). Avalie as assertivas a seguir e marque a opção **INCORRETA**.

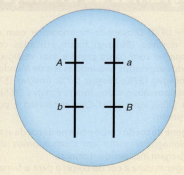

a) Os genes *A* e *b* são considerados ligados, ou em *linkage*, por se situarem em um mesmo cromossomo.
b) Na prófase da primeira divisão meiótica pode ocorrer permuta genética e se os gametas formados forem 50% do tipo

Ab e 50% do tipo *aB*, pode-se afirmar que esses genes estão em *linkage* completo.

c) A 2.ª Lei de Mendel torna-se inválida para genes que estão ligados, ou em *linkage*, uma vez que as características não se transmitem de forma independente.

d) Considerando que a distância entre os dois *loci* apresentados é de 20 unidades, os gametas serão formados nas seguintes proporções: 40% *Ab*, 10% *AB*, 10% *ab* e 40% *aB*.

e) A taxa de recombinação entre os genes *A* e *B* independe da distância entre os *loci* gênicos no cromossomo.

4. (UNICAMP – SP) Considere um indivíduo heterozigoto para três genes. Os alelos dominantes *A* e *B* estão no mesmo cromossomo. O gene *C* tem segregação independente dos outros dois genes. Se não houver *crossing-over* durante a meiose, a frequência esperada de gametas com genótipo *abc* produzidos por esse indivíduo é de

a) 1/2.
b) 1/4.
c) 1/6.
d) 1/8.

5. (UFRJ) As variações na cor e na forma do fruto de uma espécie diploide de planta estão relacionadas às variações nas sequências do DNA em duas regiões específicas, *vc* e *vf*.

Duas plantas dessa espécie, uma delas apresentando frutos vermelhos e redondos (planta A), outra apresentando frutos brancos e ovais (planta B), tiveram essas regiões cromossômicas sequenciadas.

As relações observadas entre o fenótipo da cor e da forma do fruto e as sequências de pares de nucleotídeos nas regiões *vc* e *vf* nessas duas plantas estão mostradas nos quadros a seguir:

Planta A		
Região cromossômica (fenótipo dos frutos)	Sequência de pares de nucleotídeos	
	Homólogo 1	Homólogo 2
vc (vermelhos)	...GAA... | | | ...CTT...	...GAA... | | | ...CTT...
vf (redondos)	...ACG... | | | ...TCG...	...AGC... | | | ...TCG...

Planta B		
Região cromossômica (fenótipo dos frutos)	Sequência de pares de nucleotídeos	
	Homólogo 1	Homólogo 2
vc (brancos)	...TAA... | | | ...ATT...	...TAA... | | | ...ATT...
vf (ovais)	...AGA... | | | ...TCT...	...AGA... | | | ...TCT...

Identifique as sequências de pares de nucleotídeos das regiões cromossômicas *vc* e *vf* de uma terceira planta resultante do cruzamento entre a planta A e a planta B. Justifique sua resposta.

6. (FUVEST – SP) Em cobaias, a cor preta é condicionada pelo alelo dominante *D* e a cor marrom, pelo alelo recessivo *d*. Em outro cromossomo, localiza-se o gene responsável pelo padrão da coloração: o alelo dominante *M* determina padrão uniforme (uma única cor) e o alelo recessivo *m*, o padrão malhado (preto/branco ou marrom/branco). O cruzamento de um macho de cor preta uniforme com uma fêmea de cor marrom uniforme produz uma ninhada de oito filhotes: 3 de cor preta uniforme, 3 de cor marrom uniforme, 1 preto e branco e 1 marrom e branco.

a) Quais os genótipos dos pais?
b) Se o filho preto e branco for cruzado com uma fêmea cujo genótipo é igual ao da mãe dele, qual a proporção esperada de descendentes iguais a ele?

7. (UNICAMP – SP) Considere duas linhagens homozigotas de plantas, uma com caule longo e frutos ovais e outra com caule curto e frutos redondos. Os genes para comprimento do caule e forma do fruto segregam-se independentemente. O alelo que determina caule longo é dominante, assim como o alelo para fruto redondo.

a) De que forma podem ser obtidas plantas com caule curto e frutos ovais a partir das linhagens originais? Explique indicando o(s) cruzamento(s). Utilize as letras *A*, *a* para comprimento do caule e *B*, *b* para forma dos frutos.
b) Em que proporção essas plantas de caule curto e frutos ovais serão obtidas?

Programas de avaliação seriada

1. (PSIU – UFPI) *Drosophila melanogaster* com corpo marrom e asas normais (*BbVgvg*) foram cruzadas com *Drosophila melanogaster* com corpo preto e asas vestigiais (*bbvgvg*). Os resultados esperados, segundo as leis de Mendel, eram *BbVgvg* (575); *bbvgvg* (575); *Bbvgvg* (575); *bbVgvg* (575); entretanto, os genótipos observados foram: *BbVgvg* (965); *bbvgvg* (944); *Bbvgvg* (206); *Vgvg* (185). Que conclusão é possível tirar do experimento?

a) O gene da cor do corpo e o gene da cor da asa em *Drosophila melanogaster* estão em cromossomos diferentes e se segregam independentemente.
b) Os genes para a cor do corpo e para o tamanho da asa em *Drosophila melanogaster* estão ligados no mesmo cromossomo e não se segregam independentemente.
c) Os genes para a cor do corpo e para o tamanho da asa em *Drosophila melanogaster* estão ligados no mesmo cromossomo e se segregam independentemente.

d) O gene da cor do corpo e o gene da cor da asa em *Drosophila melanogaster* estão em cromossomos diferentes e não se segregam independentemente.
e) Os genes para a cor do corpo e para o tamanho da asa em *Drosophila melanogaster* são resultados de recombinações, estão em cromossomos diferentes e se segregam independentemente.

2. (PSS – UFPB) Em drosófilas, a característica **cor do corpo amarela** é condicionada por um gene dominante *P* e o **comprimento da asa normal**, por um gene dominante *V*. Os alelos recessivos *p* e *v* condicionam, respectivamente, as características **cor do corpo preta** e **comprimento da asa curto**.

Do cruzamento entre uma fêmea duplo-heterozigota com um macho duplo-recessivo nasceram 300 moscas com as seguintes características:

94 BIOLOGIA 3 • 4.ª edição

135 amarelas com asas curtas;
135 pretas com asas normais;
15 amarelas com asas normais;
15 pretas com asas curtas.

De acordo com essas informações, é correto afirmar:

a) Os genes para as duas características estão em pares de cromossomos diferentes.
b) A distância entre os dois locos gênicos é de 45 unidades de recombinação (u.r.).
c) Os genes para as duas características estão no par de cromossomos sexuais.
d) Os genes para as duas características segregam-se independentemente.
e) O arranjo dos genes, nos cromossomos da fêmea utilizada no cruzamento, é representado por $\dfrac{P}{p} \dfrac{v}{V}$.

3. (PSC – UFAM) Um indivíduo, com genótipo $RrEe$, produz gametas nas seguintes proporções: 25% RE, 25% Re, 25% rE e 25% re. Outro indivíduo, com o genótipo $VvLl$, produz gametas nas seguintes proporções: 50% VL e 50% vl. Podemos concluir que:

a) Os genes V e L estão ligados e entre eles não ocorre *crossing-over*.
b) Os genes R e E estão ligados e entre eles não ocorre *crossing-over*.
c) Os genes R e E segregam-se independentemente e entre eles ocorre o *crossing-over*.
d) Os genes V e L estão ligados e entre eles ocorre *crossing-over*.
e) Os genes V e L segregam-se independentemente e entre eles não ocorre *crossing-over*.

4. (PSIU – UFPI) Plantas puras vermelhas e brancas foram cruzadas, e todas as plantas na geração F_1 apresentaram fenótipo cor-de-rosa. As plantas F_1 foram autopolinizadas e produziriam descendência F_2 branca, cor-de-rosa e vermelha. Na discussão do experimento relatado, é correto afirmar que:

a) as plantas da geração F_1 são resultantes de um cruzamento di-híbrido e que os fenótipos recombinantes da geração F_2 estão na razão 9 : 3 : 3 : 1.
b) as plantas da geração F_2 são todas heterozigotas e que ambos os alelos são expressos em codominância, onde dois alelos em um *locus* produzem dois fenótipos e ambos aparecem em indivíduos heterozigotos.

c) as plantas da geração F_1, quando autopolinizadas, dão origem em F_2 a plantas fenotipicamente distribuídas na razão 1 : 2 : 1, pois o alelo para flores vermelhas apresenta dominância incompleta sobre o alelo para flores brancas.
d) as características fenotípicas das plantas da geração F_1 e as da geração F_2 são determinadas por um gene com alelos diferentes e que existe uma dominância hierárquica nas combinações dos genes.
e) as plantas da geração parental são heterozigotas, as da geração F_1 são todas homozigotas e as da geração F_2 são todas heterozigotas e cor-de-rosa.

5. (PSS – UFS – SE) Numa determinada espécie de planta, a cor vermelha da flor é determinada pelo alelo **C** de um gene e a altura baixa da planta pelo alelo **A**, ambos dominantes. O alelo **c** quando em homozigose determina flores brancas. Analise as afirmações abaixo.

(0) Plantas fenotipicamente idênticas para a cor das flores podem ser heterozigóticas **Cc** ou homozigóticas **CC**.
(1) Cada gameta dessas plantas será portador de apenas um alelo para a característica altura da planta.
(2) Se os dois genes em análise estiverem localizados em cromossomos diferentes dos descendentes de um cruzamento entre plantas baixas **Aa** com flores vermelhas **Cc**, terão em F_1 os seguintes fenótipos: plantas baixas e plantas altas na proporção 3 : 1 e plantas com flores vermelhas e plantas com flores brancas na proporção 3 : 1.
(3) Se os dois genes em análise estiverem localizados no mesmo cromossomo, os descendentes de um cruzamento entre plantas baixas com flores vermelhas **AaCc** terão em F_1 os seguintes fenótipos: plantas baixas com flores vermelhas (9) : plantas baixas com flores brancas (3) : plantas altas com flores vermelhas (3) e plantas altas com flores brancas (1). Além disso, haverá alguns recombinantes em uma proporção que dependerá da distância entre os dois genes.
(4) Se os dois genes em análise estiverem no mesmo cromossomo, de acordo com Mendel eles se segregarão de modo independente na meiose.

6. (PEIES – UFMS) Em um indivíduo $2n$ de genótipo $AaBb$, deveriam, após a meiose, ser formados os meiócitos n, com a seguinte combinação de alelos:

a) AB, ab, Ab, aB.
b) Aa, AB, aB, BB.
c) Ab, AB, Bb, aB.
d) Ab, Bb, ab, Aa.
e) Aa, aB, Bb, Ab.

Segunda Lei de Mendel e *Linkage* **95**

Capítulo 5
Interações e expressões gênicas e citogenética

Peter Benjamin Parker, mas pode me chamar de Homem-Aranha!

Um dos mais famosos super-heróis de histórias em quadrinho – e agora do cinema também –, o Homem-Aranha, identidade secreta de Peter Parker, foi idealizado por Stan Lee e Steve Ditko no início da década de 1970.

Órfão, Peter Parker foi criado por seus tios na cidade de Nova York. Tímido, porém superinteligente, aos 15 anos foi picado por uma aranha que havia sido exposta à radiação. O que ele não sabia é que a aranha, alterada em sua genética em virtude da radiação recebida, também havia induzido nele uma mutação, conferindo-lhe poderes especiais.

Fascinado com essa sua nova condição, a princípio Peter se preocupava apenas consigo mesmo. No entanto, um acontecimento – o assassinato de seu tio durante um assalto – mudaria completamente essa forma de agir e de pensar, levando-o a dedicar-se a combater o crime na cidade de Nova York.

Capaz de construir sua própria "teia", escalar edifícios, fazer grandes saltos e locomover-se livremente, Peter Parker escondeu sua identidade sob a figura do Homem-Aranha, um super-herói que tem encantado gerações.

É claro que essa envolvente história é pura fantasia, mas assuntos como mutação genética, e algumas de suas consequências, serão abordados neste capítulo.

Em todos os casos de herança que analisamos até agora, incluindo a herança ligada ao sexo e os alelos múltiplos, verificamos que cada par de genes está envolvido com a determinação de certa característica. Os dois alelos, ocupando o mesmo *locus* no par de cromossomos homólogos, atuam no mesmo caráter.

Há muitos casos, porém, em que vários genes, situados em cromossomos diferentes, somam seus efeitos na determinação de uma mesma característica fenotípica, em uma verdadeira **interação gênica**.

Crista noz.

Crista rosa.

Crista ervilha.

Crista simples.

▪ INTERAÇÃO GÊNICA: QUANDO VÁRIOS GENES DETERMINAM O MESMO CARÁTER

Os Experimentos com Crista de Galinha

Dois pesquisadores, Bateson e Punnet, constataram a existência, em galinhas, de quatro formas de crista: *noz*, *rosa*, *ervilha* e *simples*.

Cruzando galos de crista rosa com galinhas de crista ervilha, Bateson e Punnet verificavam que todos os descendentes de F_1 apresentavam crista noz. Do cruzamento entre indivíduos de F_1, foram obtidos em F_2 quatro fenótipos, distribuídos nas proporções

$$9 : 3 : 3 : 1 \left(\frac{9}{16} \text{ noz} : \frac{3}{16} \text{ rosa} : \frac{3}{16} \text{ ervilha} : \frac{1}{16} \text{ simples} \right).$$

Veja a Tabela 5-1.

Tabela 5-1. Genótipos e fenótipos envolvidos na forma da crista de galinha.

Genótipos	R_E_	R_ee	rrE_	rree
Fenótipos da crista	noz (os dois dominantes)	rosa (um dominante)	ervilha (um dominante)	simples (ausência de dominantes)

Com base nesses resultados, poderíamos deduzir que os indivíduos de crista noz da geração F_1 eram duplo-heterozigotos, tendo havido segregação independente entre os genes alelos, durante a formação dos gametas.

Bateson e Punnet concluíram, então, que a forma noz da crista em aves poderia ser atribuída à ação de dois genes dominantes, simbolizados por *R* e *E*. A presença de apenas um dos dominantes, *R* ou *E*, condiciona, respectivamente, as formas rosa e ervilha. A ausência dos dois genes dominantes determina a forma da crista simples.

Acompanhe este exercício

Uma ave de crista simples foi cruzada com outra de crista ervilha, heterozigota. Qual será o resultado fenotípico esperado nos descendentes?

Resolução:

O genótipo da ave com crista simples é *rree*. Quanto à ave de crista ervilha, é preciso notar que, embora o enunciado diga tratar-se de heterozigota, seu genótipo não é *RrEe*, pois, se assim fosse, essa ave teria crista noz. Obrigatoriamente, então, seu genótipo é *rrEe*, em que o par *rr* interage com o par *Ee* (na verdade, este é que corresponde à situação de heterozigose). O cruzamento referido na questão pode ser assim esquematizado:

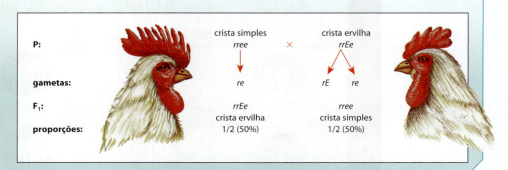

P: crista simples *rree* × crista ervilha *rrEe*

gametas: *re* ; *rE*, *re*

F_1:
rrEe crista ervilha 1/2 (50%)
rree crista simples 1/2 (50%)

Interações e expressões gênicas e citogenética **97**

A Forma dos Frutos de Abóbora

Outro exemplo de interação gênica é o que determina a forma dos frutos de abóbora. Eles podem ser encontrados em três formas diferentes: esférica, discoide e alongada.

Nesse caso, também estão envolvidos dois pares de genes que, ao interagir, determinarão a forma da abóbora. A forma discoide é condicionada por dois genes dominantes, *A* e *B*. A forma esférica deve-se à presença de um dos dois dominantes, seja ele *A* ou *B*. A forma alongada é determinada pela interação dos genes recessivos, *a* e *b* (veja a Tabela 5-2).

Tabela 5-2. Genótipos e fenótipos envolvidos na forma da abóbora.

Genótipos	A_B_	A_bb	aaB_	aabb
Fenótipos	discoide	esférica	esférica	alongada

Do cruzamento de duas plantas produtoras de abóboras esféricas de origens diferentes, obtiveram-se em F_1 somente abóboras discoides. As plantas da geração F_1, intercruzadas, produziram em F_2 a proporção de 9/16 abóboras discoides : 6/16 abóboras esféricas : 1/16 abóboras alongadas.

Cruzando os indivíduos de F_1, teremos os gametas produzidos e poderemos montar o quadro de cruzamentos e determinar os respectivos fenótipos:

	AB	**Ab**	**aB**	**ab**
AB	AABB discoide	AABb discoide	AaBB discoide	AaBb discoide
Ab	AABb discoide	AAbb esférica	AaBb discoide	Aabb esférica
aB	AaBB discoide	AaBb discoide	aaBB esférica	aaBb esférica
ab	AaBb discoide	Aabb esférica	aaBb esférica	aabb alongada

▪ EPISTASIA

É um caso especial de interação gênica, em que um par de genes bloqueia a ação do outro par, inibindo a sua manifestação. O par inibidor é chamado de **epistático**; o par inibido é chamado de **hipostático**.

Há dois tipos de epistasia:

- dominante: em que, no par epistático, é necessário apenas um gene dominante; e
- recessiva: quando o par epistático deverá estar em dose dupla.

> **Anote!**
> Epistasia (do grego, *epí* = posição superior; sobre + *stásis* = parada; detenção) significa "que se sobrepõe". Nesse tipo de herança, um par de genes bloqueia a ação de outros pares. Assim, não basta saber o genótipo do par de genes que determinam uma característica; precisamos saber se há outro par de genes interferindo em sua manifestação.

Epistasia Dominante 13 : 3

Um galo e uma galinha, ambos com penas brancas e de origens diferentes, foram cruzados, resultando em F_1 apenas aves de penas brancas. Intercruzados, os indivíduos de F_1 produziram a seguinte descendência: 13/16 aves de penas brancas : 3/16 aves de penas coloridas.

Pela proporção obtida, poderíamos pensar em segregação independente de dois pares de genes em interação gênica. No entanto, trata-se de um caso de interação gênica em que um dos pares de genes atua, inibindo o outro par. A existência de um gene dominante *C* condiciona a produção de pigmento, enquanto o seu alelo recessivo, *c*, é inoperante. Sobre esse par atua outro, cujo alelo dominante *I* inibe a ação do gene *C*, enquanto o alelo recessivo *i* não é atuante. Na verdade, a presença do alelo *C* determina a produção de certas enzimas que atuam na produção de pigmentos. A síntese dessas enzimas é inibida pela presença do gene *I*. Assim, a existência de coloração não depende apenas da presença do gene dominante *C*, mas também da presença simultânea do par *ii*. Se existir a condição *Ii* ou *II*, a coloração resultante é branca. Conclui-se, então, que o alelo *I* atua "inibindo" ou "mascarando" a ação do gene *C* (veja a Tabela 5-3).

Tabela 5-3. Genótipos e fenótipos envolvidos na cor das penas de galinha.

Genótipos	Fenótipos
C_ii	penas coloridas
ccI_ ou ccii	penas brancas
C_I	penas brancas

Esquematizando o cruzamento indicado, temos:

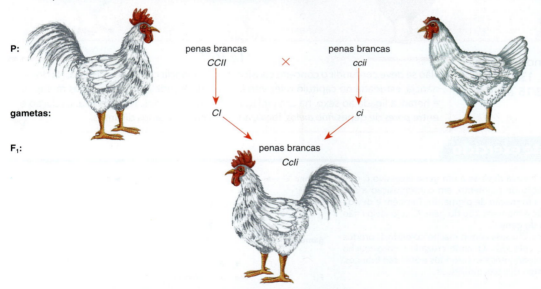

Intercruzando os descendentes de F_1, teremos:

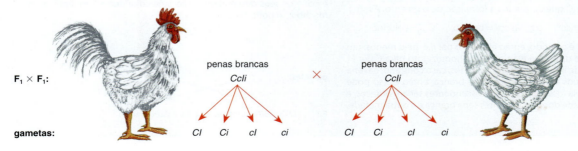

Interações e expressões gênicas e citogenética

Acompanhe, agora, o quadro de cruzamentos com suas respectivas proporções fenotípicas:

A proporção fenotípica nos descendentes é de 13/16 aves de penas brancas : 3/16 aves de penas coloridas.

Anote!

Não se deve confundir o conceito clássico de dominância com o de epistasia. Na dominância, estudada no capítulo referente à 1.ª Lei de Mendel, incluindo alelos múltiplos e herança ligada ao sexo, há uma relação entre genes alelos. Na epistasia, a relação é entre *pares* de genes *não alelos*, localizados em cromossomos distintos.

Acompanhe este exercício

Em galinhas, a cor branca deve-se a um gene recessivo *c*, que determina a não formação de pigmento, em contraposição a seu alelo *C*, que determina a formação de pigmento. Também é devida a um gene *I*, que impede a manifestação do gene *C*, cujo alelo *i* não impede a manifestação do gene *C*.

Uma galinha branca, cruzada com o macho colorido 1, produz 100% de descendentes coloridos. Quando cruzada com o macho colorido 2, 50% dos descendentes são coloridos e 50% são brancos.

Determine o genótipo dos três indivíduos.

Resolução:

Trata-se de um caso de epistasia dominante, em que o gene *I*, epistático, inibe *C*, que determina a formação de pigmento. Assim,

C_I_ = branco   ccI_ ou ccii = branco   C_ii = colorido

O macho 1 é colorido, então ele tem o par *ii* e, pelo menos, um gene *C*: pode-se dizer que esse macho é homozigoto para *C* por F$_1$ ser constituída de indivíduos 100% coloridos; caso contrário, haveria 50% de indivíduos brancos. A galinha é branca, então ela só pode ser *ccii*, pois se ela fosse _II, todos os descendentes seriam brancos, e se fosse _Ii, metade dos descendentes seria branca e a outra metade, colorida. Então,

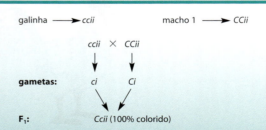

O macho 2 é colorido, logo, ele tem o par *ii* e, como a galinha é *ccii* e os seus descendentes são 50% coloridos e 50% brancos, o macho 2 só pode ser *Ccii*.

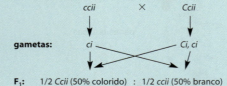

Epistasia Dominante 12 : 3 : 1

Em cães, o gene *I* (dominante), que determina pelagem branca, é epistático e atua inibindo os genes *B* e *b* (hipostáticos). Na ausência do gene epistático *I*, o *B* e *b* se manifestam determinando, respectivamente, pelagem preta e marrom (veja a Tabela 5-4).

Do cruzamento de dois cães de pelagem branca, di-híbridos, temos:

Tabela 5-4. Genótipos e fenótipos envolvidos na cor da pelagem de cães.

Genótipos	Fenótipos
B_I_	branca
bbI_	branca
B_ii	preta
bbii	marrom

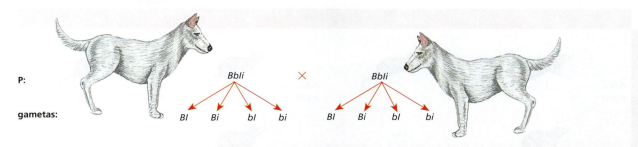

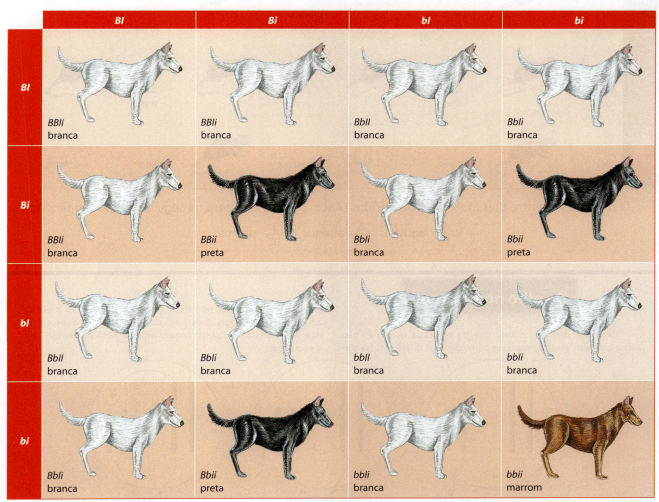

A proporção fenotípica obtida é de $\frac{12}{16}$ cães de pelagem branca : $\frac{3}{16}$ cães de pelagem preta : $\frac{1}{16}$ cães de pelagem marrom.

Epistasia Recessiva 9 : 3 : 4

Em ratos, os genes *A* e *a* são hipostáticos, determinando, respectivamente, a pelagem aguti e preta. No entanto, esses genes, na presença do par epistático recessivo *cc*, não se manifestam, e os ratos terão pelagem branca. Nesse caso, a epistasia é recessiva, o gene *C* não inibe o gene *A* nem o gene *a* (veja a Tabela 5-5).

Tabela 5-5. Genótipos e fenótipos envolvidos na coloração de pelagem de ratos.

Genótipos	Fenótipos
A_C_	aguti
aaC_	preto
A_cc	albino
aacc	albino

P: aguti *AaCc* × aguti *AaCc*

gametas: AC Ac aC ac   AC Ac aC ac

	AC	Ac	aC	ac
AC	AACC aguti	AACc aguti	AaCC aguti	AaCc aguti
Ac	AACc aguti	AAcc albino	AaCc aguti	Aacc albino
aC	AaCC aguti	AaCc aguti	aaCC preto	aaCc preto
ac	AaCc aguti	Aacc albino	aaCc preto	aacc albino

O cruzamento entre dois indivíduos di-híbridos (*AaCc* × *AaCc*) resultará na seguinte proporção fenotípica:

$$\frac{9}{16} \text{ agutis} : \frac{4}{16} \text{ albinos} : \frac{3}{16} \text{ pretos}$$

De olho no assunto!

Nunca é demais lembrar que na epistasia os genes não alelos também se encontram em cromossomos diferentes (segregação independente); porém, novamente, não é um caso da 2.ª Lei de Mendel, pois só está em questão uma única característica. Além disso, a epistasia requer um par gênico inibidor. Veja o esquema:

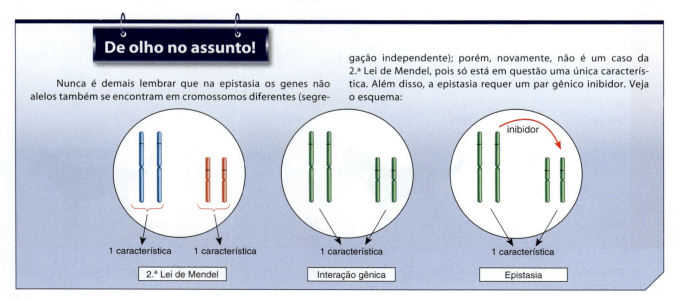

De olho no assunto!

Muitas vezes, os alelos epistáticos (inibidores) interferem em substâncias diretamente ligadas aos genes que determinam o fenótipo da característica estudada. Por exemplo: vimos que, na coloração da pelagem em ratos, o gene *A* determina a cor aguti e o *a* determina a cor preta, e que, na presença do par de genes *cc*, o *A* e o *a* não se expressam (epistasia recessiva). A explicação bioquímica para esse fato é que os genes *A* e *a* produzem enzimas que transformam algumas substâncias, que chamaremos de pigmentos precursores (para a pelagem aguti e preta, respectivamente).

Por sua vez, esses pigmentos precursores são formados a partir de uma substância não pigmentada, mas é preciso que haja uma enzima produzida pelo gene *C*. Caso o rato seja *cc* (epistasia recessiva), essa enzima será inativa. Nessa circunstância, o pigmento precursor não será formado, de modo que de nada adiantará ter o gene *A* ou *a*, pois a pelagem será branca em virtude da enzima inativa.

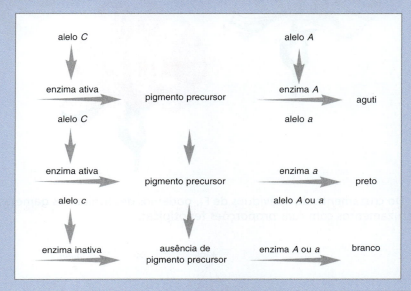

A COR DA FLOR NAS ERVILHAS-DE-CHEIRO: AÇÃO GÊNICA COMPLEMENTAR

Bateson e Punnet descreveram outro caso de interação gênica ao analisarem a herança da cor da flor em plantas de ervilha-de-cheiro. As flores, nessas plantas, podem ter coloração branca ou púrpura.

Cruzando duas plantas de flores brancas de origens diferentes, obtiveram em F_1 somente plantas produtoras de flores púrpura. Esses indivíduos de F_1, intercruzados, produziram em F_2 dois tipos de fenótipo, na proporção de

9/16	:	7/16
plantas produtoras de flores púrpura		plantas produtoras de flores brancas

Nesse caso, também temos a interação de dois pares de genes na determinação de um caráter (cor da flor). A cor púrpura é condicionada pela interação dos dois genes dominantes, *A* e *B* (*A_ B_*).

Para a ocorrência de flores de cor branca, temos duas possibilidades:

- a presença de apenas um dos genes dominantes, *A* ou *B* (*A_bb* ou *aaB_*); ou
- a ausência dos dois genes dominantes (*aabb*). Veja a Tabela 5-6.

Tabela 5-6. Genótipos e fenótipos envolvidos na determinação da cor das flores de ervilha-de-cheiro.

Genótipos	Fenótipos
A_ B_	púrpura
A_bb	branca
aaB_	branca
aabb	branca

Detalhando os cruzamentos realizados com flores brancas de origens diferentes, temos:

P: AAbb × aaBB
flores brancas   flores brancas

F₁: AaBb
flores púrpuras

Do cruzamento de indivíduos de F₁, podemos determinar os gametas e montar o quadro de cruzamentos com suas proporções fenotípicas:

AaBb × AaBb

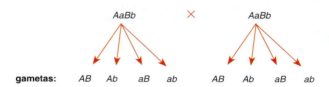

gametas: AB Ab aB ab   AB Ab aB ab

	AB	**Ab**	**aB**	**ab**
AB	AABB púrpura	AABb púrpura	AaBB púrpura	AaBb púrpura
Ab	AABb púrpura	AAbb branca	AaBb púrpura	Aabb branca
aB	AaBB púrpura	AaBb púrpura	aaBB branca	aaBb branca
ab	AaBb púrpura	Aabb branca	aaBb branca	aabb branca

Neste caso de interação gênica, resultam dois fenótipos diferentes, nas proporções de 9/16 : 7/16. Para explicar esse resultado, foi postulado que para a produção de flores púrpuras a planta deve possuir alelos dominantes nos dois cromossomos não homólogos. Plantas com genes duplamente recessivos em qualquer um dos dois pares de cromossomos citados não terão nenhum pigmento, suas flores serão brancas. Isso nos leva a concluir que cada gene dominante controla uma etapa essencial na produção da cor púrpura. Naturalmente, se faltar um gene dominante, não haverá a produção do pigmento que determina essa cor. Esse mecanismo é conhecido como **ação gênica complementar**, pois os genes não alelos se completam para determinar a produção de certo fenótipo (veja a Figura 5-1).

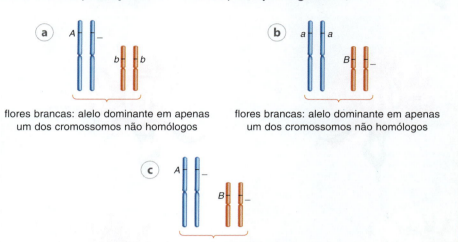

Anote!
Alguns autores consideram a ação gênica complementar como um caso de epistasia com genes recessivos duplos. Dessa forma, o par de genes *aa* "inibe" a ação do outro par de alelos *B* e *b*, assim como *bb* inibe a ação dos alelos *A* e *a*. Logo, a única possibilidade de a flor ser púrpura é ser A_B_. Qualquer outra combinação dará como resultado flor branca.

Figura 5-1. Em (a) e (b), as flores são brancas, pois temos apenas um dos genes não alelos dominantes. Já em (c), temos a presença de dois genes não alelos dominantes.

Acompanhe estes exercícios

1. Cruzando-se duas plantas de flores brancas de origens diferentes, obtiveram-se em F_1 somente plantas produtoras de flores púrpuras. O cruzamento de dois indivíduos de F_1 produziu 192 plantas, das quais 106 produziam flores púrpuras e 86 produziam flores brancas. Pergunta-se:

   a. Como é determinada geneticamente a cor das flores dessa planta? Explique.
   b. Quais são os genótipos prováveis das linhagens parentais?

   Resolução:

   a. Inicialmente, poderíamos pensar tratar-se de um caso explicado pela 1.ª Lei de Mendel, pois do cruzamento de plantas produtoras de flores brancas (dominantes) nasceram em F_1 apenas plantas produtoras de flores púrpuras (recessivas). Nesse caso, deveríamos esperar como resultado em F_2 apenas flores de cor púrpura. Mas não foi isso o que aconteceu! Logo, descartamos a hipótese da 1.ª Lei de Mendel.
   Não seria também um caso explicado pela 2.ª Lei de Mendel, pois estamos tratando de apenas uma característica.
   Podemos pensar, então, em *interação gênica*, com dois pares de genes envolvidos, sendo os indivíduos de F_1 duplo-heterozigotos. Nesse caso, em F_2 teremos dezesseis casos possíveis e podemos afirmar:

   $\frac{86}{192} = \frac{x}{16}$
   $x = 7,2$
   em que *x* corresponde ao número de flores brancas em F_2

   $\frac{106}{192} = \frac{y}{16}$
   $y = 8,8$
   em que *y* corresponde ao número de flores púrpuras em F_2

   Logo, temos 7,2 brancas : 8,8 púrpuras, ou seja, aproximadamente 7 : 9. Essa razão corresponde à **ação gênica complementar**, em que o duplo recessivo e o dominante para um *locus* apenas determinam a cor branca. A presença dos dois genes dominantes nos cromossomos não homólogos determina a cor púrpura. Assim,

   A_bb
   aaB_ } brancas   A_B_ } púrpuras
   aabb

b. Prováveis genótipos das linhagens parentais:

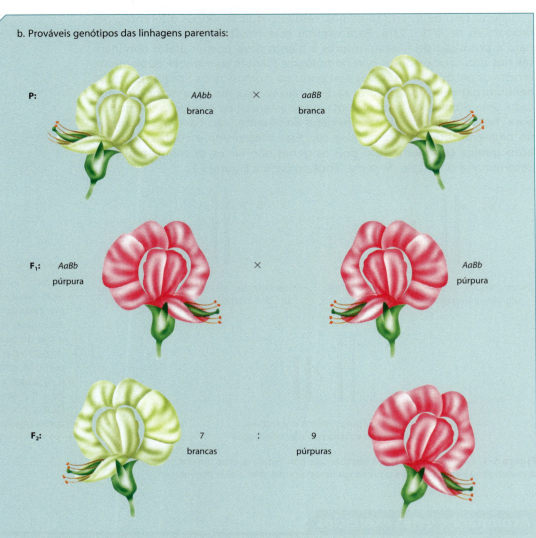

P: AAbb × aaBB
branca   branca

F₁: AaBb × AaBb
púrpura   púrpura

F₂: 7 : 9
brancas   púrpuras

2. Na espécie humana, os genes *A* e *B*, localizados em cromossomos não homólogos, são responsáveis pela audição normal. Os genes recessivos *a* e *b* determinam surdez congênita. Se um indivíduo for homozigoto *aa* e/ou *bb*, será surdo-mudo. Pergunta-se:

a. Trata-se de um caso típico de 2.ª Lei de Mendel?
b. Quais são os possíveis genótipos de um indivíduo com surdez congênita e de outro normal?
c. Qual a probabilidade de um casal *AaBb × Aabb* ter uma criança do sexo masculino, normal para audição?

Resolução:

a. Não, trata-se de ação gênica complementar, pois os dois alelos dominantes (*A* e *B*) participam para o indivíduo ter uma audição normal. Também é um caso de epistasia com genes recessivos duplos, visto que *aa* inibe o alelo dominante *B*, assim como *bb* inibe o alelo dominante *A*.

b. indivíduo normal: A_B_
surdez congênita: aaB_ , A_bb e aabb

c.   AaBb   ×   Aabb
gametas: AB, Ab, aB, ab   Ab, ab

	AB	Ab	aB	ab
Ab	normal	surdez	normal	surdez
ab	normal	surdez	surdez	surdez

5/8 surdez : 3/8 normal

A probabilidade de ter uma criança do sexo masculino é de 1/2, então:

criança do sexo masculino   e   normal
1/2   ×   3/8   =   3/16

3. Na ervilha-de-cheiro, a cor púrpura da corola é devida à presença de dois alelos dominantes *C* e *P*. A falta de qualquer um deles ou de ambos produz flor branca. Quais são as proporções fenotípicas para os cruzamentos abaixo?

a. *CcPp* × *ccpp*   b. *CcPP* × *CCpp*   c. *CcPP* × *ccpp*   d. *CcPp* × *ccPp*

Resolução:

*C_P_* = púrpura
C_pp / *ccP_* / *ccpp* = branca

a. *CcPp* × *ccpp*
gametas: *CP, Cp, cP, cp*   *cp*

	CP	*Cp*	*cP*	*cp*
cp	púrpura	branca	branca	branca

3/4 branca : 1/4 púrpura

b. *CcPP* × *CCpp*
gametas: *CP, cP*   *Cp*

	CP	*cP*
Cp	púrpura	púrpura

100% púrpura

c. *CcPP* × *ccpp*
gametas: *CP, cP*   *cp*

	CP	*cP*
cp	púrpura	branca

1/2 púrpura : 1/2 branca

d. *CcPp* × *ccPp*
gametas: *CP, Cp, cP, cp*   *cP, cp*

	CP	*Cp*	*cP*	*cp*
cP	púrpura	púrpura	branca	branca
cp	púrpura	branca	branca	branca

5/8 branca : 3/8 púrpura

▪ HERANÇA QUANTITATIVA

A herança quantitativa também é um caso particular de interação gênica. Nesse caso, em que os diferentes fenótipos de uma dada característica não mostram variações expressivas, as variações são lentas e contínuas e mudam gradativamente, saindo de um fenótipo "mínimo" até chegar a um fenótipo "máximo". É fácil concluir, portanto, que na herança quantitativa (ou poligênica) os genes possuem efeito **aditivo** e recebem o nome de **poligenes**.

A herança quantitativa é muito frequente na natureza. Algumas características de importância econômica, como produção de carne em gado de corte, produção de milho etc., são exemplos desse tipo de herança. No homem, a estatura, a cor da pele e, inclusive, a inteligência são casos de herança quantitativa.

Herança da Cor da Pele no Homem

Segundo Davenport (1913), a cor da pele na espécie humana é resultante da ação de dois pares de genes (*AaBb*), sem dominância. Dessa forma, *A* e *B* determinam a produção da mesma quantidade do pigmento melanina e possuem efeito aditivo. Logo, conclui-se que deveriam existir cinco tonalidades de cor na pele humana, segundo a quantidade de genes *A* e *B* (veja a Tabela 5-7).

Tabela 5-7. Genótipos e fenótipos envolvidos na coloração da cor da pele dos seres humanos.

Genótipos	Fenótipos
aabb	pele clara
Aabb, aaBb	mulato claro
AAbb, aaBB, AaBb	mulato médio
AABb, AaBB	mulato escuro
AABB	pele negra

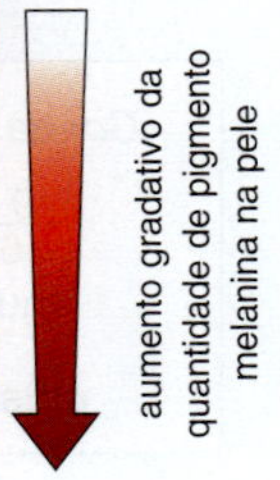

aumento gradativo da quantidade de pigmento melanina na pele

Interações e expressões gênicas e citogenética · **107**

Vejamos os resultados genotípicos e fenotípicos que seriam obtidos a partir do cruzamento de dois indivíduos mulatos médios, duplo-heterozigotos:

- mulato médio × mulato médio
  AaBb   AaBb

	AB	Ab	aB	ab
AB	AABB negro	AABb mulato escuro	AaBB mulato escuro	AaBb mulato médio
Ab	AABb mulato escuro	AAbb mulato médio	AaBb mulato médio	Aabb mulato claro
aB	AaBB mulato escuro	AaBb mulato médio	aaBB mulato médio	aaBb mulato claro
ab	AaBb mulato médio	Aabb mulato claro	aaBb mulato claro	aabb branco

fenótipos: 1/16 : 4/16 : 6/16 : 4/16 : 1/16
branco   mulato claro   mulato médio   mulato escuro   negro

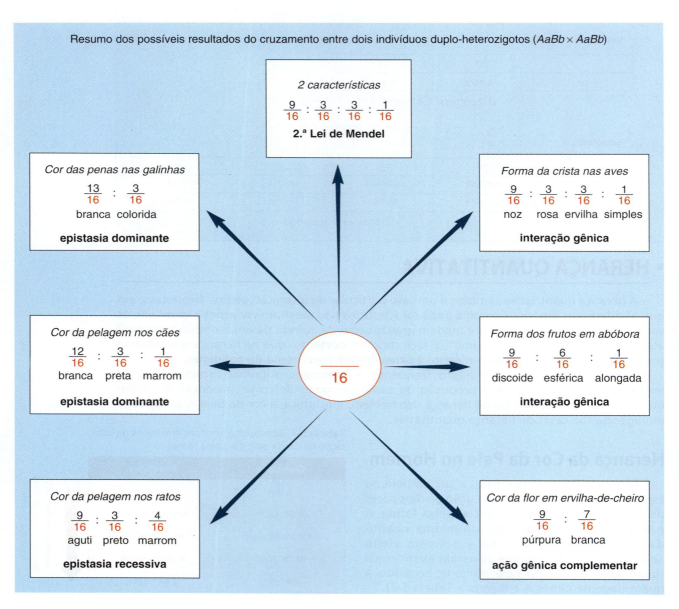

Leitura

Um arco-íris em você

Todo professor de Biologia tem de responder, durante as aulas de genética, ao inevitável questionamento sobre como é herdada a cor dos olhos. Contudo, muitos ainda tratam erroneamente essa característica genética como um tipo de herança mendeliana simples, cuja ocorrência é influenciada por um único par de genes associados com a produção de olhos escuros ou claros.

Essa explicação simplista, porém, não mostra como surge toda a imensa variedade de cores presente nos olhos e não esclarece por que pais de olhos castanhos podem ter filhos com olhos castanhos, azuis, verdes ou de qualquer outra tonalidade. A cor dos olhos é uma característica cuja herança é poligênica, um tipo de variação contínua em que os alelos de vários genes influem na coloração final dos olhos. Isso ocorre por meio da produção de proteínas que dirigem a proporção de melanina depositada na íris. Outros genes produzem manchas, raios, anéis e padrões de difusão dos pigmentos.

Adaptado de: <http://cienciahoje.uol.com.br/68074>.
Acesso em: 30 out. 2007.

▪ PLEIOTROPIA: UM PAR DE GENES, VÁRIAS CARACTERÍSTICAS

Pleiotropia (do grego, *pleion* = mais numeroso + *tropos* = afinidade) é o fenômeno em que um par de genes alelos condiciona o aparecimento de *várias características* no mesmo organismo. A pleiotropia mostra que a ideia mendeliana de que cada gene afeta apenas uma característica nem sempre é válida. Por exemplo, certos ratos nascem com costelas espessas, traqueia estreitada, pulmões com elasticidade diminuída e narinas bloqueadas, o que fatalmente os levará à morte. Todas essas características são devidas à ação de apenas um par de genes; portanto, um caso de pleiotropia.

> *Anote!*
> Na espécie humana, a síndrome de Laurence-Moon-Biedl é considerada como um caso de pleiotropia. Nela, a ação de um par de genes é responsável pela ocorrência simultânea de retardamento mental, obesidade e desenvolvimento anormal dos órgãos genitais.

▪ MUTAÇÕES E ABERRAÇÕES CROMOSSÔMICAS

Mutação é uma alteração no material genético. Há dois tipos de mutação, a **gênica** e a **cromossômica**, sendo que essa última é conhecida como **aberração** cromossômica.

A **mutação gênica** é uma alteração no gene, devido a mudanças na frequência das bases nitrogenadas do DNA. A **mutação cromossômica** (aberração cromossômica) é uma mudança no número ou na estrutura dos cromossomos.

De olho no assunto!

Aberrações cromossômicas e evolução

Supõe-se que as aberrações cromossômicas desempenham importante papel na evolução das espécies. Rearranjos cromossômicos provocam aparecimento de novos genótipos, que podem conduzir à origem de novas espécies isoladas reprodutivamente da espécie original.

Aberrações Cromossômicas Numéricas

Euploidia: lotes cromossômicos inteiros

As euploidias (*eu* = verdadeiro + *ploidia* = referente a um lote cromossômico haploide completo) envolvem alterações em lotes haploides inteiros de cromossomos, como resultado de falhas na separação cromossômica, principalmente durante a mitose. Em vegetais, é comum a ocorrência de poliploidização (triploidias, tetraploidias, hexaploidias etc.), levando, muitas vezes, a uma planta mais vigorosa. Em animais, de modo geral, as euploidias são incompatíveis com a vida. Muitos embriões humanos abortados espontaneamente são triploides.

Aneuploidias: as mais comuns

Nas aneuploidias (*an* = negação), a ocorrência mais comum é a falta de um cromossomo ou a presença de um extra. A condição normal para a maioria das células humanas é a **dissomia**, ou seja, dois cromossomos homólogos compondo cada par. Qualquer perda ou ganho de cromossomos leva a uma situação de desequilíbrio gênico, que, se não provoca a morte do portador, acarreta sérios danos ao seu desenvolvimento físico e mental. A perda dos dois cromossomos de um mesmo par é conhecida como **nulissomia**. Quando apenas um elemento de determinado par é perdido, fala-se em **monossomia**. O acréscimo de um cromossomo em determinado par constitui a **trissomia**. As aneuploidias resultam de anormalidades meióticas ou mitóticas. Geralmente, são consequências de falhas na separação de cromátides na anáfase, caracterizando uma situação conhecida como *não disjunção cromossômica* (veja a Figura 5-2).

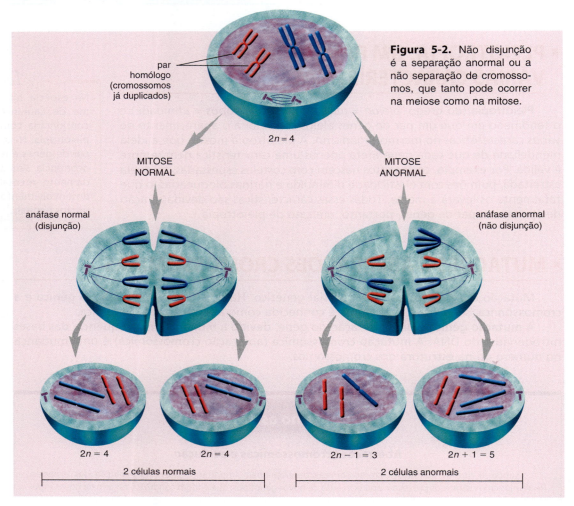

Figura 5-2. Não disjunção é a separação anormal ou a não separação de cromossomos, que tanto pode ocorrer na meiose como na mitose.

Aneuploidias autossômicas

Na espécie humana, as aneuploidias autossômicas mais conhecidas são as trissomias. Nelas, os indivíduos portadores são 45A + XX ou 45A + XY.

Anote!
Síndrome é um conjunto de sinais e sintomas que caracterizam uma doença.

Síndrome de Down (mongolismo): trissomia do 21

Os indivíduos portadores dessa anomalia apresentam um cromossomo número 21 a mais. Resulta, de modo geral, da fecundação de um óvulo anômalo por um espermatozoide normal. No óvulo anômalo, existem dois cromossomos 21, em vez de um, e essa situação é consequência da não disjunção cromossômica na meiose que o originou.

Na síndrome de Down, os indivíduos apresentam pregas palpebrais, baixa estatura, fissuras na língua, deformidades cardíacas, prega única na palma da mão (conhecida como prega simiesca) e graus variados de retardamento mental (veja a Figura 5-3).

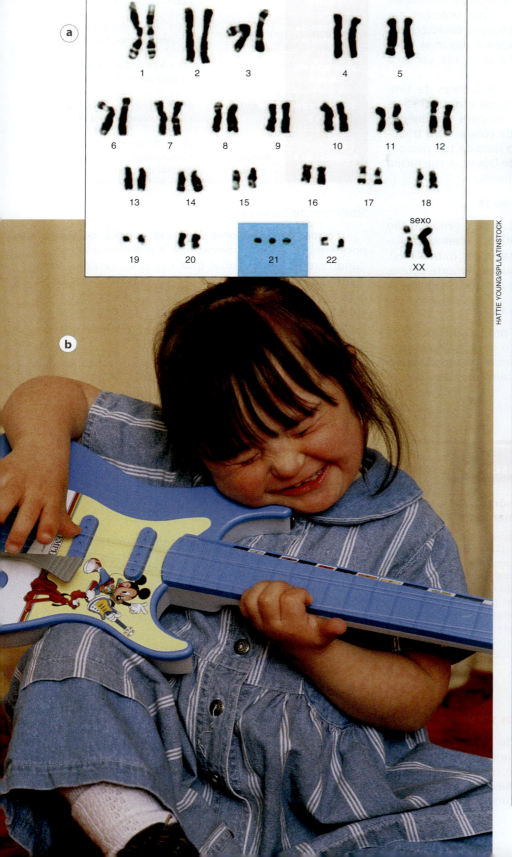

Figura 5-3. (a) Cariótipo de uma menina portadora de síndrome de Down: observe os três cromossomos 21. (b) Menina portadora de síndrome de Down.

De olho no assunto!

Síndrome de Down está relacionada à gestação em mulheres de mais idade?

Acredita-se que a incidência dessa síndrome seja maior em filhos de mulheres cuja gravidez ocorreu quando tinham idade mais avançada, mas o risco de ocorrência dessa síndrome existe em qualquer gestação (veja a tabela abaixo). Dados recentes indicam que, em cerca de 25% dos casos, o erro meiótico ocorre em células do pai.

Fonte: HOOK, E. B. *The Journal of the American Medical Association*, n. 249, p. 2034-2038, 1983. Disponível em: <http://www.ds-health.com/risk.htm>. Acesso em: 30 set. 2007.

Idade da mãe	Número de crianças com síndrome de Down em relação ao número de nascimentos de crianças normais
15-19	1/1.250
20-24	1/1.400
25-29	1/1.100
30-31	1/900
35	1/350
40	1/100
41	1/85
42	1/65
43	1/50
44	1/40
45 e acima	1/25

Mosaicismo

Algumas vezes, certas regiões do organismo humano podem conter células com trissomia do 21 sem que, no entanto, a pessoa apresente a síndrome de Down. Esse fato é resultante de mitoses anômalas, acompanhadas de não disjunção, que ocorrem em algumas células somáticas. Essa situação caracteriza o chamado **mosaicismo**, em que apenas algumas células de certos tecidos apresentam a anomalia, sendo a maioria delas normais.

Trabalhos realizados por pesquisadores da Universidade de São Paulo (Frota-Pessoa e outros) revelaram que a ingestão de colchicina para tratamento de gota conduz ao surgimento de células com trissomias, podendo, inclusive, haver o risco de tais pessoas gerarem filhos com a síndrome de Down. A colchicina impede a formação do fuso de divisão.

Síndrome de Edwards: trissomia do 18

Nessa trissomia, os principais sinais e sintomas são deformidades do aparelho auditivo, defeitos cardíacos, espasticidade muscular (contraturas musculares), anomalias renais e anomalias oculares. A morte ocorre, em geral, com aproximadamente um ano de idade.

Síndrome de Patau: trissomia do 13

Entre os múltiplos defeitos provocados por essa trissomia, estão os que afetam o coração, os rins, o cérebro (microcefalia) e redundam em morte dos portadores entre o primeiro e o terceiro mês de vida.

De olho no assunto!

Anomalias cromossômicas e retardamento mental

Nos casos de trissomia, o sistema nervoso, por ter um desenvolvimento altamente complexo, é especialmente atingido. Por isso, a maioria das anomalias cromossômicas acaba envolvendo retardamento mental. De modo geral, as anomalias autossômicas são devastadoras em seus efeitos e consequências, embora algumas delas permitam a sobrevivência dos portadores. Já as monossomias são aparentemente incompatíveis com a vida e, por isso, são raríssimas em recém-nascidos.

Aneuploidias em cromossomos sexuais

As aneuploidias envolvendo cromossomos sexuais são resultantes de não disjunções meióticas que podem ocorrer tanto no homem como na mulher. A Tabela 5-8 mostra as aneuploidias em cromossomos sexuais mais comuns em seres humanos.

Tabela 5-8. Aneuploidias mais comuns nos seres humanos.

Nome comum	Tipo de aneuploidia	Fórmula cromossômica
Síndrome de Turner	monossomia	44A + X0 (óvulo sem X + + espermatozoide com X)
Síndrome de Klinefelter	trissomia	44A + XXY (óvulo com XX + + espermatozoide com Y)
Síndrome do triplo X	trissomia	44A + XXX (óvulo com XX + + espermatozoide com X)
Síndrome do duplo Y	trissomia	44A + XYY (óvulo com X + + espermatozoide com YY)
Ausência de X	monossomia	44A + Y0 (óvulo sem X + + espermatozoide com Y) – indivíduo inviável

Síndrome de Turner (X0)

Pessoas com síndrome de Turner são X0, ou seja, possuem apenas um cromossomo X e ausência do segundo cromossomo sexual (por isso o 0). Fenotipicamente são fêmeas (não possuem cromossomo Y). Os órgãos sexuais internos e externos são pouco desenvolvidos e os indivíduos são estéreis. Aparentemente, o segundo cromossomo X é necessário para que ocorra o desenvolvimento dos ovários.

Síndrome de Klinefelter (XXY)

Portadores da síndrome de Klinefelter assemelham-se a homens normais, mas possuem testículos pequenos e produzem pouco ou nenhum espermatozoide. São normalmente altos e possuem seios um pouco desenvolvidos. Aproximadamente metade dos portadores dessa anomalia apresenta certo grau de retardamento mental.

Síndrome do duplo Y (XYY)

Indivíduos com um cromossomo X e dois Y são fenotipicamente do sexo masculino e férteis. São altos e apresentam grande quantidade de acne no rosto. Muito se discutiu sobre a hipótese de indivíduos XYY terem elevado potencial criminoso. Exaustivos estudos, porém, não confirmam essa tendência.

Síndrome do triplo X (XXX)

São fenotipicamente mulheres, de aparência normal, muitas vezes férteis, embora apresentem certo grau de retardamento mental. Apresentam corpúsculo de Barr.

Ausência de X (Y0)

A ausência do cromossomo X é incompatível com a vida. Os genes existentes nesse cromossomo são indispensáveis para a sobrevivência do indivíduo.

Aberrações Cromossômicas Estruturais

As aberrações estruturais que incidem nos cromossomos são de quatro tipos: deficiência, duplicação, inversão e translocação (veja a Figura 5-4).

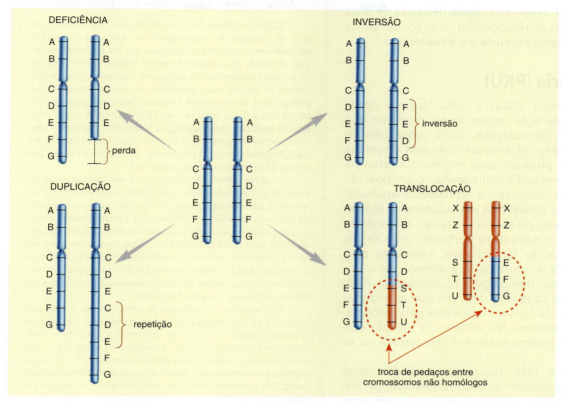

Figura 5-4. Aberrações estruturais.

Deficiência (deleção)

Ocorre perda de um pedaço de cromossomo e dos genes que nele existem. É decorrente de uma quebra, que pode se dar na região do centrômero ou próxima a uma das extremidades do cromossomo.

Duplicação

Na duplicação, há formação de um segmento adicional em um cromossomo. De modo geral, as consequências de uma duplicação são bem toleradas.

Inversão

A inversão resulta da quebra do cromossomo em dois lugares e na reunião das partes com as extremidades trocadas, isto é, sofrem uma rotação de 180°. Como não há perda de material genético, os efeitos no fenótipo, de maneira geral, são pouco perceptíveis. Além disso, acredita-se que as inversões sejam importantes na evolução, por promover arranjos cromossômicos diferentes do original.

Translocação

Na translocação, ocorrem quebras em cromossomos não homólogos, resultando em pedaços que são trocados entre si. Não confundir com *crossing-over*, que envolve troca de pedaços entre cromossomos homólogos.

De olho no assunto!

O efeito das mutações na evolução dos organismos

As aberrações cromossômicas podem ter um efeito benéfico na evolução dos organismos, porém a maior parte delas é letal, exercendo um efeito drástico nos indivíduos que as possuem. No caso de aberrações numéricas, como as aneuploidias, e estruturais, como as deleções/deficiências, as alterações fenotípicas causadas pela adição ou subtração de cromossomos são praticamente inviáveis, uma vez que podem comprometer a viabilidade orgânica de seus portadores, tornando-as praticamente sem importância em relação aos processos evolutivos. Porém, as duplicações, um dos tipos de aberração cromossômica estrutural, são bastante comuns, aumentando a possibilidade de inserção de novos genes em determinada população. Tais genes poderiam, por exemplo, sofrer mutações sem causar graves danos ao indivíduo, uma vez que as proteínas essenciais estariam sendo sintetizadas por genes normais. Euploidias, por sua vez, são comuns em espécies vegetais, podendo até mesmo originar novas espécies.

Adaptado de: <http://origins.swau.edu/papers/evol/marcia3/defaultp.html>.
Acesso em: 2 set. 2012.

OS ERROS INATOS DO METABOLISMO E A GENÉTICA

Vamos, agora, fazer uma rápida descrição de duas importantes doenças relacionadas à ação de genes "defeituosos": a **fenilcetonúria** e a **alcaptonúria**.

Fenilcetonúria (PKU)

A fenilcetonúria (PKU) é uma doença genética decorrente da ação de um gene recessivo que se manifesta em homozigose, cujas consequências podem ser evitadas. As pessoas com essa anomalia são incapazes de produzir uma enzima que atua na conversão do aminoácido fenilalanina no aminoácido tirosina. Sem essa conversão, a fenilalanina acumula-se no sangue e é convertida em substâncias tóxicas que provocam lesões no sistema nervoso, culminando com retardamento mental do portador. Uma dessas substâncias é o ácido fenilpirúvico, excretado pela urina, que explica o nome dado à doença. Uma criança recém-nascida, homozigota recessiva para PKU, tem início de vida saudável, uma vez que as enzimas produzidas pela mãe foram transferidas pela placenta, livrando-a do problema. No entanto, à medida que os dias passam, a enzima acaba e a fenilalanina vai se acumulando.

Na década de 1950, foram desenvolvidos testes bioquímicos para prevenir os sintomas da doença. Um simples exame de sangue (teste do pezinho) pode revelar a presença de excesso de fenilalanina. Reconhecida a existência da doença, as crianças passam a receber alimentação pobre em fenilalanina (lembre-se de que a fenilalanina é importante no metabolismo de construção, uma vez que faz parte da estrutura de muitas proteínas). Crianças assim tratadas chegam à vida adulta normalmente e, mesmo que nessa fase se alimentem de substâncias contendo fenilalanina, já não haverá mais riscos, uma vez que o desenvolvimento do sistema nervoso já estará finalizado.

Alcaptonúria

É outra doença metabólica decorrente de uma falha no metabolismo da fenilalanina. Durante as reações químicas desse metabolismo, forma-se o ácido homogentísico, uma substância que, por intermédio de uma enzima, é oxidada e se transforma em outra. Se essa enzima não existir, o ácido homogentísico acumula-se no sangue e passa a ser excretado pela urina. Esta, ao ser exposta ao ar, adquire rapidamente a coloração marrom, devido à transformação desse ácido em quinonas coloridas. A detecção de ácido homogentísico na urina é feita por um teste em que gotas de urina são adicionadas a uma solução diluída de cloreto férrico, resultando em coloração ligeiramente azulada, indicativa de sua presença.

Tecnologia & Cotidiano

Amniocentese: um exame que pode ajudar

Muitas tentativas têm sido feitas para a descoberta precoce de algumas anomalias genéticas. Além das técnicas de aconselhamento genético, hoje cada vez mais difundidas, têm sido utilizados com maior frequência exames preventivos ainda na fase intrauterina. Em um desses exames, a *amniocentese*, colhem-se células fetais existentes no líquido amniótico que banha o feto. Normalmente, as células fetais descamam do corpo do feto e ficam livres no líquido amniótico. A coleta desse líquido, hoje cada vez mais segura, é feita pela punção da parede abdominal da gestante. O acompanhamento da punção, por meio de ultrassonografia simultânea, reduz praticamente a zero o risco de se atingir o feto ou a placenta.

Uma vez colhidas as células fetais, elas são cultivadas em meios de cultura apropriados, sendo estimuladas a se dividir por mitose. A partir dessas células, realizam-se cariótipos à procura de possíveis anomalias cromossômicas. Com o material obtido na punção, pode-se, ainda, proceder à análise do DNA das células fetais, bem como executar testes bioquímicos para diagnosticar a ocorrência de muitas anomalias metabólicas. A colheita de células fetais por meio da amniocentese tem possibilitado o reconhecimento precoce de muitas anomalias, entre elas a síndrome de Down e a anemia falciforme.

Um problema relacionado à amniocentese é que esse exame só dá bons resultados a partir do segundo trimestre de gravidez, quando uma possível conduta já é difícil de ser aplicada. Esse fato tem estimulado a utilização de técnicas em fases mais precoces do desenvolvimento embrionário. Em um desses exames, o de amostra de vilosidades coriônicas, colhem-se fragmentos de vilosidades do córion, que correspondem aos componentes fetais da placenta. A vantagem desse método é que ele pode ser executado por volta da oitava semana de gestação. É, sem dúvida, uma técnica que envolve risco maior de lesões ou infecções do embrião. No entanto, é de inestimável importância na detecção precoce de inúmeras anomalias, e um auxiliar seguro para possíveis condutas que possam ser adotadas.

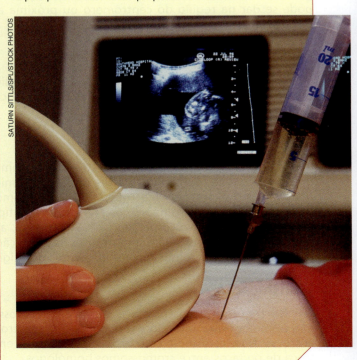

Passo a passo

1. Nas frases a seguir, assinale com V as verdadeiras e com F as falsas.
   a) Cada caráter analisado por Mendel em plantas de ervilha é determinado por dois alelos, ocorrendo segregação independente dos diferentes genes, sem interferência dos seus efeitos. As proporções fenotípicas 3 : 1 e 9 : 3 : 3 : 1 são características desse tipo de herança.
   b) Existem caracteres que são determinados pela interação de dois ou mais pares de genes não alelos, isto é, os diferentes genes interferem entre si na determinação do fenótipo estudado.
   c) No caso de interação gênica, não podemos aplicar a lei da segregação independente, pois os genes que interagem estão no mesmo cromossomo.
   d) No caso da forma da crista de galinhas, apesar de o cruzamento entre dois di-híbridos resultar na proporção fenotípica 9 : 3 : 3 : 1, não se trata de uma herança mendeliana (2.ª Lei de Mendel).

2. Em galinhas, os genes crista "rosa" (*R*) e crista "ervilha" (*E*) interagem produzindo uma ave com crista "noz". Os alelos recessivos *r* e *e*, quando presentes em homozigose, produzem crista "simples".
   Qual será a proporção fenotípica dos descendentes nos seguintes cruzamentos:
   a) $RrEe \times rree$?   b) $Rree \times RREe$?   c) $Rree \times rrEe$?

3. Ainda em relação à forma da crista nas aves, determine os genótipos paternos cujos descendentes são:
   $\frac{3}{8}$ noz : $\frac{3}{8}$ rosa : $\frac{1}{8}$ ervilha : $\frac{1}{8}$ simples

4. Em abóboras, a forma é determinada por 2 pares de genes não alelos nos quais a interação de dois genes dominantes *A* e *B* condiciona a forma discoide. A presença de apenas um dos tipos de genes dominantes determina a forma esférica, enquanto a interação de dois pares de alelos recessivos *a* e *b* condiciona a forma alongada. Uma abóbora alongada cruzada com uma abóbora discoide produziu a seguinte descendência:
   $\frac{1}{4}$ discoide : $\frac{1}{2}$ esférico : $\frac{1}{4}$ alongado
   Determine os genótipos parentais.

5. O cruzamento de duas linhagens de ervilhas de flores brancas produziu em F_1 flores exclusivamente púrpuras. Em F_2, a proporção fenotípica dos descendentes foi de 9 púrpuras : 7 brancas. Pergunta-se:
   a) Que tipo de interação está envolvido nesse problema?
   b) Quais são os possíveis genótipos das linhagens de flores brancas e púrpuras?
   c) Quais são os genótipos das linhagens parentais?

6. Cite o nome do tipo de interação em que dois pares de genes não alelos agem em um mesmo caráter e a expressão de um deles encobre a expressão do outro.

7. Conceitue gene epistático e hipostático.

8. Na espécie humana, a surdez e, consequentemente, a mudez são um caso de epistasia recessiva. A presença dos genes não alelos dominantes *A* e *B* é responsável pela condição normal, enquanto os genes recessivos *aa* ou *bb* e *aabb* determinam uma pessoa surdo-muda.
   Um casal cujo genótipo é $AaBb \times AABb$ deseja saber qual a probabilidade de nascer um filho homem surdo-mudo.

9. É possível um homem surdo casar-se com uma mulher surda e ter todos os seus filhos com audição normal? Justifique a resposta.

10. Em abóboras, o gene *B* (dominante), que determina fruto branco, é epistático e atua inibindo os genes *A* e *a* (hipostáticos). Na ausência do gene *B*, os genes *A* e *a* se manifestam determinando, respectivamente, fruto amarelo e verde.
    a) Quais são os possíveis genótipos dos frutos brancos, amarelos e verdes?
    b) Quais são os genótipos parentais do cruzamento abaixo?
    amarelo $\times$ branco
    $\frac{3}{8}$ amarelo : $\frac{1}{8}$ verde : $\frac{1}{2}$ branco

11. Nas frases a seguir, assinale com V as verdadeiras e com F as falsas.
    a) Os caracteres estudados por Mendel são qualitativos, pois segregam-se nos descendentes em classes fenotípicas perfeitamente distintas, como, por exemplo, cor da semente da ervilha: amarela ou verde.
    b) Caracteres como peso, altura e cor da pele no homem, entre outros, são quantitativos, pois segregam-se nos descendentes em classes fenotípicas nas quais se estabelece uma gradação contínua e quantitativa do fenótipo considerado.
    c) As heranças quantitativas são determinadas por dois ou mais pares de genes com efeito aditivo, pois existe dominância entre os genes não alelos.
    d) Considerando a cor da pele humana como resultado da reação de dois pares de genes com efeito aditivo (poligenes), o mulato claro e o mulato escuro têm o mesmo número de possíveis genótipos, número esse maior que o do mulato médio.
    e) Na herança quantitativa, os pares de genes não alelos segregam-se independentemente, pois encontram-se em cromossomos não homólogos.

12. Suponha que, na espécie humana, a pigmentação da pele seja devida a dois pares de genes autossômicos, localizados em cromossomos não homólogos com efeito aditivo. Um indivíduo de pigmentação negra possui 4 genes representados por letras maiúsculas, enquanto um branco apresenta 4 genes representados por letras minúsculas. A partir da genealogia abaixo, qual a probabilidade de o casal 4 e 5 vir a ter uma filha mulata média?

    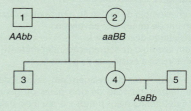

    a) 6/16   b) 1/8   c) 3/16   d) 4/16   e) 3/8

13. Suponha que os genes *A*, *B*, *C* e *D* têm efeitos acumulativos e são transmitidos por herança. Um organismo *AABBCCDD* tem 64 centímetros de altura, enquanto outro *aabbccdd* tem 40 centímetros. Pergunta-se:
    a) Com quantos centímetros cada gene contribui para a altura do organismo?
    b) Quais são os fenótipos esperados na descendência do cruzamento abaixo?
    $AaBbCCDD \times aabbccdd$

14. Nas frases a seguir, assinale com V as verdadeiras e com F as falsas.
    a) Mutação gênica é uma mudança no número ou na estrutura do cromossomo.
    b) Mutação cromossômica ou aberração cromossômica é uma alteração na frequência das bases nitrogenadas do DNA.
    c) O número de cromossomos, assim como o número e a ordenação dos genes em cada cromossomo, é constante em uma mesma espécie.
    d) Os termos haploides e diploides são usados para definir células com um e dois conjuntos cromossômicos, respectivamente.

Interações e expressões gênicas e citogenética **115**

e) O termo euploidia é aplicado à ocorrência de variações no número de cromossomos, abrangendo não grupos inteiros de cromossomos, mas somente parte do grupo.
f) O termo aneuploidia é aplicado aos organismos que apresentam números múltiplos de um número básico haploide (n) de cromossomos.

15. Associe a relação de mutações cromossômicas numeradas de I a IV com a relação de características que se encontram antecedidas por letras.

I – nulissomia
II – euploidia
III – monossomia
IV – trissomia

a) União de um gameta diploide com um haploide normal ou de dois diploides.
b) Quando falta um cromossomo em um organismo diploide (2n – 1).
c) Quando falta um par de homólogos em um indivíduo.
d) Acréscimo de um cromossomo em um organismo diploide (2n + 1).

16. A aveia, conhecida como abissínia, é um organismo tetraploide com 28 cromossomos. A aveia mais comum, a *Avena sativa*, é um hexaploide. Quantos cromossomos a *Avena sativa* possui em seus cromossomos?

17. Nas frases a seguir, assinale com V as verdadeiras e com F as falsas.

a) Um indivíduo com síndrome de Down (mongolismo) apresenta um cromossomo 21 a mais; trata-se de uma aneuploidia autossômica do tipo trissomia.
b) Um indivíduo com síndrome de Turner possui um cariótipo 2AXXY.
c) As síndromes de Turner e Klinefelter são exemplos de euploidias ligadas a cromossomos sexuais.
d) Um indivíduo apresenta aspecto masculino, esterilidade, braços e pernas muito longos e poucos pelos no corpo. O seu cariótipo é: 44 + X0.
e) Os indivíduos com síndrome de Klinefelter possuem 47 cromossomos como número diploide, por terem três cromossomos sexuais.
f) Síndrome de Klinefelter deve-se à fertilização de um óvulo n + 1 autossômico com um espermatozoide normal.

18. Em que fase da divisão celular ocorre a falha que origina a aneuploidia? e que falha é essa?

19. É correto afirmar que na inversão ocorrem quebras seguidas de rotação de 180° entre cromossomos não homólogos? Justifique sua resposta.

20. A translação é uma consequência do *crossing-over*? Justifique sua resposta.

Questões objetivas

1. (UEM – PR) Suponha que um geneticista esteja trabalhando com genes localizados em pares de cromossomos homólogos diferentes. Ao cruzar dois indivíduos heterozigotos, nasceram descendentes na proporção 9 : 3 : 3 : 1. Assinale a alternativa **correta** sobre esse resultado.

a) É um exemplo de interação gênica ou epistasia.
b) Um par de genes está envolvido.
c) É resultado de mutações.
d) É um exemplo de segregação independente na meiose.
e) Demonstra a existência de permutação.

2. (UFU – MG) A cor da pelagem em cavalos depende, dentre outros fatores, da ação de dois pares de genes *Bb* e *Ww*. O gene *B* determina pelos pretos e o seu alelo *b* determina pelos marrons. O gene dominante *W* "inibe" a manifestação da cor, fazendo com que o pelo fique branco, enquanto o alelo recessivo *w* permite a manifestação da cor.

Cruzando-se indivíduos heterozigotos para os dois pares de genes, obtêm-se:

a) 3 brancos : 1 preto.
b) 9 brancos : 3 pretos : 3 mesclados de marrom e preto : 1 branco.
c) 1 preto : 2 brancos : 1 marrom.
d) 12 brancos : 3 pretos : 1 marrom.
e) 3 pretos : 1 branco.

3. (UFJF – MG) Em bovinos, a pelagem colorida é determinada pelo alelo *H*, enquanto o alelo *h* determina a pelagem branca. Outro gene determina a pigmentação da pelagem na cor vermelha (*b*) ou preta (*B*). O cruzamento entre um touro de pelagem preta (*HhBb*) com uma vaca de pelagem preta (*HhBb*) produzirá uma prole com:

a) 100% de animais com pelagem preta, pois o gene para cor é dominante.
b) 100% de animais com pelagem branca, pois o gene para cor é epistático.
c) 12 animais com pelagem branca : 1 com pelagem vermelha : 3 com pelagem preta.
d) 4 animais com pelagem branca : 3 com pelagem vermelha : 9 com pelagem preta.
e) 9 animais com pelagem preta : 7 com pelagem vermelha.

4. (PUC – MG) A pelagem de cães labrador pode ser preta, marrom ou amarela, dependendo da atividade de duas proteínas relacionadas à tirosinase: **TRP-2** e **TRP-1**, produzidas a partir de dois pares de genes alelos dominantes **E** e **B**, de acordo com o esquema abaixo. Os alelos recessivos **e** e **b** não produzem enzimas funcionais.

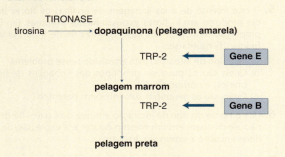

De acordo com as informações dadas, é INCORRETO afirmar:

a) Não se espera que cães de pelagem marrom produzam descendentes com pelagem preta.
b) Não se espera que o cruzamento de cães de pelagem amarela produza descendentes com pelagem marrom.
c) Não se espera o nascimento de descendentes pretos do cruzamento de um cão marrom com uma cadela amarela.
d) O cruzamento de cães com pelagem preta poderia gerar descendentes pretos, marrons ou amarelos.

5. (UFJF – MG) O albinismo é uma alteração genética decorrente da ausência de melanina e que tem como consequência a baixa pigmentação da pele, cabelos e olhos claros e problemas de acuidade visual. Na sequência bioquímica relativa à produção de melanina, apresentada abaixo, o alelo dominante *A* é responsável pela produção de uma enzima que converte fenilalanina em tirosina. O alelo dominante B, de forma independente, é responsável pela produção de uma enzima que converte tirosina em melanina. Em qualquer ponto dessa sequência bioquímica, a ausência de um dos alelos dominantes inviabiliza a produção de melanina.

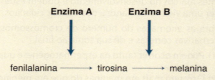

fenilalanina ⟶ tirosina ⟶ melanina

Qual a probabilidade de que um casal de genótipo *AaBb* tenha um descendente que seja albino?

a) 1/16   b) 3/16   c) 7/16   d) 9/16   e) 13/16

6. (UFRGS – RS) A genética da cor da pele, no homem, é um exemplo de herança:

a) ligada ao sexo.
b) polialélica.
c) quantitativa.
d) citoplasmática.
e) pleiotrópica.

7. (UFAM) Assinale a alternativa **INCORRETA**.

a) Pleiotropia ocorre quando um único par de genes alelos determina, simultaneamente, diversos efeitos fenotípicos em um mesmo indivíduo.
b) As diferentes cores na pelagem dos coelhos é um exemplo de polialelia.
c) Quando um gene de determinado par inibe a ação de genes de outro par não alelo dá-se o nome de interação gênica por epistasia.
d) Na herança gênica quantitativa dois ou mais pares de genes atuam sobre o mesmo caráter; a adição de seus efeitos produz diversas intensidades fenotípicas.
e) Os alelos múltiplos condicionam um caráter que, invariavelmente, irá conduzir à morte do indivíduo.

8. (UNESP) A altura de certa espécie de planta é determinada por dois pares de genes, *A* e *B*, e seus respectivos alelos, *a* e *b*. Os alelos *A* e *B* apresentam efeito aditivo e, quando presentes, cada alelo acrescenta à planta 0,15 m. Verificou-se que plantas dessa espécie variam de 1,00 m a 1,60 m de altura.

Cruzando-se plantas *AaBB* com *aabb* pode-se prever que, entre os descendentes,

a) 100% terão 1,30 m de altura.
b) 75% terão 1,30 m e 25% terão 1,45 m de altura.
c) 25% terão 1,00 m e 75% terão 1,60 m de altura.
d) 50% terão 1,15 m e 50% terão 1,30 m de altura.
e) 25% terão 1,15 m, 25% 1,30 m, 25% 1,45 m e 25% 1,60 m de altura.

9. (UNESP) A respeito das mutações gênicas, foram apresentadas as cinco afirmações a seguir.

I – As mutações podem ocorrer tanto em células somáticas como em células germinativas.
II – Somente as mutações ocorridas em células somáticas poderão produzir alterações transmitidas à sua descendência, independentemente do seu sistema reprodutivo.
III – Apenas as mutações que atingem as células germinativas da espécie humana podem ser transmitidas aos descendentes.
IV – As mutações não podem ser espontâneas, mas apenas causadas por fatores mutagênicos, tais como agentes químicos e físicos.
V – As mutações são fatores importantes na promoção da variabilidade genética e para a evolução das espécies.

Assinale a alternativa que contém todas as afirmações corretas.

a) I, II e III.
b) I, III e V.
c) I, IV e V.
d) II, III e IV.
e) II, III e V.

10. (UnB – DF) O destino e as consequências das mutações são bastante variáveis e dependem de uma série de fatores intrínsecos ao processo. Com relação a esse assunto e suas implicações, julgue os itens de **A** a **C**.

a) Uma mutação em uma célula epidérmica do caule de uma gimnosperma em decorrência de exposição a agentes mutagênicos ambientais não será transmitida à prole do portador da mutação.
b) Se uma mutação do tipo deleção de uma base nitrogenada tiver ocorrido na região codificadora de um gene, ele não será transcrito.
c) Uma mutação, em uma célula epitelial da pele de um anfíbio, decorrente de exposição a agentes mutagênicos ambientais não será transmitida à prole do portador da mutação.

11. (MACKENZIE – SP) Uma das causas possíveis de abortamentos espontâneos são as aneuploidias. A respeito de aneuploidias, assinale a alternativa correta.

a) São alterações nas quais a ploidia das células se apresenta alterada.
b) Sempre são causadas por erros na meiose, durante a gametogênese, não sendo possível sua ocorrência após a fecundação.
c) Há casos em que um indivíduo aneuploide pode sobreviver.
d) Em todos os casos, o indivíduo apresenta cromossomos a mais.
e) A exposição a radiações não constitui fator de risco para a ocorrência desse tipo de situação.

12. (PUC – SP) O esquema abaixo mostra a fecundação de um óvulo cromossomicamente anormal por um espermatozoide cromossomicamente normal. O zigoto resultante originou uma criança do sexo feminino com uma trissomia e daltonismo, pois apresenta três genes recessivos (*d*), cada um deles localizado em um cromossomo X.

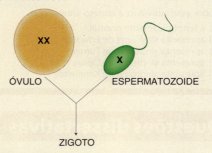

A criança em questão tem

a) 46 cromossomos (2n = 46) e seus progenitores são daltônicos.
b) 46 cromossomos (2n = 46); seu pai é daltônico e sua mãe tem visão normal para as cores.
c) 47 cromossomos (2n = 47) e seus progenitores são daltônicos.
d) 47 cromossomos (2n = 47); seu pai é daltônico e sua mãe pode ou não ser daltônica.
e) 47 cromossomos (2n = 47); seu pai tem visão normal para as cores e sua mãe é daltônica.

13. (UNEMAT – MT) Em uma espécie animal, os indivíduos normais apresentam o conjunto cromossômico 2n = 8. A análise citogênica de um indivíduo revelou o cariótipo esquematizado abaixo.

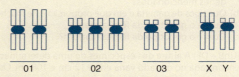

Considerando os dados acima, pode-se afirmar que o indivíduo é:

a) trissômico.
b) haploide.
c) triploide.
d) monossômico.
e) tetraploide.

14. (UFF – RJ) Alguns indivíduos podem apresentar características específicas de síndrome de Down sem o comprometimento do sistema nervoso. Esse fato se deve à presença de tecidos mosaicos, ou seja, tecidos que apresentam células com um número normal de cromossomos e outras células com um cromossomo a mais em um dos pares (trissomia). Este fato é devido a uma falha no mecanismo de divisão celular, denominada de não disjunção.

Assinale a alternativa que identifica a fase da divisão celular em que esta falha ocorreu.

a) anáfase II da meiose
b) anáfase I da meiose
c) anáfase da mitose
d) metáfase da mitose
e) metáfase II da meiose

15. (UFBA) O esquema abaixo representa cromossomos pareados na meiose, evidenciado uma alteração denominada:

a) adição.
b) inversão.
c) deficiência.
d) duplicação.
e) translocação.

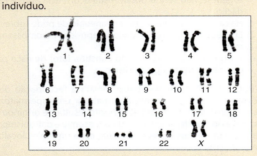

16. (UNESP) Observe o esquema do cariótipo humano de certo indivíduo.

Sobre esse indivíduo, é correto afirmar que

a) é fenotipicamente normal.
b) apresenta síndrome de Edwards.
c) apresenta síndrome de Turner.
d) apresenta síndrome de Down.
e) apresenta síndrome de Klinefelter.

17. (UFSC) As anomalias cromossômicas são bastante frequentes na população humana; um exemplo disso é que aproximadamente uma a cada 600 crianças no mundo nasce com síndrome de Down. Na grande maioria dos casos, isso se deve à presença de um cromossomo 21 extranumerário. Quando bem assistidas, pessoas com síndrome de Down alcançam importantes marcos no desenvolvimento e podem estudar, trabalhar e ter uma vida semelhante à dos demais cidadãos.

Sobre as anomalias do número de cromossomos, indique as alternativas corretas e dê sua soma ao final.

(01) Podem ocorrer tanto na espermatogênese quanto na ovulogênese.
(02) Ocorrem mais em meninas do que em meninos.
(04) Ocorrem somente em filhos e filhas de mulheres de idade avançada.
(08) Estão intimamente ligadas à separação incorreta dos cromossomos na meiose.
(16) Ocorrem ao acaso, devido a um erro na gametogênese.
(32) Ocorrem preferencialmente em populações de menor renda, com menor escolaridade e pouca assistência médica.
(64) Podem acontecer devido a erros na duplicação do DNA.

18. (UFAL) Considere o cromossomo esquematizado a seguir.

Assinale a alternativa que representa esse cromossomo após um rearranjo do tipo inversão.

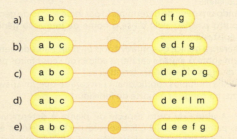

Questões dissertativas

1. (FUVEST – SP) As três cores de pelagem de cães labradores (preta, marrom e dourada) são condicionadas pela interação de dois genes autossômicos, cada um deles com dois alelos: *Ee* e *Bb*. Os cães homozigotos recessivos *ee* não depositam pigmentos nos pelos e apresentam, por isso, pelagem dourada. Já os cães com genótipos *EE* ou *Ee* apresentam pigmento nos pelos, que pode ser preto ou marrom, dependendo do outro gene: os cães homozigotos recessivos *bb* apresentam pelagem marrom, enquanto os com genótipos *BB* ou *Bb* apresentam pelagem preta.

Um labrador macho, com pelagem dourada, foi cruzado com uma fêmea preta e com uma fêmea marrom. Em ambos os cruzamentos, foram produzidos descendentes dourados, pretos e marrons.

a) Qual é o genótipo do macho dourado quanto aos dois genes mencionados?
b) Que tipos de gameta e em que proporção esse macho forma?
c) Qual é o genótipo da fêmea preta?
d) Qual é o genótipo da fêmea marrom?

2. (UnB – DF) A altura dos espécimes de uma determinada planta encontrada no cerrado varia entre 12 cm e 108 cm. Os responsáveis por essa variação são 3 pares de genes com segregação independente, que interferem igualmente na altura da planta. Determine a altura, em centímetros, esperada para a primeira geração de um cruzamento entre dois indivíduos com os genótipos *AABBCC* e *aabbCC*.

3. (UFC – CE) Atualmente, o Governo Federal vem discutindo a implantação de quotas para negros nas universidades. Considerando a cor da pele de negros e brancos, responda:

a) Onde é determinada, histológica e citologicamente, a cor da pele?
b) O que confere a diferença na cor da pele de indivíduos negros em relação à dos indivíduos brancos?
c) Evolutivamente, qual a importância da existência dessa variabilidade na cor da pele para o ser humano?
d) Especifique a forma de herança genética responsável pela determinação da cor da pele.

4. (FUVEST – SP) Suponha que na espermatogênese de um homem ocorra não disjunção dos cromossomos sexuais na primeira divisão da meiose, isto é, que os cromossomos X e Y migrem juntos para um mesmo polo da célula. Admitindo que a meiose continue normalmente,

a) qual será a constituição cromossômica dos espermatozoides formados nessa meiose, no que se refere aos cromossomos sexuais?
b) quais serão as possíveis constituições cromossômicas de crianças geradas pelos espermatozoides produzidos nessa meiose, no caso de eles fecundarem óvulos normais?

5. (UNICAMP – SP) A síndrome de Down, também chamada trissomia do cromossomo 21, afeta cerca de 0,2% dos recém-nascidos. A síndrome é causada pela presença de um cromossomo 21 a mais nas células dos afetados, isto é, em vez de dois cromossomos 21, a pessoa tem três. A trissomia do cromossomo 21 é originada durante as anáfases I ou II da meiose.

a) Quando ocorre a meiose? Cite um evento que só ocorre na meiose.

b) Explique os processos que ocorrem na anáfase I e na anáfase II que levam à formação de células com três cromossomos 21.

6. (UFRJ) A síndrome do triplo X, ou trissomia do X, afeta uma em cada mil mulheres aproximadamente. Essa anomalia cromossômica se caracteriza pela presença de um cromossomo X a mais em suas células. No entanto, ao contrário das trissomias dos autossomos que causam várias alterações fenotípicas, muitas mulheres com três cromossomos X são aparentemente normais. Identifique o processo celular específico dos cromossomos X responsável pela ausência de características negativas nas mulheres com trissomia do X.

7. (UNICAMP – SP) Os animais podem sofrer mutações gênicas, que são alterações na sequência de bases nitrogenadas do DNA. As mutações podem ser espontâneas, como resultado de funções celulares normais, ou induzidas, pela ação de agentes mutagênicos, como os raios X. As mutações são consideradas importantes fatores evolutivos.

a) Como as mutações gênicas estão relacionadas com a evolução biológica?

b) Os especialistas afirmam que se deve evitar a excessiva exposição de crianças e de jovens em fase reprodutiva aos raios X, por seu possível efeito sobre os descendentes. Explique por quê.

8. (UNESP) Um estudante de Biologia tem em seu quintal um lindo pé de malva-rosa (*Hibiscus mutabilis*), planta cujas flores apresentam pétalas que são brancas pela manhã, quando a flor se abre, e vão se tornando de um cor-de-rosa intenso conforme o dia vai passando. Em um mesmo pé de malva-rosa, pode-se apreciar flores com cores de diferentes tons: desde as totalmente brancas, que acabaram de se abrir, até as totalmente rosas, abertas há várias horas.
O estudante tem uma hipótese para explicar o fenômeno: ao longo do dia a radiação solar induz mutações genéticas nas células das pétalas, que as levam à alteração da cor; se flores já totalmente cor-de-rosa forem polinizadas com pólen de flores da mesma cor, ou seja, se a polinização ocorrer depois da ocorrência das mutações, as sementes resultantes darão origem a plantas que produzirão apenas flores cor-de-rosa.

A explicação do estudante para a mudança da cor da pétala de malva-rosa e sua explicação para a transmissão hereditária dessa característica estão corretas? Justifique.

Programas de avaliação seriada

1. (PSS – UFAL) Correlacione as síndromes genéticas humanas, citadas abaixo, com as suas respectivas características, descritas a seguir:

1) síndrome de Down   3) síndrome de Klinefelter
2) síndrome de Supermacho   4) síndrome de Superfêmea

( ) Indivíduos do sexo feminino com cromossomo X adicional (44 + XXX). Apresentam fenótipo normal e são férteis, mas podem desenvolver retardamento mental.

( ) Indivíduos com trissomia do cromossomo 21 (45 + XX ou XY). Apresentam olhos amendoados, dedos curtos, língua protrusa e retardo mental variado.

( ) Indivíduos do sexo masculino com cromossomo X adicional (44 + XXY). Desenvolvem hipogonadismo e infertilidade.

( ) Indivíduos com cromossomo Y adicional (44 + XYY). Apresentam taxa de testosterona aumentada, inclinação antissocial e aumento de agressividade.

A sequência correta é:

a) 1, 2, 3 e 4.   d) 2, 3, 1 e 4.
b) 2, 1, 4 e 3.   e) 4, 1, 3 e 2.
c) 3, 2, 4 e 1.

2. (PSS – UFAL) Em galináceos, foram observados quatro tipos de cristas: rosa, ervilha, simples e noz. Quando as aves homozigóticas de crista rosa foram cruzadas com aves de crista simples, foram obtidos 75% de aves com crista rosa e apenas 25% com crista simples. Do cruzamento de aves homozigóticas de crista ervilha com aves de crista simples foram obtidos 75% de aves com crista ervilha e apenas 25% com crista simples. Quando aves homozigóticas de crista rosa foram cruzadas com aves homozigóticas de crista ervilha, todos os descendentes F1 apresentaram um novo tipo de crista, o tipo noz. Na F2, produzida a partir do cruzamento de indivíduos F1, foi observado que, para cada 16 descendentes, nove apresentavam crista noz; três, crista rosa; três, crista ervilha e apenas um apresentava crista simples. Esses dados indicam que, na herança da forma da crista nessas aves, tem-se um caso de:

a) pleiotropia, em que quatro alelos de um loco estão envolvidos.
b) interação gênica entre alelos de dois locos distintos.

c) epistasia dominante e recessiva.
d) herança quantitativa.
e) alelos múltiplos.

3. (PSS – UFPA) A síndrome que pode afetar tanto indivíduos do sexo masculino quanto do sexo feminino e que é ocasionada, comumente, pela formação de gametas femininos (óvulos) com dois cromossomos 21 é a

a) síndrome de Klinefelter.
b) síndrome de Turner.
c) síndrome da distrofia muscular.
d) síndrome do raquitismo.
e) síndrome de Down.

4. (PEIES – UFSM – RS) As anomalias genéticas conhecidas como síndrome de Klinefelter e Turner têm algo em comum. Isso se deve ao fato de que Klinefelter é XXY e Turner é X0, significando que as duas síndromes

a) constituem casos de herança dominante ligada ao sexo.
b) representam casos de alterações cromossômicas estruturais.
c) representam casos de aneuploidia.
d) apresentam somente suas células reprodutivas com essa organização cromossômica.
e) são obrigatoriamente decorrentes de não disjunção de cromossomos durante a meiose paterna.

5. (PSIU – UFPI) A síndrome de Turner e a síndrome de Klinefelter são anomalias relacionadas aos cromossomos sexuais na espécie humana. Relacione as síndromes com suas respectivas caracterizações nos portadores:

(a) síndrome de Turner   (b) síndrome de Klinefelter

( ) Cariótipo 2AXXY.
( ) Sexo feminino, baixa estatura, pescoço muito curto e largo.
( ) Cariótipo 2AX0.
( ) Apresenta aspecto masculino, esterilidade, braços e pernas muito longos e pouco pelo no corpo.

Assinale a afirmativa que contém a sequência correta.

a) b, a, a, b.   c) b, b, a, a.   e) a, b, a, b.
b) a, a, b, b.   d) a, b, b, a.

Interações e expressões gênicas e citogenética **119**

Capítulo 6

Biotecnologia e engenharia genética

CSI – Investigação Criminal

Essa série de TV de filmes policiais, mais conhecida apenas como CSI (de *Crime Scene Investigation*), caiu no gosto popular e hoje temos a equipe do CSI Nova York, CSI Miami, CSI Las Vegas, para falar apenas das produções norte-americanas.

Meio detetives, meio cientistas, os "investigadores criminais" do CSI são especialistas muito bem treinados, com amplo conhecimento, que analisam até os menores detalhes da cena de um crime – aqueles que poderiam passar despercebidos para um leigo – a fim de descobrir quem cometeu o delito.

A busca por algum fragmento de DNA do criminoso, por minúsculo que seja, que multiplicado leve ao sequenciamento de suas bases e, a partir daí, ao estabelecimento de sua identidade – desde que seu DNA esteja arquivado em um banco de dados –, está presente em praticamente todos os episódios.

Mas a investigação criminal por peritos com esse grau de conhecimento não é pura ficção. A Polícia Científica (ou Técnico-Científica) é uma realidade também em nosso país e tem participado ativamente para ajudar a esclarecer vários crimes. Se a tecnologia envolvida com o DNA pode indicar criminosos, ela também tem sido muito útil para inocentar pessoas acusadas injustamente.

Neste capítulo, você vai conhecer detalhes sobre engenharia genética e biotecnologia, que envolvem temas como, por exemplo, terapia gênica e multiplicação dos fragmentos de DNA.

São inúmeras as novidades decorrentes da introdução de genes estranhos no genoma de animais e vegetais, levando à produção dos chamados organismos geneticamente modificados – seres **transgênicos**. Algumas dessas novidades são favoráveis aos organismos, como, por exemplo, a introdução, por meio da engenharia genética, de genes de bactérias em determinadas plantas, o que lhes confere maior resistência às pragas da lavoura.

▪ MELHORAMENTO GENÉTICO E SELEÇÃO ARTIFICIAL

Há séculos o homem utiliza a prática de **melhoramento** genético para aperfeiçoar espécies animais e vegetais de interesse. Tudo começou quando o homem passou a realizar cruzamentos, seguidos de **seleção artificial**, das variedades que mais lhe interessavam. Esse procedimento originou inúmeras raças de animais e variedades vegetais que, hoje, fazem parte de nosso dia a dia. Cavalos e jumentos são cruzados para produzir híbridos – mulas e burros – utilizados para serviços de tração; o gado leiteiro e o de corte são hoje muito mais produtivos que os de antigamente; plantas como milho, feijão e soja produzem atualmente grãos de excelente valor nutritivo.

Para preservar as qualidades das inúmeras variedades vegetais obtidas em cruzamentos, o homem aprendeu a fazer a **propagação vegetativa**, processo executado principalmente a partir do plantio de pedaços de caule (*estaquia*) ou de enxertos (*enxertia*) das plantas de boa qualidade. Bons exemplos desses processos são a estaquia, atualmente praticada pelo Instituto Florestal de São Paulo, de pedaços de galhos de eucalipto na propagação de variedades produtoras de madeira de excelente qualidade para a construção de casas, e a enxertia de inúmeras variedades de laranja, entre elas a laranja-da-baía, também conhecida como laranja-de-umbigo.

São inúmeros os programas de melhoramento genético, muitos deles associados a fruticultura, gado de corte, fármacos, cana-de-açúcar e grãos. As pesquisas buscam oferecer ao mercado consumidor produtos mais resistentes a pragas, ou de melhor qualidade, ou ainda a possibilidade de, no caso dos tomates, por exemplo, uma colheita mecanizada, aliada à maior resistência do produto durante o transporte. À direita, na foto acima, tomates comuns. À esquerda, a mesma espécie geneticamente modificada apresenta resistência ao transporte e armazenamento. Esse tipo de tomate foi o primeiro produto geneticamente modificado à venda no mercado em (1994, EUA).

Pés de laranja-da-baía são produzidos apenas pela propagação vegetativa, por enxertia; nessa variedade de laranja, os frutos não possuem sementes.

Variedades de milho híbrido. Do cruzamento de variedades puras obtêm-se plantas de milho que, cruzadas entre si, originam o milho híbrido. A alta taxa de heterozigose é responsável pela elevada produção de grãos e pelo grande tamanho da espiga de milho híbrido.

Heterozigose ou Vigor do Híbrido

No começo do século, cientistas verificaram que *híbridos* de plantas resultantes do cruzamento de variedades puras eram muito mais *vigorosos* e *produtivos*. Esse efeito, conhecido como **heterose** ou **vigor do híbrido**, é utilizado nos cruzamentos de variedades puras de milho, levando à formação de híbridos produtores de espigas maiores e de melhor qualidade.

O vigor dos híbridos é resultante do acúmulo de genes em heterozigose, o que confere vantagens como maior resistência a pragas e maior produção de grãos. Acredita-se que nas populações naturais a heterose seja um dos mais importantes mecanismos genéticos de geração de variabilidade, essencial para a sobrevivência das espécies.

▪ A DIFERENÇA ENTRE BIOTECNOLOGIA E ENGENHARIA GENÉTICA

Vimos que, desde os tempos antigos, o homem aprendeu, por meio da observação e da experimentação, a praticar o melhoramento de espécies animais e vegetais que apresentassem algum interesse econômico, alimentar ou medicinal. Essas bases deram início a uma tecnologia conhecida por **biotecnologia**, que pode ser definida como o conjunto de técnicas que utilizam organismos vivos ou partes deles para a produção de produtos ou processos para usos específicos. Analisando a definição, podemos pensar que a biotecnologia já é praticada pelo homem há milhares de anos, quando ele aprendeu a utilizar, por exemplo, microrganismos fermentadores para a produção de pães, iogurtes e vinhos.

Depois do conhecimento da estrutura do DNA, na década de 1950, e do entendimento de seu processo de duplicação e da sua participação na produção de proteínas, surgiu uma vertente da biotecnologia conhecida como **engenharia genética**, que, por meio de técnicas de manipulação do DNA, permite a seleção e modificação de organismos vivos, com a finalidade de obter produtos úteis ao homem e ao meio ambiente.

▪ A MANIPULAÇÃO DOS GENES

Com a elucidação da estrutura da molécula de DNA por Watson e Crick, em 1953, e o reconhecimento de que ela era o principal constituinte dos *genes*, o grande desafio para os cientistas consistia em fazer uma análise detalhada da sua composição nos diversos seres vivos. Sabia-se, também, que as bases nitrogenadas *adenina*, *timina*, *citosina* e *guanina*, componentes dos nucleotídeos, guardavam relação com o processo do código genético que comandava a produção de proteínas. Mas várias dúvidas ainda perturbavam os cientistas: onde começa e onde termina um gene? Qual sua sequência de nucleotídeos? Quantos genes existem em cada espécie de ser vivo?

A procura por respostas a essas perguntas gerou um intenso trabalho de pesquisa e originou um dos ramos mais promissores e espetaculares da Biologia atual: a engenharia genética. A manipulação dos genes, decorrente das pesquisas, conduziu à necessidade de compreender o significado de novos conceitos relacionados a essa área. Entre esses conceitos, estão os de *enzimas de restrição, sítios-alvo, eletroforese em gel, tecnologia do DNA recombinante, técnica do PCR, biblioteca de DNA, sondas, fingerprint* etc., que serão descritos ao longo deste capítulo. Uma pergunta que você poderia fazer é: por que eu devo conhecer todos esses conceitos e qual a utilidade deles para a minha vida? São comuns, hoje, na imprensa, os relatos da produção de seres transgênicos, de reconstituição de populações de animais em via de extinção e da pesquisa de paternidade. A cura de doenças e a produção de medicamentos e vacinas são eventos que recorrem aos conhecimentos modernos da genética molecular. A expectativa de todos nós é que esses conhecimentos contribuam para a melhoria do bem-estar da humanidade.

Uma das primeiras enzimas de restrição a ser isolada foi a EcoRI, produzida pela bactéria *Escherichia coli*. Essa enzima reconhece apenas a sequência GAATTC e atua sempre entre o G e o primeiro A. O local do "corte", local de ação de uma enzima, é conhecido como **sítio-alvo**. Você pode perguntar: por que essa enzima não atua no DNA da própria bactéria? Isso não ocorre devido à existência de outras enzimas protetoras, que impedem a ação da enzima de restrição no material genético da bactéria (veja a Figura 6-1).

Lembre-se de que, até o momento, com exceção das bactérias, não se conhece *nenhum outro ser vivo* que produza enzimas de restrição.

> **Anote!**
> Enzima de restrição atua na fragmentação de moléculas de DNA sempre em determinados pontos, conhecidos como sítios-alvos, levando à produção de fragmentos contendo pontas adesivas. Atuam como verdadeiras tesouras moleculares.

Enzimas de Restrição: As Tesouras Moleculares

A partir da década de 1970, ficou mais fácil analisar a molécula de DNA com o isolamento das **enzimas de restrição** – também chamadas de *endonucleases de restrição*.

São enzimas normalmente produzidas por bactérias e que possuem a propriedade de defendê-las de vírus invasores. Essas substâncias "picotam" a molécula de DNA sempre em determinados pontos, levando à produção de fragmentos contendo pontas adesivas, que podem se ligar a outras pontas de moléculas de DNA que tenham sido cortadas com a mesma enzima.

Figura 6-1. A enzima de restrição EcoRI corta a molécula de DNA sempre no mesmo ponto: entre o G e o A da sequência GAATTC.

Outra característica marcante do material genético dos seres vivos é que os mesmos sítios-alvos se repetem ao longo da molécula de DNA, o que permite que essa molécula seja cortada em vários pedaços de tamanhos diferentes, dependendo da quantidade de sítios (veja a Figura 6-2).

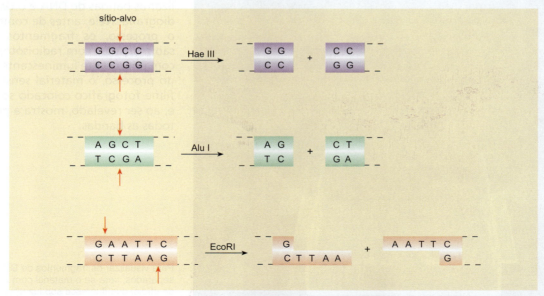

Figura 6-2. Cada enzima de restrição quebra a molécula de DNA sempre em determinado ponto da molécula.

Eletroforese em Gel e a Separação dos Fragmentos de DNA

Como vimos no item anterior, os fragmentos de DNA formados com a ação das enzimas de restrição possuem tamanhos diferentes. Para separá-los, e assim efetuar uma análise individual deles, usamos a técnica de **eletroforese em gel**.

Cada amostra contendo fragmentos de moléculas de DNA é colocada sobre um gel de agarose (substância proveniente de alga vermelha), uma ao lado da outra, em uma mesma linha imaginária. Sabe-se que a molécula de DNA possui carga elétrica negativa e, ao ser submetida a um campo elétrico, migra em direção ao eletrodo positivo (veja a Figura 6-3).

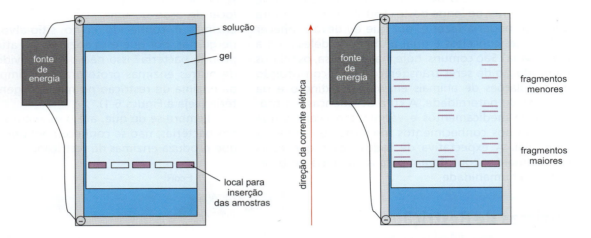

Figura 6-3. Na eletroforese em gel, fragmentos maiores movem-se mais lentamente que os menores, separando-se, desse modo, os pedaços de DNA, que possuem diferentes tamanhos.

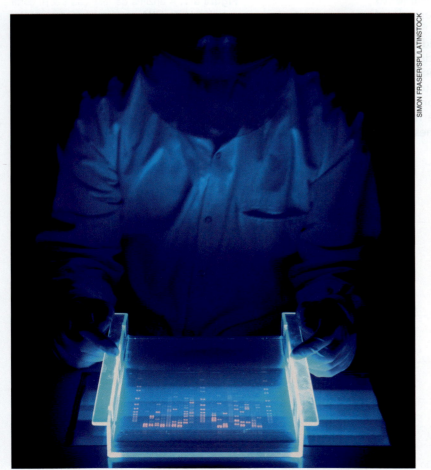

Após a separação dos fragmentos moleculares de DNA surge um problema: como visualizá-los? Para isso, basta mergulhá-los em um corante, o brometo de etídio, que possui afinidade pelo DNA e fluoresce (fica visível) vivamente em contato com a luz ultravioleta. Dessa forma, pode-se localizar as bandas que correspondem ao DNA.

Outro método utilizado para visualizar as bandas de DNA é o da autorradiografia. Nele, antes de começar todo o processo, os fragmentos de DNA são marcados com radioisótopo P^{32} ou com um corante luminescente. Ao final do processo, o material sensibiliza um filme fotográfico colocado sobre o gel e, ao ser revelado, mostra a posição de todas as bandas.

Para visualizar os fragmentos de DNA separados, cora-se o material com brometo de etídio, que fluoresce sob luz ultravioleta, revelando as bandas de DNA.

A Multiplicação dos Fragmentos de DNA

Ocorrendo a fragmentação da molécula de DNA com o uso das enzimas de restrição e o seu reconhecimento pela técnica de eletroforese em gel, o próximo passo para **multiplicar (clonar)** os fragmentos obtidos é submetê-los à *tecnologia do* **DNA recombinante** ou, mais recentemente, ao emprego da **técnica do PCR** (*reação em cadeia da polimerase*).

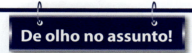

As bibliotecas de DNA

Um dos objetivos da engenharia genética é isolar determinados genes que interessem à pesquisa. Para alcançar essa meta, um passo fundamental foi construir uma **biblioteca de DNA**, ou seja, uma grande coleção de fragmentos de DNA clonados. Basicamente, há dois tipos de biblioteca: a *genômica* e a *complementar*.

Na maioria dos seres eucarióticos, os genes constam de curtas sequências codificadoras ativas, os *exons*, interrompidas por sequências não ativas (não codificadoras) que constituem os *introns*, normalmente mais longas. Conclui-se, então, que a porção codificante de um gene, aquela que resultará em um produto, é apenas uma pequena parte do seu comprimento total. Na biblioteca *genômica*, os fragmentos de DNA incluem os exons e os introns.

Na biblioteca *complementar* (cDNA), temos apenas a parte ativa dos genes, os exons.

Dolly: a clonagem de um mamífero

No começo de 1997, um pequeno artigo na revista *Nature* virou manchete em todo o mundo. Dr. Ian Wilmut e seus associados do Rosin Institute, em Edimburgo, Escócia, fizeram o que muitos cientistas acreditavam impossível: a clonagem de um mamífero (uma ovelha, chamada Dolly), usando um núcleo retirado de célula de um tecido adulto.

Os pesquisadores já haviam descoberto que o núcleo de uma célula nas primeiras fases de seu desenvolvimento embrionário, antes de diferenciar-se, podia ser usado para substituir o núcleo de um óvulo. O núcleo dessa célula embrionária direcionaria o desenvolvimento de um novo indivíduo, sem a necessidade de fusão do óvulo com um espermatozoide.

As implicações da pesquisa que gerou Dolly foram impressionantes. (Embora tenham sido feitas 277 tentativas antes de se conseguir o nascimento da ovelha, a técnica é relativamente simples.) Os cientistas conseguiram provar que genes inativos por um longo período de tempo em células adultas especializadas podem se tornar funcionais de novo. Talvez neurônios de regiões afetadas pelo mal de Parkinson possam se dividir, substituindo os que foram danificados. Talvez mais genes para a produção de glóbulos vermelhos possam ser trocados em um paciente anêmico.

Quando Dolly foi clonada em 1997, a partir de genes de uma ovelha de 6 anos de idade, os pesquisadores se perguntavam como seria seu processo de envelhecimento e se sua vida seria mais curta do que a de outras ovelhas. Em 1999 já se constatava seu envelhecimento acelerado – a idade de seus cromossomos não era de 3 anos, mas de 9 anos. Em 14 de fevereiro de 2003, Dolly foi sacrificada, aos 6 anos de idade, por sofrer de uma doença pulmonar incurável. Apesar de Ian Wilmut afirmar que a doença de Dolly nada tinha a ver com a clonagem, esse animal – apesar da aparência exterior completamente normal – nasceu com anomalias cromossômicas.

Dr. Ian Wilmut e Dolly, o primeiro mamífero clonado.

A tecnologia do DNA recombinante: as bactérias em ação

Para introdução, em uma célula, de um gene (por exemplo, humano) que se quer clonar é necessário seguir alguns passos. Simplificadamente, vamos conhecer esse processo por meio da Figura 6-4.

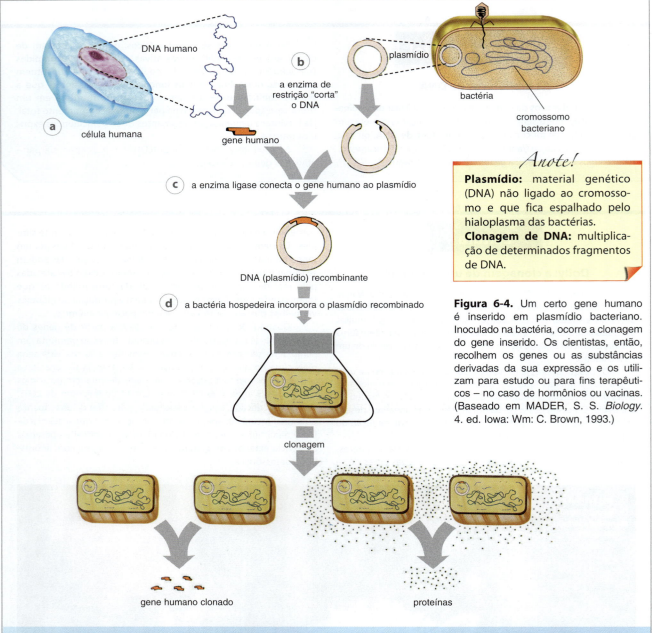

Figura 6-4. Um certo gene humano é inserido em plasmídio bacteriano. Inoculado na bactéria, ocorre a clonagem do gene inserido. Os cientistas, então, recolhem os genes ou as substâncias derivadas da sua expressão e os utilizam para estudo ou para fins terapêuticos – no caso de hormônios ou vacinas. (Baseado em MADER, S. S. *Biology*. 4. ed. Iowa: Wm: C. Brown, 1993.)

Anote!
Plasmídio: material genético (DNA) não ligado ao cromossomo e que fica espalhado pelo hialoplasma das bactérias.
Clonagem de DNA: multiplicação de determinados fragmentos de DNA.

a. Primeiro, é preciso obter um fragmento de DNA bacteriano (plasmídio) no qual será inserido um fragmento de DNA humano (gene) que se deseja clonar.
b. Tanto o DNA bacteriano como o DNA humano precisam ser "cortados". Esse "corte" é efetuado pelas chamadas *enzimas de restrição*, presentes naturalmente em bactérias. Essas substâncias picotam o DNA sempre em *determinado sítio-alvo*, levando à produção de peças com pontas adesivas.
c. A seguir, o plasmídio é misturado com o fragmento de DNA humano que se deseja clonar. Lembre-se de que o fragmento de DNA possui pontas adesivas que são complementares às do plasmídio, uma vez que a mesma enzima de restrição foi usada para o corte dessas moléculas. Para a união do plasmídio com o fragmento de DNA a ser clonado, utilizam-se enzimas *ligases*, que "colam" o pedaço de DNA nas extremidades adesivas do plasmídio, produzindo o que chamamos de *DNA recombinante* (fragmento de DNA inserido no plasmídio bacteriano). Isso feito, o DNA recombinante é introduzido em uma bactéria hospedeira.
d. A bactéria hospedeira é colocada em um meio nutritivo seletivo – apenas aquelas que possuem o DNA recombinante crescem, formando colônias. Após muitas gerações de bactérias, os plasmídios são retirados e isolam-se os fragmentos de DNA clonados. Outra possibilidade é retirar apenas os produtos de expressão do fragmento de DNA clonado: muitas vezes ele se expressa orientando a síntese de determinada substância. Esta pode ser um hormônio – insulina ou hormônio do crescimento humano, por exemplo – ou uma proteína que, isolada, poderá servir para a confecção de uma vacina. A produção de vacina contra o vírus HIV, causador da AIDS, por essa via, é uma das esperanças da medicina para o controle dessa terrível moléstia.

A técnica do PCR: uma reação em cadeia

Na década de 1980, passou-se a utilizar a técnica do PCR – reação em cadeia da polimerase (do inglês, *polymerase chain reaction*) – para fazer milhares de cópias de um único pedaço de DNA. Essa técnica pode ser realizada em tubos de ensaio e é mais vantajosa que a da tecnologia do DNA recombinante por não necessitar da produção de um plasmídio recombinante nem de bactérias para clonar os fragmentos de DNA.

Submetendo-se uma molécula de DNA, originada de uma célula humana, a altas temperaturas (cerca de 90 °C) ou a pHs extremos, desfazem-se as pontes de hidrogênio que unem suas fitas, em um processo conhecido como *desnaturação*. Ao recolocar essas fitas em um ambiente em que a temperatura seja a normalmente existente no organismo humano, ou em pH normalmente existente na célula, as fitas tendem a se unir novamente, ou seja, ocorre uma *renaturação*, que também é conhecida pelo nome de *hibridização*. É evidente que, para ocorrer hibridização, é necessário que as duas fitas possuam sequências complementares de bases que permitam o pareamento (veja a Figura 6-5).

Anote!
Desnaturação da molécula de DNA: separação das duas fitas de DNA, por ruptura das pontes de hidrogênio, por meio de alta temperatura ou pH extremo.

Hibridização do DNA: tendência dos filamentos de DNA a se unirem novamente, após o retorno das condições normais de temperatura ou pH. O mesmo que renaturação.

De olho no assunto!

Clonagem de DNA pela técnica do PCR

Para realizar a técnica do PCR, os seguintes passos devem ser observados:

a. Obtém-se uma amostra mínima de DNA.

b. Nucleotídeos de DNA deverão estar disponíveis para uso, com a DNA polimerase e uma pequena sequência de cerca de vinte bases de DNA, conhecida como *primer* (iniciador).

c. Desnatura-se a molécula de DNA (a 90 °C) que se deseja clonar.

d. Cada fita simples do DNA que foi desnaturado serve de molde para síntese de novas cadeias complementares. Para isso, utiliza-se a DNA polimerase (72 °C), com o *primer* a 56 °C (sequência iniciadora), que desencadeia a hibridização das sequências complementares nas duas fitas de DNA separadamente.

e. O ciclo é então reiniciado, com nova sequência de desnaturação, atuação da DNA polimerase, do *primer*, hibridização etc., até que ocorra a produção de quatro moléculas de DNA de fita dupla. No terceiro ciclo, haverá a formação de oito moléculas de DNA, e assim sucessivamente, até a obtenção de milhares de moléculas componentes do DNA que se desejava clonar.

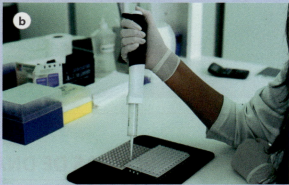
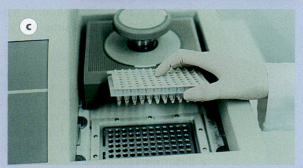

Atualmente, (a) máquinas apropriadas executam todas as etapas do PCR. Cabe aos técnicos colocar o material a ser analisado (b), com *primers*, nucleotídeos e DNA polimerase dentro da máquina (c). O PCR será feito pelo equipamento.

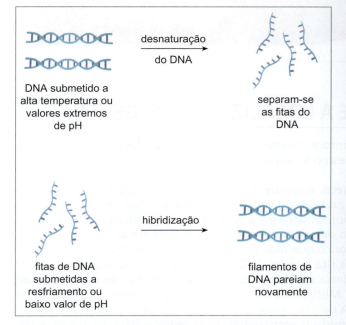

Figura 6-5. Sob altas temperaturas ou pHs extremos ocorre a separação das fitas de DNA. Em condições favoráveis novamente, ocorre a hibridização das fitas.

Biotecnologia e engenharia genética

Tecnologia & Cotidiano

Metabolismo do açúcar e engenharia genética

Com certeza, você já ouviu falar em diabete, doença relacionada a uma deficiência de quantidade ou de ação do hormônio insulina. Secretado pelo pâncreas, esse hormônio está relacionado ao metabolismo do açúcar (glicose) em nosso organismo.

Há dois tipos de diabete: a juvenil, também chamada Tipo 1, que surge precocemente, muitas vezes na infância. Nesse tipo de disfunção, alguns glóbulos brancos do sangue erroneamente identificam as células do pâncreas que secretam insulina como sendo estranhas ao organismo, e as destroem. A diabete Tipo 2, muito mais comum do que a juvenil, aparece com a idade mais avançada, nos casos em que o organismo não responde adequadamente à insulina que é produzida pelo pâncreas do indivíduo. Além de ter um componente genético, a obesidade e o sedentarismo são fatores de risco.

Os sintomas da doença variam, mas, em geral, há sede excessiva e micção frequente. Quem sofre de diabete precisa monitorar constantemente os níveis de açúcar no sangue e, dependendo do caso, receber injeções de insulina, hormônio obtido a partir de células do pâncreas de suínos e bovinos.

Com o avanço da engenharia genética foi possível o desenvolvimento de uma insulina "sintética". Para isso, o gene para a insulina humana foi introduzido no DNA de bactérias, dando origem ao que se conhece como insulina de DNA recombinante, que mostrou ser muito mais adequada e com menos efeitos colaterais do que a insulina de origem animal.

AS SONDAS DE DNA E A LOCALIZAÇÃO DE GENES

Tanto a biblioteca genômica quanto a complementar são constituídas de inúmeros fragmentos de DNA de fita simples, do mesmo modo que em uma biblioteca existem milhares de volumes de livros.

A procura de um livro, na biblioteca, depende do trabalho de uma bibliotecária que, ao conhecer a disposição dos livros nas prateleiras, vai com precisão ao local onde se encontra o volume solicitado. No caso da biblioteca genômica, qual o procedimento para se localizar determinado gene? Para a realização dessa tarefa, os cientistas utilizam as *sondas de DNA*, ferramentas corriqueiras nos laboratórios que manipulam o material genético.

Sondas de DNA são filamentos de fita simples de DNA marcados radioativamente ou por um corante luminescente. Sua sequência de bases nitrogenadas é conhecida e corresponde a determinado gene ou parte dele. Misturando-se uma sonda de sequência conhecida de nucleotídeos com fragmentos de DNA de fita simples, ela deverá "pescar", ou seja, hibridizar-se com algum dos fragmentos. Havendo o emparelhamento entre o DNA da sonda e um dado fragmento, é possível determinar a sequência de bases do DNA emparelhado, pois a sequência de bases da sonda é conhecida.

▪ *FINGERPRINT*: A IMPRESSÃO DIGITAL DO DNA

Até bem pouco tempo, o estudo da herança dos grupos sanguíneos permitia esclarecer com razoável grau de certeza a exclusão da paternidade de determinada criança, ou seja, era possível dizer quem *não* era o pai de determinado recém-nascido. Atualmente, com os métodos de análise do DNA que você aprendeu neste capítulo, é possível resolver, com quase 100% de certeza, praticamente qualquer caso de identidade genética, a exemplo dos casos de paternidade duvidosa.

Cada ser humano possui uma composição genômica única, com exceção dos gêmeos univitelinos. Dizendo de outro modo, dois indivíduos até podem ter partes do material genético idêntico, porém, ao se fazer uma análise de todo o seu genoma, com certeza encontraremos diferenças. Por isso, a análise do DNA serve como uma verdadeira "impressão digital molecular", que é conhecida como *fingerprint do DNA* (do inglês, *fingerprint* = impressão digital).

Para a determinação do *fingerprint*, basta obter uma célula que possua o DNA intacto. Pode-se recorrer ao DNA das células da raiz de um fio de cabelo, células do sangue ou mesmo das que se encontram no esperma humano. A seguir, por meio da técnica do PCR, efetua-se a clonagem do DNA obtido.

VNTR: As Repetições que Auxiliam

Para a determinação da impressão digital molecular (*fingerprint*), os cientistas recorrem aos VNTRs (do inglês, *Variable Number of Tandem Repeats*), que são repetições de pequenas sequências de nucleotídeos (entre 15 e 20 bases nitrogenadas) em determinado gene.

O número de repetições dessas bases, em cada gene, é altamente variável na população humana, constituindo-se de 4 até 40 repetições, dependendo do indivíduo analisado. Assim, ao comparar cromossomos homólogos de diferentes pessoas, é pouco provável que o número de repetições seja o mesmo – daí utilizar-se do VNTR como sendo único para cada indivíduo, à semelhança da impressão digital (veja a Figura 6-6).

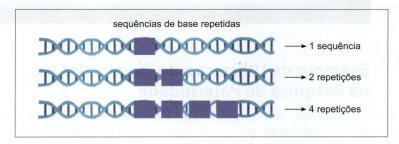

Figura 6-6. O número de repetições de sequências de bases nos genes é característico para cada indivíduo.

Por meio das técnicas já descritas, podem-se visualizar as repetições em uma eletroforese, já que, tendo tamanhos diferentes, os fragmentos repetidos percorrerão distâncias diferentes (veja a Figura 6-7).

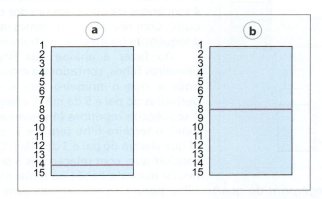

Figura 6-7. Esquema ilustrativo de resultado de eletroforese em gel de cromossomos de dois indivíduos diferentes: (a) possui 14 repetições e (b), 8 repetições.

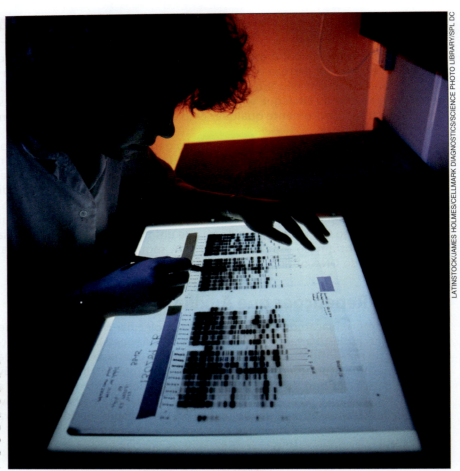

Cientista analisando *fingerprint* do DNA. O padrão de bandas, obtido por meio de eletroforese em gel de fragmentos de DNA de um indivíduo, é único para cada pessoa, o que o torna uma espécie de "identidade". Pessoas de mesma família, como pais e filhos, possuem algumas bandas na mesma posição, fato usado para esclarecer dúvidas sobre paternidade, por exemplo.

Exemplo de Utilização do *Fingerprint* na Pesquisa de Paternidade

Vejamos um exemplo de aplicação do *fingerprint* de DNA no esclarecimento de um caso de paternidade duvidosa.

Um casal tem 4 filhos. Anos depois do nascimento do último filho, suspeitou-se da ocorrência de troca de bebês na maternidade. Foi realizado o *fingerprint* dos pais e dos 4 filhos na tentativa de resolver o problema e obteve-se o seguinte resultado:

Analisando os VNTRs de determinado par de cromossomos homólogos do pai, nota-se a existência de 4 sequências repetidas em um dos cromossomos e 6 no outro. Com relação à mãe, temos um cromossomo com 3 sequências repetidas e, no homólogo, 5 repetições.

Ao fazer a análise dos *fingerprints* dos três primeiros filhos, contados da esquerda para a direita, nota-se que o primeiro tem 6 e 5 sequências (6 derivadas do pai e 5 da mãe); o segundo filho tem 5 e 4 sequências repetidas (4 provenientes do pai e 5 da mãe); o terceiro filho tem 4 e 3 sequências repetidas (4 que vieram do pai e 3 da mãe). O resultado permite concluir que, com relação aos 3 primeiros filhos, não houve troca de bebês na maternidade. A análise do *fingerprint* do quarto filho, porém, revela que ele possui 7 e 2 repetições. Esse resultado revela que o quarto filho não pertence ao casal, já que os pais não possuem esses VNTRs.

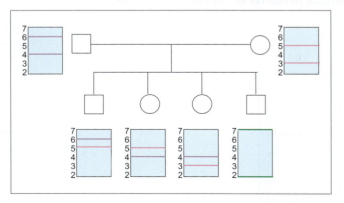

De olho no assunto!

Etapas para diagnóstico de inclusão/exclusão de paternidade

1. Inicialmente é feita a coleta do material a ser analisado, em geral sangue, coletado em tubo de ensaio especial, com anticoagulante, corretamente identificado. Em termos jurídicos, recebe o nome de amostra forense.

Sangue *in natura*.

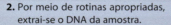

DNA

2. Por meio de rotinas apropriadas, extrai-se o DNA da amostra.

3. A amostra extraída precisa ser amplificada (clonada), em geral, cerca de 30 vezes, pela técnica do PCR. Todos os elementos necessários (*primer*, nucleotídeos de DNA, DNA polimerase etc.) são colocados em um tubo de ensaio e levados à máquina. A proposta é amplificar (clonar) somente os *loci* que serão usados como *fingerprint*. Como esses *loci* são conhecidos, é fácil conseguir somente a amplificação deles: basta colocar no tubo de ensaio os *primers* específicos para cada um dos *loci* desejados.

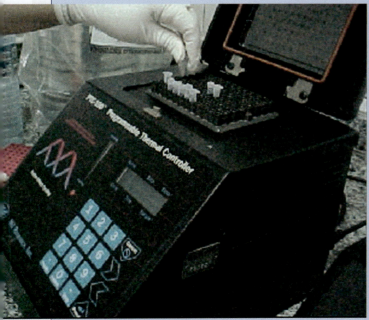

Máquina para PCR.

4. As amostras clonadas são coradas com brometo de etídio, que fluoresce sob luz ultravioleta, e submetidas à eletroforese para separação de cada um dos *loci* amplificados.

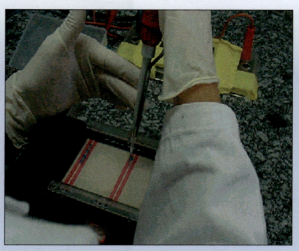

Aparelho portátil para eletroforese.

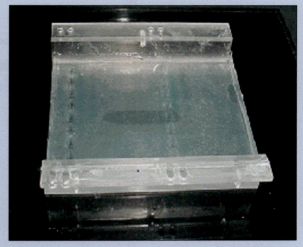

Gel em solução.

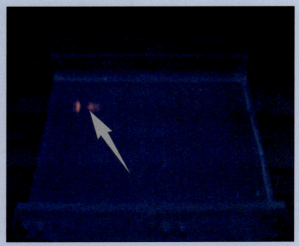

Gel submetido à luz ultravioleta.

Biotecnologia e engenharia genética **131**

5. A partir daí, dão-se a análise e a interpretação dos resultados. As bandas que aparecem nas imagens da eletroforese do filho precisam estar coincidentes com as do pai (em geral, em 11 *loci*) para que seja considerado um caso de inclusão de paternidade. Modernamente, os dados obtidos com a eletroforese são projetados em uma tela para a elaboração do diagnóstico.

Exclusão de paternidade: na tela ao lado, aparecem, na horizontal, três gráficos: o superior é a análise do DNA do suposto pai; o central, do filho, e o inferior, da mãe. Os "picos" referem-se a diferentes *loci* analisados para verificar o número (na tela, em vermelho) de sequências de nucleotídeos repetidas (VNTRs) presente em cada *locus*.

Repare que no primeiro *locus* analisado (na tela, à esquerda), os cromossomos homólogos do suposto pai têm 17 e 18 repetições de sequências de nucleotídeos; os do filho têm 16 repetições; e os da mãe, 16 e 19 repetições. Para esse *locus*, a mãe mandou para o filho a informação genética para 16 repetições, assim como o verdadeiro pai, visto que o filho é homozigoto.

O DNA do suposto pai não apresenta essa informação (16 repetições), mas sim 17 e 18 repetições. Para esse primeiro *locus*, o laudo seria de um caso de exclusão de paternidade; porém, para confirmar esse resultado, vamos analisar o segundo *locus*. Nele, a mãe e o filho têm 19 e 25 repetições – a mãe poderia ter enviado ao filho a informação para 19 ou para 25 repetições. Como o suposto pai nesse *locus* tem 20 e 21 repetições, isso confirma que ele não é o pai biológico.

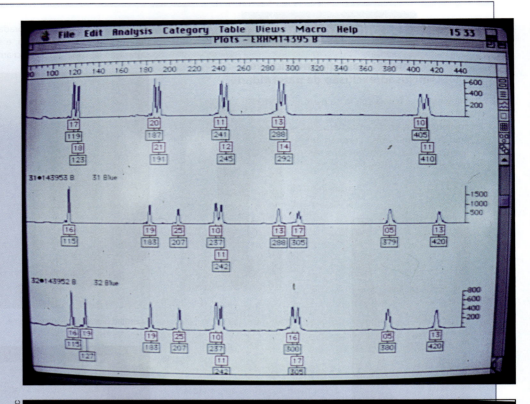

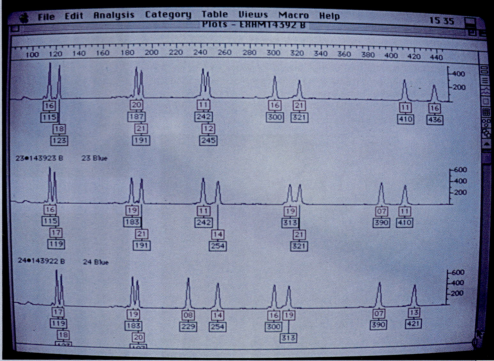

Repare que abaixo do número de repetições (em vermelho) aparece outro: ele indica o número de pares de nucleotídeos do *locus*.

Inclusão de paternidade: seguindo os mesmos critérios estudados para a exclusão de paternidade, vamos analisar na tela de baixo o primeiro *locus* (à esquerda). Nele, o suposto pai tem 16 e 18 repetições, o filho tem 16 e 17 repetições e a mãe, 17 e 18. Então, a mãe transferiu para o filho a informação para 17 repetições e o pai, para 16 repetições. Para esse *locus*, o laudo seria de inclusão de paternidade.

Como podem ocorrer coincidências, é importante analisar outro *locus*. O segundo (sempre à esquerda) mostra no DNA do pai 20 e 21 repetições, no do filho, 19 e 21 repetições e no da mãe, 19 e 20. O filho recebeu da mãe informação para 19 repetições e do pai, para 21 repetições.

Analisando o terceiro, o quarto e o quinto *loci*, observamos que há compatibilidade nas informações genéticas para os VNTRs considerados, atestando que o indivíduo em questão é, de fato, o pai biológico.

PROJETO GENOMA HUMANO: RECONHECENDO NOSSOS GENES

No fim da década de 1980, foi implantado o Projeto Genoma Humano (PGH), cuja finalidade era identificar os 3,2 bilhões de pares de bases de DNA que correspondem ao conjunto de genes dos 46 cromossomos humanos. O governo norte-americano destinou uma verba inicial de 3 bilhões de dólares, e dezenas de laboratórios de pesquisas começaram a decifrar o nosso material genético. Mais tarde, outros países, custeados pelos respectivos governos, também entraram nesse projeto. Na década de 1990, a empresa privada norte-americana Celera também entrou no projeto para determinar o sequenciamento de bases do nosso DNA.

Finalmente, em 26 de junho de 2000, foi anunciado pela empresa Celera e pelo consórcio público Genoma Humano o término desse trabalho, com o mapeamento de mais de 90% dos 3 bilhões de letras do código genético humano.

TERAPIA GÊNICA: DNA PARA CURAR DOENÇAS

Um dos sonhos dos cientistas moleculares é utilizar genes normais para substituir genes alterados causadores de diversas doenças humanas.

Uma primeira tentativa está sendo realizada na cura da Síndrome da Imunodeficiência Severa em recém-nascidos, doença provocada pela ausência da enzima adenosina deaminase, o que provoca falhas na resposta imunitária, conduzindo à morte. O gene que codifica para essa enzima foi clonado e injetado com sucesso em leucócitos retirados de crianças afetadas. Em seguida, essas células brancas foram reinjetadas no organismo das crianças. Os resultados são encorajadores, esbarrando, porém, em uma particularidade: glóbulos brancos possuem vida curta e, por esse motivo, a **terapia gênica** precisa ser constantemente repetida.

Terapia gênica é uma das esperanças dos cientistas em termos de cura e/ou tratamento para a AIDS, doença que, a exemplo da citada acima, incide no sistema imunitário dos pacientes afetados.

Ética & Sociedade

A tecnologia a favor da seleção natural

A evolução das pesquisas em Genética tem permitido situações que, até pouco tempo atrás, seriam inimagináveis. No Reino Unido foi apresentado um método de fertilização *in vitro* que envolve três pais biológicos.

Existem alguns distúrbios cerebrais e cardiopatias que são transmitidos pelo DNA mitocondrial. Se, em um casal, a mãe é portadora de algum desses problemas, fatalmente seus filhos receberão essa carga genética.

A nova técnica prevê uma segunda "mãe", que doaria um óvulo a ser fertilizado pelo espermatozoide do pai. Após a fertilização, o núcleo desse óvulo é retirado e o núcleo do óvulo da mãe (também fertilizado) é inserido em seu lugar.

Desse modo, as mitocôndrias do óvulo da mãe não passam para o embrião, mas as informações como cor de olhos e cabelos passam. O embrião resultante herdará a maioria das características genéticas da mãe (que estão no DNA do núcleo do óvulo), mas não os genes defeituosos.

Técnicas como essa têm permitido a casais eliminarem de sua prole a chance de carregarem doenças genéticas dos pais, aumentando sua chance de sobrevivência.

PANTHERMEDIA/KEYDISC

Adaptado de: PASTORE, M. Fertilização com duas mães e um pai é avaliada no Reino Unido. *Disponível em:* <http://www1.folha.uol.com.br/equilibrioesaude/888499-fertilizacao-com-duas-maes-e-um-pai-e-avaliada-no-reino-unido.shtml>. *Acesso em:* 14 mar. 2011.

- Você diria que o desenvolvimento de técnicas como essa altera o curso do processo de seleção natural? Por quê?

Passo a passo

1. Assinale V para as frases verdadeiras e F para as falsas.

  a) Os genes fazem proteínas.

  b) Um cromossomo é composto de uma molécula de DNA muito longa que está unida a proteínas chamadas histonas.

  c) Um gene é um segmento de DNA que contém a informação necessária para a formação de uma cadeia de aminoácidos.

  d) Os genes são os depósitos da informação que nos fazem ser quem somos, que nos ligam à nossa espécie e que nos separam das outras.

  e) Os genes não refletem o passado nem determinam o futuro, pois são imutáveis.

A biotecnologia utiliza organismos vivos para solucionar problemas ou elaborar produtos novos e úteis. O homem vem praticando a biotecnologia há 10 mil anos. A "nova biotecnologia", chamada de engenharia genética, tem a mesma finalidade, porém é bem mais recente, pois praticamente começou nos anos de 1960 e 1970. A grande diferença entre as duas é que uma delas utiliza um método empírico.

A respeito do texto acima, responda às questões **2** e **3**.

2. O que é um método empírico? Qual das duas biotecnologias utiliza esse método?

3. Em qual dos métodos você classificaria os itens a seguir?

  a) Cultivar vegetais, domesticar animais, aproveitar as propriedades curativas de algumas plantas.

  b) Cruzamentos seguidos de seleção artificial, como foi o caso de novas variedades de trigos mais produtivos, dando início à Revolução Verde.

  c) A bactéria *Escherichia coli* produz o hormônio de crescimento humano.

4. Associe corretamente as técnicas utilizadas em engenharia genética (numeradas de I a VI) com os itens a seguir.

   I – eletroforese em gel

   II – PCR (reação em cadeia da polimerase)

   III – enzimas de restrição

   IV – DNA recombinante

   V – sítios-alvo

   VI – brometo de etídio

  a) Moléculas responsáveis pelo corte do DNA em pedaços menores.

  b) Corte de DNA feito não de forma aleatória, mas em uma sequência específica.

  c) Procedimento que permite a separação dos pedaços resultantes do corte do DNA.

  d) Visualização dos pedaços cortados.

  e) Gene humano conectado a um plasmídio por meio da utilização da enzima ligase.

  f) Técnica que permite que um gene gere um número ilimitado de cópias, utilizando entre outras substâncias um *primer*.

5. Por que as bactérias produzem as enzimas de restrição?

6. O que são os VNTRs e como podem ser associados ao *fingerprint* (impressão digital)?

7. A respeito dos VNTRs, assinale V para as frases verdadeiras e F para as falsas.

  a) São repetições de sequências de nucleotídeos presentes em todos os cromossomos homólogos.

  b) São repetições de sequências de nucleotídeos (bases nitrogenadas) em determinados genes. Essas repetições estão em todos os indivíduos, porém o número de repetições, normalmente, não é o mesmo.

  c) Em caso de paternidade duvidosa, o resultado dos VNTRs é mais preciso que a determinação do tipo sanguíneo ABO, pois o primeiro permite inclusão ou exclusão de paternidade, enquanto o grupo ABO permite somente exclusão de paternidade.

  d) Devido à variabilidade dos VNTRs de um indivíduo para outro, eles podem funcionar como impressão digital, identificando as pessoas.

  e) Cada indivíduo irá herdar uma variante de cada *locus* de sua mãe e de seu pai.

  f) Ao analisar os VNTRs de um indivíduo, notou-se que, em um par de homólogos, ele tem 20 a 22 repetições de um certo gene. A mãe homozigota para o mesmo gene possui 20 repetições; o pai também será homozigoto com 20 repetições.

8. Qual o nome das células que foram desenvolvidas em novembro de 1998, capazes de existir indefinidamente em placas de laboratório e dar origem a qualquer tipo de células humanas?

9. Um gene codifica uma proteína de importância terapêutica. Esse gene colocado sob o controle de um "promotor" de nome complicado, B-lactoglobulina, é ativo apenas no tecido mamário. Introduzidos em zigotos de ovelhas e implantados em mães adotivas, os genes se expressam somente no tecido mamário e secretam leite com a proteína desejada, que pode ser separada das demais proteínas por técnica de fracionamento. Pergunta-se: essas ovelhas podem ser chamadas de organismos transgênicos? Justifique sua resposta.

10. Qual foi a finalidade do Projeto Genoma Humano?

11. Em que consiste a terapia gênica?

12. *Questão de interpretação de texto*

  (UFTM – MG) Considere o resultado obtido em um estudo realizado com 28 pares de gêmeos. Dentro de cada par, um era ávido corredor de longa distância e o outro um sedentário "de carteirinha".

  (...) Por seis semanas, parte dos gêmeos foi submetida a uma dieta gordurosa e a outra a uma de baixa caloria. Depois, os papéis se inverteram. Ao final, o sangue de todos os voluntários foi recolhido e testado. O resultado mostrou que, se um dos gêmeos comia comida gordurosa e o mau colesterol não subia, com o outro ocorria o mesmo, mesmo que este último não praticasse nenhuma atividade física. E vice-versa.

  Ciência Hoje, ago. 2005.

  A partir da leitura e análise desses resultados, pode-se afirmar que

  a) o fator ambiental é muito mais significativo que o fator genético na regulação do "mau colesterol".

  b) a influência genética é tão mais forte que não é necessária a prática de exercícios físicos para a saúde do coração.

  c) é impossível definir se foram gêmeos dizigóticos ou univitelinos que participaram da referida pesquisa.

  d) o resultado obtido só foi possível porque somente gêmeos idênticos participaram da referida pesquisa.

  e) o Projeto Genoma Humano não oferece nenhum avanço na identificação dos genes que regulam a produção do "mau colesterol".

Questões objetivas

1. (UFMG) O arroz dourado – geneticamente modificado – produz β-caroteno (vitamina A). Assim sendo, é **CORRETO** afirmar que o uso desse grão na alimentação humana resulta em benefício para a saúde porque ele

a) previne alguns tipos de cegueira.
b) aumenta o peristaltismo.
c) evita o aparecimento do bócio.
d) diminui a formação de coágulos.

2. (UNESP) O primeiro transplante de genes bem-sucedido foi realizado em 1981, por J. W. Gurdon e F. H. Ruddle, para obtenção de camundongos transgênicos, injetando genes da hemoglobina de coelho em zigotos de camundongos, resultando em camundongos com hemoglobina de coelho em suas hemácias. A partir destas informações, pode-se deduzir que:

a) o DNA injetado foi incorporado apenas às hemácias dos camundongos, mas não foi incorporado aos seus genomas.
b) o DNA injetado nos camundongos poderia passar aos seus descendentes somente se fosse incorporado às células somáticas das fêmeas dos camundongos.
c) os camundongos receptores dos genes do coelho tiveram suas hemácias modificadas, mas não poderiam transmitir essa característica aos seus descendentes.
d) os camundongos transgênicos, ao se reproduzirem, transmitiram os genes do coelho aos seus descendentes.
e) o RNAm foi incorporado ao zigoto dos embriões em formação.

3. (UnB – DF) Acerca dos organismos transgênicos, julgue os itens abaixo.

a) Transgênicos são organismos produzidos com a tecnologia do DNA recombinante, que permite a inclusão de genes de organismos de espécies diferentes no genoma de bactérias, plantas e animais.
b) Organismos geneticamente modificados podem ser resistentes a produtos químicos como herbicidas, ou agir como inseticidas.
c) Os debates atuais a respeito dos transgênicos resumem-se à questão da rotulagem, isto é, à obrigatoriedade da apresentação, na embalagem de alimentos produzidos com técnicas da biotecnologia, de informação relativa à natureza transgênica do produto.
d) As técnicas de melhoramento genético tradicionais, como a poliploidização, podem ser consideradas exemplos de biotecnologia aplicada à fabricação de organismos transgênicos.

4. (UFPE) Através de técnicas da biologia celular, o homem tem desenvolvido grandes projetos, como o de transformar células de bactérias, para que estas produzam substâncias que normalmente não seriam produzidas, tal como a insulina. Sobre este assunto, assinale a alternativa correta.

a) As enzimas de restrição hoje conhecidas são produzidas por diversas indústrias multinacionais, a partir de DNA viral.
b) Organismos que recebem e manifestam genes de outra espécie são denominados transgênicos.
c) As enzimas de restrição agem em sequências inespecíficas de DNA.
d) Cromossomos circulares presentes no citoplasma de bactérias, chamados de bacteriófagos, são vetores do DNA recombinante.
e) Ainda não é possível produzir plantas com genes ativos de insetos.

5. (UFPel – RS) A maioria dos antibióticos em uso hoje é fabricada pelas próprias bactérias. Na natureza elas servem como uma forma de arsenal químico contra adversários. Outras dessas armas naturais podem ser descobertas ou modificadas para se tornarem mais úteis com o uso de técnicas para o escaneamento de genomas e manipulação de genes.

Scientific American Brasil, n. 87, ago. 2009.

Com base nos textos sobre biotecnologia, é correto afirmar que

a) para cortar o fragmento de DNA desejado em pontos específicos, são utilizadas polimerases do DNA.
b) a ligação do fragmento de DNA desejado no DNA do organismo mais cooperativo é realizada através da ação de enzimas de restrição.
c) a expressão dos genes de interesse, no organismo transformado, ocorre a partir da união de aminoácidos de acordo com sequência de códons definida pelo RNA transportador.
d) para cortar o fragmento de DNA desejado em pontos específicos, são utilizadas enzimas de restrição.
e) para cortar o fragmento de DNA desejado em pontos específicos, são utilizadas polimerases do RNA.
f) I.R.

6. (UFT – TO) Biotecnologia é a aplicação de conhecimentos da biologia para a produção de novas técnicas, materiais e compostos de uso farmacêutico, médico, agrícola, entre outros de interesses econômicos, ecológicos e éticos. Sobre tecnologia de manipulação genética é **CORRETO** afirmar que:

a) a tecnologia de DNA recombinante baseia-se na troca de pedaços de genes entre organismos de mesma espécie, formando um ser recombinante.
b) a base da clonagem é a tecnologia de transplante de núcleo, onde o núcleo de uma célula diploide é implantado em uma célula reprodutora haploide nucleada da mesma espécie, produzindo uma cópia genética do outro indivíduo.
c) enzimas de restrição são especializadas em cortar fragmentos de DNA em sítios aleatórios da molécula.
d) a tecnologia de amplificação de DNA, ou PCR (Reação em Cadeia da Polimerase), fundamenta-se na produção de muitas cópias de uma região específica do DNA (região-alvo).
e) plasmídios são moléculas circulares de DNA, de função desconhecida, presente no material genético de algumas bactérias.

7. (UFPE) O avanço da biotecnologia tem possibilitado, entre outras coisas, a ampliação do conhecimento sobre o genoma de diferentes organismos, a identificação de genes responsáveis pela manifestação de diferentes doenças e a disponibilização de técnicas que contribuem para a melhoria da vida humana. Com relação a esse tópico, analise as proposições abaixo.

(0) Enzimas de restrição cortam o DNA em diferentes pontos, nos quais há determinadas sequências de bases, que são por elas reconhecidas. Assim, uma enzima (X) de restrição pode cortar o DNA, como mostrado no esquema a seguir:

ENZIMA (X)	Sequências de corte do DNA
RESTRIÇÃO	que (X) reconhece
	G ↓ G ATCC / CCTAG ↓ G
	G ↓ A ATCC / CTTAA ↓ G
	A ↓ A GCTT / TTCGA ↓ A

(1) Duas moléculas de DNA podem diferir quanto à localização dos sítios para atuação de uma mesma enzima de restrição, podendo ser gerados fragmentos de diferentes tamanhos, a partir de cada uma delas.

(2) Algumas bactérias, além de um cromossomo circular, apresentam moléculas menores e circulares de DNA, denominadas plasmídios. Os genes identificados nesses plasmídios não são essenciais à vida do microrganismo; no entanto, podem ser utilizados como DNA vetor.

Biotecnologia e engenharia genética **135**

(3) A amniocentese e a amostragem vilo-coriônica são métodos utilizados para o diagnóstico de doenças genéticas, durante a gravidez da mulher; o segundo método pode ser realizado mais precocemente que o primeiro.

(4) A ovelha Tracy possui, incorporado em um de seus cromossomos, o gene humano para a proteína alfa-1-atitripsina, o qual é capaz de produzir em seu leite a referida proteína. Por isso, é denominada de clone perfeito.

8. (UFC – CE) Na espécie humana, a comparação de sequências de bases, provenientes de fragmentos de DNA nuclear, tratados com uma específica enzima de restrição e submetidos a técnicas de eletroforese, permite:

I – identificar a paternidade de uma criança;
II – diagnosticar casos de síndrome de Down;
II – prever a ocorrência de eritroblastose fetal.

Com respeito às três afirmativas, é correto dizer que apenas:

a) I é verdadeira.
b) I e II são verdadeiras.
c) II e III são verdadeiras.
d) I e III são verdadeiras.
e) II é verdadeira.

9. (UFPB) Leia o texto, a seguir, referente à engenharia genética.

> As técnicas de engenharia genética permitem transmitir genes de indivíduos de uma espécie para indivíduos de outra espécie. Assim, sequências específicas de pares de bases da molécula de DNA podem ser cortadas, de uma forma controlada, por **enzimas bacterianas que atuam como tesouras moleculares (1)**. Pela ação dessas enzimas, o DNA plasmidial pode ser cortado e emendado em outro segmento de uma molécula de DNA. **As moléculas assim produzidas (2)** podem ser introduzidas em bactérias hospedeiras e passarem a multiplicar-se juntamente com elas, gerando bilhões de bactérias idênticas. Por essa tecnologia é possível introduzir genes humanos em **bactérias que recebem e incorporam genes de outra espécie e o transmitem à sua prole (3)**.

No texto, os termos em destaque, (1), (2) e (3), correspondem, respectivamente, a:

a) enzima de restrição / DNA recombinante / plasmídio.
b) enzima transgênica / DNA recombinante / plasmídio.
c) enzima de restrição / DNA do plasmídio / clone genético.
d) polimerase do DNA / DNA recombinante / organismo transgênico.
e) enzima de restrição / DNA recombinante / organismo transgênico.
f) polimerase do DNA / DNA do plasmídio / clone genético.

10. (UEL – PR) A manipulação genética de microrganismos, principalmente a manipulação de bactérias, já possibilitou a obtenção de resultados benéficos para a medicina e para outras áreas do conhecimento.

Com base nessa informação e nos conhecimentos sobre a manipulação genética de microrganismos, analise as seguintes afirmativas:

I – São utilizadas pequenas porções circulares de DNA dispersas no citoplasma bacteriano e que têm replicação independente do cromossomo.
II – Promove-se o corte de moléculas de DNA com o uso de enzimas que reconhecem sequências nucleotídicas específicas no DNA.
III – Se duas diferentes moléculas de DNA forem cortadas por uma mesma enzima de restrição, serão reproduzidos iguais conjuntos de fragmentos.
IV – A tecnologia do DNA recombinante (ou engenharia genética) fundamenta-se na fusão de segmentos de DNA de organismos de diferentes espécies para a construção de DNA híbrido.

Assinale a alternativa correta.

a) Somente as afirmativas I e II são corretas.
b) Somente as afirmativas I e III são corretas.
c) Somente as afirmativas III e IV são corretas.
d) Somente as afirmativas I, II e IV são corretas.
e) Somente as afirmativas II, III e IV são corretas.

11. (UFF – RJ)

> A descoberta de um fóssil de bebê mamute, extremamente bem preservado nas estepes congeladas da Rússia, oferece aos pesquisadores melhor oportunidade de obter o genoma de uma espécie extinta (*O Globo*, Ciências, 12 de julho de 2007). A técnica de PCR vem sendo utilizada para a amplificação do DNA nestes estudos.

Para a realização desta técnica, deve-se empregar, além do DNA extraído do mamute usado como molde, as seguintes moléculas:

a) nucleotídeos de uracila, citosina, guanina, adenina, DNA polimerase e *primers* de DNA.
b) nucleotídeos de timina, citosina, guanina, adenina, DNA polimerase e *primers* de DNA.
c) nucleotídeos de uracila, citosina, guanina, adenina, RNA polimerase e *primers* de DNA.
d) nucleotídeos de timina, citosina, guanina, adenina, RNA polimerase e *primers* de DNA.
e) nucleotídeos de timina, citosina, guanina, adenina, RNA polimerase e DNA polimerase.

12. (UFF – RJ)

> Kôkôtêrô voltou-se rapidamente. Viu, no lugar em que enterrara a filha, um arbusto mui alto, que logo se tornou rasteiro assim que se aproximou. Tratou da sepultura. Limpou o solo. A plantinha foi-se mostrando cada vez mais viçosa. Mais tarde, Kôkôtêrô arrancou do solo a raiz da planta: era a mandioca.
>
> BRANDENBURGUER, C. *Lendas dos Nossos Índios*.

A mandioca é um dos principais alimentos cultivados no Brasil até os dias de hoje. Essa planta está associada à cultura de diversos grupos indígenas no território brasileiro, que utilizam a estaquia simples como o principal método de propagação para o cultivo deste vegetal.

Assinale a técnica genética com a qual a estaquia está relacionada.

a) transgênese
b) recombinação genética
c) mutação sítio-dirigida
d) reprodução sexuada induzida
e) clonagem

13. (UPE) O exemplo mostrado no texto a seguir revela o potencial que as ferramentas usadas em genética podem ter para inibir a exploração e o comércio de produtos e espécimes da fauna, auxiliando na conservação das espécies ameaçadas.

Um dos casos mais interessantes da genética molecular forense envolve o comércio ilegal de carne de baleias no Japão e Coreia. A pedido do *Earthrust*, Baker e Palumbi (1996) desenvolveram um sistema para monitorar esse comércio, utilizando sequências de DNAmt e **PCR**, que distinguiam, com confiança, uma variedade de espécies de baleias umas das outras e de golfinhos. As análises revelaram que parte das amostras obtidas em mercados varejistas não era de baleias Minke, as quais o Japão caçava para "fins científicos", mas sim de baleias Azuis, Jubartes, Fin e de Bryde, as quais são protegidas por lei. Além disso, parte da "carne de baleia" era na realidade de golfinhos, botos, ovelhas e cavalos. Assim, além da ilegalidade da caça das baleias, os consumidores estavam sendo ludibriados.

Adaptado de: FANKHAM et al., 2008 – *Genética da Conservação*.

Leia as proposições abaixo sobre a reação em cadeia de polimerase (PCR):

I. Antes da PCR, para se detectarem genes ou VNTRs (número variável de repetições em sequência), havia a obrigação de se ter grande quantidade de DNA-alvo.
II. Pela PCR, promove-se a deleção de trechos do DNA *in vivo*, usando polimerases de DNA.
III. A técnica da PCR permitiu a obtenção de grandes quantidades de fragmentos específicos do DNA por meio da amplificação em ciclos.
IV. O DNA a ser amplificado não pode ser submetido a temperaturas altas, acima de 40 °C, sob pena de desnaturar e não mais renaturar.

Apenas é **CORRETO** afirmar o que está contido nas proposições

a) I e II.
b) I e III.
c) II e III.
d) II e IV.
e) III e IV.

14. (UFOP – MG) Sobre os modernos testes de paternidade, assinale o que for correto.

a) A probabilidade de erro nos testes de paternidade pelo exame do DNA, segundo alguns cientistas afirmam, é de cerca de 1 caso em 5 bilhões. Na prática, portanto, o exame pode ser considerado 100% seguro.
b) O mais moderno e preciso teste para determinar a paternidade é feito a partir do RNA do indivíduo.
c) Os únicos materiais utilizados para um teste de paternidade são o sangue e o esperma.
d) A comprovação da paternidade pelo exame do DNA é feita comparando-se as "impressões genéticas" dos pais e do filho. Caso as faixas de DNA do filho que equivalem às faixas da mãe forem idênticas às do suposto pai, comprova-se a paternidade.

15. (UNIFESP) Nos exames para teste de paternidade, o DNA, quando extraído do sangue, é obtido:

a) das hemácias e dos leucócitos, mas não do plasma.
b) das hemácias, dos leucócitos e do plasma.
c) das hemácias, o principal componente do sangue.
d) dos leucócitos, principais células de defesa do sangue.
e) dos leucócitos e das globulinas, mas não das hemácias.

16. (FUVEST – SP) **Teste de DNA confirma paternidade de bebê perdido no tsunami**

Um casal do Sri Lanka que alegava ser os pais de um bebê encontrado após o tsunami que atingiu a Ásia, em dezembro, obteve a confirmação do fato através de um exame de DNA. O menino, que ficou conhecido como "Bebê 81" por ser o 81.º sobrevivente a dar entrada no hospital de Kalmunai, era reivindicado por nove casais diferentes.

Folhaonline, 14 fev. 2005 (adaptado).

Algumas regiões do DNA são sequências curtas de bases nitrogenadas que se repetem no genoma, e o número de repetições dessas regiões varia entre as pessoas.
Existem procedimentos que permitem visualizar essa variabilidade, revelando padrões de fragmentos de DNA que são "uma impressão digital molecular". Não existem duas pessoas com o mesmo padrão de fragmentos com exceção dos gêmeos monozigóticos. Metade dos fragmentos de DNA de uma pessoa é herdada de sua mãe e metade, de seu pai.
Com base nos padrões de fragmentos de DNA representados abaixo, qual dos casais pode ser considerado como pais biológicos do Bebê 81?

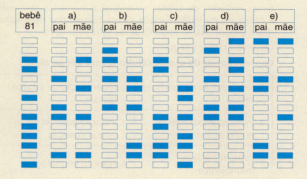

17. (UFCG – PB) A tecnologia do DNA recombinante usa polimerases resistentes às altas temperaturas para síntese de fragmentos de DNA *in vitro*, com o auxílio de equipamentos de última geração chamados termocicladores. Esse método permite copiar segmentos do DNA celular e amplificá-los várias vezes. Outra ferramenta utilizada nesse tipo de biotecnologia são as enzimas de restrição, que têm como função

a) promover a desnaturação da dupla fita do DNA permitindo a quebra de ligações moleculares, momento em que ocorre a sua duplicação.
b) realizar uma reação em cadeia de polimerase (PCR), a partir da extração do DNA celular de qualquer ser vivo, por meio de reação catalítica.
c) substituir as bases na duplicação semiconservativa do DNA, na qual se observa a síntese de uma fita complementar desse DNA a partir de uma outra já existente.
d) substituir a polimerase extraída da bactéria *Escherichia coli*, sensível a altas temperaturas, na técnica de reação em cadeia, evitando a sua desnaturação.
e) cortar o DNA, em sequências de bases nitrogenadas pré-determinadas e em pontos específicos, como, por exemplo, a enzima EcoRI.

18. (UFPE) Para um pesquisador transferir um gene de interesse, diferentes etapas são cumpridas em laboratório, entre as quais: a utilização de enzima do tipo (1) para o corte e a separação do segmento de DNA a ser estudado; a extração e o rompimento de (2), e a inclusão em (2) do segmento obtido (gene isolado) com o auxílio de enzimas do tipo (3). Os números 1, 2 e 3 indicam, respectivamente:

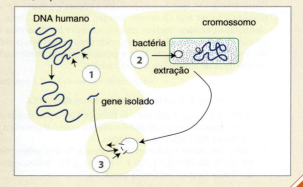

a) enzima transcriptase reversa, plasmídio e enzima de restrição.
b) enzima de restrição, RNA plasmidial e enzima transcriptase reversa.
c) enzima de restrição, plasmídio e enzima ligase.
d) enzima transcriptase reversa, cromossomo circular e enzima de restrição.
e) DNA recombinante, RNA plasmidial e enzima exonuclease.

19. (UERJ) Células adultas removidas de tecidos normais de uma pessoa podem ser infectadas com certos tipos de retrovírus ou com adenovírus geneticamente modificados, a fim de produzir as denominadas células-tronco induzidas. Essa manipulação é feita com a introdução, no genoma viral, de cerca de quatro genes retirados de células embrionárias humanas, tornando a célula adulta indiferenciada. O uso terapêutico de células--tronco induzidas, no entanto, ainda sofre restrições.

Observe a tabela a seguir.

Consequências do uso de células-tronco em geral.

1. regeneração de qualquer tecido	2. regeneração de poucos tecidos
3. indução impossível de outras doenças	4. indução possível de outras doenças
5. compatibilidade imunológica	6. rejeição imunológica

Células-tronco induzidas originárias de um paciente, se usadas nele próprio, apresentariam as consequências identificadas pelos números:

a) 1, 3 e 6.
b) 1, 4 e 5.
c) 2, 3 e 5.
d) 2, 4 e 6.

20. (UFMG) No Brasil, travaram-se, recentemente, intensos debates a respeito das pesquisas que envolvem o uso de células-tronco para fins terapêuticos e da legislação que regulamenta esse uso.

Assinale, entre os seguintes argumentos mais frequentemente apresentados nesses debates, aquele que, **do ponto de vista biológico**, é **INCORRETO**.

a) O blastocisto a ser utilizado em tais pesquisas é um emaranhado de inúmeras células sem chance de desenvolvimento.
b) O comércio de embriões assemelha-se muito àquele que põe à venda órgãos de crianças.
c) O embrião, apesar do pequeno tamanho, contém toda a informação genética necessária ao desenvolvimento do organismo.
d) O início da vida ocorre quando, a partir da fusão do óvulo com o espermatozoide, se forma o zigoto.

21. (UNESP) Empresa coreana apresenta cães feitos em clonagem comercial. Cientistas sul-coreanos apresentaram cinco clones de um cachorro e afirmam que a clonagem é a primeira realizada com sucesso para fins comerciais. A clonagem foi feita pela companhia de biotecnologia a pedido de uma cliente norte-americana, que pagou por cinco cópias idênticas de seu falecido cão *pit bull* chamado Booger. Para fazer o clone, os cientistas utilizaram núcleos de células retiradas da orelha do *pit bull* original, os quais foram inseridos em óvulos anucleados de uma fêmea da mesma raça, e posteriormente implantados em barrigas de aluguel de outras cadelas.

Adaptado de: Correio do Brasil, 5 ago. 2008.

Pode-se afirmar que cada um desses clones apresenta

a) 100% dos genes nucleares de Booger, 100% dos genes mitocondriais da fêmea *pit bull* e nenhum material genético da fêmea na qual ocorreu a gestação.
b) 100% dos genes nucleares de Booger, 50% dos genes mitocondriais da fêmea *pit bull* e 50% dos genes mitocondriais da fêmea na qual ocorreu a gestação.

c) 100% dos genes nucleares de Booger, 50% dos genes mitocondriais de Booger, 50% dos genes mitocondriais da fêmea *pit bull* e nenhum material genético da fêmea na qual ocorreu a gestação.
d) 50% dos genes nucleares de Booger, 50% dos genes nucleares da fêmea *pit bull* e 100% dos genes mitocondriais da fêmea na qual ocorreu a gestação.
e) 50% dos genes nucleares de Booger, 50% dos genes nucleares e 50% dos genes mitocondriais da fêmea *pit bull* e 50% dos genes mitocondriais da fêmea na qual ocorreu a gestação.

22. (UFPR) Cientistas sul-coreanos anunciaram a clonagem bem--sucedida de um cachorro. Eles utilizaram a mesma técnica que permitiu a clonagem da ovelha Dolly para criar um clone a partir de um galgo afegão de três anos. O clone, que recebeu o nome de Snuppy, é geneticamente idêntico ao pai, de acordo com testes de DNA.

O Estado de S. Paulo, São Paulo, 3 ago. 2005.

Os testes de DNA mencionados no texto acima apenas confirmam que Snuppy e seu pai são idênticos geneticamente. Isso já era esperado, pois no processo de clonagem:

a) o núcleo de uma célula somática do pai de Snuppy foi transferido para o óvulo receptor.
b) o núcleo de uma célula germinativa do pai de Snuppy foi transferido para o óvulo receptor.
c) o núcleo de uma célula somática do pai de Snuppy foi fundido ao núcleo de uma célula somática receptora.
d) o núcleo de uma célula germinativa do pai de Snuppy foi fundido ao núcleo do óvulo receptor.
e) uma célula germinativa do pai de Snuppy foi implantada no núcleo de uma célula somática receptora.

23. (UNESP) **Eu e meus dois papais**

No futuro, quando alguém fizer aquele velho comentário sobre crianças fofinhas: "Nossa, é a cara do pai!", será preciso perguntar: "Do pai número um ou do número dois?". A ideia parece absurda, mas, em princípio, não tem nada de impossível. A descoberta de que qualquer célula do nosso corpo tem potencial para retornar a um estado primitivo e versátil pode significar que homens são capazes de produzir óvulos, e mulheres têm chance de gerar espermatozoides.

Tudo graças às células iPS (sigla inglesa de "células-tronco pluripotentes induzidas"), cujas capacidades "miraculosas" estão começando a ser estudadas. Elas são funcionalmente idênticas às células-tronco embrionárias, que conseguem dar origem a todos os tecidos do corpo. Em laboratório, as células iPS são revertidas ao estado embrionário por meio de manipulação genética.

Revista Galileu, maio 2009.

Na reportagem, cientistas acenaram com a possibilidade de uma criança ser gerada com o material genético de dois pais, necessitando de uma mulher apenas para a "barriga de aluguel". Um dos pais doaria o espermatozoide e outro uma amostra de células da pele que, revertidas ao estado iPS, dariam origem à um ovócito pronto para ser fecundado *in vitro*. Isto ocorrendo, a criança

a) necessariamente seria do sexo masculino.
b) necessariamente seria do sexo feminino.
c) poderia ser um menino ou uma menina.
d) seria clone genético do homem que forneceu o espermatozoide.
e) seria clone genético do homem que forneceu a célula da pele.

24. (UFES) O genoma humano foi mapeado e sua sequência estabelecida pela primeira vez na história da humanidade, anunciaram ontem o presidente norte-americano, Bill Clinton, o primeiro-ministro britânico, Tony Blair, e os representantes dos grupos rivais, o consórcio público internacional Projeto Genoma Humano (PGH) e a empresa norte-americana Celera.

Folha de S.Paulo, São Paulo, 27 jun. 2000. Caderno Ciência.

Leia as proposições a seguir sobre o Projeto Genoma Humano.

I – O sequenciamento do genoma humano possibilitará a identificação dos genes envolvidos em doenças e a criação de novas abordagens preventivas ou de tratamentos mais rápidos e eficazes.

II – O genoma humano pode ser sequenciado a partir de qualquer célula do corpo, com exceção das hemácias.

III – O sequenciamento do genoma humano determinou a posição exata e a função de cada gene, possibilitando a melhor compreensão dos diferentes fenótipos.

IV – O sequenciamento do genoma de outras espécies, como o das bactérias (*Xylela fastidiosa*) e dos camundongos e ratos, é de grande auxílio para o Projeto Genoma Humano.

Considerando as proposições anteriores, pode-se afirmar que estão **CORRETAS**:

a) apenas I e II.
b) apenas II e III.
c) apenas I, III e IV.
d) apenas I, II e IV.
e) todas as proposições.

25. (UNIFESP) Leia os dois textos a seguir.

No futuro, será possível prescrever uma alimentação para prevenir ou tratar doenças como obesidade e diabetes, baseando-se na análise do CÓDIGO GENÉTICO de cada paciente (...).

Veja, 20 jun. 2007.

Hiasl e Rosi são chimpanzés (...), seus representantes legais reivindicam a equiparação de seus direitos aos dos "primos" humanos, com quem têm em comum quase 99% do CÓDIGO GENÉTICO (...).

Época, 25 jun. 2007.

O código genético é universal, ou seja, é o mesmo para todos os organismos. Portanto, a utilização desse conceito está incorreta nos textos apresentados. O conceito que substitui corretamente a expressão CÓDIGO GENÉTICO nos dois textos é:

a) genoma.
b) carga genética.
c) genoma mitocondrial.
d) sequência de aminoácidos.
e) sequência de nucleotídeos.

26. (UFRN) As técnicas de engenharia genética possibilitaram a produção de grandes quantidades de insulina por bactérias que receberam o gene humano para esse hormônio. Tal feito só foi possível pelo emprego das enzimas de restrição, que agem

a) traduzindo o gene da insulina para o código genético da bactéria.
b) ligando o pedaço do DNA humano no DNA da bactéria.
c) identificando os aminoácidos codificados pelo gene.
d) cortando o DNA da bactéria em pontos específicos.

27. (UFG – GO) A geneterapia é uma técnica promissora utilizada para substituir ou adicionar nas pessoas portadoras de doenças genéticas uma cópia de um gene alterado. Nesse sentido, os cientistas podem tirar proveito da capacidade que têm os vírus de infectar células humanas, substituindo genes virais causadores de doenças por um gene humano terapêutico. Para que a geneterapia seja realizada com sucesso, após a tradução do RNAm, é necessário que ocorra

a) a inserção do gene em um vetor.
b) o contato do vetor com a célula.
c) o transporte do vetor até o núcleo da célula.
d) a transcrição do gene clonado.
e) a ação da proteína formada.

Questões dissertativas

1. (UFU – MG) Pesquisadores brasileiros têm obtido células-tronco adultas a partir de medula óssea extraída da tíbia e do úmero, durante cirurgias rotineiras de reconstrução do ligamento cruzado anterior e reinserção do tendão supraespinal. Até então, as células-tronco só eram extraídas do osso ilíaco. O estudo inova ainda ao cultivar as células em plasma humano, no lugar do soro fetal bovino, como se faz em grande parte dos centros que cultivam células-tronco.

Adaptado de: Cenário XXI, de 26 set. 2008.

Com relação às células-tronco e à técnica descrita, responda:

a) Qual é a vantagem do cultivo de células-tronco em plasma humano, no lugar do soro fetal bovino?
b) Em termos de produto final, o que difere as células-tronco adultas das células-tronco embrionárias?
c) Quais são os principais benefícios que o desenvolvimento dessa técnica poderá trazer futuramente para atletas de alto rendimento?

2. (UFES)

Disponível em: <http://www.uol.com.br/niquel/bau>.
Acesso em: 20 out. 2007.

A engenharia genética é uma realidade, apesar de nem sempre alcançar os resultados esperados pelo pesquisador.

a) Explique por que a situação ilustrada na tirinha pode acontecer quando os genes de dois organismos são manipulados.
b) Na tentativa de obter um organismo híbrido, pode-se deparar com a situação de infertilidade dos indivíduos gerados. Explique por que a infertilidade pode acontecer nos híbridos obtidos pelo cruzamento de duas espécies diferentes, mesmo quando são utilizados outros métodos que não seja a engenharia genética.

3. (UNESP) Uma das preocupações dos ambientalistas com as plantas transgênicas é a possibilidade de que os grãos de pólen dessas plantas venham a fertilizar plantas normais e, com isso, "contaminá-las". Em maio de 2007, pesquisadores da Universidade de Nebraska, EUA, anunciaram um novo tipo de planta geneticamente modificada, resistente a um herbicida chamado Dicamba. Um dos méritos do trabalho foi ter conseguido inserir o gene da resistência no cloroplasto das plantas modificadas.

Essa nova forma de obtenção de plantas transgênicas poderia tranquilizar os ambientalistas quanto à possibilidade de os grãos de pólen dessas plantas virem a fertilizar plantas normais? Justifique.

4. (UNESP) O texto seguinte foi publicado na seção Painel do Leitor, do jornal *Folha de S.Paulo*, de 2 mar. 2006.

A primeira liberação comercial de uma planta transgênica no Brasil foi a soja RR, da Monsanto. O principal argumento apresentado pela CNTBio para sua liberação foi que se tratava de espécie autógama (autofecundação) e sem parentes silvestres no Brasil. Já a segunda e última liberação, do algodão BT, também da Monsanto, tratou-se de uma espécie alógama (fecundação cruzada) com parentes silvestres no Brasil.

a) O que é uma planta transgênica e por que essas plantas são de interesse comercial?

b) No que se refere ao eventual impacto ecológico consequente da introdução de plantas transgênicas no meio ambiente, qual a diferença entre a planta ser autógama e sem parentes silvestres no Brasil e ser alógama e com parentes silvestres no Brasil?

5. (UNIFESP) Louise Brown nasceu em julho de 1978, em Londres, e foi o primeiro bebê de proveta, por fecundação artificial *in vitro*. A ovelha Dolly nasceu em 5 de julho de 1996, na Escócia, e foi o primeiro mamífero clonado a partir do núcleo da célula de uma ovelha doadora.

a) Qual a probabilidade de Louise ter o genoma mitocondrial do pai? Explique.

b) O genoma nuclear do pai da ovelha doadora fará parte do genoma nuclear de Dolly? Explique.

6. (UNICAMP – SP) Para desvendar crimes, a polícia científica costuma coletar e analisar diversos resíduos encontrados no local do crime. Na investigação de um assassinato, quatro amostras de resíduos foram analisadas e apresentaram os componentes relacionados na tabela abaixo.

Amostras	Componentes
1	clorofila, ribose e proteínas
2	ptialina e sais
3	quitina
4	queratina e outras proteínas

Com base nos componentes identificados em cada amostra, os investigadores científicos relacionaram uma das amostras a cabelo e as demais a artrópode, planta e saliva.

a) A qual amostra corresponde o cabelo? e a saliva? Indique qual conteúdo de cada uma das amostras permitiu a identificação do material analisado.

b) Sangue do tipo AB Rh⁻ também foi coletado no local. Sabendo-se que o pai da vítima tem o tipo sanguíneo O Rh⁻ e a mãe tem o tipo AB Rh⁺, há possibilidade de o sangue ser da vítima? Justifique sua resposta.

Programas de avaliação seriada

1. (PSS – UFAL) Dois cientistas americanos e um japonês ganharam o Nobel de Química em 2008, por suas pesquisas com a proteína fluorescente GFP (Proteína Verde Fluorescente), presente em uma espécie de água-viva. Os genes dessa proteína já foram expressos inclusive em camundongos, que ficaram verdes e fluorescentes. Considerando este fato, é correto afirmar que esses camundongos

a) são clones.

b) apresentam RNA recombinante.

c) tiveram seus cromossomos retirados e substituídos pelos genes para proteína GFP.

d) são transgênicos.

e) ficaram verdes porque foram injetados com a proteína GFP.

2. (PAS – UFLA – MG) Plantas transgênicas são produzidas pela engenharia genética, mediante um conjunto de técnicas que permite a manipulação do DNA, conhecida também como tecnologia do DNA recombinante.

Marque a alternativa que mostra os passos corretos na obtenção de uma planta transgênica.

a) DNA modificado, clonagem em um plasmídio, transferência para célula vegetal, seleção de transformantes, vegetal transgênico adulto.

b) DNA modificado, retirada do óvulo, transferência do embrião, seleção de transformantes, vegetal transgênico adulto.

c) Retirada das células da planta doadora, retirada do núcleo, fusão das células, transferência para célula receptora, seleção de transformantes, vegetal transgênico adulto.

d) Retirada das células da planta doadora, clonagem em um plasmídio, retirada do núcleo, fusão das células, transferência para célula vegetal receptora, vegetal transgênico adulto.

3. (PSS – UFS – SE) A manipulação genética e a biotecnologia revolucionaram a Biologia no final do século XX. Esses extraordinários e recentes avanços podem ser observados em diversas áreas, como agricultura, embriologia e medicina. Analise as sentenças abaixo sobre esse tema.

(0) Organismos transgênicos são aqueles que possuem genes de outra espécie.

(1) O genoma de um organismo é o seu código genético.

(2) Na produção artesanal de queijo branco são aplicados princípios de biotecnologia.

(3) A biotecnologia permitiu a produção de hormônios a preços acessíveis.

(4) O melhoramento de plantas é sempre realizado com engenharia genética.

4. (SSA – UPE) A era da biotecnologia, tal qual a Revolução Industrial, a revolução verde e a era da informação, promete grandes vantagens e benefícios à humanidade. Também tem gerado polêmicas e questionamentos acerca dos impactos que possam vir a causar ao homem e aos ecossistemas naturais. Com relação às características das técnicas utilizadas, ao papel desempenhado e aos processos que envolvem a biotecnologia, analise as afirmativas e conclua.

Nas questões a seguir, assinale, na coluna I, as afirmativas verdadeiras e, na coluna II, as falsas.

140 BIOLOGIA 3 • 4.ª edição

I	II	
0	0	A terapia gênica e a clonagem são técnicas desenvolvidas pela engenharia genética. Na terapia gênica, genes alterados, cujas deficiências originam diversas doenças humanas, são substituídos por genes normais.
1	1	Com a utilização de células-tronco, temos a possibilidade da cura de várias doenças humanas. Sua maior aplicação é na prevenção da eritroblastose fetal.
2	2	O teste de paternidade é uma metodologia da biotecnologia segura, incluindo a análise do DNA ou o exame bioquímico de identificação dos grupos sanguíneos. Através de qualquer dos métodos, é possível provar que um homem é, de fato, pai de uma criança.
3	3	Organismos transgênicos contêm gene de outras espécies, inseridos através de técnicas de engenharia genética. As mulas, híbridos resultantes do cruzamento entre o jumento *Equuos asinos* e a égua *Equuos caballus*, são exemplos de transgênicos.
4	4	DNA *fingerprint* corresponde à "impressão digital" genética de um indivíduo. Cada ser humano possui uma composição genômica exclusiva.

5. (PAIES – UFU – MG) Organismos que recebem e incorporam genes de uma outra espécie são conhecidos como transgênicos. Analise as afirmativas abaixo, relacionadas à produção dos transgênicos.

I – A técnica de transgenia consiste em extrair o DNA plasmidial de um microrganismo e injetá-lo no núcleo da célula, animal ou vegetal, que se deseja transformar.

II – Quando o organismo transgênico se reproduz, os genes incorporados são transmitidos aos descendentes.

III – Por meio da transgenia, foram produzidas plantas resistentes a herbicidas e ao ataque de insetos.

Assinale a alternativa correta.

a) Apenas I e III são verdadeiras.
b) Apenas I e II são verdadeiras.
c) Apenas II e III são verdadeiras.
d) I, II e III são verdadeiras.

6. (PSS – UFPB) A engenharia genética pode ser definida como um conjunto de técnicas de manipulação do DNA. O conhecimento e o uso dessas técnicas têm permitido avanços científicos significativos na Biologia contemporânea.

Com relação aos conceitos e técnicas envolvidos em engenharia genética, identifique as afirmativas corretas.

I – A produção de hormônios em escala comercial é possível pela tecnologia do DNA recombinante, a exemplo da produção de insulina por bactérias transgênicas.

II – A eletroforese de fragmentos de DNA é um método seguro para identificar pessoas, por exemplo, em investigações policiais com utilização de vestígios biológicos (sangue, sêmen etc.) e em processos de comprovação de paternidade.

III – A inserção de uma sequência de DNA exógeno, em uma bactéria, pode ser feita pelo uso de pequenas moléculas de DNA linear existentes nos vírus, denominadas plasmídios.

IV – Um fragmento de DNA (gene) de um organismo, na produção de produtos transgênicos, é ligado a vetores e introduzido em uma outra célula, que expressará esse gene.

V – O corte das moléculas de DNA, em sequências específicas, é realizado por enzimas de restrição, que atuam como "tesouras moleculares".

7. (PSIU – UFPI) Células microbianas, plantas e animais são usados na produção de materiais úteis às pessoas, tais como alimentos, remédios e produtos químicos. A respeito do DNA recombinante e da biotecnologia, analise as proposições abaixo e marque a alternativa que contempla somente informações corretas.

a) Uma cópia de DNA pode ser feita a partir de rRNA, constituindo uma biblioteca de DNA. Após a extração do rRNA de um tecido, este é misturado com a enzima transcriptase reversa, um pequeno primer de oligo dT é adicionado e hibridiza-se com a cauda poli A, para a síntese do cDNA, pela transcriptase, em seguida o rRNA é removido, deixando o fita única de cDNA.

b) Fragmentos de DNA, gerados por clivagem com o uso das enzimas de restrição, podem ser separados com a técnica de eletroforese em gel e suas frequências identificadas por sonda de DNA, pela técnica de hibridização molecular.

c) Cromossomos humanos, na construção de uma biblioteca gênica, são quebrados em fragmentos de DNA e inseridos em bactérias, que os replicam sem a necessidade de vetores construídos por fragmentos de cromossomos e plasmídeos.

d) As endonucleases de restrição são usadas na clivagem do DNA em sequências específicas e são produzidas por vírus em defesas de invasões de DNA, por meio das quais as referidas endonucleares, sem alterar o seu DNA, produzem as enzimas que catalisam a clivagem de moléculas de DNA de dupla-hélice.

e) A produção comercial do hormônio do crescimento humano é um exemplo de expressão de genes em camundongo, desde que o gene de interesse possa ser expresso durante a transcrição.

Biotecnologia e engenharia genética **141**

Unidade

2

Evolução

Nesta unidade, conheceremos as principais teorias científicas sobre a origem da vida e a evolução das espécies.

Capítulo 7
Origem da vida e evolução biológica

Qual a possibilidade de existir vida inteligente em nossa galáxia?

Em 1961, Frank Drake, astrônomo norte-americano, desenvolveu e publicou uma equação que pretende estimar o número de civilizações inteligentes em nossa galáxia. Essas civilizações deveriam ter condições de desenvolver tecnologia e seriam, assim, capazes de emitir sinais detectáveis por nós e também de detectar sinais que nós emitimos. Essa equação leva em conta, por exemplo, o número de estrelas que se formam por ano em nossa galáxia, quantas possuiriam sistema planetário, a duração média, em anos, de uma civilização inteligente, entre outras parcelas.

A ciência ajudou a nortear a determinação dos valores para cada uma das parcelas da equação e o resultado foi uma previsão bastante otimista do número máximo possível de civilizações comunicantes em nossa galáxia. Quer saber o resultado? O número encontrado é cerca de 1 milhão! Isso quer dizer que seria possível, só em nossa galáxia, ter 1 milhão de civilizações que, mais do que inteligentes, desenvolveriam tecnologia e seriam capazes de se comunicar conosco.

Adaptado de: <http://www.fisica.ufmg.br/OAP/pas05.htm>. Acesso em: 10 ago. 2011.

Se é verdade ou apenas um belo exercício de matemática, essa estimativa remonta a uma antiga questão que tem dominado o imaginário popular e de cientistas do mundo todo durante gerações: estamos sozinhos no Universo?

Como surgiu a vida no ambiente terrestre? E como ela evoluiu? Para responder a essas duas questões, pode-se recorrer a argumentos científicos ou não. Ainda é comum a crença segundo a qual a vida teria sido originada e evoluiu a partir da ação de um Criador. Por outro lado, existem muitas evidências científicas, muitas delas apoiadas por procedimentos experimentais, de que a vida surgiu e evoluiu de maneira lenta e progressiva, com a participação ativa de inúmeras substâncias e reações químicas, de processos bioenergéticos e, claro, com a participação constante do ambiente. O estudo científico da origem da vida e da evolução biológica, esta unificadora das diversas áreas biológicas, é um dos mais fascinantes desafios da Biologia atual.

▪ *BIG BANG:* A FORMAÇÃO DO UNIVERSO

Os cientistas supõem que, há cerca de 10 bilhões a 20 bilhões de anos, uma massa compacta de matéria explodiu – o chamado *Big Bang* –, espalhando seus inúmeros fragmentos que se movem até hoje pelo Universo. Acreditam, esses cientistas, que os fragmentos se deslocam continuamente e, por isso, o Universo estaria em contínua expansão.

À medida que esses fragmentos se tornavam mais frios, os átomos de diversos elementos químicos, especialmente hidrogênio e hélio, teriam sido formados.

O Sol teria se formado por volta de 5 bilhões a 10 bilhões de anos atrás. O material que o formava teria sofrido compressões devido a forças de atração gravitacional, e ele teria entrado em ignição, liberando grande quantidade de calor. Com isso, outros elementos, derivados do hélio e do hidrogênio, teriam se formado. Da fusão de elementos liberados pelo Sol, com grandes quantidades de poeira e gases, teriam se originado inúmeros planetas, entre eles a Terra.

Atualmente, há duas correntes de pensamento entre os cientistas com relação à origem da vida na Terra: uma, que teria surgido a partir de outros planetas (panspermia), e outra, que teria se desenvolvido gradativamente em um longo processo de mudança, seleção e evolução.

Segundo a hipótese do *Big Bang*, o Universo teria surgido de uma grande explosão.

De olho no assunto!

Criacionismo: origem da vida por criação especial

Anterior às tentativas científicas relacionadas à origem da vida, já era difundida a ideia de *criação especial*, segundo a qual a vida é fruto da ação consciente de um Criador. Essa corrente de pensamento, que passou a ser denominada *criacionista*, baseia-se na fé e nos textos bíblicos – principalmente no livro de Gênesis – que relatam a ideia sobre a origem da vida do ponto de vista religioso.

Ao longo da História, muitas controvérsias chegaram a extremos por causa de uma interpretação errônea que não levava em conta o contexto e o caráter muitas vezes poético e simbólico dos textos da Bíblia, que não têm nenhum objetivo científico. Assim, principalmente na Idade Média, uma *interpretação literal* e, portanto, limitada dos textos bíblicos era imposta como dogma e criava uma barreira em relação à ciência que estava – e está – em constante progresso.

O criacionismo, que se opõe à teoria da evolução segundo a qual a vida teria surgido da matéria bruta, tem hoje defensores, que se esforçam em demonstrar que os textos bíblicos, tomados em seu contexto próprio, em nada contradizem as mais novas descobertas científicas.

SHEILA TERRY/SPL/LATINSTOCK

GERAÇÃO ESPONTÂNEA E ABIOGÊNESE: AS PRIMEIRAS IDEIAS SOBRE A ORIGEM DA VIDA

O filósofo Aristóteles (384-322 a.C.) acreditava que a luz do Sol, o material em decomposição ou o lodo poderiam, sob certas condições favoráveis, originar vida. Para ele, certos *princípios ativos* ou *forças vitais* poderiam determinar o surgimento de vida. O ovo de galinha originaria um filhote, devido a um "princípio organizador" que formava apenas esse tipo de ave. Cada tipo de ovo teria um "princípio organizador" diferente. Essas ideias embasaram a chamada origem da vida por **geração espontânea**, que vigorou até meados do século XIX. Quadros famosos do século XII retratavam o surgimento de gansos a partir de frutos de árvores que existiam nas proximidades de mares e pessoas relatavam ter visto carneiros surgindo de árvores que produziam frutos parecidos com melões.

Paracelso (1493-1541), famoso médico do século XV, relatava que, por geração espontânea, ratos, camundongos, rãs e enguias surgiam de uma mistura de ar, água, palha e madeira podre.

Van Helmont (1579-1644), médico belga, tinha uma receita para gerar organismos por geração espontânea. Em uma caixa, ele colocava uma camisa suja e germe de trigo e dizia que, em 21 dias, nasceriam camundongos. Nesse caso, o "princípio ativo" seria o suor presente na camisa suja.

Havia, portanto, a crença de que a vida surgiria a partir de água, lixo e sujeira, uma ideia que foi denominada **abiogênese** (*a* = sem + *bio* = vida + + *génesis* = origem).

BIOGÊNESE: VIDA A PARTIR DE VIDA PREEXISTENTE

No século XVII, o biólogo italiano Francesco Redi (1626-1697) tentou negar as ideias de geração espontânea. Ele acreditava na **biogênese**, ou seja, que *a vida só era produzida por vida preexistente*. Pesquisando sobre a origem de larvas de insetos que apareciam em carnes em putrefação, tentou

Durante séculos acreditou-se que seres vivos surgiam espontaneamente e, muitos, transformavam-se. Nessa representação, as folhas que caem dessa árvore na água se transformam em peixes; as que caem na terra, em aves.

Esse afresco, pintado por Michelângelo no teto da Capela Sistina, na cidade do Vaticano, entre 1508 e 1512, representa o momento em que Deus (à direita) dá alma ao recém-criado Adão (à esquerda) por meio do toque de seus dedos. Acredita-se que, nessa representação, Deus envolve Eva com seu braço esquerdo e sua mão toca o menino Jesus. O artista – Michelângelo Buonarrotti (1475-1564) – foi um dos grandes escultores do Renascimento, além de arquiteto, pintor e poeta.

provar que as larvas só apareciam se a carne fosse contaminada por ovos depositados por insetos que nela pousassem. Veja a Figura 7-1.

No século XVIII, em que já se sabia da existência de microrganismos, o pesquisador Needham efetuou uma série de experimentos com caldo de carne previamente aquecido, na tentativa de demonstrar a ocorrência de geração espontânea. Depois de alguns dias, o caldo ficava turvo pelo aparecimento de microrganismos, fato que, para o pesquisador, indicava a ocorrência de geração espontânea. Outro pesquisador, Spallanzani, tentando refutar a ideia de Needham, fervia o caldo de carne e o colocava em frascos hermeticamente fechados. O caldo não se turvava. Parecia que a ideia de geração espontânea era realmente falsa. Needham, então, contra-atacou, dizendo que a fervura tinha destruído o *princípio ativo* existente na carne. Essa disputa só terminou com os trabalhos de Pasteur que você verá a seguir.

Frasco 1:
Redi colocou pedaços de carne e selou o frasco com uma tampa. Não apareceram larvas. Não se formaram insetos.

Frasco 2:
Redi colocou um pedaço de carne e deixou o frasco aberto. Apareceram larvas que depois se transformaram em insetos.

Frasco 3:
A fim de não impedir a renovação do ar no interior do frasco, Redi colocou um pedaço de carne e cobriu a boca com uma gaze de malha finíssima. Não apareceram larvas na carne. Os insetos, atraídos pelo cheiro da carne, pousavam na gaze e depositavam seus ovos nela. Larvas formadas a partir dos ovos tentavam penetrar pelo tecido, em direção à carne, mas eram removidas.

Figura 7-1. Experimento controlado realizado por Francesco Redi para invalidar as ideias sobre geração espontânea. Esta experiência confirmou a hipótese de que as moscas eram responsáveis pela presença de larvas na carne em decomposição.

Origem da vida e evolução biológica

De olho no assunto!

O experimento de Pasteur

Em meados do século XIX, Louis Pasteur (1822-1895), cientista francês, elaborou uma série de experimentos que acabaram de vez com a ideia de geração espontânea e confirmaram a ideia de biogênese.

Pasteur preparou um caldo contendo água, açúcar e lêvedo (fungos) em suspensão, colocando-o em dois tipos de frasco:
- alguns frascos tinham um longo pescoço reto;
- outros tinham também longos pescoços, mas estes foram recurvados para que tivessem a forma de um "pescoço de cisne".

Os frascos com os caldos foram fervidos e deixados abertos. Queria assim mostrar que o ar poderia entrar livremente em todos eles.

Resultado: somente os frascos com pescoço reto tinham microrganismos no interior do caldo. Os de "pescoço de cisne" permaneceram estéreis por todo o tempo. Por quê? Ao recurvar os pescoços dos frascos, ele permitia a passagem livre do ar. Os microrganismos, porém, depositavam-se com a sujeira no pescoço recurvado e não contaminavam o caldo que ficava, assim, estéril.

Até hoje, no Instituto Pasteur, em Paris, os frascos originais, contendo os caldos feitos por Pasteur, continuam livres de microrganismos (veja a Figura 7-2).

Louis Pasteur (1822-1895).

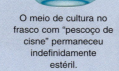

O meio de cultura em frasco comum é contaminado rapidamente por bactérias.

Poeira e bactérias retidas nas gotículas de água oriundas da condensação do vapor.

O meio de cultura no frasco com "pescoço de cisne" permaneceu indefinidamente estéril.

Figura 7-2. Experimento de Pasteur.

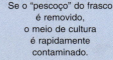

Se o "pescoço" do frasco é removido, o meio de cultura é rapidamente contaminado.

Leitura

Após as experiências de Pasteur e as pesquisas realizadas por outros cientistas, aprendeu-se muita coisa a respeito dos mecanismos das infecções, de como impedir que as pessoas adquirissem doenças bacterianas. Mulheres morriam por infecções pós-parto. Não se sabiam as causas. Lentamente, porém, com os ensinamentos de Pasteur e de outros cientistas, passou-se a esterilizar os objetos de uso nas salas de parto, tomando-se o cuidado, inclusive, de pulverizar substâncias antimicrobianas nas paredes das salas cirúrgicas. Reduziu-se enormemente a taxa de mortalidade entre as parturientes. Começou a se generalizar a ideia de que a vida só se origina de vida preexistente, na Terra atual, e que o ar está cheio de microrganismos que contaminam objetos, alimentos e podem causar doenças.

A HIPÓTESE DE OPARIN

Em 1938, o cientista russo A. I. Oparin publicou a hipótese de que inicialmente a atmosfera da Terra seria formada por uma mistura de gases (metano, amônia e hidrogênio) e muito vapor-d'água. Observe que o oxigênio não estaria livre. Em virtude da alta disponibilidade de hidrogênio e seus elétrons, essa seria uma atmosfera redutora em que não haveria necessidade de muita energia para que se formassem moléculas. Sendo continuamente atingida por descargas elétricas e atravessada por raios ultravioleta do Sol, teria havido a quebra de algumas dessas moléculas e a síntese de determinados compostos orgânicos. Graças aos violentos temporais que se abatiam sobre a Terra, esses compostos teriam sido levados aos oceanos primitivos (veja a Figura 7-3), onde teriam formado um caldo de substâncias orgânicas, como uma "sopa", que constituiu o ponto de partida para a origem da vida.

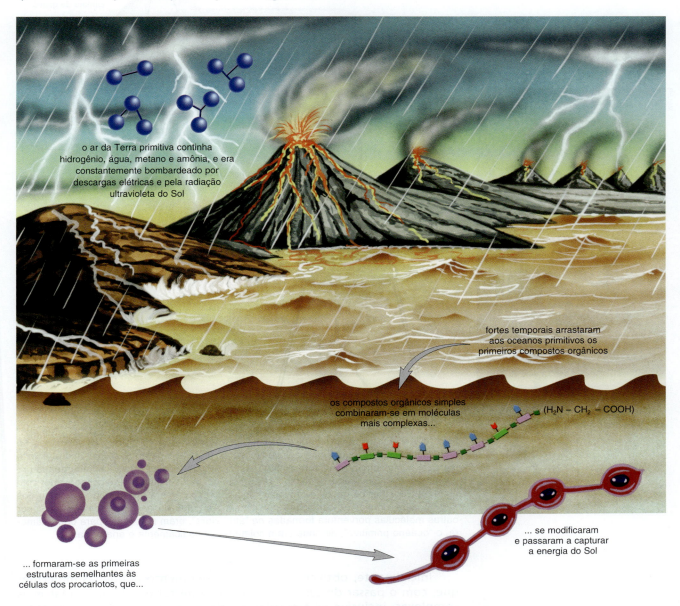

Figura 7-3. A hipótese de Oparin: roteiro provável que culminou com a origem dos primeiros seres vivos.

À medida que as primeiras moléculas orgânicas se formaram, elas teriam se reunido em conjuntos maiores e evoluído em sua complexidade até formarem vesículas separadas do meio ambiente por uma espécie de membrana. A essa estrutura inicial, essa "vesícula", Oparin chamou de **protobionte**.

Origem da vida e evolução biológica **149**

Em 1950, dois pesquisadores da Universidade de Chicago, Stanley Miller e Harold Urey, desenvolveram um aparelho em que simularam as condições supostas para a Terra primitiva. Com sucesso, obtiveram resultados que confirmaram a hipótese de Oparin (veja a Figura 7-4).

> **Anote!**
> Evidências sugerem que o planeta Terra e o Sistema Solar teriam sido formados há aproximadamente 4,6 bilhões de anos.

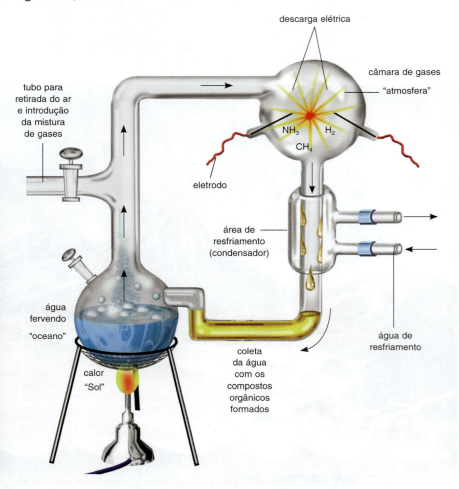

Foto do modelo criado por Stanley Miller e Harold Urey.

Figura 7-4. Experimento conduzido por Stanley Miller e Harold Urey. Observe que há uma câmara – em que foram colocados vapor-d'água e gases (amônia, hidrogênio e metano), simulando a atmosfera nas etapas iniciais da vida na Terra – bombardeada por descargas elétricas (como se fossem raios), em um balão acima de um condensador com água para resfriar os gases e provocar "chuva" (essa câmara era mantida em torno dos 100 °C para simular as condições primitivas). As gotas dessa "chuva", com quaisquer outras moléculas porventura formadas na "atmosfera", eram recolhidas para outra câmara, o "oceano primitivo", de onde eram coletadas periodicamente e analisadas.

Inicialmente, obtiveram com seu experimento pequenas moléculas que, com o passar do tempo, se combinaram formando moléculas mais complexas, inclusive os aminoácidos glicina e alanina. Posteriormente, novas pesquisas obtiveram outros aminoácidos e vários compostos de carbono.

Os protobiontes de Oparin receberam diferentes nomes dados pelos cientistas, de acordo com seu conteúdo: **microsferas**, **protocélulas**, **micelas**, **lipossomos** e **coacervados**. Estes possuem uma "membrana" dupla, formada por duas camadas lipídicas, à semelhança das membranas celulares.

De olho no assunto!

A origem da célula eucariótica

Uma possível hipótese para explicar a origem da célula eucariótica, com o seu sistema de endomembranas, foi proposta por J. D. Robertson, em 1960. Por meio do preguemaneto para fora da membrana plasmática (evaginações), teria surgido o sistema de endomembranas e a carioteca. Isso teria resolvido o problema representado pelo aumento do volume celular, compensando a pequena superfície disponível na membrana plasmática para as trocas metabólicas entre a célula e o meio. Veja o esquema a seguir.

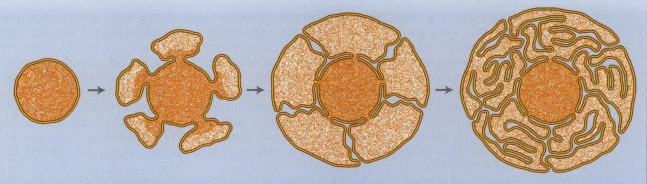

Uma hipótese alternativa, mais recente, admite que a membrana plasmática da primitiva célula procariótica teria sofrido pregueamentos para dentro (invaginações), originando-se, então, o sistema de endomembranas e a carioteca. Veja o esquema a seguir.

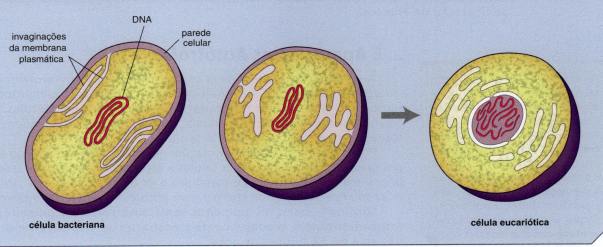

De olho no assunto!

Ampliando a hipótese de Oparin: proteinoides e ribozimas

No começo da década de 1970, o biólogo Sidney Fox aqueceu, a seco, a 60 °C, uma mistura de aminoácidos. Obteve pequenos polipeptídeos, a que ele chamou de *proteinoides*. A água resultante dessa reação entre aminoácidos evaporou em virtude do aquecimento. Fox quis, com isso, mostrar que pode ter sido possível a união de aminoácidos, apenas com uma fonte de energia, no caso o calor, e sem a presença de água. Faltava esclarecer o possível local em que essa união teria ocorrido.

Recentemente, os cientistas levantaram a hipótese de que a síntese de grandes moléculas orgânicas teria ocorrido na superfície das rochas e da *argila* existente na Terra primitiva. A argila, em particular, teria sido o principal local da síntese. Ela é rica em zinco e ferro, dois metais que costumam atuar como catalisadores em reações químicas. A partir daí, vagarosamente ocorrendo as sínteses, as chuvas se encarregariam de lavar a crosta terrestre e levar as moléculas para os mares, transformando-os no imenso caldo orgânico sugerido por Oparin. Essa descoberta, aliada aos resultados obtidos por Fox, resolveu o problema do local em que possivelmente as sínteses orgânicas teriam ocorrido.

Havia, no entanto, outro problema: as reações químicas ocorrem mais rapidamente na presença de enzimas. Somente a argila, ou os metais nela existentes, não proporcionaria a rapidez necessária para a ocorrência das reações. Atualmente, sugere-se que uma molécula de RNA teria exercido ação enzimática. Além de possuir propriedades informacionais, descobriu-se que o RNA também tem características de enzima, favorecendo a união de aminoácidos. Assim, sugerem os cientistas, RNAs produzidos na superfície de argilas, no passado, teriam o papel de atuar como enzimas na síntese dos primeiros polipeptídeos. Esses RNAs atuariam como enzimas chamadas *ribozimas* e sua ação seria auxiliada pelo zinco existente na argila. Outro dado que apoia essa hipótese é o fato de que, colocando moléculas de RNA em tubo de ensaio com nucleotídeos de RNA, ocorre a síntese de mais RNA sem a necessidade de enzimas.

A Hipótese Heterotrófica

Com base na ideia dessas formas primitivas de vida, entre elas os coacervados, os cientistas sugeriram, então, que as primeiras células se formaram, lentamente, possuindo metabolismo próprio. Cada uma teria sido circundada por uma membrana protetora e, em seu interior, um caldo primitivo celular apresentava um metabolismo simples. Assim, sugere-se que os primeiros organismos celulares vivos da Terra teriam sido os procariotos primitivos, *formas vivas extremamente simples*, semelhantes às bactérias conhecidas atualmente.

Aceitando-se a ideia de que os primeiros seres vivos teriam sido organismos procariotos, fica a pergunta: teriam eles sido heterótrofos, não conseguindo fabricar seu próprio alimento, ou autótrofos, tendo essa capacidade? Tudo leva a crer que os primeiros organismos celulares teriam sido *heterótrofos*. Veja o porquê: a abundância de alimento orgânico nos mares primitivos favorecia o hábito "consumidor de alimentos". Então, bastava a essa "protovida" absorver, do caldo que a circundava, o alimento necessário para sua manutenção e sobrevivência. Além disso, admitir uma hipótese autotrófica para explicar a origem dos seres vivos implica a aceitação, logo de início, da ocorrência de reações químicas muito mais complexas, relacionadas à capacidade de síntese do próprio alimento, exigindo do organismo uma estrutura mais complexa do que aquela encontrada nos primitivos heterótrofos.

Acredita-se, também, que os primeiros heterótrofos possuíam metabolismo anaeróbio, ou seja, obtinham a energia necessária para a vida a partir de reações que não utilizavam oxigênio – possivelmente faziam fermentação, um processo primitivo e anaeróbio de liberação de energia.

> ### *Anote!*
>
> Recentemente foram descobertas na Austrália e em outros locais da Terra certas formações marinhas contendo microfósseis, que foram chamados de **estromatólitos**. Nessas formações, cuja idade estimada é de aproximadamente 3,6 bilhões de anos, detectou-se a presença de moléculas de uma clorofila primitiva. Esses microfósseis, se parecem em tudo, com as atuais cianobactérias.

... E Aparecem os Autótrofos

À medida que a vida "dava certo", os primeiros heterótrofos bem-sucedidos começaram a se multiplicar. O consumo de alimentos apresentou um ritmo maior que o das sínteses de novas moléculas. Quem "comia" sobrevivia e se reproduzia, originando mais descendentes que sobreviviam à custa de alimento orgânico.

Provavelmente, devido a mutações no material genético, algo aconteceu que possibilitou a algumas células a capacidade de produzir o seu próprio alimento a partir de gás carbônico e de água do ambiente, *utilizando a luz solar como fonte de energia para a síntese de matéria orgânica*.

Surgiram, assim, os primeiros seres autótrofos: os primeiros seres *fotossintetizantes*, provavelmente cianobactérias. Isso deve ter ocorrido há cerca de 3,6 bilhões de anos.

O Ar É Modificado pela Vida

O surgimento dos autótrofos modificou radicalmente o panorama terrestre. Liberavam oxigênio. O ar mudou. O oxigênio mudou o curso da vida na Terra. Provavelmente, os primeiros autótrofos eram também fermentadores. E utilizavam a pequena quantidade de gás carbônico disponível para a elaboração de mais alimento orgânico.

Devido a novas mutações no material genético de alguns seres primitivos, uma nova forma de metabolismo energético surgiu: a respiração aeróbia – os heterótrofos que faziam respiração aeróbia eram mais eficientes que os fermentadores, uma vez que o rendimento energético na respiração aeróbia é maior. Quem é mais eficiente na obtenção da energia contida nos alimentos deixa mais descendentes. Os respiradores aeróbios começaram a predominar. Passaram a constituir a maioria dos organismos heterótrofos. O gás carbônico por eles liberado na respiração podia ser utilizado pelos autótrofos fotossintetizantes e, assim, o carbono começava a executar um ciclo que até hoje persiste na Terra, assim como o oxigênio também passou a ser reciclado pelos seres vivos.

A vida na Terra mudava. *O ar passou a ser "feito" pela vida.*

> ### De olho no assunto!
>
> Ideias recentes, relacionadas à *hipótese autotrófica*, admitem que os primeiros seres vivos podem ter sido microrganismos autótrofos primitivos, semelhantes às arqueas atuais, que, por meio da quimiossíntese ou mecanismo similar, poderiam produzir a matéria orgânica necessária à alimentação e multiplicação dos primeiros microrganismos heterótrofos fermentadores.

Vida Multicelular

Como surgiram os seres multicelulares? Evidências obtidas de estudos geológicos sugerem que os primeiros multicelulares simples surgiram na Terra há cerca de 750 milhões de anos! Antes disso houve o predomínio de vida unicelular, com formas eucarióticas simples. A partir dessa data, surgem os primeiros multicelulares, originados dos unicelulares eucariotos existentes. Desde então, a evolução não mais parou.

Leitura

A teoria da origem extraterrestre da vida

Na década de 1970, os astrônomos Fred Hoyle (já falecido) e Chandra Wickramasinghe divulgaram uma controvertida teoria, denominada de *panspermia*, segundo a qual cometas que bombardeavam a Terra teriam trazido os vírus e as bactérias do espaço interestelar que semearam a Terra e deram a largada para a origem da vida no nosso planeta há 4 bilhões de anos. E, para eles, esse processo continua ocorrendo até os dias de hoje.

Recentemente, essa teoria foi ressuscitada por astrônomos americanos que acreditam que meteoritos originados de outros sistemas solares carregam formas simples de vida. O problema representado pela radioatividade existente no espaço seria minimizado, segundo eles, pela espessa camada protetora componente das rochas que carregam microrganismos.

New Scientist, London, n. 2.282, 17 mar. 2001, p. 4.

De olho no assunto!

O mundo do RNA

Teriam os seres vivos, que contêm DNA como material genético principal, se originado de vírus de RNA? Alguns cientistas acreditam que sim. O argumento principal dos defensores dessa ideia é o de que inúmeros experimentos revelam que a molécula de RNA é portadora de informação genética, além de possuir atividade enzimática. Seres vivos primitivos, dotados apenas de RNA, seriam capazes de absorver nutrientes, replicar e evoluir. De acordo com a hipótese do "*mundo do RNA*", tais organismos posteriormente teriam originado moléculas de proteína e de DNA, o qual, então, teria assumido as funções originalmente desempenhadas pelas moléculas de RNA.

Para o cientista francês Patrick Forterre, um dos defensores da hipótese, organismos dotados de RNA teriam evoluído em células autorreplicantes que produziriam as próprias proteínas. A partir delas é que os vírus de RNA teriam se originado. Esses vírus de RNA seriam parasitas dessas células primitivas, manipulando-as para a produção de novas cópias de vírus. Posteriormente, ainda segundo a hipótese, o RNA de alguns desses vírus gerou o DNA, constituindo o ponto de partida para a evolução dos três domínios de seres vivos atualmente existentes.

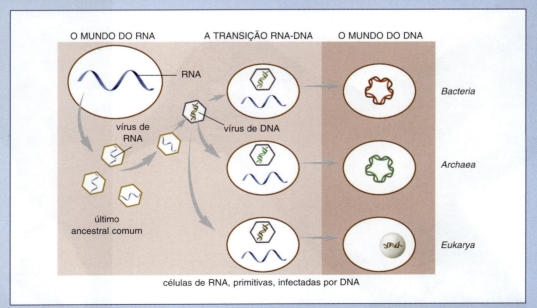

Do mundo do RNA para o mundo do DNA. Segundo essa hipótese, todos os seres vivos atuais compartilham um ancestral comum cujo material genético era o RNA. Desses organismos, teriam se originado os vírus de RNA. Alguns desses vírus, posteriormente, teriam gerado vírus de DNA, que permaneceram em suas células hospedeiras. Ao longo do tempo, esse processo favoreceu a origem dos seres vivos componentes dos três domínios atuais.

Fonte: ZIMMER, C. Did DNA come from viruses? *Science*, Washington, v. 312, n. 5.775, p. 870, 12 May 2006.

Ética & Sociedade

Astrobiologia

Astrobiologia é um campo da Biologia que se formalizou no século XX e que trabalha, entre outros temas, com o desenvolvimento de teorias que estudam a existência de vida em outros pontos do Universo, a origem da vida em nosso planeta, o futuro da vida como a conhecemos e a possibilidade de virmos a estabelecer colônias humanas no espaço. Um dos focos das observações dos cientistas é a busca de um planeta que apresente indícios ou possibilidade de desenvolvimento de vida.

Graças à rápida evolução tecnológica dos últimos anos, até início de 2011 já eram conhecidos cerca de 500 planetas exteriores ao Sistema Solar. Um desses planetas, pertencente ao sistema planetário da estrela-anã Gliese 581d, apresenta indícios de clima propício à existência de água no estado líquido e vida.

Se a existência de vida extraterrestre, nesse ou em outro planeta, for confirmada, será necessária a exploração de diversas questões éticas e filosóficas relacionadas à existência de um tipo de vida, inteligência e sociedade potencialmente diferentes das nossas.

- Caso um dia fosse confirmada a existência de vida fora do nosso planeta, de que forma você acredita que isso pudesse interferir em sua vida? Por quê?

▪ EVOLUÇÃO BIOLÓGICA: UMA QUESTÃO DE ADAPTAÇÃO

Entre os seres vivos e o meio em que vivem há um ajuste, uma harmonia fundamental para a sobrevivência. O flamingo rosa, por exemplo, abaixa a cabeça até o solo alagadiço em que vive para buscar ali o seu alimento; os beija-flores, com seus longos bicos, estão adaptados à coleta do néctar contido nas flores tubulosas que visitam. A adaptação dos seres vivos ao meio é um fato incontestável. A origem da adaptação, porém, sempre foi discutida.

Na Antiguidade, a ideia de que as espécies seriam *fixas* e *imutáveis* foi defendida pelos filósofos gregos. Os chamados **fixistas** propunham que as espécies vivas já existiam desde a origem do planeta e a extinção de muitas delas deveu-se a eventos especiais como, por exemplo, catástrofes, que teriam exterminado grupos inteiros de seres vivos.

O filósofo grego Aristóteles, grande estudioso da natureza, não admitia a ocorrência de transformação das espécies. Acreditava que os organismos eram distribuídos segundo uma escala que ia do mais simples ao mais complexo. Cada ser vivo, nessa escala, tinha seu lugar definido. Essa visão aristotélica, que perdurou por cerca de 2 mil anos, admitia que as espécies eram **fixas** e **imutáveis**.

Lentamente, a partir do século XIX, uma série de pensadores passou a admitir a ideia da substituição gradual das espécies por outras, por meio de *adaptações a ambientes em contínuo processo de mudança*. Essa corrente de pensamento, **transformista**, explicava a adaptação como um processo dinâmico, ao contrário do que propunham os fixistas. Para o **transformismo**, a adaptação é conseguida por meio de mudanças: à medida que muda o meio, muda a espécie. Os adaptados ao ambiente em mudança sobrevivem. Essa ideia deu origem ao *evolucionismo*.

Evolução biológica é a adaptação das espécies a meios em contínua mudança. Nem sempre a adaptação implica aperfeiçoamento. Muitas vezes, leva a uma simplificação. É o caso, por exemplo, das tênias, vermes achatados parasitas: não tendo tubo digestório, estão perfeitamente adaptadas ao parasitismo no tubo digestório do homem e de outros vertebrados.

Anote!

Mais recentemente, surgiu uma nova concepção, mais próxima do criacionismo e que recebeu o nome de *design inteligente*. Para os defensores dessa tese, uma *mão divina* moldou o curso da evolução. Isso porque, dizem, alguns sistemas biológicos são tão complexos e as diferenças entre as espécies são enormes demais para serem explicadas apenas pelo mecanismo de evolução.

PANTHERMEDIA/KEYDISC

Origem da vida e evolução biológica **155**

As Evidências da Evolução

O esclarecimento do mecanismo de atuação da evolução biológica somente foi concretamente conseguido a partir dos trabalhos de dois cientistas, o francês Jean Baptiste Lamarck (1744-1829) e o inglês Charles Darwin (1809-1882). A discussão evolucionista, no entanto, levanta grande polêmica. Por esse motivo, é preciso descrever, inicialmente, as principais *evidências da evolução utilizadas pelos evolucionistas em defesa de sua tese*. Entre as mais utilizadas destacam-se:

- os *fósseis*;
- a *semelhança embriológica e anatômica* existente entre os componentes de alguns grupos animais (notadamente os vertebrados);
- a existência de *estruturas vestigiais*; e
- as *evidências bioquímicas* relacionadas a determinadas moléculas comuns a muitos seres vivos.

Fósseis

Fósseis são restos ou vestígios de seres vivos de épocas remotas que ficaram preservados em rochas. Podem ser ossos, dentes, conchas ou até impressões, pegadas ou pistas deixadas por seres vivos.

A preservação de um fóssil depende da ocorrência de uma série de eventos. Se o animal morrer em leitos de água, a correnteza carrega sedimentos que podem cobri-lo, dificultando o ataque de outros organismos que poderiam destruí-lo, favorecendo, assim, sua preservação. A erupção de um vulcão pode levar à fossilização ao soterrar com cinzas os animais e vegetais que viviam nas proximidades. Os rios, ao correr por novos leitos, podem expor camadas contendo fósseis. Igualmente, a atividade erosiva e modeladora do vento, da chuva e do gelo favorece a exposição dos fósseis incluídos em rochas.

A maioria dos fósseis encontrados pelos paleontologistas não são restos de animais ou vegetais em si, mas "moldes" deixados nas rochas pela decomposição do ser vivo. O molde é preenchido por minerais dissolvidos em água. O mesmo pode ocorrer com pegadas e marcas deixadas por animais nos lugares por onde andaram, as quais foram cobertas de *lama*, que posteriormente endureceu. O gelo também atua como excelente material de preservação.

Fragmentos, como os da foto, ou mesmo espécimes inteiros são conservados em rochas, sob determinadas condições ambiente. Fóssil de um mamute encontrado em um sítio arqueológico em Hot Springs, EUA.

Essa folha fossilizada, de 40 milhões de anos, ainda tem material orgânico.

Os fósseis nos dão informações sobre seres vivos já extintos, como o *Archaeopteryx*.

Estes insetos, conservados quase que intactos em âmbar, uma resina vegetal fossilizada, foram datados de 30 milhões de anos.

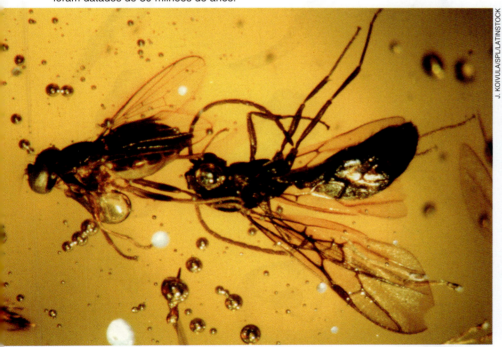

De olho no assunto!

O catastrofismo de Cuvier

O estudo dos fósseis foi impulsionado nos séculos XVIII e XIX por Georges Cuvier, anatomista francês. Ele documentou a sucessão de fósseis em uma formação fossilífera dos arredores de Paris. Notou que cada camada era caracterizada por uma série de espécies fósseis e, quanto mais profunda a camada, mais diferentes eram os vegetais e animais em relação aos seres vivos de sua época. Cuvier também chegou à conclusão de que as extinções eram uma ocorrência comum na história da vida. De camada em camada, algumas espécies surgiam e outras desapareciam. No entanto, Cuvier era antitransformista. Como, então, conciliava o dinamismo das transformações anatômicas, evidenciado pelo registro fóssil, com o conceito de que as espécies eram fixas e imutáveis? Ele afirmava que os limites entre as camadas correspondiam, no tempo, a catástrofes (terremotos, dilúvios etc.) que destruíam muitas espécies em cada época. Onde existiam múltiplas camadas, teria havido muitas catástrofes. Essa visão da história da Terra passou a ser conhecida como **catastrofismo**.

Para explicar o fato de que havia muitas espécies novas nas camadas superiores que não eram encontradas nas inferiores, Cuvier propôs que as catástrofes que causavam extinções em massa eram restritas a regiões geográficas delimitadas. Depois da extinção da maioria das espécies, a região destruída era novamente povoada por espécies diferentes, provenientes de outras regiões da Terra.

Suas descobertas contribuíram para a elaboração da teoria da história da Terra.

Leitura

Princípio do gradualismo: Hutton e Lyell

O geólogo escocês James Hutton propôs que era possível explicar as várias formações terrestres observando os mecanismos que operavam continuamente na Terra. Os *canyons*, por exemplo, teriam sido partidos por rios que os atravessavam, e rochas sedimentares, contendo fósseis marinhos, teriam sido formadas com partículas de erosão de muitos locais da Terra e carregadas para os oceanos. Hutton foi o criador do princípio do **gradualismo**, segundo o qual mudanças profundas seriam produto do acúmulo de modificações graduais e contínuas que ocorriam na superfície terrestre.

Charles Lyell, um dos expoentes da Geologia do século XIX, aprimorou o princípio de Hutton, afirmando que os processos geológicos aconteciam de maneira uniforme. Concluiu, também, que os processos que ocorrem lenta e gradualmente ao longo do tempo podem provocar mudanças ou transformações que se refletiriam nas espécies.

Essas conclusões despertaram o interesse do jovem Charles Darwin, aluno e amigo de Lyell, que se tornou o criador da teoria da evolução até hoje aceita em Biologia.

Evidências anatômicas e embriológicas

Comparando-se os ossos presentes nos membros anteriores de alguns vertebrados, pode-se perceber a existência de uma semelhança estrutural, reveladora de uma origem comum, relativamente a um ancestral hipotético. Do mesmo modo, o estudo comparado de embriões de diferentes vertebrados, que passam pelas mesmas etapas ao longo do desenvolvimento, sugere que eles provavelmente se originaram de um ancestral comum (veja as Figuras 7-5 e 7-6).

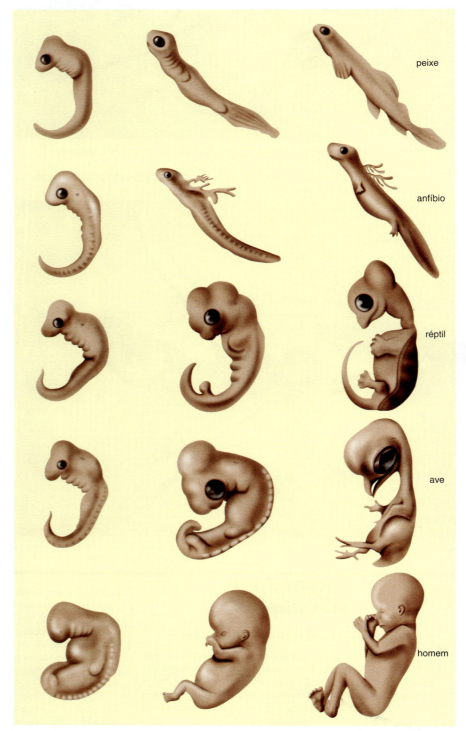

Figura 7-5. Comparação de estruturas anatômicas similares nos membros anteriores de vertebrados.

Figura 7-6. O desenvolvimento embrionário dos vertebrados, nas fases iniciais, é muito parecido.

Estruturas vestigiais

Notadamente entre os vertebrados, as estruturas vestigiais são as desprovidas de função em alguns deles, mas funcionais em outros. Como exemplo, pode-se citar o apêndice vermiforme cecal humano, desprovido de função quando comparado aos apêndices funcionais de outros vertebrados (veja a Figura 7-7).

Evidências bioquímicas

Certas proteínas componentes do equipamento bioquímico dos vertebrados mostram-se extremamente semelhantes. É o caso do *citocromo C*, uma molécula participante da cadeia respiratória que ocorre nas mitocôndrias dos vertebrados. A análise da sequência de aminoácidos dessa proteína revelou que entre o homem e o macaco a diferença reside em apenas um aminoácido. Já entre o peixe e o homem, essa diferença sobe para 20 aminoácidos. Esse dado, associado a outras evidências, entre elas as anatômicas existentes entre esses organismos, é revelador da existência de um provável ancestral comum. Veja a Figura 7-8.

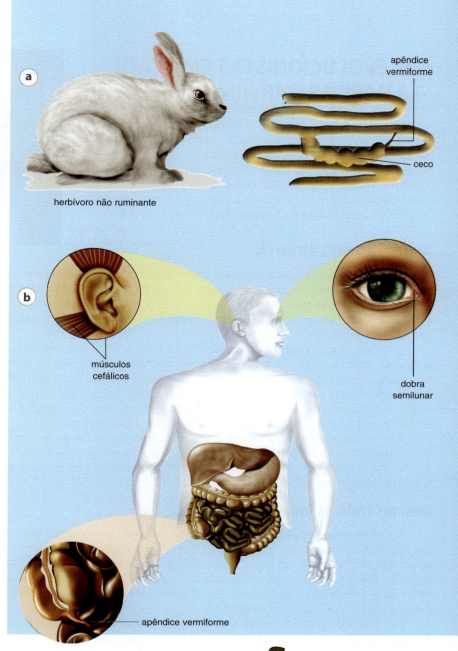

Figura 7-7. Estruturas vestigiais. (a) O ceco presente em herbívoros não ruminantes está presente no homem (b) como estrutura vestigial. Além dele, são considerados vestigiais os músculos cefálicos, que ficam atrás das orelhas, e a membrana nictitante (dobra semilunar).

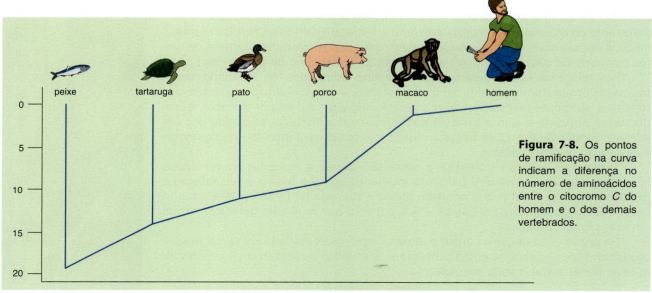

Figura 7-8. Os pontos de ramificação na curva indicam a diferença no número de aminoácidos entre o citocromo *C* do homem e o dos demais vertebrados.

Origem da vida e evolução biológica

▪ OS EVOLUCIONISTAS EM AÇÃO: LAMARCK E DARWIN

A partir do século XIX, surgiram algumas tentativas para explicar a evolução biológica. Jean Baptiste Lamarck, francês, e Charles Darwin, inglês, foram os cientistas que elaboraram teorias sobre o mecanismo evolutivo de forma mais coerente. Darwin (1809-1882) elaborou um monumental trabalho científico que revolucionou a Biologia e que, até hoje, persiste como a **Teoria da Seleção Natural** das espécies.

Jean Baptiste Lamarck (1744-1829).

As Ideias de Lamarck

Um dos primeiros adeptos do transformismo foi o biólogo francês Lamarck. No mesmo ano em que nascia Darwin, Jean Baptiste Lamarck (1744-1829) propôs uma ideia aparentemente bem elaborada e lógica. Segundo ele, uma grande mudança no ambiente provocaria em uma espécie a necessidade de se modificar, o que a levaria a mudar os seus hábitos.

Com base nessa premissa, postulou duas leis. A primeira, chamada **Lei do uso e desuso**, afirmava que, se para se adaptar melhor a determinado ambiente fosse necessário o emprego de certo órgão, os seres vivos de uma dada espécie tenderiam a valorizá-lo cada vez mais, utilizando-o com maior frequência, o que levaria esse órgão a se hipertrofiar. Ao contrário, o não uso de determinado órgão levaria à sua atrofia e ao desaparecimento completo depois de algum tempo.

A segunda lei recebeu o nome, dado por Lamarck, de **Lei da herança dos caracteres adquiridos**. Por meio dela, postulou que qualquer aquisição benéfica durante a vida dos seres vivos seria transmitida aos seus descendentes, que passariam a transmiti-la, por sua vez, às gerações seguintes.

Descartando as ideias de Lamarck

Ao analisarmos a **Lei do uso e desuso** de Lamarck, poderíamos deduzir que ela é válida apenas para órgãos musculares – como exemplo podemos citar os atletas profissionais, os quais, por meio de treinos constantes e intensos, mantêm sua musculatura hipertrofiada. Já a atrofia da musculatura pode ser observada em pessoas portadoras de deficiência física, que as impede de movimentar e exercitar seus membros.

Por outro lado, a 1.ª Lei de Lamarck, em inúmeros casos, não é válida. A cauda de um macaco sul-americano, por exemplo, não cresceu devido ao hábito de o animal se prender aos galhos de uma árvore. A informação para o tamanho da cauda já está presente nos genes desses animais e de modo algum é decorrente do uso continuado dessa estrutura em contato com os galhos. Do mesmo modo, é inimaginável que a atividade diária e continuada de estudos e leituras de textos, por parte de uma pessoa, promova o aumento de tamanho de seu cérebro!

Com relação à **Lei da herança dos caracteres adquiridos**, na realidade, eventos que ocorrem durante a vida de um organismo, alterando alguma característica somática, não podem ser transmitidos à geração seguinte. Assim, por exemplo, é praticamente improvável e inimaginável que a hipertrofia muscular adquirida por um atleta, por meio de exercícios físicos, influencie os genes existentes em seus gametas e passe para os descendentes.

O que uma geração transmite a outra são genes, e os genes transmissíveis já existem em um indivíduo a partir do momento em que houve a fecundação e formou-se o zigoto. Fatos que ocorrem durante sua vida não influenciarão, muito menos alterarão, sua constituição genética, a menos que mutações gênicas ocorram em suas células somáticas.

Um argumento decisivo contra o lamarckismo reside na falta de comprovação científica. Todos os experimentos conhecidos, efetuados na tentativa de comprovar as teses lamarckistas, foram infrutíferos.

Observe a cauda preênsil desse macaco sul-americano.

Darwin e a Teoria da Seleção Natural

Imagine dois ratos, um cinzento e outro albino. Em muitos tipos de ambiente, os ratos cinzentos levam vantagem sobre os albinos: eles podem ficar camuflados entre as folhagens de uma mata, enquanto os albinos, mais visíveis, sofrem ataques por parte dos predadores com maior frequência. Com o tempo, a população de ratos cinzentos, menos visada pelos predadores, começa a aumentar, o que denota seu sucesso naquele ambiente. O ambiente, em casos como esse, favorece a sobrevivência dos indivíduos que dispõem de certas características para enfrentar os problemas oferecidos pelo meio.

A esse processo Darwin chamou **seleção natural**. Note que a seleção pressupõe a existência de uma *variabilidade* entre organismos da mesma espécie.

Charles Darwin (1809-1882).

Darwin reconhecia a existência dessa variabilidade. Sabia também que, na natureza, a quantidade de nascimentos de indivíduos de certa espécie é superior à que o ambiente pode suportar. Além disso, o número de indivíduos de uma população tende a ficar sempre em torno de certa quantidade ótima, estável, devido, principalmente, a altas taxas de mortalidade. A mortalidade, no entanto, é maior entre indivíduos menos adaptados ao seu meio.

De olho no assunto!

A ação do ambiente para Lamarck e para Darwin

Lamarck e Darwin foram evolucionistas. Ambos aceitavam a ocorrência de adaptação dos seres ao meio e, para ambos, o ambiente desempenha papel preponderante na adaptação. A diferença fundamental entre as teses por eles desenvolvidas, porém, é o mecanismo de atuação do meio. Para Lamarck, o meio atua induzindo a modificação nos seres vivos. Para Darwin, o meio apenas seleciona as variedades preexistentes que melhor ajustem a espécie ao ambiente de vida.

Uma longa caminhada rumo à seleção natural

Alguns fatos importantes, ocorridos durante a vida de Darwin, permitiram que ele fosse um grande cientista, responsável pela elaboração da teoria da seleção natural. Vamos relembrar que o trabalho de um cientista envolve a **observação** de fatos que ocorrem à sua volta, a elaboração de uma **hipótese** e a realização de **experimentos** que, caso confirmem a hipótese e sejam reprodutíveis, poderão dar origem a uma **teoria**. Darwin percorreu todos esses passos, conforme vamos relatar a seguir.

- **Observações durante a viagem a bordo do navio *Beagle* e a elaboração da hipótese da seleção natural.** Darwin partiu, como naturalista de bordo, em um navio da armada inglesa para dar a volta ao mundo (veja a Figura 7-9). Durante a viagem, descobriu fósseis de tatus gigantes (diferentes dos pequenos tatus vivos que vira no Brasil!), além de encontrar conchas de moluscos fossilizadas

Anote! Darwin era **gradualista**. Não via a vida evoluindo abruptamente, aos saltos. Considerava as mudanças sofridas pelas espécies como resultantes do acúmulo lento e gradual de pequenas modificações.

em plena Cordilheira dos Andes (como teriam ido parar lá?). Ao estudar pássaros da família dos fringilídeos – também conhecidos como tentilhões de Darwin – no litoral do Equador e, depois, compará-los aos fringilídeos do arquipélago de Galápagos, Darwin iniciou o longo caminho rumo à elaboração de sua teoria.

Origem da vida e evolução biológica **161**

Os pássaros que observou nas ilhas eram parecidos com os que ele havia observado no continente, mas de espécies diferentes, próprias de cada ilha (atualmente, existem cerca de treze espécies diferentes de tentilhões em Galápagos). Como isso teria acontecido? Darwin supôs que, a partir do continente, os ancestrais dos pássaros teriam se dirigido para as novas ilhas e apenas aqueles já dotados de adaptações às novas características do meio sobreviveram. Estava nascendo aí a **hipótese da seleção natural**. Progressivamente, ao longo do tempo, teriam se formado novas espécies. Ou seja, segundo sua **observação**, as espécies de pássaros fringilídeos encontradas em Galápagos pareciam "descendentes modificadas das espécies sul-americanas". Elaborada a **hipótese**, era necessário confirmá-la por meio de experimentos.

Figura 7-9. A viagem do *Beagle*: o navio deixou a Inglaterra em dezembro de 1831 e chegou ao Brasil no final de fevereiro de 1832. Permaneceu cerca de três anos e meio percorrendo a costa sul-americana. A parada em Galápagos durou pouco mais de um mês. O restante da viagem ao longo do Pacífico – passando pela Austrália, Nova Zelândia, novamente Brasil, até a volta à Inglaterra – levou mais um ano.

- **Os experimentos de seleção artificial**. Darwin sabia que seria impossível efetuar experimentos de seleção natural, ou seja, experimentos relacionados a fatos já ocorridos. Sua engenhosidade e seu brilhantismo científico levaram-no a elaborar um modelo que simulasse a ação da natureza. Foi então que teve a ideia de recorrer aos chamados experimentos de seleção artificial. Há séculos, o homem percebeu que a variabilidade existente entre os descendentes de animais e plantas permitia-lhe selecionar os melhores, aprimorando e modificando as espécies. Pense nas diversas raças de cães, gado, cavalos e nas diferentes plantas usadas como alimentos, criadas pelo homem para melhor atender às suas necessidades. O próprio Darwin foi um grande criador de variedades de pombos-correio, e obtinha dados de experimentos semelhantes de criadores e de aprimoradores de diversas raças de animais e plantas. Assim, concluiu que, se o homem pode fazer essa seleção, ao modificar várias espécies de interesse em pouco tempo, a natureza, ao longo de milhões de anos e dispondo de uma ampla variabilidade entre os componentes de cada espécie, poderia fazer o mesmo. Assim, sua **hipótese da seleção natural** foi confirmada a partir de experimentos de seleção *artificial*.

- **A leitura de Thomas Malthus**. Faltava, porém, um dado fundamental. Será que o homem também está sujeito à ação da seleção natural? Thomas Malthus, economista-clérigo inglês, em fins do século XVIII, escreveu um tratado no qual constava que a população humana crescia em progressão geométrica, enquanto a produção de alimentos pelo homem ocorria em progressão aritmética, ou seja, em ritmo mais lento. Haveria, assim, disputa pelo alimento, sobrevivendo apenas aqueles que tivessem acesso a ele. Darwin pensou então que, "se a população humana passa por um processo de seleção por causa de alimento, o mesmo deveria ocorrer na natureza com os demais seres vivos".

Thomas Robert Malthus (1766-1834).

162 BIOLOGIA 3 • 4.ª edição

A publicação do ensaio de Darwin

Em 1844, Darwin escreveu um ensaio sobre a origem das espécies e a seleção natural. Enviou o trabalho ao amigo e geólogo Charles Lyell que, embora não convencido da ocorrência da evolução biológica, aconselhou Darwin a publicar o ensaio, antes que alguém o fizesse. Em 1858, Darwin recebeu uma carta de Alfred Russel Wallace, um jovem naturalista que coletava espécimes animais na Malásia. Um manuscrito acompanhava a carta, no qual Wallace desenvolvia uma "teoria" da seleção natural, essencialmente idêntica à de Darwin! Wallace pedia a opinião de Darwin, solicitando que enviasse o manuscrito a Lyell para julgamento e possível publicação. Lyell, no entanto, apresentou o manuscrito de Wallace, com o ensaio de Darwin, em uma reunião na Sociedade Lineana de Londres, em 1.º de julho de 1858. Mais que rapidamente, então, Darwin concluiu seu livro, *A Origem das Espécies*, e o publicou no ano seguinte.

De olho no assunto!

Resistência à malária: um fascinante exemplo de seleção natural

Na região oeste do continente africano, uma pequena percentagem da população é resistente ao *Plasmodium falciparum*, protozoário causador de uma forma mortal de malária. Uma das explicações para esse fato reside em uma alteração genética responsável pela síntese da hemoglobina S, uma variante da hemoglobina normalmente encontrada nas pessoas adultas, que é do tipo A.

Na hemoglobina S, a estrutura primária da proteína de uma das cadeias é alterada devido à substituição do aminoácido ácido glutâmico pelo aminoácido valina. Havendo uma situação de baixa concentração de oxigênio, comum nos capilares venosos, as moléculas de hemoglobina transformam-se em longos cristais, que precipitam nas hemácias e promovem a deformação dessas células – que adquirem o formato de foice –, além de provocar danos em suas membranas plasmáticas. Os danos provocados nas membranas plasmáticas fazem as células perderem grande quantidade de íons K^+, essenciais para a sobrevivência dos plasmódios que, sem esses íons, acabam morrendo. Percebe-se, então, que a existência de hemoglobina S, em pessoas portadoras simultaneamente dos genes para a produção de hemoglobina normal (tipo A) e de hemoglobina anormal (tipo S) heterozigotas – AS – daquela região africana, acarreta duas consequências: a primeira, que o transporte de oxigênio aos tecidos fica prejudicado, uma vez que as moléculas alteradas não se ligam eficientemente ao oxigênio, embora a existência da hemoglobina normal assegure uma vida razoavelmente saudável; a segunda, que a alteração na molécula impede a sobrevivência dos plasmódios da malária.

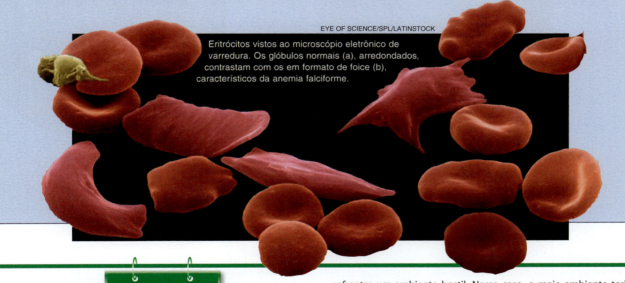

EYE OF SCIENCE/SPL/LATINSTOCK

Eritrócitos vistos ao microscópio eletrônico de varredura. Os glóbulos normais (a), arredondados, contrastam com os em formato de foice (b), característicos da anemia falciforme.

Leitura

Distinguindo frases lamarckistas de darwinistas

As frases abaixo ilustram dois modos de explicar a espessura da casca dos ovos dos répteis:

Frase 1: os répteis desenvolveram espessas cascas em seus ovos para proteger os embriões contra a dessecação.
Frase 2: por terem casca espessa, os ovos dos répteis protegem melhor os embriões contra a dessecação.

A frase 1, de conotação lamarckista, deixa implícita a ideia de uso e desuso. Note que o *desenvolveram... para* contém a ideia de **finalidade**, ou seja, os répteis, diante da necessidade de proteger seus embriões, aumentaram a espessura das cascas dos ovos para enfrentar um ambiente hostil. Nesse caso, o meio ambiente teria induzido a modificação ocorrida com os ovos dos répteis.

O lamarckismo envolve a ocorrência de *adaptação ativa* ao ambiente, ou seja, quando muda o ambiente, o ser vivo reage, sofrendo modificações que o ajustam ao meio. Esse fato não é comprovado cientificamente.

A frase 2 expressa um conceito darwinista. Ovos com casca espessa surgiram no grupo dos répteis como consequência de uma alteração casual nos mecanismos de reprodução. Essa característica favoreceu esse grupo de vertebrados na adaptação ao meio terrestre. Trata-se de um caso de *adaptação passiva*, ou seja, o meio apenas seleciona indivíduos dotados de características adaptativas. O início da frase, *por terem casca espessa*, denota a existência prévia de uma estrutura que contribuiu para o ajuste do grupo ao ambiente.

Origem da vida e evolução biológica **163**

TEORIA SINTÉTICA DA EVOLUÇÃO

O que Darwin não Sabia: Neodarwinismo

O trabalho de Darwin despertou muita atenção, mas também suscitou críticas. A principal era relativa à origem da variabilidade existente entre os organismos de uma espécie. Darwin não tinha recursos para entender por que os seres vivos apresentavam diferenças individuais. Não chegou sequer a ter conhecimento dos trabalhos que Mendel realizava, cruzando plantas de ervilha.

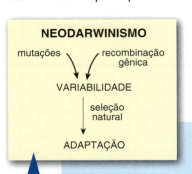

NEODARWINISMO
mutações → recombinação gênica
↓
VARIABILIDADE
↓ seleção natural
ADAPTAÇÃO

CRONOLOGIA DA IDEIA DE EVOLUÇÃO BIOLÓGICA

1951	Watson, Crick e outros: descoberta do DNA
1940	Teoria Sintética da Evolução (Neodarwinismo)
1911	Morgan: teoria cromossômica da herança
1900	Redescoberta dos trabalhos de Mendel
1865	Mendel: princípios da Genética
1859	Darwin: publicação da obra *A Origem das Espécies*
1858	Wallace: envia carta a Darwin com sua hipótese
1850	
1844	Darwin: ensaio sobre a origem das espécies
1831	Viagem do navio *Beagle* (até 1836)
1830	Lyell: princípios de Geologia
1809	Lamarck: teoria da evolução
1800	Cuvier: catastrofismo
1800	
1798	Malthus: *Ensaio sobre Princípios da População*
1795	Hutton: teoria do gradualismo
1753	Lineu: sistema de classificação biológica
1750	
384-322 a.C.	Aristóteles

O problema só foi resolvido a partir do início do século XX quando, na década de 1920, consolidou-se a teoria cromossômica da herança e iniciou-se o estudo dos genes. Só então ficou fácil entender que *mutações* e *recombinação gênica* são as duas importantes fontes de variabilidade entre indivíduos de uma mesma espécie. Assim, as ideias fundamentais de Darwin serviram de base para o **neodarwinismo**. Também chamado **Teoria Sintética da Evolução** (a partir da década de 1940), o neodarwinismo é a consequência da aplicação, pelos modernos evolucionistas, de conhecimentos provenientes da Paleontologia, Taxonomia, Biogeografia e Genética de Populações ao darwinismo.

De olho no assunto!

Alguns exemplos explicados pelo neodarwinismo

- Partindo-se da existência prévia de variabilidade, uma população bacteriana deve ser formada por dois tipos de indivíduo: os sensíveis e os resistentes. À medida que antibióticos são inadequadamente utilizados no combate a infecções causadas por bactérias, o que na realidade se está fazendo é uma seleção de indivíduos resistentes a determinado antibiótico. Sendo favorecidos, os indivíduos resistentes – pouco abundantes no início – proliferam e promovem a adaptação da população ao ambiente modificado.

JIM VARNEY/SPL/LATINSTOCK

Placa de Petri contendo meio de cultura e bactérias. Sete antibióticos (pequenos discos brancos) foram aplicados à placa. Aqueles em cuja volta se desenvolveu um halo escuro são antibióticos mais efetivos contra as bactérias (canto inferior direito). Observe também que essas bactérias apresentam resistência a alguns antibióticos.

- O mesmo raciocínio pode ser utilizado com relação à resistência de insetos a inseticidas. Aplicados indiscriminadamente em populações de insetos (considerados daninhos em regiões urbanas ou agrícolas), inicialmente constituídas em sua maioria por indivíduos sensíveis, são selecionados favoravelmente os indivíduos resistentes. Do mesmo modo que ocorre com as bactérias, progressivamente as populações de insetos passam a ser constituídas em sua maioria pelas variedades resistentes, adaptadas à nova condição do meio.

- No caso da coloração das mariposas da espécie *Biston betularia*, embora muitas críticas sejam dirigidas aos experimentos de Bernard Kettlewel, realizados em 1950 com o intuito de confirmar a hipótese de seleção efetuada por pássaros predadores das mariposas, vale o mesmo raciocínio. Em meados do século XIX, a população dessas mariposas nos arredores de Londres era constituída predominantemente por indivíduos de asas claras, embora houvesse alguns de asas escuras, melânicas. Naquela época, os troncos das árvores eram cobertos de liquens, que lhes conferiam uma cor acinzentada. As mariposas melânicas, mais visíveis, eram mais caçadas pelas aves. Na medida em que a industrialização crescente provocou o aumento de resíduos poluentes, os troncos das árvores passaram a ficar escurecidos, devido ao desaparecimento dos liquens (sensíveis aos gases poluentes) e ao excesso de fuligem. As mariposas melânicas, favorecidas pela mudança de coloração do meio, escapavam dos predadores e, como consequência, reproduziam-se mais e deixavam mais descendentes, adaptando a população ao ambiente poluído.

- Outro exemplo, mais sofisticado, é o referente ao belíssimo trabalho do casal Peter e Rosemary Grant a respeito do tamanho dos bicos de tentilhões (pássaros que vivem nas ilhas do arquipélago Galápagos e que foram estudados por Darwin). Nesse estudo, o casal confirmou a relação existente entre a diversidade de formas e de tamanho de bicos das aves e o tipo de alimento (por exemplo, tamanho e consistência de sementes) existente em uma das ilhas do arquipélago. O tipo de alimento, nesse caso, atuou como agente seletivo, favorecendo as variedades dotadas das adaptações que permitiam a sua obtenção. Veja a Figura 7-10.

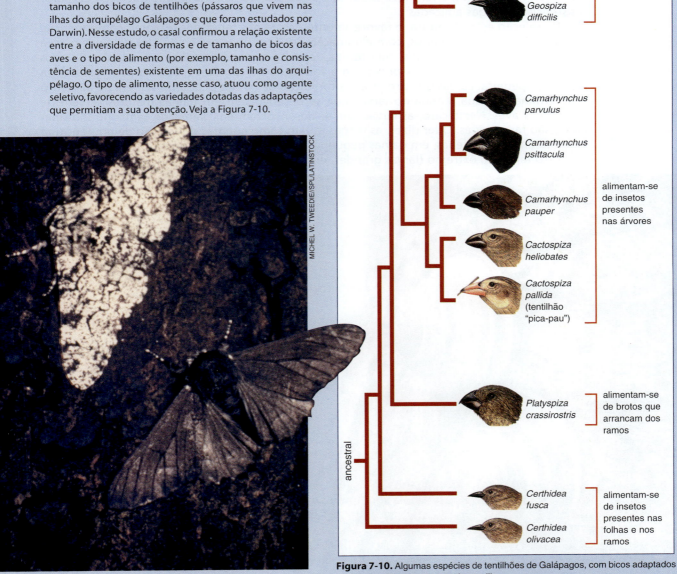

Biston betularia melânica e de asas claras. Observe como a mariposa de asas escuras é menos visível sobre o fundo escuro.

Figura 7-10. Algumas espécies de tentilhões de Galápagos, com bicos adaptados ao tipo de alimento encontrado nas ilhas.

Fonte: RAVEN, P. H. *et al. Biology*. 7. ed. New York: McGraw-Hill, 2005.

Origem da vida e evolução biológica **165**

Os Três Tipos de Seleção

A seleção natural é o *processo* que resulta na adaptação de uma população ao meio de vida. O *mecanismo* de atuação da seleção natural, proposto por Darwin e Wallace, permite compreender como ocorre a evolução das espécies. A maioria das características (fenótipos) sobre as quais a seleção natural atua é determinada por muitos pares de genes localizados em diferentes locos gênicos. Nesse sentido, a distribuição dos diferentes fenótipos (que são, claro, determinados pelos genótipos) presentes em uma população pode ser colocada em um gráfico em que a curva tem o formato de sino (curva de Gauss).

A seleção natural é um processo dinâmico. Modificando-se as características do meio, altera-se a seleção. Assim, na dependência de ocorrerem variações nas características do ambiente, três tipos de seleção podem ser descritos, cada qual exercendo determinado efeito em uma população. Os tipos são: seleção direcional, seleção estabilizadora e seleção disruptiva.

Na **seleção direcional**, há o favorecimento de determinado fenótipo *extremo* em detrimento dos outros fenótipos, que são eliminados. É o que ocorre, por exemplo, na resistência de insetos ao se empregarem inseticidas de modo indiscriminado no seu controle e, também, na resistência de bactérias aos antibióticos inadequadamente utilizados no tratamento de infecções. Nesses casos, o fenótipo *extremo* é o constituído pela *variedade* que oferece *maior resistência* às drogas aplicadas.

Na **seleção estabilizadora**, o favorecimento ocorre nos fenótipos (e, como consequência, nos genótipos) *intermediários*, com eliminação dos fenótipos extremos. Um belo exemplo é o da mosca *Eurosta solidaginis*, cuja fêmea deposita ovos em determinada planta. Os ovos desenvolvem-se em larvas que provocam a formação de tumores (denominados *galhas*) na planta hospedeira. Larvas que provocam a formação de galhas pequenas servem de alimento a determinada vespa, enquanto larvas que se desenvolvem em galhas maiores servem de alimento a aves. Nesse caso, as larvas que se desenvolvem em galhas de tamanho intermediário são favorecidas. Quer dizer, as vespas atuam como agentes de seleção de um fenótipo extremo (larvas pequenas, em galhas pequenas), enquanto as aves são os agentes de seleção do outro fenótipo extremo (larvas grandes, em galhas grandes).

Na **seleção disruptiva**, ao contrário, são favorecidos os fenótipos *extremos*, com diminuição progressiva dos intermediários. É o que ocorre com caramujos da espécie *Cepea nemoralis*, cujos indivíduos possuem conchas de dois tipos: marrom escuro e marrom com faixas amarelas. Em matas fechadas, pássaros alimentam-se preferencialmente de caramujos dotados de manchas amareladas nas conchas, mais visíveis, enquanto em locais abertos a preferência é pelos caramujos dotados de conchas marrons, que se destacam na vegetação rala. Então, em matas fechadas são favorecidos os caramujos dotados de conchas marrons, enquanto em locais de vegetação aberta os favorecidos são os de conchas listadas. Você acha que esse mecanismo pode resultar na formação de novas espécies? Pense nisso.

Caramujos da espécie *Cepea nemoralis* com conchas de diferentes tonalidades.

Os gráficos da Figura 7-11 ilustram os três tipos de seleção descritos.

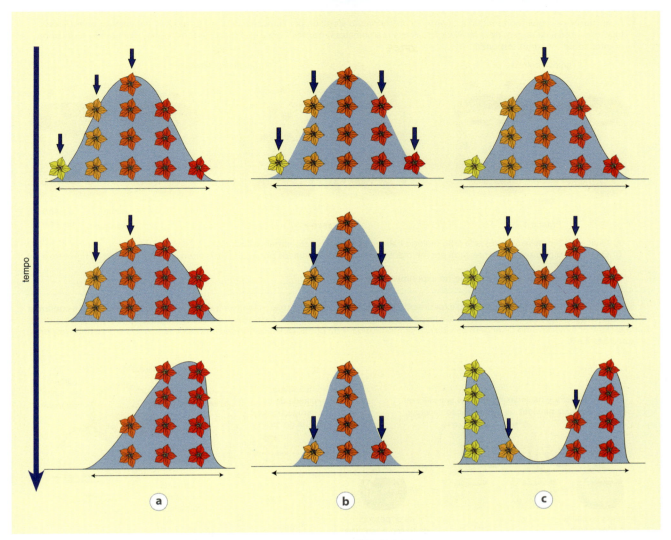

Figura 7-11. (a) Seleção direcional, (b) seleção estabilizadora e (c) seleção disruptiva.

O homem descende do macaco?

Na polêmica apresentação do seu trabalho a respeito do processo de seleção natural e da origem das espécies, Darwin foi acusado de defender a tese de que o homem descendeu dos macacos. Será que isso é verdade? A acusação é injustificada. Darwin nunca afirmou isso. O que ele procurava esclarecer era o fato de que todas as espécies viventes, inclusive a humana, teriam surgido por meio de um longo processo de evolução a partir de seres que os antecederam. Nesse sentido, homens e chimpanzés, que tiveram um ancestral comum, seriam "primos em primeiro grau", fato que provocou a ira de muitos oponentes de Darwin. E não é que o assunto pode ser agora esclarecido, com uma fascinante descoberta na formação Chorora, na Etiópia central?

Um grupo de cientistas etíopes e japoneses encontrou restos fossilizados, na verdade oito dentes, de uma nova espécie de macaco – batizada com o nome *Chororapithecus abyssinicus* (ou macaco abissínio de Chorora) – que viveu há cerca de 10 milhões de anos e está sendo considerado o mais velho parente dos gorilas. Explicando melhor: até agora, os cientistas acreditavam que os gorilas, ao longo da evolução, tivessem se separado dos chimpanzés bem mais tarde. E, depois disso, teria havido a separação das linhagens que originaram os chimpanzés e os hominídeos (família a que pertence a espécie humana). Agora, com essa nova descoberta, tudo leva a crer que a origem do homem é mais antiga, cerca de 9 milhões de anos. E, para completar, essa descoberta é um forte apoio da origem africana tanto dos humanos quanto dos grandes macacos modernos.

Para aqueles que acreditam na evolução biológica, descobertas como essa ajudam a esclarecer a origem dos seres humanos. E, também, a desfazer os mitos baseados em acusações infundadas.

Extraído e adaptado de:
ANGELO, C. Gorila ancestral recua origem humana.
Folha de S.Paulo, São Paulo, 23 ago. 2007,
Ciência, p. A20.

Passo a passo

1. As ilustrações a seguir representam esquemas do experimento efetuado por Francesco Redi, no século XVII, na tentativa de esclarecer as hipóteses acerca da origem de seres vivos nos diversos ambientes terrestres. Com a observação dos esquemas e utilizando seus conhecimentos sobre o assunto, responda:

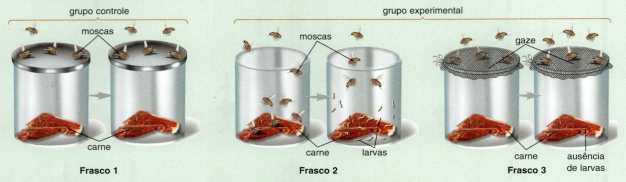

a) Qual era a hipótese a ser testada pelo biólogo italiano ao efetuar o experimento ilustrado?
b) Qual era a hipótese a ser contestada por meio dos experimentos efetuados por Redi? Quais eram os defensores dessa hipótese a ser contestada?
c) Qual foi o papel do grupo controle, no experimento efetuado por Redi?

A ilustração **I**, a seguir, representa o famoso experimento efetuado por um conceituado cientista francês, no sentido de esclarecer e confirmar definitivamente a hipótese de Francesco Redi a respeito da origem dos seres vivos. A ilustração **II** é o experimento proposto por dois cientistas para esclarecer o mecanismo de origem da vida nos primórdios da Terra primitiva. Utilizando seus conhecimentos sobre o assunto, responda às questões **2** e **3**.

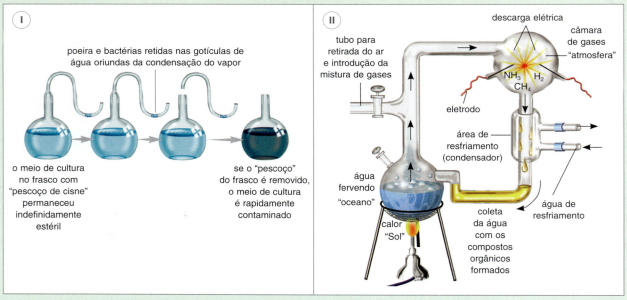

2. a) A que cientistas se referem, respectivamente, os experimentos **I** e **II**? Em que época esses experimentos foram efetuados?
b) Cite a hipótese defendida e confirmada pelo cientista referente ao experimento esquematizado em **I**.

3. a) O experimento ilustrado em **II** foi efetuado no sentido de esclarecer a hipótese proposta pelo cientista russo A. I. Oparin, em 1938, na tentativa de explicar como teria se iniciado a vida em nosso planeta. Qual a hipótese defendida por esse cientista e como o experimento ilustrado contribuiu para o esclarecimento e a aceitação dessa hipótese?
b) Na hipótese de Oparin, como era proposta a origem dos primeiros seres vivos na Terra primitiva? Cite as denominações então utilizadas para designar esses primitivos seres.

4. Com a aceitação da hipótese de Oparin, surgiu um novo desafio: que modalidade de metabolismo energético os primitivos procariotos realizavam? Duas hipóteses foram sugeridas: a autotrófica, tendo como base a fotossíntese, e a heterotrófica, provavelmente tendo como princípio a fermentação. Utilizando seus conhecimentos sobre o assunto, responda:

a) Tudo leva a crer que os primeiros procariotos foram heterótrofos fermentadores, valorizando, então, a hipótese heterotrófica. Que justificativas foram utilizadas para a aceitação dessa hipótese? Cite a sequência de surgimento dos seres vivos, em termos de metabolismo energético, com a aceitação mais provável da hipótese heterotrófica.
b) Justifique, em poucas palavras, por qual razão a hipótese autotrófica, tendo como base a ocorrência de fotossíntese, é menos provável.
c) Explique em poucas palavras qual o significado da hipótese endossimbiótica, proposta pela bióloga Lynn Margulis para a explicação da origem de organelas das células eucarióticas. Cite pelo menos duas evidências que confirmam essa hipótese.

5. "Evolução biológica: uma questão de adaptação." Essa é uma frase corriqueira, utilizada no início de um curso de Evolução Biológica. As fotos a seguir ilustram dois exemplos de adaptação: I – a coloração das mariposas *Biston betularia* (à esquerda, pousadas em tronco de árvore recoberto de liquens) e II – a coloração e o formato do urutau, ave conhecida como mãe-da-lua, da espécie *Nyctibius griseus* (pousado em galho de árvore). Utilizando seus conhecimentos sobre o assunto, responda:

a) Quais são as duas correntes de pensamento que procuravam explicar a ocorrência dessas duas adaptações, considerando a existência ou não de modificações sofridas pelos seres vivos?

b) Ainda hoje é valorizada a ideia da *criação especial*, que justificaria a existência dessas e de outras adaptações existentes nos seres vivos. Como é denominada essa corrente de pensamento e que argumentos seus defensores utilizam na justificativa da ocorrência das adaptações?

6. Os defensores da evolução biológica já existiam desde os finais do século XVIII. No entanto, foi no século XIX, com os trabalhos de Lamarck, que efetivamente se iniciou a abordagem científica dos processos de modificação dos seres vivos em resposta a mudanças ocorridas nos ambientes de vida. O esquema a seguir mostra, resumidamente, as duas leis propostas por Lamarck em sua teoria, na tentativa de explicar a ocorrência da evolução biológica. Embora as ideias desse importante cientista francês não sejam atualmente aceitas, ele foi o primeiro a sugerir uma proposta relativa à ocorrência de evolução biológica.

A

Toda estrutura ou órgão intensamente solicitado tende a se desenvolver, ao contrário dos órgãos ou estruturas menos utilizados que tendem a reduzir.

B

Toda característica introduzida durante a vida de determinado organismo pode ser transmitida a seus descendentes pela reprodução.

a) Nas lacunas A e B devem constar as duas leis propostas por Lamarck na explicação de sua teoria. Quais são essas leis?

b) Em termos do conhecimento científico atual, explique, em poucas palavras, no caso dessas duas leis, por que as ideias de Lamarck hoje não são consideradas válidas?

7. O esquema a seguir é um resumo da teoria de Darwin a respeito da ocorrência de evolução biológica. Utilize-o, com os seus conhecimentos sobre o assunto, para responder a essa questão.

Esquema do darwinismo

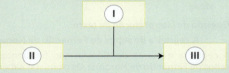

a) Reconheça os três itens básicos que caracterizam a teoria de Darwin, nos espaços I, II e III. Como é denominada, então, a teoria proposta por esse importante cientista inglês?

b) Em termos de metodologia científica, explique em poucas palavras por que a teoria de Darwin é, atualmente, mais aceita do que a proposta por Lamarck.

c) Qual foi a principal lacuna deixada por Darwin ao elaborar a sua teoria? Em outras palavras, em decorrência da ausência de conhecimentos biológicos em sua época, o que Darwin não pode esclarecer perfeitamente ao elaborar sua teoria?

8. Leia a tira a seguir:

ADÃO
JARDIM BIZARRO

HÁ MUITO TEMPO, AS GIRAFAS ERAM DIFERENTES. TINHAM O PESCOÇO CURTO.

O PRINCIPAL ALIMENTO DELAS SEMPRE FORAM AS FOLHAS DAS ÁRVORES.

POR ISSO, DIZEM OS CIENTISTAS, O PESCOÇO DAS GIRAFAS FOI CRESCENDO, GERAÇÃO APÓS GERAÇÃO...

...E NÃO PARA DE CRESCER!

AS ÁRVORES, PARA SE PROTEGER, ESTÃO FICANDO CADA VEZ MAIS ALTAS.

QUANDO ISSO VAI TERMINAR???

A explicação sobre o aumento do tamanho do pescoço das girafas e sobre o aumento do tamanho das árvores, descrita na tirinha, pode estar relacionada a conceitos associados à teoria lamarckista da evolução biológica. Por outro lado, tais fatos também podem ser interpretados segundo a teoria darwinista da evolução biológica.

a) Cite o trecho da tirinha que caracteriza a teoria lamarckista. Justifique sua escolha.

b) Qual seria a explicação relativa ao aumento do tamanho do pescoço das girafas e o do tamanho das árvores, segundo a teoria darwinista?

Origem da vida e evolução biológica

9. O esquema a seguir é um resumo da atual teoria da evolução biológica, que complementa as ideias de Darwin e tem como base os conhecimentos decorrentes da genética mendeliana e da biologia molecular referente aos ácidos nucleicos e sua ação nos mecanismos de herança. Utilizando seus conhecimentos sobre o assunto, responda:

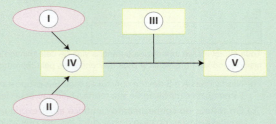

a) Preencha as lacunas do esquema, de I a V. Como é denominada a teoria de evolução biológica atualmente considerada válida e aceita, sucessora da teoria de Darwin, a que o esquema se refere?
b) Os círculos I e II correspondem aos fatores que permitem a ocorrência de variabilidade nos seres vivos. Desses dois fatores, qual o que é considerado o *fator primário de variabilidade*?

10. *Questão de interpretação de texto*

A cegueira de sapos de Fernando de Noronha

A cegueira e outras deficiências são frequentes entre os sapos de Fernando de Noronha. Os cientistas sabem como os bichos conseguem sobreviver. No continente, um sapo cego seria comido por uma serpente antes que pudesse refletir sobre a sua condição. Mas, em Noronha, o animal não tem predadores. O que se quer saber agora é como pelo menos metade dos sapos da ilha teve malformações. Uma possibilidade é a contaminação ambiental, que tem grande potencial para criar deformações. Noronha, porém, é uma ilha limpa, e todo o lixo é enviado para o continente. Outra hipótese é a de que cruzamentos entre sapos aparentados entre si teriam contribuído para que mutações "ruins" se espalhassem. Faz sentido, porque a espécie apareceu em Noronha faz um século. "É extremamente intrigante", diz D. Irschick, biólogo da Universidade de Massachusetts. "A inexistência de predadores talvez tenha feito com que *faltasse a pressão que remove os mais doentes e fracos*, uma ideia instigante", diz. Isso teria feito com que os genes "defeituosos" não tivessem sido eliminados. "Junte a isso a falta de predadores e teremos uma explicação da persistência desses sapos cegos em Noronha." Essa explicação, que recorre à existência de genes mutantes para a produção de olhos não funcionais, guarda relação com a Teoria Sintética da Evolução Biológica, quanto à origem da variabilidade nos seres vivos. Quanto ao trecho "*...faltasse a pressão que remove os mais doentes e fracos*", refere-se à atuação da seleção natural no favorecimento de sapos cegos, na ausência de predadores naturais.

Adaptado de: MIOTO, R. Sociedade de sapos cegos vive isolada. *Folha de S.Paulo*, São Paulo, 20 jun. 2010. Caderno Ciência, p. A20.

Considerando os dados do texto e seus conhecimentos sobre o assunto, responda:

a) De acordo com as ideias lamarckistas da evolução biológica, como seria explicada a ocorrência de sapos cegos em um ambiente desprovido de predadores, conforme citado no texto, relativamente a Fernando de Noronha?
b) Qual o papel desempenhado pelas mutações que incidiram no material genético dos sapos de Fernando de Noronha, resultando na cegueira desses animais?
c) Considere o seguinte trecho do texto: "É extremamente intrigante. A inexistência de predadores talvez tenha feito com que *faltasse a pressão que remove os mais doentes e fracos*, uma ideia instigante". Que mecanismo evolutivo, relativo à teoria da Evolução Biológica estabelecida a partir de 1859 por Darwin, o pesquisador sugeriu ao se referir à *falta de pressão que remove os mais doentes e fracos*?

Questões objetivas

1. (UFRGS – RS – adaptada) Abaixo, a coluna iniciada com números apresenta o nome de teorias sobre a evolução da vida na Terra e, a seguir, são feitas afirmações relacionadas a três dessas teorias. Associe adequadamente a coluna iniciada com números com as afirmações que se seguem.

1 – Abiogênese
2 – Biogênese
3 – Panspermia
4 – Evolução química
5 – Hipótese autotrófica

( ) Os primeiros seres vivos utilizaram compostos inorgânicos da crosta terrestre para produzir suas substâncias alimentares.
( ) A vida na Terra surgiu a partir de matéria proveniente do espaço cósmico.
( ) Um ser vivo só se origina de outro ser vivo.

A sequência correta de preenchimento dos parênteses, de cima para baixo, é
a) 4 – 2 – 1.
b) 4 – 3 – 2.
c) 1 – 2 – 4.
d) 5 – 1 – 3.
e) 5 – 3 – 2.

2. (UFSC) Evidências indicam que a Terra tem aproximadamente 4,5 bilhões de anos de idade. A partir de sua formação até o aparecimento de condições propícias ao desenvolvimento de formas vivas, milhões de anos se passaram. Sobre a origem da vida e suas hipóteses, indique a(s) proposição(ões) CORRETA(S) e dê sua soma ao final.

(01) O aparecimento da *fotossíntese* foi muito importante, pois através deste fenômeno alguns seres vivos passaram a ter capacidade de formar moléculas energéticas.
(02) Segundo a hipótese *heterotrófica*, os primeiros seres vivos obtinham energia através de processos químicos bem simples com a respiração aeróbica.
(04) As hipóteses *heterotrófica* e *autotrófica* foram baseadas em fatos comprovados que levaram à formulação da *Lei da Evolução Química*.
(08) Os processos químicos nos seres vivos ocorrem dentro de compartimentos isolados do meio externo, em função da existência de uma membrana citoplasmática.
(16) Em 1953, Stanley L. Miller, simulando as prováveis condições ambientais da Terra no passado, comprovou a possibilidade da formação de moléculas complexas como proteínas e glicídios.
(32) Há um consenso entre os cientistas quanto à impossibilidade de serem formadas moléculas orgânicas fora do ambiente terrestre.
(64) A capacidade de duplicar moléculas orgânicas foi uma etapa crucial na origem dos seres vivos.

3. (UPE) Em uma gincana de Biologia, você concorre a uma vaga para representar Pernambuco na etapa nacional. O ponto sorteado foi *Origem da vida*. Você e seu adversário receberam cartas de um jogo, relacionadas às hipóteses: (1) *autotrófica* e (2) *heterotrófica*. Observe as cartas a seguir:

Carta 1

Processos: fermentação → fotossíntese → respiração
Carta 2

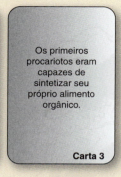
Os primeiros procariotos eram capazes de sintetizar seu próprio alimento orgânico.
Carta 3

Carta 4

Equação
$FeS + H_2S \rightarrow FeS_2 + H_2$
sulfeto de ferro + gás sulfídrico → dissulfeto de ferro + hidrogênio + energia
Carta 5

Vence aquele que inter-relacionar as cartas, montando uma sequência coerente com uma dessas duas hipóteses, associando as afirmações das colunas 1 e 2.

Coluna 1	Coluna 2
I. Autotrófica, pois a carta 3 traz a definição dos seres autótrofos, seguida da carta 5 representando a quimiossíntese, que antecede o processo de fermentação mostrado na carta 2.	A. A carta 2 pode ser relacionada às cartas 4 e 1 associadas, respectivamente, à fotossíntese e à respiração.
II. Autotrófica, pois a carta 5 representa a fotossíntese, que antecede a carta 3 por trazer a definição dos seres heterótrofos relacionados aos processos de fermentação e respiração, mostrados na carta 2.	B. A carta 2 pode ser relacionada às cartas 4 e 1 associadas, respectivamente, à quimiossíntese e à fermentação.
III. Heterotrófica, pois as cartas 2 e 3 iniciam tratando de fermentação e, consequentemente, antecedem os processos de fotossíntese e respiração, representados, respectivamente, nas cartas 5 e 2.	

Estão **CORRETAS** as associações
a) I e A.   b) I e B.   c) II e A.   d) III e A.   e) III e B.

4. (UFRN) Atualmente, a História da Ciência procura entender como o conhecimento foi construído em determinada época, de modo contextualizado, e considera que cada cultura e tempo têm questões peculiares a serem solucionadas. Nesse contexto, em relação às teorias evolutivas, Jean Baptiste de Lamarck

a) era defensor de que as espécies não evoluíam de outras espécies.
b) acreditava que os seres vivos não se modificavam ao longo do tempo.
c) propôs o princípio da seleção natural antes mesmo de Darwin.
d) foi um dos primeiros pesquisadores a propor que os seres vivos evoluíam.

5. (UDESC) Assinale a alternativa correta quanto à evolução das espécies.

a) Wallace, em seus estudos, chegou às mesmas conclusões que Lamarck quanto à evolução e à seleção natural das espécies.
b) Segundo a teoria de Lamarck, a característica do pescoço longo das girafas era resultante da seleção natural.
c) Na teoria de Darwin as características resultantes de condições ambientais, como a atrofia muscular ou hipertrofia, podem ser transmitidas para os descendentes.
d) O neodarwinismo, ou teoria sintética da evolução, reinterpretou a teoria de evolução de Darwin que, além da genética e dos conhecimentos em hereditariedade, incluiu fatores fundamentais da evolução, da mutação gênica e da recombinação gênica.
e) A lei do uso e desuso e a lei da transmissão dos caracteres adquiridos foram estabelecidas por Darwin.

6. (UFRGS – RS) Charles Darwin, em seu livro *Origem das Espécies*, reconhece que, em seu sentido literal, o termo *seleção natural* é inadequado.

De acordo com o significado que ele atribuiu a essa expressão, aceito até hoje, *seleção natural* designa

a) a origem comum dos seres vivos.
b) a sobrevivência do mais forte.
c) o surgimento de novas formas.
d) a persistência do mais apto.
e) o aumento da complexidade dos organismos.

7. (PUC – RS)

"DESDE QUE AQUELE JOVEM DARWIN ESTEVE AQUI, SUA ESPÉCIE CERTAMENTE EVOLUIU."

Sobre o pensamento evolutivo proposto por Darwin, é **INCORRETO** afirmar que

a) a seleção natural age no fenótipo e explica a especiação dos seres vivos.
b) forças externas agem sobre a variabilidade dos organismos.
c) a pressão seletiva modifica os genes para que o organismo se adapte.
d) as características hereditárias favoráveis tornam-se mais comuns ao longo das gerações.
e) em determinado ambiente, indivíduos mais adaptados sobrevivem e deixam descendentes.

8. (UEL – PR) Darwin, empolgado com as maravilhas da natureza tropical, em Salvador e no Rio, registrou: A viagem do *Beagle* foi sem dúvida o acontecimento mais importante de minha vida e determinou toda a minha carreira. As maravilhas das vegetações dos trópicos erguem-se hoje em minha lembrança de maneira mais vívida do que qualquer outra coisa.

Adaptado de: MOREIRA, I. C. Darwin, Wallace e o Brasil. *Jornal da Ciência*, ano XXII, n. 625, p. 6, 11 jul. 2008.

Darwin, em sua teoria de seleção natural, forneceu uma explicação para as origens da adaptação. A adaptação aumenta a capacidade de um organismo de utilizar recursos ambientais para sobreviver e se reproduzir.

Com base na série de observações e conclusões de Darwin e nos conhecimentos sobre o tema, considere as afirmativas:

I – O tamanho das populações naturais mantém-se constante ao longo do tempo, sendo limitado por fatores ambientais, como a disponibilidade de alimento, locais de procriação e presença de inimigos naturais.
II – Uma luta contínua pela existência ocorre entre indivíduos de uma população e a cada geração muitos morrem sem deixar descendentes; os que sobrevivem apresentam determinadas características relacionadas à adaptação.
III – Os indivíduos de uma população possuem as mesmas características, o que influencia sua capacidade de explorar com sucesso os recursos naturais e de deixar descendentes.
IV – Os indivíduos mais adaptados se reproduzem e transmitem aos descendentes as características relacionadas a essa adaptação, favorecendo a permanência e o aprimoramento dessas características ao longo de gerações sucessivas.

Assinale a alternativa correta.

a) Somente as afirmativas I e II são corretas.
b) Somente as afirmativas I e III são corretas.
c) Somente as afirmativas III e IV são corretas.
d) Somente as afirmativas I, II e IV são corretas.
e) Somente as afirmativas II, III e IV são corretas.

9. (UEL – PR) Com base no texto da questão anterior e nos conhecimentos sobre o tema, considere as afirmativas a seguir:

I – A ideia de evolução não era nova, contudo, foi Darwin que estabeleceu cientificamente o princípio da seleção natural como fator responsável pela evolução dos organismos.
II – As conclusões expostas no livro *A Origem das Espécies* levaram ao aprimoramento dos estudos de Lamarck que embasavam a teoria da geração espontânea dos organismos.
III – Em sua viagem, Darwin observou a ocorrência de processos biológicos semelhantes em áreas geográficas e com seres vivos diferentes, o que colaborou para a elaboração da Teoria da Evolução pela seleção natural.
IV – A Teoria da Evolução pela seleção natural, conhecida por darwinismo, também foi desenvolvida por Alfred Wallace que, na mesma época, estudava o fenômeno evolutivo.

Assinale a alternativa correta.

a) Somente as afirmativas I e II são corretas.
b) Somente as afirmativas II e IV são corretas.
c) Somente as afirmativas III e IV são corretas.
d) Somente as afirmativas I, II e III são corretas.
e) Somente as afirmativas I, III e IV são corretas.

10. (UEL – PR) A fauna de vertebrados do fundo de cavernas é representada por peixes, salamandras e morcegos; são animais geralmente despigmentados e, no caso dos peixes, cegos.

Sobre a condição de cegueira dos peixes da caverna, atribua verdadeiro (V) ou falso (F) para as afirmativas a seguir, que explicam a razão pela qual encontramos maior incidência de peixes cegos dentro das cavernas do que fora delas, quando comparada com a população de peixes não cegos.

( ) Dentro das cavernas, os peixes não cegos são presas fáceis dos peixes cegos.
( ) Fora das cavernas, os peixes cegos são presas fáceis de predadores.
( ) Fora das cavernas, os peixes não cegos levam vantagem sobre os peixes cegos.
( ) Dentro das cavernas, os peixes cegos levam vantagem sobre os peixes não cegos.

Assinale a alternativa que apresenta, de cima para baixo, a sequência correta.

a) F, V, V e V.
b) F, V, V e F.
c) V, F, V e F.
d) V, F, F e V.
e) V, V, F e F.

11. (FUVEST – SP) O conhecimento sobre a origem da variabilidade entre os indivíduos, sobre os mecanismos de herança dessa variabilidade e sobre o comportamento dos genes nas populações foi incorporado à teoria da evolução biológica por seleção natural de Charles Darwin.

Diante disso, considere as seguintes afirmativas:

I – A seleção natural leva ao aumento da frequência populacional das mutações vantajosas num dado ambiente; caso o ambiente mude, essas mesmas mutações podem tornar seus portadores menos adaptados e, assim, diminuir de frequência.
II – A seleção natural é um processo que direciona a adaptação dos indivíduos ao ambiente, atuando sobre a variabilidade populacional gerada de modo casual.

III – A mutação é a causa primária da variabilidade entre os indivíduos, dando origem a material genético novo e ocorrendo sem objetivo adaptativo.

Está correto o que se afirma em
a) I, II e III.
b) I e III, apenas.
c) I e II, apenas.
d) I, apenas.
e) III, apenas.

12. (UFRGS – RS) Um dos maiores problemas mundiais de saúde pública é a infecção hospitalar. Recentemente, constatou-se que a bactéria *Klebsiella pneumoniae*, responsável pela pneumonia e por infecções da corrente sanguínea, tornou-se resistente a todos os antibióticos utilizados atualmente. Essa resistência, por sua vez, foi propagada por conjugação para a bactéria *Escherichia coli*, que vive nos intestinos de animais de sangue quente e é onipresente em nosso ambiente.

Considere as afirmações abaixo sobre a situação apresentada.
I – A utilização de antibióticos exerce pressão seletiva para a aquisição de resistência.
II – A utilização de antibióticos causa mutações que conferem resistência às bactérias.
III – As bactérias podem adquirir resistência sem terem sido expostas aos antibióticos.

Quais estão corretas?
a) Apenas I.
b) Apenas II.
c) Apenas I e III.
d) Apenas II e III.
e) I, II e III.

13. (UEL – PR) Pesquisas recentes consideram que as asas dos insetos evoluíram a partir de apêndices branquiais, estruturas utilizadas como remos por espécies ancestrais aquáticas.

Com base no enunciado e de acordo com a perspectiva neodarwinista, considere as afirmativas a seguir.
I – Os animais com apêndices branquiais mais desenvolvidos originaram uma descendência mais numerosa.
II – As diferenças genéticas acumuladas conduziram ao isolamento reprodutivo da população com apêndices branquiais mais desenvolvidos.
III – Em alguns indivíduos da população, ocorreram alterações nos genes responsáveis pelo desenvolvimento dos apêndices branquiais.
IV – Ao longo das gerações, foi aumentando a frequência dos alelos responsáveis pelo maior desenvolvimento dos apêndices branquiais.
V – A diversidade da população aumentou em relação ao desenvolvimento dos apêndices branquiais.

Assinale a alternativa que contém a ordem correta da sequência cronológica dos acontecimentos que explicam a origem das asas dos insetos atuais.
a) II, I, V, III e IV.
b) III, IV, V, II e I.
c) III, V, I, IV e II.
d) V, III, IV, II e I.
e) V, IV, II, I e III.

14. (UFPE) A caricatura a seguir, de 1871, mostra como muitos cientistas receberam as ideias evolutivas de Darwin. Tal teoria também foi desafiada no passado recente pelo famoso biólogo evolucionista Stephen Jay Gould, morto em 2002. Diferentemente de Darwin, Gould acreditava que a evolução pode ter dado saltos, considerando a descontinuidade do registro fóssil de muitas espécies. Apesar disso, os cientistas modernos concordam que as mutações foram importantes no processo evolutivo. Sobre este assunto, considere as alternativas que se seguem.

Revista *The Hornet*, 22/3/1871.

(0) mutações produzem proteínas defeituosas nas populações animais e vegetais de dada espécie e, portanto, são responsáveis por processos de extinção em massa.
(1) mutações silenciosas, como as que ocorrem nos introns da molécula de DNA, não geram modificações no fenótipo, assim não devem ser importantes do ponto de vista evolutivo.
(2) espera-se que a deleção de nucleotídeos de sequências gênicas na molécula de DNA altere a sequência de cadeia polipeptídica, produzindo assim variabilidade genética.
(3) ao observar os códons para os aminoácidos alanina e glicina, abaixo, é possível concluir que, se o código genético é "degenerado", mutações nesses códons não influenciam no fenótipo dos organismos de uma população.

Alanina:	GCU, GCC, GCA, GCG
Glicina:	GGU, GGC, GGA, GGG

(4) as mutações devem afetar as células somáticas para influenciar no aparecimento de características vantajosas aos indivíduos da prole.

15. (UFC – CE) Em um estudo realizado nas ilhas Galápagos, um casal de pesquisadores observou que indivíduos de uma espécie de tentilhão (espécie A) comumente se alimentavam de sementes de vários tamanhos. A ilha onde a espécie A ocorria foi colonizada por outra espécie de tentilhão (espécie B). Indivíduos de B se alimentavam de sementes grandes e eram mais eficientes que A na aquisição deste recurso. Com o passar dos anos, os dois pesquisadores observaram que o tamanho médio do bico dos indivíduos de A estava reduzindo gradualmente. Considerando que pássaros com bicos maiores conseguem se alimentar de sementes maiores, o processo de redução de bico observado em A é um exemplo de seleção:
a) direcional: o estabelecimento de indivíduos da espécie B representou uma pressão seletiva que favoreceu indivíduos da espécie A com bicos pequenos.
b) disruptiva: o estabelecimento de indivíduos da espécie B representou uma pressão seletiva que favoreceu indivíduos da espécie A com bicos muito pequenos ou muito grandes.
c) estabilizadora: o estabelecimento de indivíduos da espécie B representou uma pressão seletiva que favoreceu indivíduos da espécie A com bicos de tamanho intermediário.
d) sexual: o estabelecimento de indivíduos da espécie B aumentou a competição entre machos da espécie A por acesso às fêmeas.
e) direcional: o estabelecimento de indivíduos da espécie B induziu mutações em indivíduos da espécie A.

Questões dissertativas

1. (UFG – GO) Leia o texto a seguir.

Em sua obra *História natural dos animais invertebrados*, lançada em partes de 1815 a 1822, Lamarck expõe a última e mais completa versão de sua teoria, composta de quatro leis:

Primeira lei – "tendência para o aumento da complexidade". Lamarck defendeu essa lei como uma tendência de todos os corpos para aumentar de volume, estendendo as dimensões de suas partes até um limite que seria próprio de cada organismo.

Segunda lei – "surgimento de órgãos em função de necessidades que se fazem sentir e que se mantêm". Lamarck relatou que os hábitos e as circunstâncias da vida de um animal eram capazes de moldar a forma de seu corpo.

Terceira lei – "desenvolvimento ou atrofia de órgãos em função de seu emprego" ou lei do "uso e desuso". Lamarck buscou explicar como as mudanças no ambiente produziam a diversidade observada nos seres vivos.

Quarta lei – "herança do adquirido". Lamarck não se empenhou na demonstração ou defesa dessa lei, pois era aceita entre os naturalistas do século XIX.

RODRIGUES, R. F. da C.; SILVA, E. P. da. Lamarck: fatos e boatos.
Ciência Hoje. Rio de Janeiro, n. 285, v. 48, set. 2011. p. 68-70.

a) Qual lei do postulado de Lamarck pode ser exemplificada pelo desenvolvimento de uma planta, da germinação da semente até a fase adulta?

b) Explique a terceira e a quarta leis da teoria de Lamarck, utilizando, como exemplo, o porte das girafas africanas e, em seguida, descreva a explicação de Charles Darwin para esse mesmo exemplo.

2. (UEG – GO) Recentemente, e poucos dias após o anúncio da OMS sobre o fim da pandemia de gripe A (H_1N_1), o alerta sobre o aparecimento de uma superbactéria resistente a quase todos os antibióticos e capaz de se espalhar pelos países do globo suscitou o medo do surgimento de uma nova pandemia.

CUMINALE, N. Veja [on-line]. 12 ago. 2010.
Disponível em: <http://veja.abril.com.br/noticia/saude/a-superbacteria-e-o-medo-de-contagio>. *Acesso em:* 21 mar. 2011.

Sobre o assunto abordado e à luz da Teoria da Evolução, explique o processo evolutivo pelo qual as bactérias adquirem resistência aos antibióticos.

3. (UFTM – MG) Uma obra reuniu 170 especialistas de 55 instituições de pesquisa nacionais e estrangeiras e apresentou 2.291 espécies confinadas a áreas de no máximo 10 mil quilômetros quadrados (o equivalente a um quadrado de 100 quilômetros de lado). A maioria, porém, está limitada a áreas ainda menores e algumas só são encontradas em um único lugar: uma erva da mesma família dos bambus, com 30 centímetros de altura, a *Melica riograndensis*, cresce apenas no município gaúcho de Uruguaiana, enquanto a *Cissus pinnatifolia*, **trepadeira** de flores vermelhas das matas próximas ao mar, em Santo Amaro das Brotas, Sergipe. Muitas são bem peculiares, como um **cacto** com flor cuja haste é azul e uma flor que parece algo entre uma **rosa** e uma **orquídea**. Algumas regiões, por reunirem condições específicas de clima e solo, são ricas em espécies raras. É o caso dos arredores do município de Datas, no planalto de Diamantina, ao norte de Belo Horizonte, com quase 90 espécies, e de toda a serra do Cipó, também em Minas Gerais, com quase o dobro. Minas é o estado com maior número de espécies de plantas raras: 550.

Pesquisa Fapesp, edição impressa 164, out. 2009. Adaptado.

a) As espécies destacadas no texto pertencem a que grupo de vegetais? Que informação contida no texto permitiu a sua classificação?

b) Considere a frase: "Algumas plantas são encontradas somente em alguns locais porque conseguiram desenvolver estruturas para sobreviver nesses ambientes". A frase expressa um conceito lamarckista ou darwinista? Justifique a sua resposta.

4. (UFTM – MG) Os manguezais são ecossistemas que se desenvolvem na transição entre o mar e a terra. Muitas plantas que vivem nessas regiões apresentam adaptações que plantas de outras regiões não possuem. A imagem ilustra uma dessas adaptações, os pneumatóforos saindo do solo.

a) Relacione a presença dessas estruturas vegetais com a característica do ambiente em que elas vivem.

b) Explique, de acordo com a teoria sintética da evolução, como podem ter surgido plantas com pneumatóforos nos manguezais.

www.ibama.gov.br

5. (UERJ) Em ambientes cujos fatores bióticos e abióticos não se modificam ao longo do tempo, a seleção natural exerce uma função estabilizadora, equilibrando a tendência ao aumento da dispersão das características de uma população. A dispersão do peso dos seres humanos ao nascer, por exemplo, é influenciada pela seleção estabilizadora.

Observe o gráfico ao lado:

Identifique, a partir dos dados apresentados no gráfico, a influência da seleção estabilizadora na dispersão do peso dos recém-nascidos humanos.

Cite, também, dois mecanismos evolutivos que contribuem para a ocorrência de diferenças genéticas entre indivíduos de uma população.

Adaptado de:
SADAVA, D. *et al. Vida*: a ciência da biologia.
Porto Alegre: Artmed, 2009. v. 2.

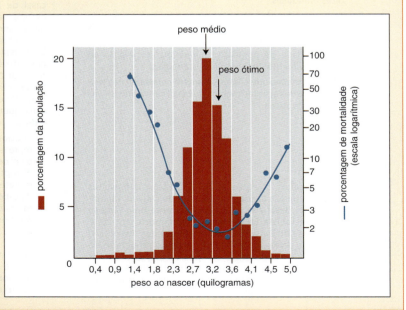

Programas de avaliação seriada

1. (SAS – UEG – GO) Várias hipóteses foram desenvolvidas com o objetivo de achar explicações científicas para a origem da vida. Pesquisadores em diversos locais estudaram e propuseram diferentes teorias.

Sobre estas hipóteses, é CORRETO afirmar:

a) Os experimentos de Miller demonstraram que a possibilidade de formação de moléculas orgânicas e inorgânicas na atmosfera primitiva está relacionada à participação de organismos fotossintetizantes.

b) Os experimentos de Oparin demonstraram que os gases existentes na atmosfera primitiva eram provenientes da ação vulcânica e que não havia gás oxigênio.

c) Os experimentos de Spallanzani demonstraram que o aparecimento de microrganismos era evitado quando se fazia a esterilização dos instrumentos utilizados.

d) Os experimentos de Redi explicaram a teoria da abiogênese, demonstrando que os vermes da carne em putrefação eram originados de ovos deixados por moscas.

2. (PSS – UEPG – PR) No que respeita às teorias já formuladas a respeito da origem da vida, indique as alternativas corretas e dê sua soma ao final.

(01) Como na época dos primeiros seres vivos não existia O_2 na atmosfera (todo ele estava combinado a metais ou então ao hidrogênio, formando H_2O), os únicos processos alimentares possíveis devem ter sido anaeróbios, como a fermentação.

(02) Já foi comprovado cientificamente que os coacervados (primeiros seres vivos) e os genes surgiram de forma independente e, em seguida, se associaram. Os genes, constituídos de DNA, livres na água, teriam penetrado num coacervado, passando a fazer parte dele.

(04) Atualmente sabe-se da existência de bactérias autotróficas extremamente simples, que não utilizam luz do sol para produzir matéria orgânica, mas sim a energia proveniente de reações que ocorrem entre substâncias minerais da crosta terrestre. Isso fez com que um maior número de cientistas estivesse disposto a aceitar uma hipótese autotrófica para a origem da vida.

(08) A hipótese mais aceita é que os primeiros seres que surgiram na Terra eram unicelulares autotróficos, que surgiram de reações químicas envolvendo moléculas inorgânicas nas águas dos mares.

3. (PAS – UFLA – MG) O cientista russo Aleksander Oparin foi um dos pesquisadores pioneiros da origem da vida e propôs que o fenômeno da coacervação pode ter tido papel importante na origem dos seres vivos. De acordo com essa teoria, assinale a alternativa **CORRETA**.

I – Os coacervados são aglomerados isolados de moléculas orgânicas envoltas por uma película aquosa.

II – Por estarem isolados no meio, os coacervados não poderiam trocar substâncias com o meio externo.

III – Alguns coacervados tornaram-se mais complexos, passando a apresentar em seu interior o ácido nucleico.

a) Somente as proposições I e II estão corretas.

b) Somente as proposições I e III estão corretas.

c) Somente a proposição I está correta.

d) As proposições I, II e III estão corretas.

4. (PSS – UFS – SE) Evolução biológica é um conceito que se refere a populações e a mudanças hereditárias. Analise as seguintes afirmações:

(0) O processo da evolução depende do ambiente no qual uma população vive e das variantes genéticas que surgem naquela população de maneira aleatória.

(1) A variabilidade genética é gerada por diversos mecanismos, tais como mutação, segregação independente de cromossomos na meiose e permuta.

(2) Segundo o lamarckismo, características adquiridas pelos organismos pelo uso ou desuso de seus órgãos ou partes nunca se tornam hereditárias com o tempo.

(3) O código genético universal é uma evidência da evolução de todos os organismos a partir de um ancestral comum.

(4) A resistência dos microrganismos a drogas, tanto em vírus quanto em bactérias, é adquirida por mutações genéticas.

5. (SSA – UPE) O trabalho de Darwin envolveu observação de fatos, a elaboração de uma hipótese e a realização de experimentos para confirmar as hipóteses. Analise as afirmativas abaixo e assinale a que apresenta corretamente as ideias que sustentam a teoria da seleção natural proposta por esse cientista.

I – O meio atua, induzindo à modificação nos seres vivos.

II – O ambiente favorece a sobrevivência dos indivíduos que dispõem de certas características para enfrentar os problemas do meio em que vivem.

III – A mortalidade é maior entre os indivíduos menos adaptados ao meio.

IV – Qualquer aquisição benéfica durante a vida dos seres vivos é transmitida aos seus descendentes que, por sua vez, a transmitiriam às gerações seguintes.

V – A vida não evolui abruptamente, aos saltos; as mudanças sofridas pelas espécies são resultado do acúmulo lento e gradual de pequenas modificações.

Estão **CORRETAS**

a) I, II e V.

b) II, III e V.

c) I, II e III.

d) IV e V.

e) II, III e IV.

Origem da vida e evolução biológica **175**

Capítulo 8

Genética de populações e especiação

Amazônia tem uma nova espécie descoberta a cada três dias

A Amazônia é realmente uma das regiões do nosso planeta que apresentam uma incrível diversidade de vida, e inclui territórios pertencentes a nove países.

É nesse ambiente que novas espécies animais e vegetais são descobertas a cada momento. É o que informa a organização ambientalista internacional WWF (*World Wildlife Fund* – Fundo Mundial da Natureza), que lançou em 2010 um relatório com as mais de 1.200 novas espécies de animais e vegetais descobertas na Amazônia na última década. Segundo o estudo, intitulado "Amazon Alive!", entre 1999 e 2009 uma nova espécie foi descoberta a cada três dias na região.

Os números comprovam que a Amazônia é um dos lugares de maior biodiversidade da Terra: foram catalogados 637 novas plantas, 257 peixes, 216 anfíbios, 55 répteis, 39 mamíferos e 16 pássaros.

Agora é hora de investirmos também na preservação das novas e das já conhecidas espécies animais e vegetais da Amazônia. Devemos investir em ações para permitir que essas espécies tenham condições de sobreviver e se reproduzir, garantindo a manutenção da biodiversidade desse bioma tão rico e importante.

Adaptado de: <http://www.bbc.co.uk>. Acesso em: 10 ago. 2011.

Em Genética, *população* é definida como um conjunto de indivíduos de uma mesma espécie, em determinado tempo e espaço. A população também pode ser definida em termos de seu *pool* de genes, ou seja, pelo conjunto de alelos de todos os genes de todos os indivíduos da população.

AS CARACTERÍSTICAS DOMINANTES SÃO AS MAIS FREQUENTES?

A braquidactilia, presença de dedos curtos, é devida a um gene dominante, enquanto dedos normais são condicionados pelo gene recessivo. Por que, então, na população humana, é raro observarmos indivíduos com seis dedos ou com dedos curtos? Por que os genes dominantes (*A*, *B*, *C* etc.) não eliminam os recessivos (*a*, *b*, *c* etc.) se, afinal, são dominantes?

A predominância de certas características em diferentes populações depende da *frequência* dos genes – dominantes e recessivos – nas populações consideradas.

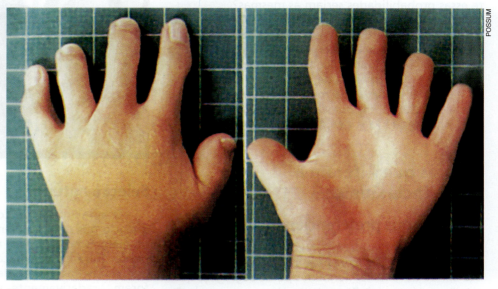

Braquidactilia é uma característica determinada por um gene dominante. Na foto, note que a primeira falange de cada dedo é de tamanho normal, enquanto as outras duas são extremamente curtas.

Para definirmos as frequências dos genes de determinada característica, precisamos primeiramente entender o que é frequência de genes e como ela se relaciona com a frequência dos genótipos.

Acompanhe este exercício

Suponha, por exemplo, que a existência de pessoas albinas em uma população dotada de grande número de indivíduos, em que os cruzamentos ocorrem ao acaso, seja de 1%. Qual a frequência do gene dominante *A* e do recessivo *a* nessa população? Qual a probabilidade de encontrarmos um indivíduo homozigoto dominante *AA*? Lembre-se de que albinismo é determinado por gene recessivo: assim, indivíduos *AA* e *Aa* são normais e os *aa* são albinos.

Resolução:

Se $aa = 1\%$ da população, então, a^2 (ou $a \times a$) = 1% $\left(\text{ou } \dfrac{1}{100}\right)$.

Calculando a raiz quadrada, obteremos a frequência do alelo *a* na população. Assim:

$\sqrt{a^2} = \sqrt{\dfrac{1}{100}}$, em que $a = \dfrac{1}{10}$ ou 10% ou 0,1

Em uma população, a soma da frequência do alelo dominante com seu alelo recessivo é sempre 100%. Assim, sendo 10% a frequência de *a*, temos que a frequência do alelo *A* nessa população é de 90% (ou 0,9).

Para sabermos qual a probabilidade de encontrarmos um indivíduo *AA*, relembremos os possíveis genótipos que podem ser encontrados nessa população, com relação ao caráter que está sendo estudado: *AA*, *Aa*, *aA*, *aa*. Chamemos de *p* a frequência do alelo dominante na população e de *q* a frequência do alelo recessivo nessa mesma população. Então, matematicamente, esses genótipos correspondem a

$$(p + q)^2,$$

em que

$$(p + q)^2 = p^2 + 2pq + q^2$$

ou, no caso presente, $(A + a)^2 = A^2 + 2Aa + a^2$.

A soma $A^2 + 2Aa + a^2$ é sempre igual a 1, pois a soma das probabilidades de um indivíduo daquela população ser *AA* ou *Aa* ou *aA* ou *aa* é igual a 1 (100%), uma vez que não existe outra possibilidade genotípica.

Dessa forma, sabendo que na população $A = 90\%$ e $a = 10\%$, podemos conlcuir que:

$(A + a)^2 = AA + 2Aa + aa$

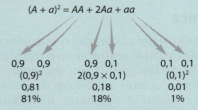

Portanto, a possibilidade de encontrarmos um indivíduo homozigoto dominante (*AA*) na população é de 81% (0,81).

■ FREQUÊNCIAS GÊNICAS EM UMA POPULAÇÃO AO LONGO DO TEMPO

Verificamos, no problema da seção anterior, que as possibilidades de se encontrar indivíduos *AA*, *Aa* e *aa* em uma determinada população são, respectivamente, 81%, 18% e 1%. Será que na geração seguinte essas probabilidades seriam as mesmas?

A resposta a essa questão foi esclarecida pelos pesquisadores Hardy e Weinberg. Para eles, tudo depende do que acontecer com as frequências dos genes *A* e *a* na população. Se continuarem as mesmas, isto é, a frequência de *A* = 90% e a frequência de *a* = 10%, então nada mudará. Nesse caso, diz-se que a *população em questão* está em **equilíbrio**, ou seja, suas frequências genotípicas não estão se modificando.

Fatores que Alteram a Frequência Gênica

Cruzamentos preferenciais

Para uma população manter-se em equilíbrio, os indivíduos devem cruzar-se livremente e ao acaso, isto é, não deve haver nenhum tipo de segregação, de escolha preferencial. Em outras palavras, a população deve ser **panmítica** (do grego, *pan* = todo, e do latim, *miscere* = misturar).

Oscilação gênica

Mudanças na frequência gênica em populações pequenas, devidas à ocorrência de fatores casuais, incluindo o ambiente, caracterizam o fenômeno conhecido como **oscilação gênica** ou **deriva gênica**. Quando a população é pequena, qualquer fator casual poderá alterar a frequência dos genes.

Migração

O deslocamento de indivíduos entre populações diferentes, pertencentes a uma mesma espécie, é um fato comum na natureza. A saída de indivíduos (emigração) ou a entrada de indivíduos (imigração) interfere na frequência gênica.

Mutação gênica

Mutação gênica é uma alteração na sequência de bases da molécula de DNA, acarretando a transformação, por exemplo, de um gene *A* em seu alelo recessivo *a*. Se a mutação ocorrer em células da linhagem germinativa, formadoras dos gametas, indivíduos da geração seguinte poderão herdar o gene mutante, conduzindo a uma modificação da frequência gênica em relação à população original.

Seleção natural

O ambiente pode conduzir a alterações na frequência dos genes. Relembremos o clássico exemplo do melanismo industrial na Inglaterra, no século XIX, por ocasião da Revolução Industrial: mariposas de asas claras (facilmente detectáveis pelos predadores) foram gradativamente substituídas pela variedade melânica, de asas escuras, como consequência de mudanças na coloração do ambiente (para mais escuro), devido à poluição em áreas industriais.

A Lei de Hardy-Weinberg

Tendo estudado os principais fatores que podem alterar as frequências gênicas, podemos apresentar o enunciado completo da Lei de Hardy-Weinberg: "Uma população está em equilíbrio quando ela é **numerosa**, **panmítica**, não está sujeita a **migrações** nem a **mutações** e não sofre a influência da **seleção natural**". Uma população nessas condições obedece à expressão matemática $p^2 + 2pq + q^2 = 1$. Nessa situação, a frequência dos genes não se altera ao longo das gerações.

De olho no assunto!

Populações reais e a Lei de Hardy-Weinberg

Muito provavelmente, as condições de equilíbrio de Hardy-Weinberg nunca serão alcançadas na natureza. Mutações acontecem com certa frequência e são casuais; migrações são inevitáveis; os cruzamentos muitas vezes são preferenciais; a seleção natural exerce constantemente sua ação. Devemos entender que a Lei de Hardy-Weinberg aplica-se apenas a populações teóricas, que não sofrem mudanças e, como consequência, não evoluem.

Para manter-se em equilíbrio gênico, é necessário que a população seja muito numerosa.

Tecnologia & Cotidiano

Hardy-Weinberg e Saúde Pública

Entre as várias aplicações da equação de Hardy-Weinberg, a aplicação em Saúde Pública é inestimável: usando essa equação, os cientistas podem estimar a frequência de alelos de determinada doença hereditária na população.

Uma delas é a fenilcetonúria (PKU), doença hereditária na qual os portadores não possuem a capacidade de decompor o aminoácido fenilalanina. Os pacientes de PKU sofrem de grave retardo mental.

Estimando a frequência do alelo que determina essa anomalia, as entidades de Saúde Pública podem elaborar programas para atender à população portadora dessa doença.

O CONCEITO DE ESPÉCIE BIOLÓGICA E ESPECIAÇÃO

Hoje, a maioria dos biólogos aceita como válido o conceito de que uma espécie é um conjunto de indivíduos que podem se *intercruzar* livremente na natureza, produzindo descendentes férteis. Uma espécie biológica é definida pelo potencial reprodutivo existente entre os seus componentes no **meio natural** (não em laboratório ou em condições controladas e especiais).

O Surgimento de Novas Espécies

Especiação é o nome dado ao *processo de surgimento de novas espécies* a partir de uma *espécie ancestral*. De modo geral, para que isso ocorra, é imprescindível que grupos da espécie original se separem e deixem de se cruzar.

O **isolamento geográfico**, ou seja, a separação física de organismos de uma mesma espécie, pode ocorrer com a *migração* de grupos de organismos para locais diferentes e distantes ou pelo surgimento súbito de *barreiras naturais intransponíveis*, como rios, vales, montanhas, ilhas etc., que impeçam o encontro dos indivíduos da espécie original.

A mudança de ambiente favorece a ação da seleção natural, o que pode levar a uma mudança inicial da composição dos grupos. Se, após longo tempo de isolamento geográfico, os descendentes dos grupos originais voltarem a se encontrar, pode não haver mais a possibilidade de reprodução entre eles. Nesse caso, eles constituem novas espécies.

Isso pode ser evidenciado por meio de diferenças no comportamento reprodutor, de incompatibilidade na estrutura e no tamanho dos órgãos reprodutores, de inexistência de descendentes ou, ainda, da esterilidade dos descendentes, caso existam. Acontecendo alguma dessas possibilidades, as novas espécies formadas estarão em **isolamento reprodutivo**. Veja a Figura 8-1.

Anote!

Especiação **geográfica** ou **alopátrica** (do grego, *allós* = outro + *patra* = pátria) é a que ocorre após o **isolamento geográfico** de populações da mesma espécie. É o tipo mais comum de especiação, que pode ter acontecido na origem das diversas espécies amazônicas, em resposta ao surgimento dos Andes.

Especiação **simpátrica** (do grego, *sún* = juntamente) é a que ocorre sem isolamento geográfico, ou seja, na mesma área geográfica em que os seres vivos se encontram. É comum em vegetais e pode, eventualmente, ocorrer em peixes, em que alguns indivíduos da espécie vivem na superfície, enquanto outros vivem em regiões profundas de um mesmo rio durante longo tempo.

Genética de populações e especiação **179**

ISOLAMENTO GEOGRÁFICO

um grupo de organismos da mesma espécie habita determinada região geográfica

uma barreira geográfica intransponível subitamente isola grupos da mesma espécie

ao longo do tempo, acentuam-se diferenças como consequência de mutações e da ação da seleção natural

a barreira geográfica é desfeita; os descendentes dos grupos originais se reúnem

se houver cruzamento com descendentes férteis, os grupos ainda pertencerão à mesma espécie. Poderão, então, constituir diferentes RAÇAS

se não houver cruzamentos ou, havendo, não existirem descendentes, ou forem estéreis, então os grupos constituirão ESPÉCIES diferentes

descendente fértil

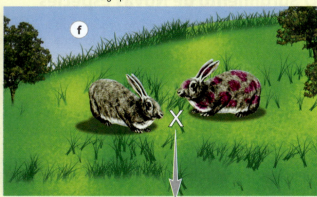

inexistência de cruzamentos ou de descendentes férteis

ISOLAMENTO REPRODUTIVO

Figura 8-1. Um modelo de especiação *alopátrica*, em que as novas espécies se formam em ambientes diferentes, isoladas geograficamente.

De olho no assunto!

Anagênese e cladogênese: processos geradores de diversidade biológica

Na evolução dos seres vivos, admite-se a ocorrência de dois grandes processos que atuam conjuntamente e são responsáveis pela geração de diversidade biológica (acompanhe pela Figura 8-2):

- **anagênese:** pequenas e graduais modificações – que podem ocorrer por mutações, por exemplo – que surgem em uma espécie e se propagam por todas as espécies dela descendentes;
- **cladogênese:** origem de espécies a partir de uma espécie ancestral, o que é possibilitado pela ocorrência de uma súbita barreira geográfica (construção de uma barragem, por exemplo) ou pela migração de grupos para locais diferentes.

Adaptado de: AMORIM, D. S. Fundamentos de Sistemática Filogenética. Ribeirão Preto: Holos Editora, 2002, p. 21 e 147.

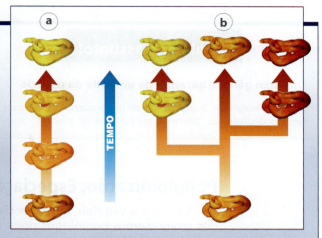

Figura 8-2. (A) A anagênese corresponde ao acúmulo de modificações herdáveis e que alteram as características de uma espécie. (B) A cladogênese corresponde às várias espécies originadas, de modo geral, por isolamento geográfico de grupos da espécie ancestral.

O que são as raças

Nem sempre há isolamento reprodutivo entre grupos que se separam e nem sempre ocorre a formação de novas espécies. O que pode acontecer se o isolamento geográfico for interrompido? Nesse caso, é possível que os componentes dos dois grupos tenham acumulado diferenças que os distinguem entre si, mas que não impedem a geração de descendentes férteis, isto é, os dois grupos ainda pertencem à mesma espécie. Como denominar, então, essas variedades que não chegam a ser novas espécies? Podemos chamá-las de **raças**.

Uma mesma espécie poderá ser formada por diversas raças, **intercruzantes** (que cruzam entre si), mas que apresentam características morfológicas distintas.

Pense nas diferentes raças de cães existentes atualmente e essa ideia ficará bem clara.

O grande *sheepdog* (ao lado) e o pequeno *yorkshire*, acima, apesar de raças diferentes, podem se intercruzar.

De olho no assunto!

Fluxo gênico: garantia da unidade da espécie

É inimaginável o cruzamento de um pequeno pincher com um cão dinamarquês. Diferenças no tamanho da genitália, além de possíveis problemas ligados ao desenvolvimento embrionário, poderão ocorrer. Como, então, garantir que os dois pertencem à mesma espécie? Isso é devido ao **fluxo gênico**. Embora os extremos de uma raça não consigam se cruzar, isso ocorre com os intermediários (pincher com pequinês, pequinês com pitbull, e assim por diante, até chegar ao dinamarquês), o que garante que todos pertencem à mesma espécie.

Poliploidização: Especiação sem o Isolamento Geográfico

Em muitos vegetais, a ocorrência de erros meióticos envolvendo uma falha na separação dos cromossomos homólogos pode levar à formação de indivíduos *poliploides*. Formam-se gametas diploides que, ao se encontrarem, determinam a formação de zigoto tetraploide. Este originará uma planta fértil, já que cada uma de suas células possui dois conjuntos diploides de cromossomos, provenientes das células gaméticas dos pais, o que favorece a ocorrência de pareamento na meiose. Esse tipo de poliploidia é conhecido como **autopoliploidia**, uma vez que ocorre em células de organismos da mesma espécie. Os indivíduos resultantes são componentes de uma nova espécie. Veja a Figura 8-3.

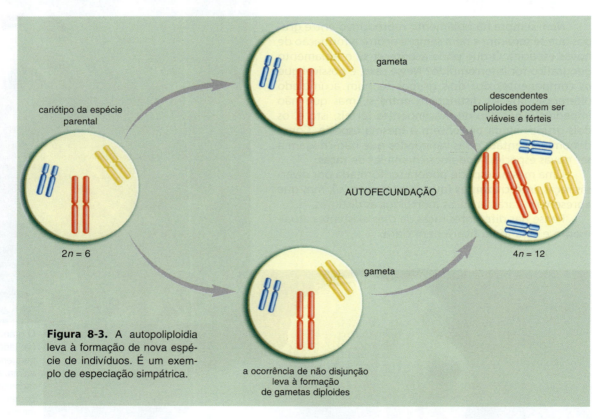

Figura 8-3. A autopoliploidia leva à formação de nova espécie de indivíduos. É um exemplo de especiação simpátrica.

Em outro tipo de poliploidia, a **alopoliploidia**, também comum em vegetais, ocorre inicialmente a fusão de gametas de duas espécies diferentes. O híbrido resultante, de modo geral, é vigoroso, porém estéril, pois os cromossomos de suas células não são homólogos, o que impossibilita o pareamento cromossômico na meiose. No entanto, esse híbrido pode se reproduzir assexuadamente por propagação vegetativa e gerar uma população que se mantém no ambiente por muito tempo. Ocasionalmente, ocorre uma falha mitótica no tecido reprodutivo de um desses indivíduos, em que os cromossomos duplicados não se separam e originam uma célula poliploide. Esta se multiplica por mitose, originando um indivíduo fértil, com células dotadas de um conjunto homólogo de cromossomos. Há pareamento normal de cromossomos na meiose, com produção de gametas viáveis. Os zigotos originados levam à formação de indivíduos pertencentes a uma nova espécie. Veja a Figura 8-4.

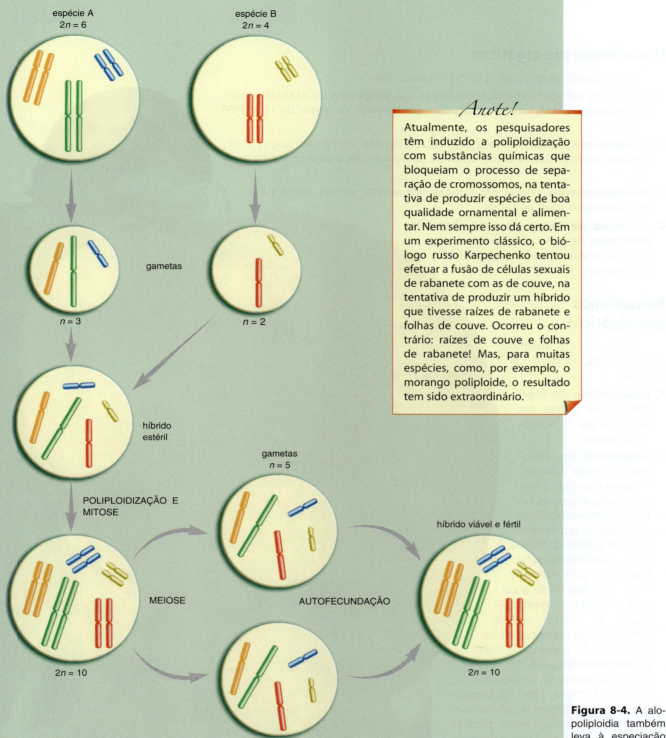

Figura 8-4. A alopoliploidia também leva à especiação simpátrica.

Anote!
Atualmente, os pesquisadores têm induzido a poliploidização com substâncias químicas que bloqueiam o processo de separação de cromossomos, na tentativa de produzir espécies de boa qualidade ornamental e alimentar. Nem sempre isso dá certo. Em um experimento clássico, o biólogo russo Karpechenko tentou efetuar a fusão de células sexuais de rabanete com as de couve, na tentativa de produzir um híbrido que tivesse raízes de rabanete e folhas de couve. Ocorreu o contrário: raízes de couve e folhas de rabanete! Mas, para muitas espécies, como, por exemplo, o morango poliploide, o resultado tem sido extraordinário.

Isolamento Reprodutivo

O isolamento reprodutivo corresponde a um mecanismo que bloqueia a troca de genes entre as populações das diferentes espécies existentes na natureza.

Não se esqueça de que o conceito de espécie baseia-se justamente na possibilidade de troca de genes entre os organismos, levando a uma descendência fértil. No caso de haver isolamento reprodutivo, ele se manifesta de dois modos:

- por meio do impedimento da formação do híbrido, e nesse caso diz-se que estão atuando os mecanismos de isolamento reprodutivo **pré-zigóticos**, ou seja, que antecedem o zigoto; e
- por meio de alguma alteração que acontece após a formação do zigoto; nesse caso, fala-se na atuação de mecanismos de isolamento reprodutivo **pós-zigóticos**.

Mecanismos pré-zigóticos

Os mecanismos pré-zigóticos mais usuais são:

1. **diferenças comportamentais relativas aos processos de acasalamento entre animais,** tais como cantos de aves, danças nupciais de mamíferos etc.;
2. **barreiras mecânicas,** como a incompatibilidade de tamanho entre os órgãos genitais externos de animais pertencentes a espécies diferentes;
3. **amadurecimento sexual em épocas diferentes,** válido tanto para animais como para vegetais;
4. **utilização de locais de vida (*habitats*) diferentes** de uma mesma área geográfica, o que impede o encontro dos animais.

Mecanismos pós-zigóticos

Entre os mecanismos pós-zigóticos, podem ser citados:

1. **inviabilidade do híbrido:** ocorre morte nas fases iniciais do desenvolvimento;
2. **esterilidade dos híbridos:** embora nasçam, cresçam e muitas vezes sejam vigorosos, os híbridos interespecíficos são estéreis, o que revela incompatibilidade dos lotes cromossômicos herdados de pais de espécies diferentes, implicando, quase sempre, a impossibilidade de ocorrer meiose. Não havendo meiose, não há formação de gametas e, consequentemente, não há reprodução. O exemplo clássico é o do burro e da mula, híbridos interespecíficos resultantes do cruzamento de égua com jumento, pertencentes a duas espécies próximas, porém distintas. É o que ocorre também com o zebroide ou com o zébrulo (híbridos interespecíficos, respectivamente, de cavalo com zebra fêmea e de zebra macho com égua);
3. **esterilidade e fraqueza da geração F_2:** às vezes, híbridos interespecíficos acasalam-se com sucesso, mas originam descendentes fracos, degenerados, que, se não morrem cedo, são totalmente estéreis.

As fragatas, aves oceânicas, possuem um método curioso de atração sexual: os machos inflam a região do papo, que fica bem avermelhado. Atraídas pela coloração dos papos, as fragatas fêmeas ficam receptivas para o acasalamento.

De olho no assunto!

Zebroide, mas carinhosamente chamada de "zégua"

Não são incomuns os cruzamentos entre cavalos e zebras fêmeas ou entre zebras machos e éguas. Esses cruzamentos, no entanto, costumam originar indivíduos listrados, mas estéreis, por serem fruto de cruzamento entre animais de espécies diferentes.

São conhecidos cruzamentos entre essas duas espécies animais desde a época colonial na África, sendo que hoje esses animais são criados tanto como *hobby* quanto para montaria, até mesmo nos Estados Unidos.

Surpreendente, no entanto, é a aparência externa de Eclyse, parte listrada e parte lisa, resultado do cruzamento de um cavalo com uma zebra fêmea. Conhecido oficialmente por "zebroide", o resultado desse cruzamento está sendo chamado por muitos de "zégua" ou de "eguebra".

De olho no assunto!

Elefantes e especiação

Elefantes das *savanas africanas* e os das *florestas africanas* são duas espécies diferentes e não variedades da mesma espécie, como se supunha. É o que foi descoberto com base em evidências genéticas derivadas da comparação de amostras de DNA. Embora morfologicamente semelhantes, são geneticamente diferentes, o que justifica a inclusão em duas espécies distintas.

Fonte: ESCOBAR, H. O DNA da biodiversidade. O Estado de S. Paulo, São Paulo, 28 ago. 2011. Caderno Vida, p. A32.

▪ IRRADIAÇÃO ADAPTATIVA

Há muitos indícios de que a evolução dos grandes grupos de seres vivos foi possível a partir de um grupo ancestral cujos componentes, por meio do processo de especiação, possibilitaram o surgimento de espécies relacionadas.

Assim, a partir de uma espécie inicial, pequenos grupos passaram a conquistar novos ambientes, sofrendo processos de adaptação que lhes possibilitaram a sobrevivência nesses meios. Desse modo, teriam surgido novas espécies que apresentavam muitas características semelhantes com espécies relacionadas e com a ancestral. Esse fenômeno evolutivo é conhecido como **irradiação adaptativa**.

Para que a **irradiação** possa ocorrer, é preciso, em primeiro lugar, que os organismos já possuam em seu equipamento genético as condições necessárias para a ocupação do novo **meio**. Este, por sua vez, constitui-se um segundo fator importante, já que a seleção natural adaptará a composição do grupo ao meio de vida.

Anote!
No processo de irradiação, sempre há um parentesco próximo entre as espécies consideradas.

Genética de populações e especiação **185**

▪ CONVERGÊNCIA ADAPTATIVA

A observação de um tubarão e um golfinho evidencia muitas semelhanças morfológicas, embora os dois animais pertençam a grupos distintos. O tubarão é peixe cartilaginoso, respira por brânquias, e suas nadadeiras são membranas carnosas. O golfinho é mamífero, respira por pulmões, e suas nadadeiras escondem ossos semelhantes aos dos nossos membros superiores. Portanto, a semelhança morfológica existente entre os dois **não** revela parentesco evolutivo. De que maneira, então, adquiriram essa grande semelhança externa? Foi a atuação de um mesmo meio, o aquático, que selecionou nas duas espécies a forma corporal ideal (hidrodinâmica) ajustada à natação. Esse fenômeno é conhecido como **convergência adaptativa** ou **evolução convergente**.

COREL CORP.

A forma corporal extremamente parecida do tubarão e do golfinho é um exemplo de convergência adaptativa.

▪ HOMOLOGIA E ANALOGIA

Agora que sabemos o que é irradiação adaptativa e convergência adaptativa, fica fácil entender o significado dos termos **homologia** e **analogia**. Ambos são utilizados para comparar órgãos ou estruturas existentes nos seres vivos.

A **homologia** designa a *semelhança de origem* entre dois órgãos pertencentes a dois seres vivos de espécies diferentes, enquanto a **analogia** refere-se à *semelhança de função* executada por órgãos pertencentes a seres vivos de espécies diferentes. Dois órgãos homólogos poderão ser análogos, caso executem a mesma função.

Note que os casos de **homologia** revelam a atuação do processo de **irradiação adaptativa** e denotam um parentesco entre os seres comparados. Já os casos de **analogia** pura, não acompanhados de homologia, revelam a ocorrência de **convergência adaptativa** e não envolvem parentesco próximo entre os seres. Assim, as nadadeiras anteriores de um tubarão são análogas às de uma baleia e ambas são consequência de uma evolução convergente.

> ### Leitura
>
> ### Intolerância à lactose
>
> Você é daquelas pessoas que não podem beber leite porque sente cólicas e tem diarreia? Pois é, isso acontece porque, em muitas pessoas, o gene para a produção da enzima lactase, que atua na digestão da lactose existente no leite, para de funcionar após o desmame.
>
> Agora, veja que interessante: 90% das pessoas na Europa conseguem digerir a lactose, o mesmo ocorrendo em pessoas que vivem no leste da África. No caso dos europeus, isso provavelmente ocorreu devido a uma mutação no gene da lactase, ocorrida há uns 7.000 anos, enquanto na população africana deve ter ocorrido entre 2.700 e 6.800 anos atrás. É a seleção natural agindo. Sabe por quê? Porque o leite de vaca recém-extraído é desprovido de agentes causadores de infecção, ao contrário do que ocorre com a água de muitos rios, que é contaminada por agentes patogênicos microscópicos. Então, quem bebia leite e possuía o tal gene para produzir lactase sobrevivia, se reproduzia e produzia descendentes também capazes de digerir lactose.
>
> Outra consequência interessante dessa descoberta é que a ocorrência de mutações no gene da lactase em povos distintos da Europa e da África ilustra um caso de *evolução convergente* (ou *convergência adaptativa*), situação em que, em populações distantes, o mesmo fenômeno ocorre, favorecendo os portadores de genes adaptativos.
>
> *Fontes:*
> - Beber leite é sinal de evolução. *O Estado de S. Paulo*, São Paulo, 27 dez. 2006, Caderno Vida, p. A12 (baseado em artigo de WADE, N., publicado no *The New York Times*, NY).
> - KHAMSI, R. A taste for milk shows evolution in action. *New Scientist*, London, 3 Mar. 2007, v. 193, n. 2.593, p. 12.

Genética de populações e especiação

A cauda de um macaco sul-americano e a cauda de um cachorro são estruturas *homólogas* (os dois animais são mamíferos), mas não são *análogas*, isto é, *não* desempenham a mesma função. Já as asas de um beija-flor (ave) e as de um morcego (mamífero) são *homólogas* para os evolucionistas, por terem a mesma origem reptiliana, e *análogas*, por desempenharem a mesma função.

Passo a passo

1. O que deverá ocorrer com a frequência genotípica dos descendentes em uma população que está em conformidade com as condições de Hardy-Weinberg?

2. Quais são as condições que permitem a uma população estar em equilíbrio, isto é, apresentar as condições de Hardy-Weinberg?

3. Nas afirmativas abaixo, marque com **V** as verdadeiras e com **F** as falsas.

a) O estudo da genética das populações visa compreender a composição genética de uma população e os fatores que determinam e alteram essa composição.

b) A única fonte de variação genética na população é a mutação gênica.

c) O único fator que altera a composição gênica de uma população é a combinação de mutação com seleção natural.

d) A frequência de um gene dominante em uma população em equilíbrio de Hardy-Weinberg tende lenta e progressivamente a aumentar devido à seleção natural.

e) O equilíbrio de Hardy-Weinberg obedece à expressão matemática $p^2 + 2pq + q^2$ e é uma consequência da segregação de alelos na meiose com fecundação dos gametas.

4. A frequência do alelo dominante T em uma população em equilíbrio é de 25%. Pergunta-se:

a) Qual a frequência do alelo recessivo t?

b) Qual a frequência dos genótipos TT, Tt e tt?

c) Na geração seguinte, qual a probabilidade de um indivíduo ter o fenótipo dominante, independentemente do seu genótipo?

Leia cuidadosamente o texto abaixo e responda aos exercícios **5** e **6**.

Supondo que uma determinada população esteja em equilíbrio, um geneticista estudou uma determinada característica e notou que 9 indivíduos, de um total de 900, possuíam um fenótipo em razão de um gene recessivo (bb). Os demais indivíduos (891) apresentavam um fenótipo em decorrência de um gene dominante ($B\_$).

5. Qual é a frequência do gene dominante e do recessivo nessa população?

6. Analisando 1.000 indivíduos da geração seguinte, quantos deverão ser heterozigotos?

7. O daltonismo na espécie humana deve-se a um gene recessivo ligado ao sexo. Um geneticista, ao fazer um levantamento entre 500 homens de uma população, notou que 20 eram daltônicos. Pergunta-se:

a) Qual a frequência do gene alelo normal e do gene daltônico nessa população?

b) Que porcentagem das mulheres dessa população seria daltônica?

8. Na população humana há 16% de indivíduos Rh⁻. Qual a probabilidade de ocorrer:

a) um casamento entre dois indivíduos Rh⁻?

b) um casamento entre dois heterozigotos?

9. Nas frases a seguir, assinale com **V** as verdadeiras e com **F** as falsas.

a) Especiação é o nome dado ao processo de surgimento de novas espécies a partir de uma espécie ancestral.

b) No processo de especiação, o isolamento reprodutivo antecede o isolamento geográfico.

c) A formação de raças em uma espécie animal é iniciada, de modo geral, pelo isolamento geográfico de populações.

d) Populações animais de uma mesma espécie ancestral, que ficaram separadas por muito tempo, poderão, com a eliminação da barreira física que as isolava, constituir raças se ainda houver cruzamento com descendentes férteis.

e) A seleção natural não exerce nenhum efeito relativamente à especiação em populações de uma espécie que migram para meios diferentes.

10. Associe os itens numerados com os antecedidos por letras, relativamente aos mecanismos de isolamento reprodutivo pré-zigótico.

I – canários machos são capazes de atrair, pelo canto, apenas fêmeas de sua espécie

II – amadurecimento sexual em épocas diferentes do ano

III – tamanhos diferentes de órgãos genitais externos em animais

IV – viver em locais diferentes de uma mesma área geográfica

a) isolamento estacional

b) isolamento por barreiras mecânicas

c) isolamento comportamental

d) isolamento por diferença de *habitat*

11. Os meios de comunicação divulgaram recentemente o nascimento, em um zoológico da Alemanha, da "zégua" Eclyse, estéril, resultante do cruzamento entre uma zebra fêmea e um cavalo. Tal fato também se verifica com frequência no cruzamento, efetuado em fazendas, de jumentos com éguas, originando-se burros e mulas, também, de modo geral, estéreis. Sabendo que cavalos, jumentos e zebras são animais de espécies diferentes, embora pertençam ao mesmo gênero – *Equus* –, e utilizando os seus conhecimentos, responda aos itens a seguir.

a) Pode-se considerar zevalos, mulas e burros como sendo componentes de uma nova espécie? Justifique sua resposta.

b) Considerando que esses três animais são viáveis e estéreis, porém resultantes do cruzamento de animais de espécies diferentes, a que tipo de isolamento reprodutivo esse caso se refere?

c) Sabendo-se que no núcleo das células somáticas (diploides) de um jumento existem 62 cromossomos, enquanto no núcleo das células somáticas (diploides) de uma égua existem 64 cromossomos, quantos cromossomos serão encontrados em um óvulo de égua, em um espermatozoide de jumento e em uma célula somática de mula?

12. Qual é a diferença entre convergência adaptativa e irradiação adaptativa?

13. A observação de um tubarão e de um golfinho evidencia a existência de algumas semelhanças morfológicas externas, embora não exista parentesco evolutivo. Como é conhecido esse fenômeno?

14. No arquipélago de Galápagos existem cerca de 13 espécies conhecidas como "tentilhões de Darwin". Acredita-se que todas essas espécies se originaram de uma espécie ancestral cujos representantes provavelmente foram provenientes do continente e se espalharam pelas diferentes ilhas. Como é denominado esse processo evolutivo por meio de dispersão?

15. Nas frases a seguir, assinale com **V** as verdadeiras e com **F** as falsas.

a) Homologia refere-se a órgãos ou estruturas que sempre exercem a mesma função em seres vivos de espécies diferentes.

b) Especiação simpátrica é a que ocorre quando os seres vivos habitam regiões geográficas distantes e diferentes.

c) Analogia refere-se a órgãos ou estruturas que exercem o mesmo tipo de função, presentes em seres vivos de espécies diferentes que vivem num ambiente similar.

d) Especiação alopátrica é a que ocorre quando os seres vivos habitam o mesmo tipo de ambiente e, de modo geral, ocorre em vegetais.

e) Asa de borboleta e asa de beija-flor são exemplos de estruturas análogas.

f) A pata anterior de um cavalo e o membro superior do homem são exemplos de estruturas análogas.

Genética de populações e especiação **189**

Questões objetivas

1. (UFU – MG) De acordo com a teoria de Hardy-Weinberg, em uma população em equilíbrio genético as frequências gênicas e genotípicas permanecem constantes ao longo das gerações. Para tanto, é necessário que:

a) a população seja infinitamente grande, os cruzamentos ocorram ao acaso e esteja isenta de fatores evolutivos, tais como mutação, seleção natural e migrações.

b) o tamanho da população seja reduzido, os cruzamentos ocorram ao acaso e esteja sujeita a fatores evolutivos, tais como mutação, seleção natural e migrações.

c) a população seja infinitamente grande, os cruzamentos ocorram de modo preferencial e esteja isenta de fatores evolutivos, tais como mutação, seleção natural e migrações.

d) a população seja de tamanho reduzido, os cruzamentos ocorram de modo preferencial e esteja sujeita a fatores evolutivos, tais como mutação, seleção natural e migrações.

2. (UFPI) Numa certa população de africanos, 9% nascem com anemia falciforme. Qual o percentual da população que possui a vantagem heterozigótica?

a) 9%   d) 81%
b) 19%   e) 91%
c) 42%

3. (UNESP) No estudo da genética de populações, utiliza-se a fórmula $p^2 + 2pq + q^2 = 1$, na qual p indica a frequência do alelo dominante e q indica a frequência do alelo recessivo. Em uma população em equilíbrio de Hardy-Weinberg, espera-se que:

a) o genótipo homozigoto dominante tenha frequência $p^2 = 0,25$, o genótipo heterozigoto tenha frequência de $2pq = 0,5$ e o genótipo homozigoto recessivo tenha frequência $q^2 = 0,25$.

b) haja manutenção do tamanho da população ao longo das gerações.

c) os alelos que expressam fenótipos mais adaptativos sejam favorecidos por seleção natural.

d) a somatória da frequência dos diferentes alelos, ou dos diferentes genótipos, seja igual a 1.

e) ocorra manutenção das mesmas frequências genotípicas ao longo das gerações.

4. (UFES) Um par de genes determina resistência a um fungo que ataca a cana-de-açúcar e os indivíduos suscetíveis (*aa*) apresentam frequência de 0,25. Em uma população que está em equilíbrio de Hardy-Weinberg, a frequência de heterozigotos será:

a) 15%.   d) 75%.
b) 25%.   e) 100%.
c) 50%.

5. (PUC – MG) A calvície na espécie humana é determinada por um gene autossômico C, que tem sua expressão influenciada pelo sexo. Esse caráter é dominante nos homens e recessivo nas mulheres, como mostra a tabela abaixo a seguir:

Genótipo	Fenótipo	
	Homens	Mulheres
CC	calvo	calva
Cc	calvo	normal
cc	normal	normal

Em uma população, em equilíbrio de Hardy-Weinberg, onde 81% dos homens não apresentam genótipo capaz de torná-los calvos, qual a frequência esperada de mulheres cujo genótipo pode torná-las calvas?

a) 1%   d) 42%
b) 8,5%   e) 81%
c) 19%

6. (UFF – RJ) Faz 100 anos que Hardy (matemático inglês) e Weinberg (médico alemão) publicaram o teorema fundamental da genética de populações, conhecido como equilíbrio de Hardy-Weinberg. Para se aplicar este princípio, a população deve ser de tamanho:

a) aleatório, visto que não influencia para a aplicação do teorema, já que a probabilidade dos cruzamentos depende de processos migratórios que ocorrem naturalmente nas populações.

b) pequeno, de modo que possam ocorrer cruzamentos de forma experimental, de acordo com as Leis de Mendel, ou seja, os cruzamentos entre indivíduos de diferentes genótipos devem acontecer sempre a partir de alelos heterozigotos.

c) muito grande, para que possam ocorrer cruzamentos seletivos, de acordo com a teoria evolutiva, ou seja, os efeitos da seleção natural a partir de mutações ao acaso devem ser considerados.

d) pequeno, de modo que possam ocorrer cruzamentos entre os organismos mutantes, de acordo com as leis das probabilidades, ou seja, novas características devem ser introduzidas de forma controlada na população.

e) muito grande, de modo que possam ocorrer todos os tipos de cruzamentos possíveis, de acordo com as leis das probabilidades, ou seja, os cruzamentos entre indivíduos de diferentes genótipos devem acontecer completamente ao acaso.

7. (UFF – RJ) A cada ano, a grande marcha africana se repete. São milhares de gnus e zebras, entre outros animais, que migram da Tanzânia e invadem a Reserva Masai Mara, no sudoeste do Quênia, em busca de água e pastos verdes. Durante a viagem, filhotes de gnus e zebras recém-nascidos e animais mais velhos tornam-se presas fáceis para os felinos. Outros animais não resistem e morrem durante a migração. Analise as afirmativas abaixo, que trazem informações sobre fatores que contribuem para a variação na densidade populacional.

I – A limitação de recursos justifica os movimentos migratórios.

II – Os felinos contribuem para regular o tamanho das populações de gnus e zebras.

III – Fatores climáticos não interferem nos processos migratórios.

IV – A velocidade de crescimento das populações de felinos depende da disponibilidade de presas.

V – O tamanho das populações de gnus e zebras não se altera durante a migração.

Assinale a opção que apresenta somente afirmativas **CORRETAS**.

a) I, II e III.   d) II, IV e V.
b) I, II e IV.   e) III, IV e V.
c) I, III e V.

8. (UFPel – RS) Os tucunarés (*Cichla*) vivem em populações separadas em lagos, mas os indivíduos de lagos diferentes usam um rio central para passar de um local para o outro e conseguem cruzar entre si. Uma bióloga do Instituto Nacional de Pesquisa da Amazônia relata que está ocorrendo um menor fluxo gênico entre as populações desses peixes. Isso pode ser decorrente da abertura de estradas e da construção de barragens, o que está dificultando a passagem dos peixes de um lago para o outro.

Adaptado de: Ciência Hoje, Rio de Janeiro, n. 259, v. 44, maio 2009.

Com base no texto, é correto afirmar que

a) o menor fluxo gênico entre as populações de tucunarés é devido a barreiras causadas por mutações genéticas.

b) podem surgir novas espécies de peixes a partir do isolamento de populações, desde que ainda seja possível o cruzamento entre os indivíduos das populações isoladas.

c) os motivos de isolamento dos tucunarés são devidos às interferências humanas. De fato, todos os casos de especiação ocorrem pela ação antrópica.

d) os tucunarés não terão problemas com o isolamento, pois eles fazem partenogênese, em que um óvulo dá origem a um novo indivíduo, não havendo necessidade de reprodução sexuada.
e) como consequência de um provável isolamento geográfico entre as populações de tucunarés, pode ocorrer um processo de especiação.

9. (UFJF – MG) A evolução é decorrente da alteração das frequências gênicas nas populações naturais. Analise as afirmativas abaixo sobre mecanismos relacionados à evolução das espécies:

I – A mutação é a fonte primária de novos genes.
II – A seleção natural altera as frequências dos genes favorecendo os mais aptos.
III – A deriva genética é a saída de indivíduos de uma população para outra.
IV – A migração promove a hibridação de espécies aparentadas.

Estão **CORRETAS** as afirmativas:
a) I e II.
b) I, II e III.
c) I, III e IV.
d) II e IV.
e) II, III e IV.

10. (UPE) Algumas mudanças evolutivas importantes ocorrem com rapidez suficiente para que possam ser documentadas no decorrer de uma ou de algumas vidas científicas. Isto é particularmente provável quando, devido a atividades humanas ou outras causas, o ambiente de uma população muda ou quando uma espécie é introduzida em um novo ambiente. Por exemplo, as mudanças no suprimento alimentar devido à seca nas Ilhas Galápagos causaram, no período de poucos anos, uma mudança evolutiva substancial, embora temporária, no tamanho do bico de um tentilhão; um vírus introduzido na Austrália para controlar os coelhos evoluiu para uma menor virulência em menos de uma década (e a população de coelhos tornou-se mais resistente a ele); os ratos evoluíram para a resistência ao veneno warfarin; desde a II Guerra Mundial, centenas de espécies de insetos que infestam safras e transmitem doenças desenvolveram resistência ao DDT e a outros inseticidas e a rápida evolução da resistência a antibióticos nos microrganismos patogênicos gera um dos mais sérios problemas de saúde pública.

Futuyma, 2002. *Evolução*, Ciência e Sociedade (SBG).

Esses exemplos decorrem da atuação de
a) deriva genética.
b) especiação.
c) migração.
d) mutação cromossômica.
e) seleção direcional.

11. (UFV – MG) Ao realizar estudos de evolução, calouros de uma turma elaboram as seguintes afirmativas sobre os conceitos de especiação:

I – Processo que separa populações geneticamente homogêneas em duas ou mais, as quais podem se tornar isoladas reprodutivamente entre si.
II – No processo de especiação, as modificações da frequência alélica não são importantes, uma vez que a seleção natural atua no fenótipo.
III – Na especiação alopátrica, o ambiente geográfico é um facilitador para que o fluxo gênico aumente a variabilidade dentro da população.

Com base nos princípios evolutivos e nos de especiação, são **INCORRETAS** as afirmativas:
a) I, II e III.
b) I e II, apenas.
c) II e III, apenas.
d) I e III, apenas.

12. (PUC – MG) A evolução biológica poderia ser definida simplesmente como "descendência com modificação". A hipótese básica da teoria evolucionista é que os organismos vivos de hoje são formas modificadas dos seus ancestrais, tendo sido selecionados por acaso ou por valor adaptativo. Assim, a anatomia e a fisiologia comparadas podem fornecer evidências da evolução da vida na Terra.

Sobre esse assunto, é incorreto afirmar:
a) Estruturas homólogas são aquelas que, apesar de desempenharem funções diferentes, apresentam estrutura semelhante e a mesma posição relativa no organismo, indicando mesma origem embriológica e ancestralidade comum.
b) Estruturas que desempenham função similar, mas têm origem embrionária e estrutura anatômica diferentes, são produzidas por um processo de divergência adaptativa.
c) A deriva genética produz oscilação das frequências gênicas, principalmente em populações pequenas e isoladas, e independe da seleção natural.
d) Os ossos da asa dos pássaros, da pata dianteira do cavalo e da nadadeira da baleia são semelhantes e com mesma origem embrionária, tendo sido selecionados por divergência adaptativa.

13. (UFU – MG) Por meio da anatomia e da embriologia comparadas, é possível verificar que os ossos dos membros anteriores de alguns vertebrados têm origem evolutiva comum, embora possam desempenhar funções diferentes. Nas aves, por exemplo, esses ossos atuam no voo, enquanto no homem e na baleia podem ser usados para a natação. Por outro lado, as asas dos insetos e das aves têm origem evolutiva e embrionária diferentes, mas têm a mesma função (voo).

Com relação à origem evolutiva e à função desempenhada, assinale a alternativa correta.
a) As asas dos insetos e as asas das aves são estruturas homólogas.
b) As estruturas análogas podem, por mutação, ser transformadas em estruturas homólogas.
c) Os membros superiores do homem, membros anteriores da baleia e as asas das aves são estruturas homólogas.
d) As asas dos insetos são análogas aos membros superiores do homem.

14. (UFF – RJ) Durante o processo evolutivo, diversos organismos desenvolveram estruturas ou formas corporais semelhantes em função do ambiente em que viviam. Entretanto, existem outros organismos que apresentam órgãos com a mesma origem embrionária, mas que desempenham diferentes funções. Tais processos são denominados, respectivamente, convergência e divergência evolutiva.

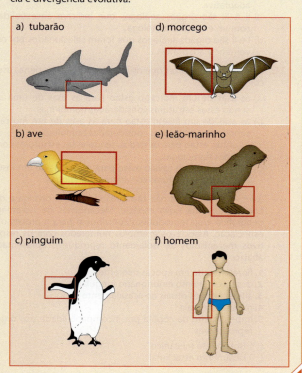

a) tubarão
d) morcego
b) ave
e) leão-marinho
c) pinguim
f) homem

Com base nas estruturas destacadas, assinale a alternativa que agrupa corretamente os animais da figura anterior, tendo em vista o processo evolutivo correspondente.

a) convergência – a, c, e
   divergência – b, d, f
b) convergência – a, d, e
   divergência – b, c, f
c) convergência – a, e, f
   divergência – b, c, d
d) convergência – a, b, d
   divergência – c, e, f
e) convergência – c, e, f
   divergência – a, b, d

15. (PUC – MG) A análise morfofuncional das semelhanças e diferenças nas estruturas corporais de diferentes animais fornece subsídios para a classificação filogenética, sendo evidência da evolução biológica. A figura abaixo representa a estrutura interna e externa dos membros anteriores de três animais.

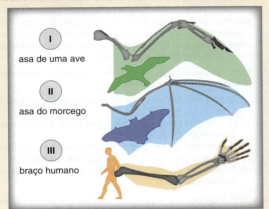

I – asa de uma ave
II – asa do morcego
III – braço humano

Analisando-se esses apêndices articulados, é **CORRETO** afirmar que:

a) I, II e III surgiram em um processo de divergência adaptativa.
b) I, II e III são órgãos homólogos originados por irradiação adaptativa.
c) II e III são órgãos análogos que indicam ancestralidade comum e função homóloga.
d) I e II são órgãos análogos que foram selecionados por convergência adaptativa.

16. (UNESP) Pode-se dizer que os pelos estão para as penas assim como

a) as asas de um morcego estão para as asas de uma ave, sendo essas estruturas consideradas homólogas.
b) as asas de um inseto estão para as asas de um morcego, sendo essas estruturas consideradas homólogas.
c) as unhas estão para os dedos, sendo essas estruturas consideradas homólogas.
d) as pernas de um cavalo estão para as pernas de um inseto, sendo essas estruturas consideradas análogas.

17. (UFF – RJ) De forma não tão rara, a imprensa divulga a descoberta de uma nova espécie. Mecanismos de isolamento geográfico e/ou reprodutivos contribuem para o processo de especiação. Associe os exemplos numerados com os respectivos mecanismos de isolamento reprodutivo apresentados abaixo.

1. florescimento em épocas diferentes
2. desenvolvimento embrionário irregular
3. alterações nos rituais de acasalamento
4. meiose anômala
5. impedimento da cópula por incompatibilidade dos órgãos reprodutores

( ) isolamento mecânico
( ) isolamento estacional
( ) mortalidade do zigoto
( ) esterilidade do híbrido
( ) isolamento comportamental

Assinale a alternativa que apresenta a associação **CORRETA**.

a) 1, 3, 4, 2 e 5
b) 4, 3, 2, 5 e 1
c) 4, 3, 5, 2 e 1
d) 5, 1, 4, 3 e 2
e) 5, 1, 2, 4 e 3

18. (UFG – GO) Leia a reportagem abaixo.

> **Por que os filhos de casamentos consaguíneos podem nascer com anomalias genéticas?**
>
> A natureza criou um recurso que faz com que determinadas anomalias genéticas fiquem guardadinhas em seu cromossomo esperando para, quem sabe um dia, serem extintas.
>
> Quanto maior o grau de parentesco, maior o risco de ter um filho portador de uma determinada anomalia genética.

Adaptado de: SUPERINTERESSANTE, São Paulo, jul. 2008. p. 52.

Considerando a consanguinidade, a ocorrência dessas anomalias se deve

a) à ação de um gene recessivo que se manifesta em homozigose no indivíduo.
b) a erros na duplicação semiconservativa do DNA na fase de gastrulação.
c) à segregação de genes alelos durante a formação dos gametas em ambos os genitores.
d) a repetições do número de nucleotídeos no gene responsável pela anomalia.
e) à perda dos telômeros durante o processo de clivagem do embrião.

19. (UFSC) Seu José da Silva, um pequeno criador de porcos do Oeste do Estado de Santa Catarina, desejando melhorar a qualidade de sua criação, comprou um porco de raça diferente daquela que ele criava. Preocupado com as consequências de criar este animal junto com os outros porcos, ele discute com seu vizinho sobre o assunto. Parte de seu diálogo é transcrito a seguir:

SR. JOSÉ – O porco que comprei e apelidei de Napoleão é maior, mais forte e possui peso acima da média da raça que crio. Além disso, possui manchas marrons pelo corpo todo. Gostaria que boa parte de minha criação tivesse essas características.
VIZINHO – Seu José, isto vai ser muito difícil de conseguir; melhor o senhor comprar outros porcos com esse "jeitão".

Com base nos conhecimentos de genética, assinale a(s) proposição(ões) **CORRETA(S)** sobre o assunto e dê sua soma ao final.

(01) As preocupações do Sr. José não se justificam, pois animais com fenótipos distintos apresentam, obrigatoriamente, genótipos distintos para as mesmas características.
(02) O vizinho do Sr. José tem razão, pois não se pode obter mistura de características cruzando animais de raças diferentes na mesma espécie.
(04) Atualmente não se pode criar e cruzar porcos de raças diferentes, pois é impossível controlar a seleção das características geneticamente desejadas.
(08) As manchas na pele do porco Napoleão são uma característica determinada geneticamente; já o peso e o tamanho resultam somente da oferta de boa alimentação.
(16) Quando duas raças distintas entram em contato e seus membros passam a cruzar-se livremente, as diferenças raciais tendem a desaparecer nos descendentes devido à mistura de genes.
(32) O melhoramento genético em animais que apresentam características de valor comercial é necessariamente prejudicial ao ser humano, já que não ocorre naturalmente.
(64) Muitas características animais, como a fertilidade, a produção de carne e a resistência a doenças, são condicionadas por genes e dependem muito das condições nas quais os animais são criados.

Questões dissertativas

1. (UFJF – MG) Um erro na rota metabólica da produção de melanina em humanos leva ao aparecimento de indivíduos albinos (condição recessiva). Considere uma determinada população na qual 16% desses indivíduos sejam albinos e faça o que se pede.
   a) Calcule a frequência genotípica do gene que confere o albinismo nessa população, considerando que ela se encontra em equilíbrio de Hardy-Weinberg.
   b) Um homem normal dessa população teve filhos com uma mulher portadora do alelo recessivo. Calcule a probabilidade de o casal ter 2 filhos normais.
   c) Explique o mecanismo de variação da cor da pele em humanos, considerando os aspectos genotípicos e fenotípicos.

2. (UERJ) O valor adaptativo de um indivíduo varia entre 0 e 1,0. Os valores extremos 0 e 1,0 indicam, respectivamente, indivíduos eliminados pela seleção natural sem deixar descendentes e indivíduos que contribuem com o maior número de descendentes para a geração seguinte.

   Medições do valor adaptativo de indivíduos portadores de seis genótipos, em duas populações diferentes, revelaram os seguintes resultados:

	População 1		
Genótipo	A_1A_1	A_1A_2	A_2A_2
valor adaptativo	1,0	0	0

	População 2		
Genótipo	B_1B_1	B_1B_2	B_2B_2
valor adaptativo	1,0	1,0	0

   Dos genes "A_2" e "B_2", qual deveria apresentar maior frequência? Justifique sua resposta.

3. (UNICAMP – SP) Em famílias constituídas a partir da união de primos em primeiro grau, é mais alta a ocorrência de distúrbios genéticos, em comparação com famílias formadas por casais que não têm consanguinidade.
   a) A que se deve essa maior ocorrência de distúrbios genéticos em uniões consanguíneas?
   b) A fenilcetonúria (FCU) é um distúrbio genético que se deve a uma mutação no gene que expressa a enzima responsável pelo metabolismo do aminoácido fenilalanina. Na ausência da enzima, a fenilalanina se acumula no organismo e pode afetar o desenvolvimento neurológico da criança. Esse distúrbio é facilmente detectado no recém-nascido pelo exame do pezinho. No caso de ser constatada a doença, a alimentação dessa criança deve ser controlada. Que tipos de alimento devem ser evitados: os ricos em carboidrato, lipídios ou proteínas? Justifique.

4. (UFJF – MG) Ao longo do processo evolutivo, as frequências dos genes estão sujeitas a alterações por vários fatores. Considere uma doença em humanos que é determinada por um gene autossômico recessivo e que provoca a morte na infância quando em homozigose. A população X representa um grupo de indivíduos que não tem acesso a qualquer terapia para essa doença. A população Y, por outro lado, representa um grupo de indivíduos que tem acesso a algum tipo de terapia, tornando possível a sobrevivência e a reprodução de indivíduos homozigotos recessivos. No quadro a seguir, encontra-se o número de indivíduos de cada genótipo nas duas populações. Analise-o e responda às seguintes questões:

Genótipos	População X	População Y
AA	8.500	2.500
Aa	1.000	5.000
Aa	500	2.500

   a) Calcule as frequências dos genótipos e dos alelos nas populações X e Y.
   b) Entre os fatores que afetam a frequência dos genes nas populações, qual deles foi neutralizado na população Y?
   c) Quais são as frequências genotípicas nas duas populações, após uma geração de acasalamento ao acaso?
   d) Considerando-se que a população Y está em equilíbrio de Hardy-Weinberg, quais são as frequências genotípicas nessa população, após oito gerações de acasalamento ao acaso? Justifique sua resposta.

5. (UFBA) De forma nunca possível antes, hoje em dia podemos comparar as sequências de DNA não apenas de organismos existentes, mas também de espécimes fósseis, de ancestrais extintos de organismos vivos. (...) essa informação permitiu o desenvolvimento de árvores evolutivas bastante detalhadas. Foi possível demonstrar que, em algumas áreas, todas as plantas são clones umas das outras (...). As sequoias canadenses cresceram como clones de um sistema central de raízes após incêndios nas florestas. Infelizmente, algumas espécies em extinção são representadas por um número muito pequeno de espécimes vivos, e todas possuem parentesco muito próximo. Isso ocorre com todos os gansos nativos do Havaí, com todos os condores da Califórnia e até com algumas espécies de baleias. (CAMPBELL; FARRELL, 2007, p. 272).

   Estabeleça a relação entre os processos reprodutivos que mantêm as populações citadas e o risco de extinção a elas associado.

6. (UNICAMP – SP) As figuras abaixo mostram o isolamento, por um longo período de tempo, de duas populações de uma mesma espécie de planta em consequência do aumento do nível do mar por derretimento de uma geleira.

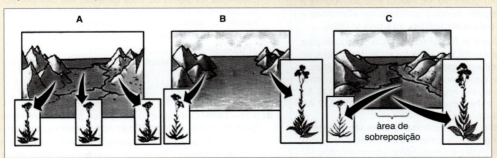

Adaptado de: PURVES, W. K. *et al. Vida – A Ciência da Biologia.* Porto Alegre: Artmed, p. 416.

   a) Qual é o tipo de especiação representado nas figuras? Explique.
   b) Se o nível do mar voltar a baixar e as duas populações mostradas em **B** recolonizarem a área de sobreposição (Figura **C**), como poderia ser evidenciado que realmente houve especiação? Explique.

7. (FUVEST – SP)

a) As plantas Z e W, embora morfologicamente muito semelhantes, não possuem relação de parentesco próximo. Em ambas, as folhas são modificadas em espinhos. O mapa abaixo mostra suas áreas originais de ocorrência na América do Sul (planta Z) e na África (planta W). Como se explica que essas plantas, que ocorrem em continentes diferentes, apresentem folhas modificadas de maneira semelhante?

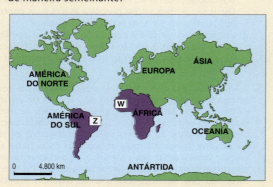

b) Um arbusto possui folhas largas, com estômatos em suas duas faces e alta concentração de clorofila. Cite um bioma brasileiro em que esse arbusto ocorre, relacionando as características da folha com as do bioma.

8. (PUC – RJ) A ilustração abaixo apresenta alguns dos diferentes tipos de pombos originados do pombo selvagem:

Adaptado de: <http://www.portalsaofrancisco.com.br/alfa/Evolução-dos-seres-vivos/imagens/evolução-dos-seres-vivos16g.jpg>. Acesso em: 15 ago. 2010.

Sabendo-se que esses diferentes tipos podem cruzar entre si e produzir descendentes férteis, é **CORRETO** afirmar que o grupo de pombos da ilustração pertence

a) a espécies distintas e a gêneros diferentes.
b) a espécies diferentes e à mesma raça.
c) à mesma espécie e a diferentes raças.
d) a espécies diferentes e ao mesmo gênero.
e) a espécies distintas e a gêneros associados.

Programas de avaliação seriada

1. (PSIU – UFPI) Duas populações diferentes de borboletas, em equilíbrio de Hardy-Weinberg, contam, cada uma, com 400 indivíduos diploides. A população 1 é constituída principalmente de indivíduos homozigotos (90 *AA*, 260 *Aa* e 50 *aa*). Analise o que se declara a respeito dessas populações nas afirmativas a seguir e assinale V, para as verdadeiras, ou F, para as falsas.

1 ( ) O *pool* genético e as frequências alélicas são iguais para ambas as populações, mas os alelos estão distribuídos de forma diferente entre genótipos homo e heterozigotos.
2 ( ) As frequências genotípicas, na população 1, para os genótipos *AA*, *Aa* e *aa*, são, respectivamente, 0,45; 0,2 e 0,35. Na população 2, as frequências genotípicas são de 0,22 *AA*; 0,65 *Aa* e 0,12 *aa*.
3 ( ) O *pool* genético e as frequências alélicas são diferentes para ambas as populações, mas os alelos estão distribuídos de forma igual entre genótipos homo e heterozigotos.
4 ( ) A possibilidade de que dois gametas, carregando o alelo *A*, fertilizem-se é de 0,2025; e a probabilidade de fertilização, entre os gametas que carregam o alelo *a*, é de 0,3025.

2. (PSIU – UFPI) Desastres ecológicos, a exemplo do que aconteceu recentemente em municípios piauienses, como as inundações, podem reduzir drasticamente o tamanho de uma população do ponto de vista genético, em que por acaso e não por adaptação ao ambiente, alguns alelos podem ter suas frequências aumentadas ou até mesmo desaparecerem. Esse fenômeno é denominado

a) fluxo gênico.
b) polimorfismo genético.
c) deriva genética.
d) efeito do fundador.
e) seleção disruptiva.

3. (PSS – UFPA) O isolamento geográfico pode favorecer fatores que influenciam na formação de novas espécies, quando

a) a população acumula, durante o isolamento, mutações que a tornam diferente da original e a isolam reprodutivamente.
b) reduz o fluxo gênico e induz a formação de homozigotos recessivos e estéreis.
c) induz a formação de híbridos hermafroditas.

d) induz o cruzamento entre interespécies que permaneceram isoladas numa mesma área, criando raças geográficas híbridas.
e) induz a autofecundação.

4. (SSA – UPE) Casamentos entre parentes próximos, como primos, aumentam as chances de as uniões ciganas gerarem crianças com problemas genéticos, a exemplo da surdez.

O preço de manter a tradição. *Jornal do Commercio*, Recife, maio 2010.

Sob esse título, o jornal apresenta uma matéria sobre as formas com que grupos ciganos, que vivem no interior nordestino, preservam sua identidade e se mantêm isolados das influências de outras culturas, explicitando interessantes costumes, bem como aspectos sociais e de saúde. Analise as afirmativas abaixo, que abordam questões genéticas relacionadas com o tema.

> I – O aconselhamento genético, realizado por geneticistas especializados, é especialmente indicado nos casos de casamentos consanguíneos ou não em que há histórico de doenças hereditárias na família.
> II – Em casamentos consanguíneos, há aumento da probabilidade de alelos deletérios recessivos encontrarem-se, dando origem a pessoas homozigotas doentes.
> III – Os filhos dos casamentos endogênicos têm graves problemas genéticos, causados pela autofecundação, com maior número de alelos em homozigose.
> IV – Populações isoladas geram mutações de más formações orgânicas e mentais, a exemplo da surdez.
> V – Nas populações pequenas, como no caso dos ciganos, em que os grupos se mantêm isolados por muitas gerações, há uma grande tendência de haver maior variabilidade genética.

Em relação aos problemas genéticos citados, estão CORRETAS as afirmativas

a) I e II.
b) II e III.
c) III e IV.
d) IV e V.
e) I, III, IV e V.

5. (PSS – UFPB) Sabe-se que a primeira etapa da reprodução das angiospermas é a polinização e que, desde o seu surgimento, essas plantas têm utilizado diversas estratégias para terem sucesso em sua reprodução. Uma delas é bem representada pela relação entre a estrutura das peças florais e as características morfológicas do agente polinizador, como ocorre no caso de plantas que apresentam flores com corola de formato tubular e longo e o bico dos beija-flores, ilustrado a seguir.

Disponível em: <http://jucastilho.files.wordpress.com/
/2008/10/ 6968beija_flor.jpg>. *Acesso em:* 13 nov. 2009.

A interação entre planta e agente polinizador, relatada no texto e demonstrada na figura, é denominada:

a) coevolução.
b) convergência evolutiva.
c) homologia.
d) competição interespecífica.
e) polimorfismo.

6. (PISM – UFJF – MG) A ação do ser humano, direta ou indiretamente, vem reduzindo o *habitat* de muitas espécies. No caso dos tigres, mais do que a caça, a redução de *habitat* se tornou a principal ameaça à existência do maior felino do planeta. Analise as afirmativas abaixo que explicam, entre outros fatores, por que a redução de *habitats* pode contribuir para a extinção das espécies.

I – Aumenta a possibilidade de ocorrência de acasalamentos consanguíneos;
II – Aumenta a variabilidade genética.
III – Reduz o tamanho populacional.
IV – Diminui a frequência de genes recessivos causadores de doenças.

Assinale a alternativa que contenha somente afirmativas **CORRETAS**.

a) I e II.
b) I e III.
c) II e III.
d) II e IV.
e) III e IV.

Capítulo 9

Tempo geológico e evolução humana

O que nos diferencia como seres humanos

Não é o tamanho de nosso cérebro que nos torna especiais. Outros animais, como o golfinho e o elefante, por exemplo, possuem cérebro mais pesado do que o nosso. Também não é a linguagem que nos diferencia, pois tanto em termos de emissão de sons quanto de linguagem gestual outros animais nos igualam. Nossa capacidade mental nos levou à produção de ferramentas, à construção de cidades com complexos sistemas de comunicação e de transporte, mas outras sociedades animais também possuem suas formas de comunicação e divisão de trabalho entre seus indivíduos.

Independentemente de como analisemos a origem e evolução das formas de vida, cada espécie animal tem suas particularidades. Cada uma delas é única, especial. O que nos diferencia, no entanto, nossa vantagem competitiva, é o pensamento simbólico – nossa capacidade para definir estratégias, planejar, solucionar problemas, recriar nosso conhecimento e aplicá-lo em um sem-número de atividades, modificando nossa realidade.

Neste capítulo, vamos conhecer como a ciência explica a história de nosso planeta e a evolução dos seres humanos.

Para qualquer um de nós, 4,6 bilhões de anos, que é a idade aproximada da Terra, é um tempo inimaginável.

Com base em estudos de rochas e de fósseis, geólogos e paleontologistas construíram tabelas da escala do tempo para tentar traçar a história da Terra. Eles apresentam quatro **eras** geológicas (*Pré-Cambriano* – dividido em Proterozoico e Arqueano –, *Paleozoico, Mesozoico* e *Cenozoico*) que, por sua vez, são divididas em **períodos** e estes, em **épocas**.

As primeiras formas de vida teriam aparecido no Pré-Cambriano, há cerca de 3,5 bilhões de anos. Tanto as eras como os períodos geológicos não tiveram a mesma duração (veja a Tabela 9-1).

> *Anote!*
> Atualmente, dá-se o nome de **eons** a grandes períodos da história da Terra, que englobam algumas eras.

Tabela 9-1. Tabela do tempo geológico.

Eon	Era	Período	Época	Início (milhões de anos)	Principais eventos
Fanerozoico	Cenozoica	Quaternário (Neogeno)	Holoceno	0,01	homem moderno
			Pleistoceno	1,75	última glaciação
			Plioceno	5,30	primeiros hominídeos
			Mioceno	23,5	
		Terciário (Paleogeno)	Oligoceno	33,7	primeiras gramíneas
			Eoceno	53	
			Paleoceno	65	mamíferos começam a se diferenciar e ocupar espaços deixados pelos dinossauros
		Extinção dos dinossauros			
	Mesozoica	Cretáceo		135	início da abertura do Oceano Atlântico, surgem as angiospermas
		Jurássico		203	primeiras aves
		Triássico		250	primeiros dinossauros, primeiros mamíferos
	Extinção de mais de 90% das espécies vivas				
	Paleozoica	Permiano		295	
		Carbonífero		355	formação de muitas jazidas de carvão mineral, primeiros répteis, primeiras coníferas, primeiros insetos voadores
		Devoniano		410	primeiros insetos, primeiros anfíbios, primeiras samambaias e plantas com sementes
		Siluriano		435	primeiras plantas terrestres
		Ordoviciano		500	primeiros peixes
		Cambriano		540	primeiras esponjas, vermes, equinodermos, moluscos, artrópodes e cordados
	Explosão de vida multicelular nos oceanos				
Proterozoico*	Neoproterozoica			1.000	uma única massa continental – Pangea – e um oceano – Pantalassa
	Mesoproterozoica			1.600	
	Paleoproterozoica			2.500	oceanos habitados por algas e bactérias
	Surgimento de oxigênio livre na atmosfera				
Arqueano				3.800	bactérias e cianobactérias, primeiras evidências de vida, rochas mais antigas conhecidas na Terra (3,8 bilhões de anos)
Hadeano				4.600	origem da Terra

Tempo (seta vertical à esquerda da tabela)

* Eons Proterozoico e Arqueano são reunidos sob a denominação Pré-Cambriano.

A história da Terra em um ano?

Dada a dificuldade em "visualizar" e compreender a história do Universo e, em especial, da Terra, Carl Sagan, astrônomo que se tornou famoso por apresentar a ciência, principalmente a Astronomia, de uma forma simples e acessível ao público leigo, recorreu a um exemplo simples e extremamente didático, comparando a história da Terra e do Universo com um calendário. Assinalando os eventos importantes que ocorreram no cosmos durante esse "ano", Sagan nos dá uma boa ideia sobre os acontecimentos no decorrer do tempo.

JAN.	FEV.	MAR.	ABR.	MAIO	JUN.	JUL.	AGO.	SET.	OUT.	NOV.
dia 1.º (± 15 b.a.*): • *Big Bang*				dia 1.º (± 10 b.a.): • Origem da Via Láctea				dia 9 (± 4,7 b.a.): • Origem do Sistema Solar dia 14 (± 4,5 b.a.): • Formação da Terra dia 25 (± 4 b.a.): • Primeiras formas de vida na Terra		dia 12 (± 2 b.a.): • Plantas fotossintetizantes dia 15 (± 1,7 b.a.): • Primeiros eucariotos

DEZ.

1 Formação da atmosfera de oxigênio (± 1,3 b.a.)	**2**	**3**	**4**	**5**	**6**	**7**
8	**9**	**10**	**11**	**12**	**13**	**14**
15	**16** Primeiros vermes (± 650 m.a.*)	**17** Expansão dos invertebrados (± 600 m.a.)	**18** Surgem plâncton e trilobitas (± 560 m.a.)	**19** Primeiros vertebrados e peixes (± 530 m.a.)	**20** Plantas vasculares começam a colonizar a terra (± 480 m.a.)	**21** Primeiros insetos e animais terrestres (± 440 m.a.)
22 Primeiros anfíbios e insetos alados (± 400 m.a.)	**23** Primeiras árvores e répteis (± 360 m.a.)	**24** Primeiros dinossauros (± 320 m.a.)	**25**	**26** Primeiros mamíferos (± 240 m.a.)	**27** Primeiras aves (± 200 m.a.)	**28**
29 • Extinção dos dinossauros (± 65 m.a.) • Primeiros cetáceos e primeiros primatas (± 60 m.a.)	**30** Primeiros hominídeos e expansão dos grandes mamíferos (± 40 m.a.)	**31** • 23h59min51s – Surge o alfabeto • 23h59min56s – Nascimento de Cristo • 23h59min59s – Renascimento na Europa				

* b.a. = bilhões de anos.
* m.a. = milhões de anos.

De olho no assunto!

A deriva dos continentes

Segundo a hipótese conhecida como a "deriva dos continentes", a Terra teria sido constituída por um bloco único, a Pangea, que, ao longo do tempo, foi se partindo e os blocos resultantes foram se afastando, formando os continentes hoje existentes. As figuras abaixo ilustram como teria ocorrido essa fragmentação.

Carbonífero inferior – Nesse período, os continentes formavam um único bloco de terra, banhado parcialmente por mares rasos e rodeado por mares profundos.

Eoceno – O bloco continental único começou a fragmentar-se em diversos blocos que iniciaram sua deriva, em várias direções.

Pleistoceno – Apesar de grandes transformações ocorridas em seus contornos, ainda é possível ver como se encaixavam antigamente os continentes, na tentativa de desvendar a fascinante História da Terra.

Fonte: MORAES, P. R.; ENS, H. H. *A História da Terra.* São Paulo: HARBRA, 1997, p. 40.

▪ AS GRANDES EXTINÇÕES

A Terra passou por vários períodos de extinção dos seres vivos. Dois deles chamam a atenção pela numerosa quantidade de espécies que desapareceram: o Permiano, durante o qual mais de 90% das espécies vivas da Terra desapareceram, e o Cretáceo, em que, acredita-se, foram extintos os dinossauros.

Das hipóteses levantadas para explicar a extinção dos dinossauros, a mais aceita atualmente é a do choque de um grande meteoro com a Terra. O choque teria provocado a formação de uma densa poeira, que escureceu a Terra, levando-a a um resfriamento pela impossibilidade de penetração da energia luminosa proveniente do Sol e impossibilitando a ocorrência de fotossíntese. Isso teria acarretado o desaparecimento de plantas e dos seres que delas dependiam, direta ou indiretamente, para sobreviver. Irídio – elemento extremamente raro na crosta terrestre, mas abundante em meteoros e cometas – foi encontrado em rochas que correspondem ao Cenozoico, o que confirma essa hipótese.

Anote!

O primeiro livro da Bíblia, o Gênesis, traz um relato poético sobre a História da Terra e da criação do homem por Deus sem nenhum objetivo científico. A palavra "dia", traduzida do original hebraico *yom*, não significa necessariamente o dia de 24 horas, mas tem a ideia de "um período de tempo", como em português, quando dizemos "hoje em dia".

▪ A ORIGEM DOS PRIMATAS

A partir do Cretáceo, a irradiação dos mamíferos levou à origem de várias ordens, entre elas a dos primatas, na qual se insere o homem.

De habitantes do solo, gradativamente os primatas passaram a viver sobre as árvores, o que foi favorecido por uma modificação na posição dos olhos, que passaram a ser frontalmente situados. A visão binocular possibilitava uma vantagem adaptativa: uma boa noção de profundidade e distância. Acredita-se que sucessivas e várias mudanças ocorreram, levando a uma diminuição da importância do olfato na localização do alimento, andar ereto, aumento progressivo do volume cerebral e oposição do polegar aos demais dedos da mão. Essa última capacidade permite ao homem a manipulação de objetos para a confecção de ferramentas e a operação de máquinas e instrumentos de precisão, por exemplo.

A redução no número de filhotes foi compensada pelo cuidado com a prole até longo tempo após o nascimento.

Do grupo primata ancestral, originaram-se dois outros: o dos prossímios (macacos primitivos do tipo társios e lêmures) e o dos antropoides (do grego, *ánthropos* = homem + *eidos* = aspecto).

▪ RUMO À ESPÉCIE HUMANA

A ideia que se tenta passar para as pessoas é que o homem teria surgido no final de um longo processo de evolução, em que estágios sucessivamente mais complexos culminariam no *Homo sapiens* atual, em uma linha reta. Contudo, o mais provável é que algumas espécies com características humanas tenham coexistido, por vezes, na mesma época.

As características humanas atuais, como o grande volume cerebral e o andar bípede, também não teriam surgido simultaneamente. Pelos registros fósseis disponíveis, a maioria dos antropólogos concorda que alguns de nossos ancestrais teriam tido pequeno volume cerebral, embora já adotassem a postura ereta.

Por fim, é preciso esclarecer que chimpanzés e homens, como muitas pessoas ainda acreditam, não descendem um do outro. Na verdade, são espécies descendentes de um ancestral comum.

> **Anote!**
> **Hominoides** designa primatas com características físicas semelhantes às do homem. **Hominídeos** é a família a que pertence o homem atual. Hominídeos ancestrais são as espécies que antecederam a espécie humana, *Homo habilis* e *Homo erectus*, hoje extintas.

Leitura

Um *design* especial

Os complexos comportamentos culturais desenvolvidos pela espécie humana ao longo da história evolutiva são, em grande parte, devidos ao *design* exclusivo das nossas características físicas, tais como:

a. **o tamanho do cérebro**. Tanto o aumento da capacidade craniana como a alteração de sua forma e o aumento do número e da profundidade das circunvoluções cerebrais contribuíram para que os seres humanos pudessem desenvolver um grau de inteligência superior ao encontrado em outras espécies, apesar de essa capacidade ter representado, em um primeiro momento, uma desvantagem em relação à necessidade de ingestão de maiores quantidades de proteína e a um maior controle da temperatura corpórea;

b. **a postura ereta e o bipedalismo**. A própria anatomia do esqueleto humano possibilitou a habilidade de caminhar ereto, sem precisar, para isso, do apoio das mãos. Os cientistas acreditam que o bipedalismo contribuiu para que o homem ocupasse com sucesso os ambientes de savana, os quais substituíram as florestas após os eventos que tornaram o clima mais seco;

c. **a pele humana**. A escassez de pelos e maior número de glândulas sudoríparas fizeram com que a pele humana passasse a funcionar como um dispositivo que auxilia a dissipação do calor, capacitando o homem a um esforço físico prolongado;

d. **a mão humana**. Na mão humana, o polegar é posicionado de maneira oposta aos demais dedos (oponência do polegar). Essa característica permitiu que a espécie humana pudesse desenvolver a capacidade de manipular objetos e de construir ferramentas com maior precisão.

Adaptado de: *Evolução humana e aspectos socioculturais*. Disponível em: <http://www2.assis.unesp.br/darwinnobrasil/humanev3.htm>. Acesso em: 9 set. 2012.

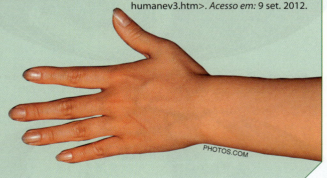

Os Primeiros Antropoides

Os fósseis mais antigos de macacos pertencem ao gênero *Aegyptopithecus*, que foram os iniciantes da linhagem antropoide, há 35 milhões de anos. Viviam em galhos de árvores e tinham o tamanho aproximado de um gato. Drásticas alterações climáticas, ocorridas há cerca de 20 milhões de anos, provocaram a contração das florestas africanas e asiáticas, fazendo com que esses macacos primitivos saíssem em busca de alimento nas savanas então existentes. Um desses grupos primitivos que viviam na África deve ter sido o originador da linhagem da qual surgiram os chimpanzés e os homens. Dados referentes à análise do DNA de ambos sugerem que eles devem ter divergido, a partir dessa espécie ancestral, há cerca de 5 milhões de anos.

Os Australopitecos

Em 1924, o antropólogo inglês Raymond Dart descobriu um crânio fossilizado na África do Sul e o chamou de *Australopithecus africanus*. Com a descoberta de outros fósseis, ficou claro que os australopitecos eram hominídeos de andar ereto e de mãos e dedos semelhantes aos dos homens. No entanto, o volume cerebral era cerca de um terço daquele do homem moderno. Há 3 milhões de anos, esses antropoides primitivos teriam habitado a savana africana. Estima-se que estiveram na região por cerca de 2 milhões de anos e que existiam dois tipos morfológicos: um mais robusto e outro mais franzino.

Em 1974, foi encontrada grande parte de um esqueleto de australopiteco na planície de Afar, na Etiópia. Foi chamado de Lucy, era pequeno (devia medir cerca de 1 metro) e tinha cabeça pouco volumosa. Lucy e fósseis semelhantes posteriormente encontrados foram denominados de *Australopithecus afarensis* e constituem a linhagem mais antiga de australopitecos. Alguns antropólogos acreditam que sejam os ancestrais comuns dos australopitecos e dos componentes do futuro gênero *Homo*. Provavelmente andavam eretos, postura que livrou as mãos e facilitou a procura de alimentos e o cuidado com a prole. A descoberta de pegadas em rochas de 3,5 milhões de anos em Laetoli, na Tanzânia, confirma essa suposição.

> **Anote!**
> *Australopithecus africanus*, *Australopithecus boisei* e *Australopithecus robustus* foram sucessores do *Australopithecus afarensis* e coexistiram durante certo tempo.

Esqueleto fossilizado de Lucy.

MAURO FERMARIELLO/SPL/LATINSTOCK

Pegadas fossilizadas de *Homo erectus*, com idade estimada entre 325.000-385.000 anos. Pelo tamanho, as pegadas são de um hominídeo com aproximadamente 1,5 m de altura.

Homo habilis: As Primeiras Ferramentas

O aumento do volume craniano começa a ser detectado em fósseis de cerca de 2 milhões de anos. Com eles foram descobertas ferramentas simples de pedra. Esses indivíduos eram caçadores, comedores de carniça e colhedores de raízes e frutos. Os australopitecos desapareceram, enquanto o *Homo habilis* deve ter sido o precursor do *Homo erectus* e, a partir deste, teria surgido o *Homo sapiens*.

Os Descendentes do *Homo erectus*

Acredita-se que o *Homo erectus* tenha se originado na África e de lá se irradiado para a Ásia e Europa. Os fósseis conhecidos como *Homo de Java* e *Homo de Pequim* são considerados exemplares dessa espécie. A sobrevivência em climas frios não deve ter sido fácil. Para isso, os *erectus* tiveram de residir em cavernas ou cabanas, fazer fogueiras, cobrir-se com peles de animais que caçavam e criar ferramentas mais sofisticadas que as dos *habilis*.

Entre 130.000 e 35.000 anos atrás, viveram na Europa descendentes do *erectus* que foram denominados de "homens de Neanderthal" (em alusão ao Vale de Neander, na Alemanha, onde foram encontrados fósseis). Comparados com o homem atual, tinham fronte mais saliente e queixo menos proeminente. No entanto, o volume cerebral era maior que o nosso. Os neandertais eram hábeis construtores de ferramentas e participavam de cerimônias fúnebres e de outros rituais. Resta ainda uma dúvida, entre tantas: não se sabe se tinham equipamento anatômico para a fala.

Anote!
Homo de Java, **Homo de Pequim** e os neandertais são considerados por muitos antropólogos como descendentes ou variedades de **Homo erectus**. Essas variedades são, por vezes, agrupadas em **Homo sapiens** arcaico. Outros antropólogos consideram os neandertais como **Homo sapiens neanderthalensis**.

O Aparecimento do *Homo sapiens*

Para muitos antropólogos, os *sapiens* arcaicos que povoaram várias partes da Terra foram os ancestrais do *Homo sapiens* moderno. Segundo essa hipótese, conhecida como **multirregional**, os seres humanos, como somos hoje, teriam evoluído paralelamente em várias partes do planeta.

Anote!
A espécie humana recebe atualmente o nome científico de **Homo sapiens** e é composta de diversas etnias intercruzantes, distribuídas por todos os pontos da Terra.

Outra hipótese supõe que os seres humanos modernos teriam surgido em um só continente, a África, há aproximadamente 100.000 anos, a partir do *H. erectus*. Do continente africano, grupos de *H. sapiens* migraram para diversas partes da Terra, deslocando os neandertais e outros descendentes do *erectus* e originando as diversas etnias até hoje conhecidas. O achado de fósseis de crânio dos chamados homens de Cro-Magnon (assim chamados por terem sido descobertos na caverna francesa de mesmo nome) e outros fósseis descobertos em Israel são utilizados como argumentos para a confirmação dessa hipótese, conhecida como **monogenética**.

Anote!
Os homens de Cro-Magnon são considerados como pertencentes à espécie **H. sapiens**.

As duas hipóteses mencionadas são hoje intensamente debatidas pelos especialistas em evolução humana. Sabe-se, no entanto, que houve ocasiões na história da evolução humana em que duas ou mais espécies de hominídeos teriam coexistido.

Ferramentas utilizadas por neandertais, que revelam grande habilidade.

De olho no assunto!

Pinturas atuais

Atualmente, existem três grupos de primatas:

a. os lêmures de Madagascar e os lóris e potos da África tropical e do Sul da Ásia;
b. os társios do Sudeste da Ásia;
c. os antropoides, grupo que inclui os macacos (do Novo e do Velho Mundo) e os hominídeos (gibões, orangotangos, gorilas, chimpanzés, bonobos e o homem).

O registro fóssil indica que os antropoides começaram a apresentar diversificação em relação aos outros primatas há cerca de 50 milhões de anos. A linhagem que originou o homem deve ter se separado dos outros hominídeos entre 5 milhões e 7 milhões de anos atrás.

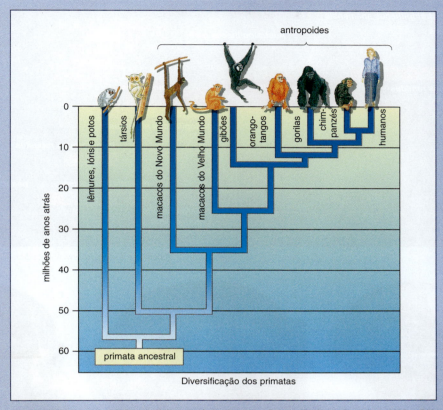

Fonte: CAMPBELL, N. A.; REECE, J. B. Biology. 7. ed. San Francisco: Pearson/Benjamin Cummings, 2005, p. 700.

De olho no assunto!

As novidades a respeito da evolução humana

Recentemente, paleontólogos franceses, trabalhando no Chade, África Central, encontraram restos fossilizados – fragmentos de ossos do crânio, restos de mandíbulas e alguns dentes – daquele que parece ser o ancestral mais antigo do homem moderno. Batizado de *Sahelanthropus tchadensis*, acredita-se que essa nova espécie tenha vivido entre 6 milhões e 7 milhões de anos atrás e represente, por enquanto, o elo que faltava para explicar a evolução dos hominídeos, que culminou com a origem do homem. Nem todos os cientistas, porém, aceitam que essa nova descoberta se relacione com a espécie humana. Para eles, trata-se apenas de um ancestral da linhagem que conduziu à origem do gorila, nada tendo em comum com a evolução humana. Essa confusão pode ser explicada pelo fato de o registro fóssil ser muito fragmentado, isto é, os restos fossilizados disponíveis não são muitos, o que torna difícil estabelecer certezas a respeito da origem das diversas linhagens que conduziram à nossa espécie. O trabalho do paleontólogo é assim mesmo. Pacientemente, é preciso escavar locais em que se suspeita existirem indícios de fósseis e, aos poucos, ir montando o quebra-cabeça que poderá algum dia permitir responder às inúmeras dúvidas que ainda existem sobre a nossa origem por evolução biológica.

O esquema da página seguinte é uma proposta da possível evolução dos hominídeos. É preciso lembrar que os crânios representados muitas vezes são montagens a partir de peças isoladas que foram encontradas. Outras vezes, nem o crânio está disponível, mas apenas os ossos relacionados à cabeça, fragmentos de mandíbulas ou alguns dentes. Cada barra azul corresponde ao tempo em que a espécie citada persistiu na Terra. Note que muitas delas coexistiram. O esquema deixa claro o parentesco evolutivo que existe entre o chimpanzé e o homem, o que é confirmado pela grande semelhança existente no material genético de ambos.

Fontes: Hominid revelations from Chad. *Nature.* Washington, n. 418, p. 133 e 145-151, 11 July 2002.
An ancestor to call our own. *Scientific American.* USA, p. 50, Jan. 2003.

Árvore filogenética mostrando as possíveis relações evolutivas da espécie humana. O ponto de interrogação assinala relações de ancestralidade ou de descendência discutíveis (ainda sendo debatidas).

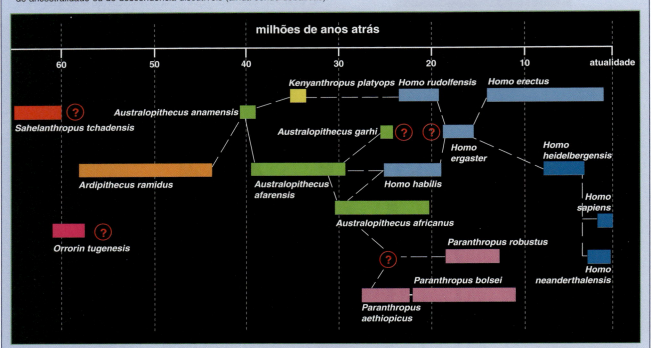

Disponível em: <http://www.mnh.si.edu>. *Acesso em:* 8 jun. 2007.

Crânios de (a) *Australopithecus afarensis*, (b) *Homo habilis*, (c) *Homo erectus*, (d-e) *Homo sapiens* (em *d*, crânio de homem de Cro-Magnon). Observe o aumento da caixa craniana (de *a* para *e*) e mandíbula e maxilar menos protrusos (de *a* para *c*).

Passo a passo

Quatro bilhões e seiscentos milhões de anos. Acredita-se que essa seja a idade aproximada da Terra em que vivemos. Baseando-se no estudo de rochas e fósseis, cientistas estabeleceram uma escala do tempo – dividindo a história da Terra em **eons, eras, períodos** e **épocas** –, na tentativa de estabelecer o provável roteiro da história de nosso planeta e das formas de vida que nele se estabeleceram ou das que se extinguiram.

A extinção de espécies e de grupos de seres vivos foi muito comum na história da Terra. Veja o caso dos dinossauros. Uma das hipóteses sugeridas para a extinção desses répteis foi a da ocorrência de um grande evento catastrófico, cujo impacto teria ocasionado a formação de uma densa poeira que escureceu nosso planeta. E, com o escurecimento, muitas espécies de vegetais e de animais que constituíam o "alimento" dos grandes répteis desapareceram.

Consultando a Tabela 9-1 (página 197) e utilizando as informações do texto e seus conhecimentos sobre o assunto, responda às questões **1** a **3**.

1. a) Entre quais eras deve ter ocorrido a extinção dos dinossauros? Qual foi o evento catastrófico, sugerido e atualmente aceito pela maioria dos cientistas especializados no assunto, cuja ocorrência teria provocado extinção "em massa" dos dinossauros? Que evidência química foi sugerida pelos autores da hipótese, na tentativa de confirmá-la?

b) Com as informações disponíveis no texto, o que é possível concluir a respeito da dieta dos dinossauros?

c) As prováveis primeiras evidências de vida na Terra são associadas à origem de cianobactérias, há aproximadamente 3,8 bilhões de anos. Qual a importância desses seres, considerando a provável mudança na composição de gases atmosféricos após sua origem?

2. a) "A presença de oxigênio na atmosfera terrestre foi um evento marcante para o desenvolvimento de vida aeróbia no nosso planeta". Essa afirmação tem como base a ocorrência de um importante evento biológico bioenergético que provavelmente possibilitou a explosão da vida em nosso planeta. Qual foi o referido evento e como ele possibilitou a diversificação da vida na Terra?

b) A invasão e a conquista do meio terrestre pelos primeiros vegetais, iniciada provavelmente nos períodos Siluriano e Devoniano, foram um evento marcante na determinação da variabilidade de seres vivos que se seguiu a essa conquista. Como justificar essa afirmação, considerando a importância da presença de vegetais nos ambientes em que são encontrados?

3. De certo modo, é comum comparar o sucesso do grupo das angiospermas com o dos mamíferos, na conquista do meio terrestre. Em muitos aspectos morfológicos esses dois grupos possuem adaptações semelhantes, entre as quais podem ser citadas o desenvolvimento de sementes no interior de frutos e de embriões no interior do útero, nos mamíferos placentários. Considerando essas informações, responda:

a) Embora se admita que os primeiros mamíferos tenham surgido no período Triássico, qual seria uma provável explicação para a ocorrência de diversificação desse grupo animal apenas no período Terciário, na época Paleoceno?

b) Indique uma provável importância das angiospermas no sucesso e na diversificação dos mamíferos e de grupos de invertebrados, como o dos insetos.

O encontro e o estudo de numerosos fósseis dos chamados *antropoides* são uma tentativa de esclarecer as origens da espécie humana. Um desses fósseis (restos do esqueleto e pegadas), denominado de *Australopithecus afarensis*, foi descoberto em

1974. A partir dessa descoberta, outros fósseis foram reconhecidos, levando os cientistas a estabelecer a provável linhagem que conduziu à espécie humana. Sabe-se, por exemplo, que restos fossilizados permitem concluir que uma das espécies pertencentes ao gênero *Homo*, pelo menos por enquanto, é a mais antiga espécie ancestral da linhagem humana.

Utilizando as informações do texto e recorrendo à árvore filogenética da página 204, responda às questões **4** e **5**.

4. a) Qual foi a denominação popular dada ao espécime *A. afarensis*, cujos restos fósseis foram descobertos em 1974?

b) Cite os nomes específicos de todos os representantes do gênero *Homo* cujos restos fósseis foram posteriormente descobertos e estudados.

5. a) Em 1964, foi anunciada a descoberta, pelo paleoantropólogo sul-africano Phillip Tobias, recentemente falecido, do mais primitivo membro do gênero humano (*Homo*). Observando a árvore filogenética, qual é esse atualmente considerado mais primitivo representante do gênero humano?

b) *Homo de Java*, *Homo de Pequim* e homem de Neandertal são três espécies que se acredita sejam descendentes de um dos representantes do gênero *Homo* citado na resposta do item *a*. Qual é esse provável representante?

É consenso, há décadas, que o *Homo sapiens* surgiu na África há 200 mil anos e saiu do continente para ocupar todos os cantos do mundo há 60 mil anos. Recentemente, um estudo do genoma de 27 diferentes populações do continente indicou que o "berço" do homem moderno foi a África do Sul. A dispersão geográfica dos humanos a partir do sul é também consistente com achados arqueológicos de artefatos associados ao homem moderno. Além disso, há indicações de que o clima no sul era mais acolhedor entre 60 mil e 70 mil anos atrás.

Adaptado de: BONALUME NETO, R.
Homem moderno surgiu no sul da África, diz estudo.
Folha de S.Paulo, São Paulo, 8 mar. 2011.
Caderno Ciência, p. C11.

Utilize as informações do texto acima e seus conhecimentos sobre o assunto para responder à questão **6**.

6. a) O texto acima está relacionado a uma das hipóteses da origem do homem, a *hipótese monogenética*, também conhecida como hipótese *fora da África*. Cite o trecho do texto relacionado a essa hipótese.

b) Outra hipótese sugerida por alguns cientistas admite que a evolução do homem teria ocorrido em várias partes do planeta, a partir de variedades conhecidas como *Homo sapiens* arcaicos, descendentes do *Homo erectus*. Qual é essa hipótese?

7. Na evolução dos primatas, a hipótese atual admite que a irradiação que conduziu à origem dos seres humanos primitivos envolveu a ocorrência de modificações adaptativas, incluindo a modificação de *habitats*, ou seja, de ambientes de vida. Entre essas adaptações, podem ser citadas as relacionadas à visão e à manipulação de objetos.

Considerando o texto acima e utilizando as informações constantes desse capítulo:

a) Cite as duas adaptações relacionadas à visão e à manipulação de objetos referidas no texto, que supostamente foram fundamentais na evolução humana.

b) Qual o significado dos termos *hominoides* e *hominídeos*, usualmente utilizados na designação dos grupos de primatas?

O esquema a seguir representa uma provável filogênese dos primatas, dentre as muitas árvores filogenéticas propostas pelos cientistas que se ocupam do assunto. Utilize-o para responder às questões de **8** a **10**.

Tempo geológico e evolução humana **205**

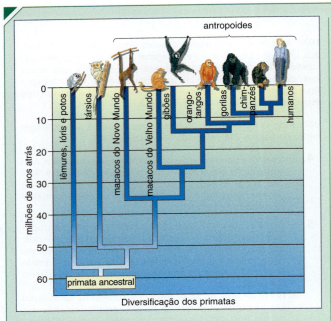

e dos demais antropoides (gibões, orangotangos, gorilas, chimpanzés) deve ter surgido na Terra?

b) De acordo com evidências genéticas atualmente disponíveis, é possível dizer que um dos grupos de antropoides não humanos (gibões, orangotangos, gorilas, chimpanzés) é mais próximo dos seres humanos, compartilhando aproximadamente 98% dos genes existentes em nosso genoma. Qual é esse grupo de antropoides ao qual somos mais geneticamente relacionados? Indique há aproximadamente quantos milhões de anos ocorreu a divergência entre esse grupo e o dos seres humanos.

11. ***Questão de interpretação de texto***

É verdade que o *Homo habilis* – dentro da escala evolutiva, a espécie descoberta por Phillip Tobias e a mais antiga do gênero *Homo* que se conhece – teve como sucessor o *Homo erectus*. Mas isso não significa, segundo estudos publicados na revista *Nature*, que eles não ocuparam ao mesmo tempo parte do solo da África Oriental, como acreditavam os cientistas. Dois novos fósseis descobertos por um grupo internacional de pesquisadores, na borda do lago Turkana, no Quênia, são as peças responsáveis por embaralhar a história da evolução humana na África. De um lado, um fragmento de mandíbula superior de *H. habilis*, o mais recente osso achado dessa espécie até hoje, datando 1,44 milhão de anos. No outro, um crânio de *H. erectus*, mais antigo e com estimados 1,55 milhão de anos. Para os pesquisadores, ambas as espécies chegaram a viver simultaneamente na África por aproximadamente 500 mil anos. Isso contraria a hipótese mais aceita hoje, a de que o *H. habilis* teria se extinguido antes. A cronologia evolutiva construída até agora pela ciência mostra que o *H. habilis* havia surgido há 2,5 milhões de anos e desaparecido há 1,8 milhão de anos, época em que teria surgido o *H. erectus*. De qualquer modo, esses dados parecem confirmar que o *H. habilis* é mais antigo.

Adaptado de: Novo fóssil complica evolução humana.
Folha de S.Paulo, São Paulo, 9 ago. 2007. Caderno Ciência, p. A19.

a) Pelas informações do texto pode-se perceber a existência de uma importante hipótese, relativamente à origem continental e à vida das duas espécies. Qual é essa hipótese?

b) As duas espécies citadas no texto enquadram-se, com a espécie humana atual, *Homo sapiens*, na categoria taxonômica dos *hominídeos*. A qual categoria taxonômica se refere esse termos?

8. a) Indique a época aproximada, em milhões de anos, em que deve ter ocorrido a origem e evolução dos primatas a partir do primata ancestral.

b) Lêmures e macacos do Velho Mundo surgiram em épocas diferentes, de acordo com o que é ilustrado na árvore filogenética. Quais foram essas épocas, estimadas em milhões de anos?

9. a) Na evolução primata esquematizada, que grupo é o mais antigo, o dos gibões ou o dos orangotangos? Justifique sua resposta com base nos dados que constam da árvore filogenética.

b) Examinando a árvore filogenética esquematizada, indique aproximadamente há quantos anos ocorreu a divergência entre os macacos do Velho Mundo e o grupo dos demais grandes macacos e de humanos.

10. a) De acordo com o esquema, há aproximadamente quantos anos é possível dizer que o ancestral comum do homem

Questões objetivas

1. (UNEMAT – MT) Os sete milhões de anos de história evolutiva humana são bem documentados. Uma longa série de fósseis conhecidos narra as modificações que se sucederam até o surgimento do homem moderno (*Homo sapiens*), há cerca de 150 mil anos.

Sobre este assunto, assinale a alternativa **correta**.

a) O *Homo sapiens* surgiu no continente americano.
b) Os humanos pertencem à ordem dos carnívoros, classe dos mamíferos e filo dos artrópodes.
c) São características importantes na evolução humana o polegar opositor e a postura quadrúpede.
d) O parentesco próximo entre homens e chimpanzés fica evidenciado pela grande semelhança do DNA das duas espécies.
e) O cérebro desenvolvido dos humanos não contribuiu para o uso de ferramentas.

2. (PUC – RS)

Considerando o processo evolutivo que deu origem ao *Homo sapiens*, como espécie, a ordem correta de aparecimento dos grupos ancestrais, do mais antigo ao mais recente, foi

a) *Australopitecus afarensis*, *Homo habilis* e *Homo erectus*.
b) *Australopitecus afarensis*, *Homo erectus* e *Homo habilis*.
c) *Australopitecus anamensis*, *Homo erectus* e *Homo habilis*.
d) *Australopitecus anamensis*, *Homo neanderthalensis* e *Homo habilis*.
e) *Australopitecus anamensis*, *Homo neanderthalensis* e *Homo erectus*.

3. (UFC – CE) Um geneticista britânico afirmou que a humanidade está chegando ao fim de sua evolução. Segundo essa ideia, os avanços da tecnologia e da medicina são primordiais, em detrimento dos processos naturais, baseados na seleção natural, na mutação e nas mudanças aleatórias. De acordo com o geneticista, os fatores mais importantes que alteram a evolução humana são a diminuição do número de homens mais velhos que têm filhos e a diminuição da seleção natural devido aos avanços da medicina. "Hoje, em grande parte do mundo desenvolvido, 98% das crianças sobrevivem e chegam aos 21 anos", acrescenta o britânico. O tipo de seres humanos que encontramos hoje é o único que haverá; "os seres humanos não ficarão mais fortes, inteligentes ou saudáveis", garante o cientista. "Acho que todos estamos de acordo com o fato de a evolução ter funcionado de forma adequada para o ser humano no passado", conclui o britânico.

De acordo com o pensamento desse cientista, analise as assertivas a seguir e preencha os parênteses com **V** ou **F** conforme sejam verdadeiras ou falsas.

I. ( ) Ao afirmar que "os seres humanos não ficarão mais fortes, inteligentes ou saudáveis", é de se esperar que, no futuro, os humanos encontrados sejam muito semelhantes genotipicamente aos encontrados atualmente.

II. ( ) O cientista pauta sua teoria na diminuição de homens mais velhos, acima dos cinquenta anos, que se tornam pais. Nessa faixa etária, as possibilidades de mutação nos espermatozoides também diminuem.

III. ( ) O cientista garante que a seleção natural, cada vez mais impedida pelo avanço da medicina, vem diminuindo.

IV. ( ) Com a diminuição dos processos naturais que promovem a evolução, de acordo com o cientista, ocorrerá a diminuição da segregação independente dos cromossomos e da permutação.

V. ( ) Ao defender essas ideias, nas quais é possível identificar o desuso da teoria sintética da evolução para a ordem dos primatas, o cientista britânico mostra-se defensor do fixismo.

4. (UEPG – PR) A respeito da evolução humana existem hipóteses sendo reformuladas constantemente conforme as descobertas mais recentes. Conforme os estudos mais modernos, indique as alternativas corretas e dê sua soma ao final.

(01) A evolução humana é representada como uma sucessão de espécies, uma atrás da outra, a começar pelo macaco, indo em direção ao homem. Em cada época somente existiu um tipo de hominídeo sobre a Terra e cada espécie teria originado a seguinte, seguindo um progresso crescente em direção ao homem atual.

(02) A partir do segundo hominídeo, o *Australopithecus afarensis*, evoluíram os *Paranthropus*, que foram os *Australopithecus robustus* e que originaram o homem moderno. Também do *Australopithecus afarensis* originaram-se os demais australopitecos menores, todos eles ainda na América.

(04) O primeiro hominídeo, o *Australopithecus ramidus*, viveu, estima-se, há quatro milhões de anos e pode ser interpretado como um elo entre os macacos e os seres humanos.

(08) Várias espécies de hominídeos habitaram o planeta ao mesmo tempo, e até nos mesmos lugares. Sabe-se que cinco diferentes espécies, dos gêneros *Homo* e *Paranthropus*, conviveram na África. Nada se sabe sobre o tipo do relacionamento entre elas, mas o fato é que havia várias espécies competindo num mesmo ambiente.

(16) A partir de linhagens do *Australopithecus afarensis* apareceu o primeiro representante do gênero *Homo*. Trata-se do *Homo habilis*, que, embora com capacidade craniana pequena, provavelmente foi quem iniciou a fabricação de ferramentas.

5. (UNESP) Há cerca de 40.000 anos, duas espécies do gênero *Homo* conviveram na área que hoje corresponde à Europa: *H. sapiens* e *H. neanderthalensis*. Há cerca de 30.000 anos, os neandertais se extinguiram, e tornamo-nos a única espécie do gênero.

No início de 2010, pesquisadores alemães anunciaram que, a partir de DNA extraído de ossos fossilizados, foi possível sequenciar cerca de 60% do genoma do neandertal. Ao comparar essas sequências com as sequências de populações modernas do *H. sapiens*, os pesquisadores concluíram que de 1 a 4% do genoma dos europeus e asiáticos é constituído por DNA de neandertais. Contudo, no genoma de populações africanas não há traços de DNA neandertal. Isto significa que

a) os *H. sapiens*, que teriam migrado da Europa e Ásia para a África, lá chegando entrecruzaram com os *H. neanderthalensis*.
b) os *H. sapiens*, que teriam migrado da África para a Europa, lá chegando entrecruzaram com os *H. neanderthalensis*.
c) o *H. sapiens* e o *H. neanderthalensis* não têm um ancestral em comum.
d) a origem do *H. sapiens* foi na Europa, e não na África, como se pensava.
e) a espécie *H. sapiens* surgiu independentemente na África, na Ásia e na Europa.

6. (FGV – SP) É comum que os livros e meios de comunicação representem a evolução do *Homo sapiens* a partir de uma sucessão progressiva de espécies, como na figura.

Coloca-se na extrema esquerda da figura as espécies mais antigas, indivíduos curvados, com braços longos e face simiesca. Completa-se a figura adicionando, sempre à direita, as espécies mais recentes: os australopitecos quase que totalmente eretos, os neandertais, e finaliza-se com o homem moderno.
Esta representação é

a) adequada. A evolução do homem deu-se ao longo de uma linha contínua e progressiva. Cada uma das espécies fósseis já encontradas é o ancestral direto de espécies mais recentes e modernas.
b) adequada. As espécies representadas na figura demonstram que os homens são descendentes das espécies mais antigas e menos evoluídas da família: gorila e chimpanzé.
c) inadequada. Algumas das espécies representadas na figura estão extintas e não deixaram descendentes. A evolução do homem seria melhor representada inserindo-se lacunas entre uma espécie e outra, mantendo-se na figura apenas as espécies ainda existentes.
d) inadequada. Algumas das espécies representadas na figura podem não ser ancestrais das espécies seguintes. A evolução do homem seria melhor representada como galhos de um ramo, com cada uma das espécies ocupando a extremidade de cada um dos galhos.
e) inadequada. As espécies representadas na figura foram espécies contemporâneas e portanto não deveriam ser representadas em fila. A evolução do homem seria melhor representada com as espécies colocadas lado a lado.

7. (UEM – PR) Darwin foi o primeiro a propor nossa relação de parentesco evolutivo com os grandes macacos, incluindo definitivamente a espécie humana no Reino Animal e, de certa forma, rebaixando-a do ponto mais alto da criação. Nesse sentido, indique as alternativas corretas e dê sua soma ao final.

(01) Os resultados das análises comparativas mostraram que, de fato, os chimpanzés são mais semelhantes a nós, do ponto de vista molecular, que qualquer outro ser vivo.

(02) Os seres humanos fazem parte do Filo *Chordata*, Subfilo *Vertebrata*, Classe *Mammalia*, Ordem *Primata*, Família *Anthropoidea*, Gênero *Homo* e Espécie *sapiens*.

(04) Os primatas desenvolveram, entre outros atributos, mãos dotadas de grande mobilidade e flexibilidade. As suas mãos apresentam o primeiro dedo oponível, funcionando como pinça para agarrar.

(08) Um grande avanço, na passagem evolutiva de australopiteco para a espécie humana atual, é o desenvolvimento do sistema nervoso e, consequentemente, da inteligência.

(16) Admite-se que o salto mais prodigioso da humanidade rumo ao conhecimento tenha sido o desenvolvimento da fala, que ocorreu há cinco mil anos. As gerações humanas passaram, desde então, a deixar, para as gerações futuras, informações sobre seu modo de vida e suas realizações.

8. (UFMG) Analise esta figura, em que está representada uma possível filogenia dos primatas:

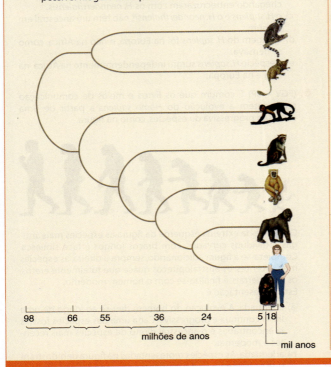

Considerando-se as informações fornecidas por essa figura e outros conhecimentos sobre o assunto, é **INCORRETO** afirmar que:

a) a radiação evolutiva ocorreu por volta dos 60 milhões de anos.
b) o bipedismo ocorre no ramo dos humanos.
c) os ancestrais desse grupo eram arborícolas.
d) os humanos descendem dos gorilas.

9. (UEL – PR) A taxonomia evolutiva tradicional dos primatas antropoides coloca os humanos (gênero *Homo*) e seus ancestrais fósseis imediatos na família *Hominidae*; os gibões (gênero *Hylobates*), na família *Hylobatidae*; e os chimpanzés (gênero *Pan*), gorilas (gênero *Gorilla*) e orangotangos (gênero *Pongo*), na família *Pongidae*. Todavia, análises morfológicas e moleculares resultaram na seguinte filogenia.

Com base no texto e de acordo com essas relações filogenéticas, é correto afirmar que uma revisão taxonômica dos primatas antropoides deveria agrupar:

a) orangotangos e gibões na família *Hylobatidae*.
b) orangotangos, gibões e gorilas em um táxon específico.
c) humanos, chimpanzés e gorilas na mesma família.
d) gibões e orangotangos na mesma espécie.
e) chimpanzés e gorilas, apenas, na família *Pongidae*.

Questões dissertativas

1. (UFPR) Um paleontólogo, após anos de estudos de um determinado sítio de fósseis, resolveu tentar reconstruir a variação do ambiente da região estudada. Conforme sua hipótese, essa reconstrução é possível considerando-se apenas as características das espécies fósseis detectadas nas diversas camadas sedimentares do local e sua datação. Com base no registro de anos de pesquisas na área sumarizado abaixo, elabore uma descrição do ambiente dessa área em cada período registrado, apresentando argumentos que suportem sua decisão, com base nas características biológicas das espécies amostradas.

Camada sedimentar	Data aproximada	Espécies fósseis coletadas
1	30 milhões de anos atrás	medusas; corais; lulas; poríferos; gastrópodes; equinodermos; peixes ósseos; peixes cartilaginosos
2	20 milhões de anos atrás	peixes ósseos; camarão; caranguejo de manguezal; ostra; gastrópodes; larvas de insetos aquáticos; aves
3	10 milhões de anos atrás	peixes ósseos; larvas de insetos aquáticos; aranhas; ácaros; gastrópodes; aves de rapina
4	5 milhões de anos atrás	insetos adultos; escorpiões; lagartos; aves

2. (UERJ) Técnicas de hibridização ou de determinação da sequência de bases do DNA permitem estimar o grau de parentesco entre espécies de seres vivos. O resumo da árvore evolutiva, esquematizado abaixo, apresenta resultados de pesquisas realizadas com primatas utilizando essas técnicas:

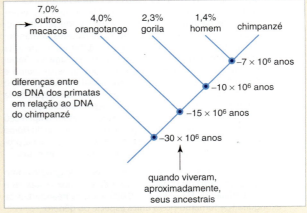

Dentre os primatas citados, relacione, na ordem crescente de semelhança ao genótipo do chimpanzé, os que tiveram um ancestral que viveu há cerca de 10 milhões de anos. Indique, ainda, o percentual de semelhança.

3. (UFMG) A paleontologia vem contribuindo para o entendimento da evolução dos seres vivos, inclusive do homem.

1. O estudo de fósseis – crânio, pelve e fêmur de hominídeos, por exemplo – oferece várias informações importantes. CITE uma informação comportamental dos ancestrais do ser humano que pode ser revelada pelo estudo da (a) mandíbula e (b) pelve.
2. Mais recentemente, técnicas de Biologia Molecular têm permitido o estudo de processos evolutivos a partir da análise do DNA de fósseis e de populações modernas.
   A) Alguns estudos tentam reconstruir a história da evolução humana pela análise de marcadores moleculares. Um desses marcadores é o cromossomo Y, que permite conhecer a ancestralidade paterna a partir de pequenas diferenças nas sequências de nucleotídeos.
   Com base nessas informações e considerando outros conhecimentos sobre o assunto, CITE um marcador que pode ser utilizado para se estudar a ancestralidade materna.
   JUSTIFIQUE sua resposta.
   B) Em 2010, cientistas anunciaram o sequenciamento parcial do genoma do homem de Neandertal, espécie humanoide que coexistiu com o moderno *Homo sapiens* na pré-história, durante milhares de anos.
   A partir desse estudo, revelou-se que as atuais populações humanas, exceto as da África, têm de 1% a 4% de DNA herdado do Neandertal.
   EXPLIQUE o que sugerem esses dados.

4. (UFBA) Fisicamente, seres humanos são espécimes biológicas razoavelmente inexpressivas. Para animais tão grandes, nós não somos muito fortes ou rápidos e não temos armas naturais, como caninos e garras. É o cérebro humano, com seu córtex cerebral tremendamente desenvolvido, que realmente nos distingue dos outros animais. Nossos cérebros dão origem a nossas mentes, em explosões de inteligência solitária e na busca coletiva de objetivos comuns, tendo criado maravilhas. Nenhum outro animal poderia esculpir as graciosas colunas do Parthenon, muito menos refletir sobre a beleza desse antigo templo grego. Apenas nós pudemos erradicar a varíola e a poliomielite, domesticar outras formas de vida, penetrar o espaço com foguetes e voar para as estrelas em nossas imaginações.

AUDESIRK E AUDESIRK, p. 444.

A espécie humana, no entanto, não pode ser considerada fora do seu contexto biológico e, sim, inserida entre organismos vivos com os quais compartilha características fundamentais na história evolutiva da vida, mais especialmente com os primatas, conforme representado na ilustração.

Identifique o mais antigo antropoide que compartilha a ancestralidade com todos os hominóideos e analise as relações evolutivas entre os grupos atuais de hominídeos, considerando a informação genética como base dessas relações.

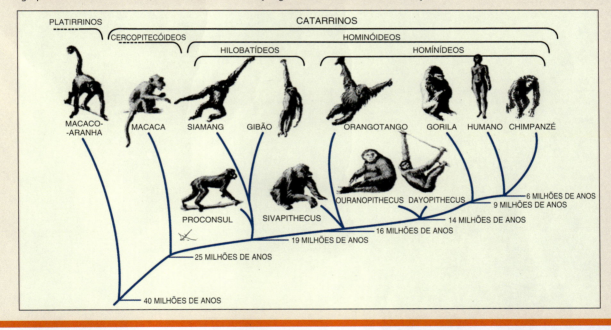

Programa de avaliação seriada

1. (PSS – UFAL) À luz do conhecimento atual, observe a ilustração ao lado e aponte a alternativa que melhor responde a pergunta: o homem é originário do macaco?

a) A espécie *Homo sapiens* se distingue de outros hominídeos e, portanto, não se originou dos macacos, que são primatas.
b) Os gêneros *Homo* e *Australopithecus* representam o homem moderno e conviveram na mesma época com os macacos; assim, não são seus descendentes.
c) Chimpanzés são bípedes e parecidos morfologicamente com o homem; portanto, os chimpanzés deram origem ao homem.
d) Os seres humanos e chimpanzés possuíam um ancestral em comum e divergiram ao longo da evolução.
e) Os seres humanos e chimpanzés convergiram ao longo da evolução desenvolvendo características análogas.

Tempo geológico e evolução humana **209**

Unidade

3

Ecologia

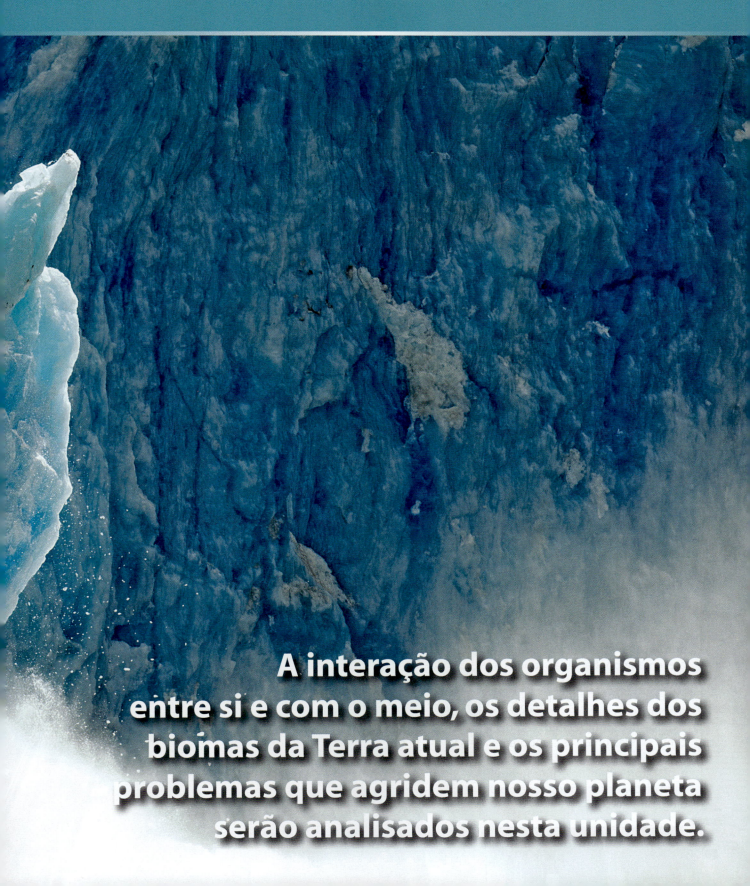

A interação dos organismos entre si e com o meio, os detalhes dos biomas da Terra atual e os principais problemas que agridem nosso planeta serão analisados nesta unidade.

Capítulo 10 — Energia e ecossistemas

Os ecossistemas podem interagir

Na verdade, a natureza não é dividida em partes. Estudar a biosfera inteira, porém, seria tarefa muito trabalhosa. Por motivos práticos, então, os ecólogos dividem a biosfera terrestre em partes às quais chamam de *ecossistemas*. Esse critério facilita o estudo de um ambiente em que os componentes biótico e abiótico interagem. E é claro que um ecossistema não é perfeitamente delimitado, fechado, em relação a outro, vizinho. Certo grau de relacionamento pode existir entre eles. Um gavião pode perfeitamente pescar uma traíra que vive em um lago. Periodicamente, detritos orgânicos provenientes do campo, por exemplo, podem ser levados para o lago, "devolvendo", assim, a matéria orgânica que os animais do campo retiram do ecossistema representado pelo lago. Há, então, um sistema de troca entre as comunidades, o que garante o equilíbrio entre elas.

O que caracteriza um ecossistema é a existência de uma comunidade em interação com o meio e um intenso fluxo energético e de materiais. Assim, até mesmo um rio poluído, como o Tietê, na cidade de São Paulo, pode ser considerado um ecossistema.

Embora ali não existam produtores, há riqueza biológica, representada por bactérias, fungos e diversos animais que se utilizam da matéria orgânica encontrada nesse meio.

Neste capítulo, vamos estudar como se relacionam os componentes de um ecossistema, a energia e os fatores que nele interferem, além de conhecer alguns dos ciclos biogeoquímicos.

Os organismos da Terra não vivem isolados; interagem uns com os outros e com o meio ambiente. Ao estudo dessas interações chamamos **Ecologia**. O termo *ecologia*, cuja criação é atribuída ao naturalista alemão Ernest Haeckel, em 1869, deriva do grego *oikos*, que significa "casa" ou "lugar para viver" e, segundo o ecólogo Eugene P. Odum, possui o significado de "estudo de organismos em sua casa".

▪ ALGUNS CONCEITOS IMPORTANTES

Ao conjunto formado pelos organismos de determinada *espécie*, que vivem em um lugar perfeitamente delimitado e em uma certa época, é dado o nome de **população**. Ao conjunto de todas as populações que se encontram em interação em determinado meio dá-se o nome de **comunidade** (reveja a figura da página 5). É a parte **biótica**, ou seja, o conjunto de todos os seres *vivos*, de espécies diferentes, encontrados no meio. Muitos ecologistas norte-americanos preferem usar o termo **biota** para se referir à *comunidade* e, entre os ecologistas europeus, é utilizado o termo **biocenose**.

O local (o espaço) onde os organismos de determinada *espécie* vivem é chamado de *habitat* – é a "residência" dos organismos, o seu lugar de vida. Já o local onde determinada *comunidade* vive é chamado de **biótopo**. Por exemplo, o *habitat* das piranhas é a *água doce*, como, por exemplo, a do rio Amazonas ou dos rios do complexo do Pantanal; o *biótopo* rio Amazonas é o local onde vivem todas as populações de organismos vivos desse rio, entre elas, a de piranhas.

Anote! Comunidade = biota = = biocenose.

Nicho ecológico é a função ou papel desempenhado pelos organismos de determinada espécie em seu ambiente de vida. O nicho inclui, evidentemente, o *habitat*; mas, além disso, envolve as necessidades alimentares, a temperatura ideal de sobrevivência, os locais de refúgio, as interações com os "inimigos" e com os "amigos", os locais de reprodução etc. Uma ideia que precisa ficar clara é que nicho ecológico não é um espaço; portanto, não é ocupado fisicamente. Por exemplo, considerando-se que o *habitat* da piranha é a água doce de um rio amazônico, o seu *nicho ecológico* corresponde ao que ela come (ela é predadora), por quem ela é comida, as alterações ambientais que ela provoca com suas excreções etc.

O conjunto formado por uma *comunidade* e pelos componentes **abióticos**, não vivos, do meio (a água, os gases, a luz, o solo etc.) com os quais ela interage é denominado **ecossistema**.

A Terra é um grande ambiente de vida. Em uma fina camada do planeta, incluindo água, solo e ar, encontram-se os seres vivos. A **biosfera** é a reunião de todos os ecossistemas existentes na Terra.

Apesar de algumas formigas e pulgões terem o mesmo *habitat*, eles não têm o mesmo nicho ecológico: os pulgões são parasitas, alimentam-se da seiva das plantas e as fêmeas são vivíparas; as formigas cortam folhas da vegetação para alimentar os fungos dos quais se alimentam no formigueiro e sua reprodução envolve a deposição de ovos pela rainha.

De olho no assunto!

Ecótone e biomas: dois novos conceitos

Se pudéssemos observar a Terra, a bordo de uma espaçonave, logo perceberíamos a existência de três tipos de ambiente: terrestre, marinho e de água doce. Em cada um desses grandes ambientes, podemos imaginar a existência de subdivisões artificialmente construídas, com a finalidade única de facilitar o estudo da vida nesses locais.

Assim, dois outros conceitos são úteis para a compreensão dos problemas relacionados com a ciência do ambiente. São eles: ecótone e bioma. O **ecótone** corresponde a uma *transição* entre duas ou mais comunidades distintas, pertencentes a diferentes ecossistemas. É o caso da área de transição existente, por exemplo, entre o campo e um lago. Considera-se que na área de transição de dois ecossistemas, ou seja, no *ecótone*, há maior diversidade em espécies.

Os **biomas** são considerados subdivisões dos grandes ambientes da Terra (mar, água doce e terrestre), caracterizados *principalmente* pelo componente vegetal. De certo modo, podemos considerar um bioma como sendo um conjunto de ecossistemas relacionados. A Floresta Amazônica é um grande ecossistema, constituído de diversos ecossistemas menores. Florestas semelhantes entre si são, então, artificialmente reunidas para constituir um tipo de bioma. Quando um ecologista diz que pretende estudar um bioma de floresta equatorial pluvial, basta escolher um dos ecossistemas que caracterizam essa formação e iniciar o seu estudo.

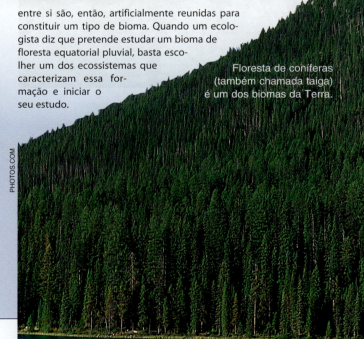

Floresta de coníferas (também chamada taiga) é um dos biomas da Terra.

O COMPONENTE BIÓTICO DOS ECOSSISTEMAS

De acordo com o modo de obtenção de alimento, a comunidade de um ecossistema, de maneira geral, é constituída por três tipos de seres:

- **produtores:** os seres autótrofos quimiossintetizantes (bactérias) e fotossintetizantes (bactérias, algas e vegetais). Esses últimos transformam a energia solar em energia química nos alimentos produzidos.

Independentemente da forma e do tamanho, os organismos autótrofos fotossintetizantes transformam a energia solar em energia química.

- **consumidores**

  primários: os seres herbívoros, isto é, que se alimentam dos produtores (algas, plantas etc.)

  secundários: os carnívoros que se alimentam de consumidores primários (os herbívoros). Poderá ainda haver consumidores **terciários** ou **quaternários**, que se alimentam, respectivamente, de consumidores secundários e terciários.

Tigres são consumidores secundários. Pássaros e zebras são consumidores primários.

- **decompositores:** as bactérias e os fungos que se alimentam dos restos alimentares dos demais seres vivos. Esses organismos (muitos microscópicos) têm o importante papel de devolver ao ambiente nutrientes minerais que existiam nesses restos alimentares e que poderão, assim, ser *reutilizados* pelos produtores.

Exemplo de fungos decompositores sobre mexerica.

CADEIAS ALIMENTARES

Nos ecossistemas, existe um fluxo de energia e de nutrientes como elos interligados de uma cadeia, uma **cadeia alimentar**. Nela, os "elos" são chamados de **níveis tróficos** e incluem os produtores, os consumidores (primários, secundários, terciários etc.) e os decompositores.

Veja a cadeia alimentar esquematizada na Figura 10-1: as plantas convertem a energia luminosa do Sol em energia química. Um pássaro, alimentando-se de plantas, transfere para si a energia e os nutrientes presentes nas plantas. O gato, ao comer o pássaro, obtém dele energia e nutrientes. Com a morte de qualquer um desses elementos, decompositores obterão sua energia e nutrientes ao decompô-los em minerais que serão novamente utilizados por plantas ao converter a energia luminosa do Sol em energia química na fotossíntese.

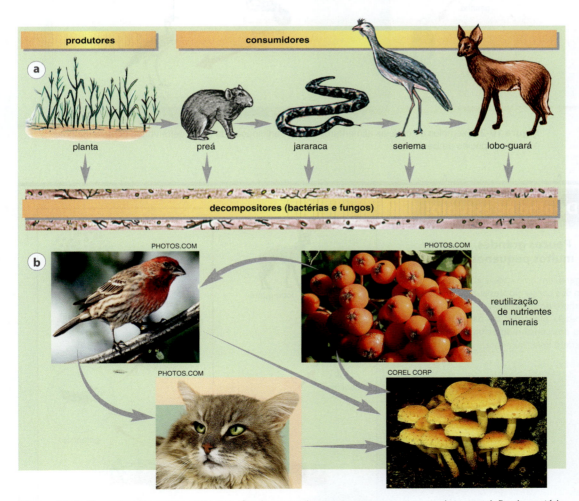

Figura 10-1. Exemplos de cadeia alimentar. Os decompositores, porque promovem a decomposição da matéria orgânica, são considerados *saprófitos* ou *sapróvoros*.

Energia e ecossistemas **215**

Cadeias de Detritívoros

Nos ecossistemas, a especialização de alguns seres é tão grande que a tendência atual entre os ecologistas é criar uma nova categoria de consumidores: os comedores de detritos, também conhecidos como **detritívoros**. Nesse caso, são formadas cadeias alimentares separadas daquelas cadeias das quais participam os consumidores habituais. A minhoca, por exemplo, pode alimentar-se de detritos vegetais. Nesse caso, ela atua como detritívora consumidora primária. Uma galinha, ao se alimentar de minhocas, será consumidora secundária. Uma pessoa que se alimenta da carne da galinha ocupará o nível trófico dos consumidores terciários. Os restos liberados pelo tubo digestório da minhoca, assim como os restos dos demais consumidores, servirão de alimento para decompositores, bactérias e fungos (veja a Figura 10-2).

Certos besouros comedores de estrume de vaca podem também ser considerados detritívoros consumidores primários. Uma rã, ao comer esses besouros, atuará no nível dos consumidores secundários. A jararaca, ao se alimentar da rã, atuará no nível dos consumidores terciários, e a seriema, ao comer a cobra, será consumidora de quarta ordem.

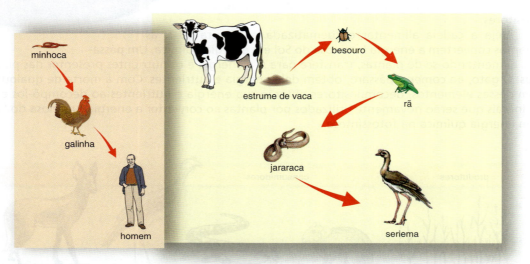

Figura 10-2. Exemplos de cadeias alimentares com a participação de seres detritívoros, como a minhoca e certas espécies de besouro.

De olho no assunto!

Poucos grandes, muitos pequenos

De modo geral, em uma cadeia alimentar de predadores, o tamanho dos consumidores aumenta a cada nível trófico, mas o número deles diminui.

Em uma cadeia alimentar de parasitas, pelo contrário, o tamanho dos consumidores diminui a cada nível trófico, mas o número deles aumenta.

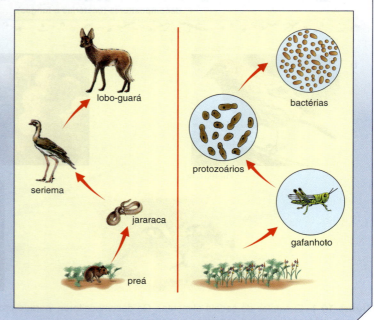

Teia Alimentar

Nos ecossistemas existem diversas cadeias alimentares. A reunião de todas elas constitui uma teia alimentar. Em uma teia, a posição de alguns consumidores pode variar de acordo com a cadeia alimentar da qual participam (veja a Figura 10-3).

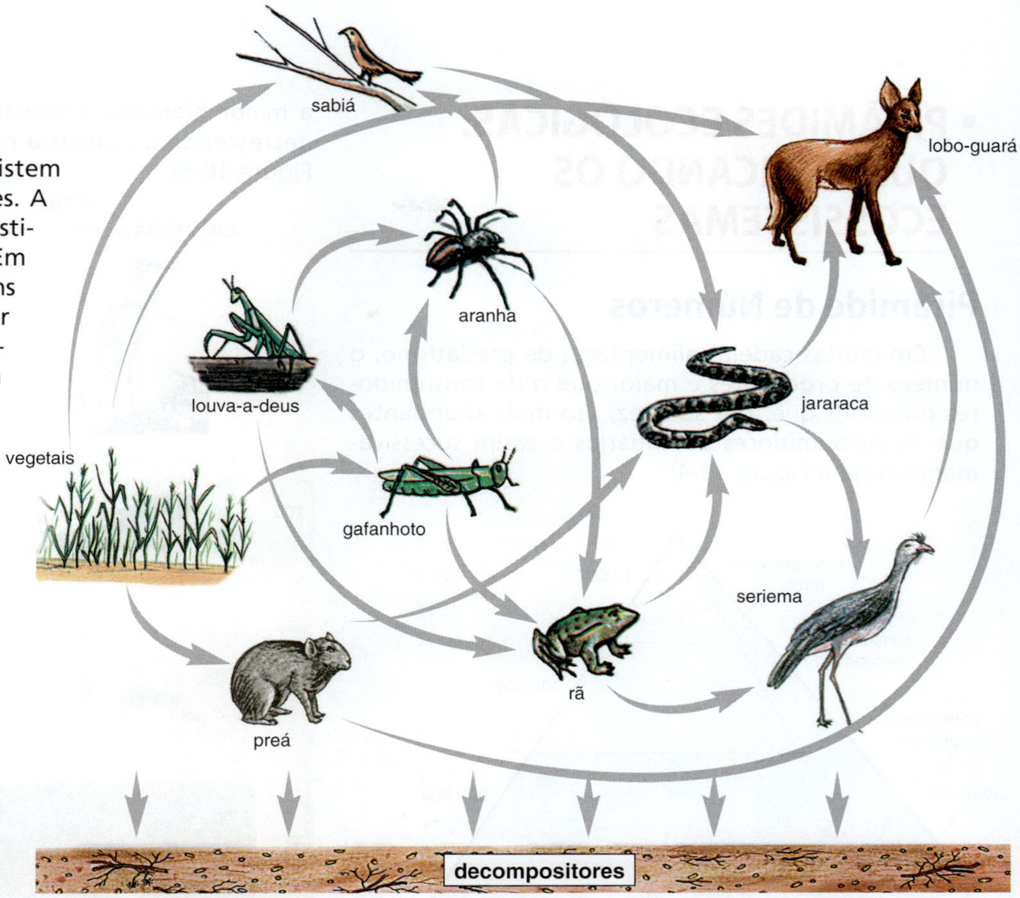

Figura 10-3. Um exemplo de teia alimentar brasileira. Perceba que o lobo-guará, por exemplo, participa de várias cadeias alimentares e ocupa diferentes níveis tróficos. Preá e gafanhoto atuam como consumidores primários, apenas.

Fluxo Unidirecional de Energia no Ecossistema

A energia é essencial para a sobrevivência dos seres vivos que pertencem a uma dada comunidade de um ecossistema. De maneira geral, em um ecossistema, existem seres capazes de realizar fotossíntese. Deles dependem todos os demais seres vivos – é por meio da fotossíntese que a energia oriunda do Sol é capturada pelos organismos fotossintetizantes e transformada em energia química, contida nos alimentos orgânicos sintetizados. Os consumidores, dependendo de sua posição na cadeia trófica, alimentam-se de organismos autótrofos ou de heterótrofos e, durante a realização de suas reações metabólicas, a energia capturada se transforma em calor, que é dissipado pelo ecossistema. Assim, a energia descreve um **fluxo unidirecional**, um dos grandes princípios da Ecologia geral.

Leitura

A importância da Ecologia de Paisagens

A fragmentação de um *ambiente* anteriormente contínuo é um fenômeno frequente quando se analisa o histórico de ocupação humana em todos os lugares do mundo. No Brasil, antes mesmo da chegada dos colonizadores portugueses, as matas já apresentavam um alto grau de degradação, devido principalmente à ação dos povos antigos que anteriormente habitavam a região.

Ao longo dos últimos 1.000 anos, as florestas das regiões temperadas vêm sendo substituídas por áreas de agricultura e urbanização. Atualmente, entretanto, o desmatamento nos trópicos tem ocorrido em áreas maiores e em ritmo bastante acelerado.

As consequências desse tipo de ação podem variar desde a degradação total de uma determinada área pela substituição de suas matas naturais por megalópoles ou incansáveis áreas agropastoris até o surgimento de áreas de aspecto heterogêneo, apresentando manchas dos mais diversos tipos de uso e ocupação das terras.

A fragmentação de áreas naturais tem consequências assustadoras à manutenção da biodiversidade que anteriormente se encontrava em equilíbrio em um meio contínuo, podendo (a) limitar o seu potencial de dispersão e colonização dos remanescentes de vegetação natural, ocasionando extinções por vezes irreversíveis, (b) diminuir a disponibilidade de recursos, (c) reduzir o tamanho de determinada população, confinando-a em uma área e submetendo-a a pressões genéticas capazes de ocasionar o desaparecimento da espécie, entre outras.

A importância da Ecologia de Paisagens justifica-se justamente nessa nova composição "heterogênea", cada vez mais presente em regiões ocupadas pelo homem. Em vez de se considerar apenas os diversos aspectos dos fragmentos naturais e suas relações de conectividade (...), esta ciência propõe, em última análise, maior aprofundamento no estudo da paisagem como um todo, a fim de se verificar a influência dos diferentes tipos de uso e ocupação das terras no entorno dos fragmentos naturais.

Fonte: TEIXEIRA, A. M. G.
Um voo panorâmico sobre a Ecologia de Paisagens.

Energia e ecossistemas **217**

PIRÂMIDES ECOLÓGICAS: QUANTIFICANDO OS ECOSSISTEMAS

Pirâmide de Números

Em muitas cadeias alimentares de predatismo, o número de produtores é maior que o de consumidores primários que, por sua vez, são mais abundantes que os consumidores secundários e assim sucessivamente (veja a Figura 10-4).

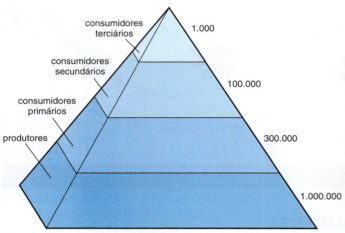

Figura 10-4. Uma pirâmide de números mostra a quantidade de indivíduos de cada nível trófico.

De olho no assunto!

Quando a cadeia alimentar envolve a participação de parasitas, os últimos níveis tróficos são mais numerosos. A pirâmide de números, então, fica invertida.

Veja como fica a pirâmide invertida, representada de forma plana, outra maneira de construí-la, além da forma tridimensional:

- bactérias parasitas
- protozoários parasitas
- vários pulgões
- uma árvore

Pirâmide de Biomassa

Pode-se também pensar em pirâmides de biomassa, em que é computada a massa corpórea (biomassa) e não o número de cada nível trófico da cadeia alimentar. O resultado será similar ao encontrado na pirâmide de números: os produtores terão a maior biomassa e constituem a base da pirâmide, decrescendo a biomassa nos níveis superiores (veja a Figura 10-5).

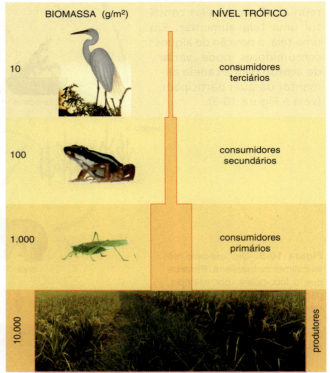

Figura 10-5. Pirâmide de biomassa.

De olho no assunto!

Ocasionalmente, uma pirâmide de biomassa pode ser invertida. É o que ocorreu em coleta de plâncton, efetuada em determinado dia no Canal da Mancha (Inglaterra). Na ocasião, a massa de fitoplâncton foi pequena, ao contrário do esperado.

Para isso ter acontecido, provavelmente ocorreu um aumento excessivo da quantidade de fitoplâncton nos dias anteriores à coleta, talvez devido ao aumento na oferta de nutrientes nitrogenados e fosfatados.

Essa grande quantidade de fitoplâncton teria favorecido o zooplâncton, que passou a ter mais alimento à sua disposição.

Esse fato não tornou a ocorrer, o que revela que a hipótese do excesso de oferta de nutrientes para o fitoplâncton deveria estar correta.

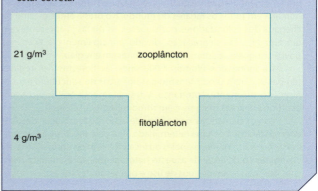

Tecnologia & Cotidiano

Biomassa: uma energia brasileira

Biomassa é ainda um termo pouco conhecido fora dos campos da energia e da ecologia, mas nada mais é do que a matéria orgânica, de origem animal ou vegetal, que pode ser utilizada na produção de energia. Podemos considerá-la uma forma indireta de aproveitamento da energia solar absorvida pelas plantas, já que resulta da conversão da luz do Sol em energia química. Para se ter uma ideia da sua participação na matriz energética brasileira, a biomassa responde por 25% da energia consumida no país.

Entre as matérias-primas mais utilizadas para produção da biomassa estão a cana-de-açúcar, a beterraba e o eucalipto (dos quais se extrai álcool), o lixo orgânico (que dá origem ao biogás), a lenha e o carvão vegetal, além de alguns óleos vegetais (amendoim, soja, dendê).

Segundo a Agência Nacional de Energia Elétrica (ANEEL), a imensa superfície do território nacional, quase toda localizada em regiões tropicais e chuvosas, oferece excelentes condições para a produção e o uso energético da biomassa em larga escala. Além da produção de álcool, queima em fornos, caldeiras e outros usos não comerciais, a biomassa apresenta grande potencial no setor de geração de energia elétrica.

Adaptado de: <http://ambientes.ambientebrasil.com.br> e de <http://www.anel.gov.br>. *Acesso em:* 15 ago. 2011.

Pirâmide de Energia

O diagrama que melhor reflete o que se passa ao longo da cadeia alimentar é a pirâmide de energia. Em cada nível trófico, há grande consumo de energia nas reações metabólicas. Há liberação de energia sob a forma de calor, que é dissipado pelo ecossistema. A energia restante é armazenada nos tecidos. Os produtores consomem, para sua sobrevivência, grande parte da energia por eles fixada na fotossíntese. Sobra pouco para o nível dos consumidores primários, que utilizarão, no seu metabolismo, boa parte da energia obtida dos produtores.

Isso limita o número dos níveis tróficos a quatro ou, no máximo, cinco e explica a biomassa geralmente decrescente nas cadeias alimentares. Portanto, a quantidade de energia disponível é sempre menor, porque se deve descontar o que é gasto pelas atividades próprias dos organismos de cada nível trófico (veja a Figura 10-6).

Anote!
Em uma pirâmide de energia, os decompositores podem ser representados por um retângulo lateral

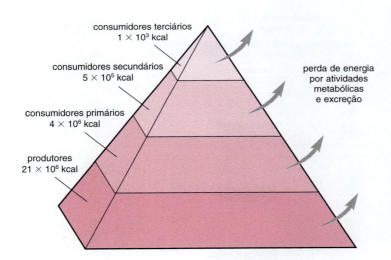

Figura 10-6. Pirâmide de energia: cada nível trófico utiliza uma parcela da energia para as atividades metabólicas dos organismos que dele fazem parte. O restante fica disponível para o nível seguinte.

Leitura

A ecologia e as leis da termodinâmica

As transferências energéticas em um ecossistema obedecem a duas leis da Termodinâmica. A primeira delas refere-se às transformações energéticas e resumidamente estabelece que: "a energia não se cria, nem se destrói, apenas é transformada de uma modalidade em outra".

A segunda lei está relacionada às transferências de energia: "a cada transformação da energia, uma parcela é liberada (dissipada) para o ambiente na forma de calor, contribuindo, assim, para o aumento da entropia do sistema".

Energia e ecossistemas

EFICIÊNCIA ECOLÓGICA

Eficiência ecológica é a porcentagem de energia transferida de um nível trófico para outro, em uma cadeia alimentar. De modo geral, essa eficiência é, aproximadamente, de apenas 10%, ou seja, cerca de 90% da energia total disponível em determinado nível trófico não é transferida para o seguinte, sendo consumida na atividade metabólica dos organismos do próprio nível ou perdida como resto. Em certas comunidades, porém, a eficiência pode chegar a 20%. Note, na Figura 10-7, que os produtores conseguem converter, de modo geral, apenas 1% da energia solar absorvida em produtividade primária bruta.

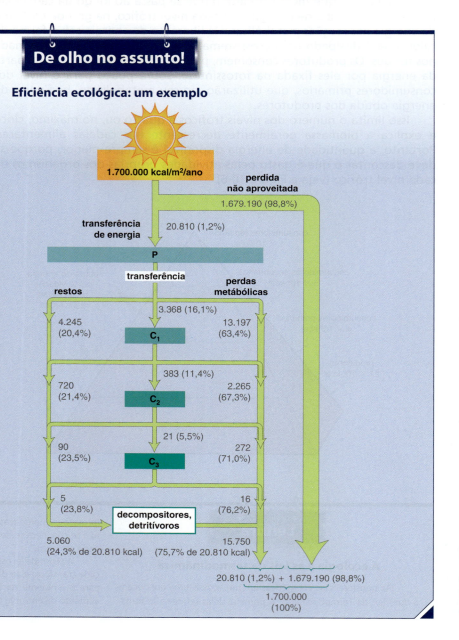

Figura 10-7. Energia nos diversos níveis tróficos, a partir de 1.000.000 J de luz solar.

De olho no assunto!

Eficiência ecológica: um exemplo

Ao longo de um ano, um grupo de ecologistas coletou dados sobre a eficiência ecológica, ou seja, o fluxo de energia, em um ecossistema aquático em Silver Springs, na Flórida (EUA). Os dados constam do esquema ao lado.

Note que:

a) do total da incidência de radiação solar que atingiu o ecossistema (1.700.000 kcal/m²/ano), apenas 20.810 (1,2%) foram efetivamente fixadas pelos produtores e armazenadas em sua biomassa na forma de matéria orgânica;

b) das 20.810 kcal/m²/ano disponíveis nos produtores, apenas 3.368 (16,1%) foram transferidas para os consumidores primários (C_1). Perceba (à direita, no esquema), que 13.197 kcal/m²/ano foram gastas pelos produtores em seu metabolismo e 4.245 (à esquerda) foram desperdiçadas como restos orgânicos, utilizadas por decompositores ou detritívoros;

c) por sua vez, das 3.368 kcal/m²/ano que os herbívoros (C_1) receberam, apenas 383 (11,4%) foram transferidas para os consumidores secundários (C_2). Foram gastas no metabolismo dos herbívoros 2.265 kcal/m²/ano e 720 kcal/m²/ano constituíram restos para os decompositores ou detritívoros;

d) perceba, por fim, que a transferência de energia dos consumidores secundários para os terciários (C_3) foi de apenas 21 kcal/m²/ano (5,5%), tendo sido gastas no metabolismo dos consumidores secundários (C_2) 272 kcal/m²/ano e 90 kcal/m²/ano são restos orgânicos para os decompositores. Dessas 21 kcal/m²/ano, os consumidores terciários (C_3) utilizaram 16 no metabolismo e 5 constituíram restos orgânicos para os decompositores;

e) para fechar a conta, observe que a soma dos gastos metabólicos dos quatro níveis tróficos é de 15.750 kcal/m²/ano (à direita, no esquema). Por sua vez, a energia destinada e gasta pelos decompositores/detritívoros foi de 5.060 kcal/m²/ano (números à esquerda, no esquema), perfazendo um total de 20.810 kcal/m²/ano, exatamente o valor recebido e fixado pelos produtores em sua biomassa. Para finalizar, somando 20.810 kcal/m²/ano com 1.679.190 kcal/m²/ano, obtemos o valor de 1.700.000 kcal/m²/ano, exatamente o valor energético que ingressou nesse ecossistema aquático.

Abaixo, está representada a pirâmide do fluxo de energia, para essa cadeia alimentar.

Adaptado de: STARR, C.; TAGGART, R. *Biology:* the unit and the diversity of life. 11. ed. Belmont: Thomson, 2006. p. 851.

pirâmide de fluxo de energia

DDT: Acúmulo nos Consumidores de Último Nível Trófico

O DDT (diclorodifeniltricloroetano) é um inseticida organoclorado que apresenta *efeito cumulativo* nos ecossistemas, por ser biodegradado lentamente. Possui grande afinidade pelo tecido gorduroso dos animais e é de difícil excreção. A pulverização dessa substância em uma lavoura, com o intuito de combater uma praga de gafanhotos, faz com que cada inseto acumule nos tecidos uma taxa de DDT maior do que existia no corpo de cada vegetal do qual ele se alimentou. Uma rã, ao comer alguns desses insetos, terá uma concentração maior do inseticida do que havia no corpo de cada gafanhoto. A jararaca, ao comer algumas rãs, terá nos seus tecidos uma concentração de DDT maior do que havia em cada rã. Isso acaba provocando um acúmulo indesejável de DDT nos gaviões, comedores de cobras, que atuam como consumidores de último nível trófico (veja a Figura 10-8).

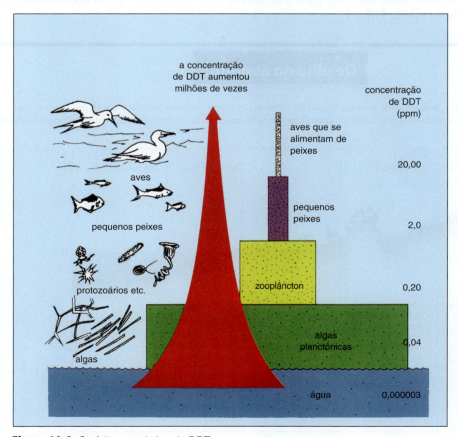

Figura 10-8. O efeito cumulativo do DDT.

A era do DDT em culturas agrícolas trouxe resultados surpreendentes, praticamente dobrando a produção de alimentos. Ainda hoje é utilizado em alguns países tropicais, no controle do pernilongo transmissor da malária. No entanto, o aparecimento cada vez mais frequente de insetos resistentes e o efeito cumulativo que passou a se perceber nos demais seres vivos condenaram o uso do DDT, pelo menos nos países desenvolvidos. Sua complexa estrutura química dificulta a ação decompositora dos microrganismos do solo. A meia-vida dessa substância é de cerca de vinte anos – ou seja, após esse período, metade do DDT aplicado ainda se encontra no ambiente. Por esse motivo é que o DDT é encontrado em tecidos gordurosos de focas e leões-marinhos de regiões polares, seres vivos que habitam locais distantes dos que receberam a aplicação dessa substância. O espalhamento do DDT ocorre pela água e, ao longo da teia alimentar marinha, acaba atingindo esses consumidores de último nível trófico.

■ A PRODUTIVIDADE E O ECOSSISTEMA

A atividade de um ecossistema pode ser avaliada pela **produtividade primária bruta** (PPB), que corresponde ao total de matéria orgânica produzida em gramas, durante certo tempo, em determinada área ambiental:

$$PPB = \text{massa de matéria orgânica produzida/tempo/área}$$

Descontando desse total a quantidade de matéria orgânica consumida pela comunidade, durante esse período, na respiração (R), temos a **produtividade primária líquida** (PPL), que pode ser representada pela equação:

$$PPL = PPB - R$$

A produtividade de um ecossistema depende de diversos fatores, entre os quais os mais importantes são a luz, a água, o gás carbônico e a disponibilidade de nutrientes.

Em ecossistemas estáveis, com frequência, a produção (P) iguala ao consumo (R). Nesse caso, vale a relação P/R = 1.

De olho no assunto!

A figura abaixo relaciona a produtividade primária líquida de vários ecossistemas naturais, estimada em termo de g/m²/dia.
Pela leitura do esquema, é possível concluir que uma plantação de milho ou de cana-de-açúcar é altamente produtiva? Como justificar essa conclusão?

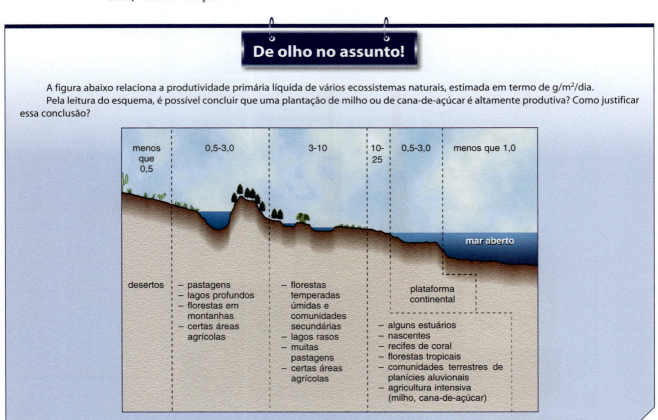

Ética & Sociedade

Baleias e produtividade oceânica

Mais baleias, mais peixes. Essa frase revela que, embora muitas espécies de baleia sejam conhecidas por se alimentarem de peixes, elas também contribuem para o enriquecimento das águas oceânicas com nutrientes minerais. Explicando melhor: ao se movimentarem nos oceanos e se alimentarem de peixes, elas espalham suas fezes que, por sua vez, são decompostas por bactérias. Graças a essa decomposição, a água oceânica é fertilizada por inúmeros nutrientes inorgânicos que favorecem a proliferação de fitoplâncton, a base alimentar das teias marinhas. E, mais fitoplâncton, mais zooplâncton. Mais zooplâncton, mais peixes. Esses grandes cetáceos possuem grande importância na elevação da produtividade marinha. Removê-los por meio da caça impiedosa pode fazer os oceanos ficarem mais pobres.

Fonte: NICOL, S. Givers of Life. New Scientist, London, 9 July 2011, p. 36.

A exploração dos recursos da fauna e da flora é uma necessidade, pois precisamos nos alimentar, nos vestir, nos abrigar. Mas a exploração comercial, quando realizada de forma desmedida, pode levar à extinção das espécies, como é o caso das baleias que estão entre os cetáceos mais ameaçados de extinção.

- Se você tivesse uma indústria de perfumes, por exemplo, cuja matéria-prima vegetal fosse uma espécie em via de extinção, que medidas poderia estabelecer para, continuando com seu negócio, auxiliar na preservação dessa espécie?

Tecnologia & Cotidiano

Tecnologia + bagaço de cana = aumento na transformação energética

Este é o novo conceito na chamada "energia verde", o desenvolvimento de fontes de energia renováveis: a transformação de mais energia, através do bagaço da cana, com o uso de técnicas mais avançadas. A vantagem no novo processo é que o CO_2 produzido na queima do bagaço é absorvido pela própria cana, que o utilizará na fotossíntese e liberará oxigênio para a atmosfera. O CO_2 é um dos maiores responsáveis pelo efeito estufa e pelo aquecimento global.

O processo utilizado é conhecido como gaseificação, em que o bagaço é transformado em um combustível gasoso, podendo então ser usado para mover motores e turbinas a gás. O produto gasoso obtido do bagaço da cana passará por uma turbina a gás para geração de energia. Os gases resultantes irão para uma caldeira, que fará o reaproveitamento do calor, obtendo-se maior quantidade de energia elétrica.

O bagaço da cana surge como uma alternativa de baixo custo, eficiente e que não causa maiores danos à natureza, principalmente para o Nordeste, uma vez que o rio São Francisco, fonte de energia para grande parte dessa região, já está sendo aproveitado em toda sua capacidade.

A Elevada Produtividade nos Trópicos

As variações na incidência da luz do Sol nas diferentes latitudes podem ser explicadas pela forma esférica da nossa biosfera. A inclinação de cerca de 23,5° da Terra em relação ao seu eixo cria diferenças na incidência da luz solar nos hemisféricos terrestres (veja a Figura 10-9). O ângulo de incidência da radiação solar sofre modificações diárias, devido à rotação da Terra ao redor do Sol. Graças à inclinação apresentada pela Terra, porém, as regiões tropicais são beneficiadas permanentemente por incidência de luz perpendicular à sua superfície, o que condiciona maior teor de energia por quilômetro quadrado. Em consequência, os trópicos apresentam menos variações estacionais do que as observadas nas regiões temperadas e polares.

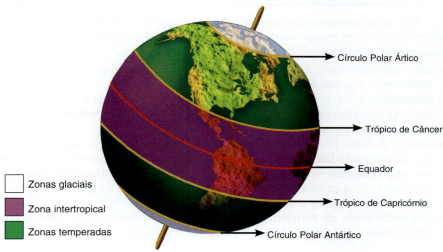

Figura 10-9. A região intertropical recebe diretamente a luz do Sol, perpendicularmente à sua superfície.

A intensa radiação solar na região equatorial é responsável direta pelas altas taxas de evaporação da água de sua superfície, levando à formação de massas de ar quente e úmido que condicionam os altos índices pluviométricos observados. Assim, elevadas temperaturas, intensa radiação solar e muita chuva caracterizam o clima das regiões tropicais e nos fazem entender as luxuriantes formações florestais e a riqueza dos recifes de coral típicos dessas latitudes. Esses fatores reunidos explicam, ainda, a elevada produtividade associada aos referidos ecossistemas.

De olho no assunto!

A produtividade primária refere-se à atividade dos produtores de um ecossistema. Ao se referir à atividade dos consumidores, fala-se em **produtividade secundária**, um termo relacionado à acumulação de matéria orgânica nos tecidos dos consumidores do ecossistema. A figura ao lado é uma amostra da produtividade secundária que ocorre em um boi (consumidor primário), que se alimenta da vegetação de um pasto. A unidade utilizada para o fluxo de energia é kJ/m²/ano.

Note que do total de energia contida nas plantas de capim que serviram de alimento para o animal apenas uma pequena fração (125 kJ/m²/ano), equivalente à produção secundária, foi efetivamente incorporada nos tecidos.

Alimentar-se somente de carne é uma boa saída para populações carentes de energia? Sugira uma possível solução para o problema.

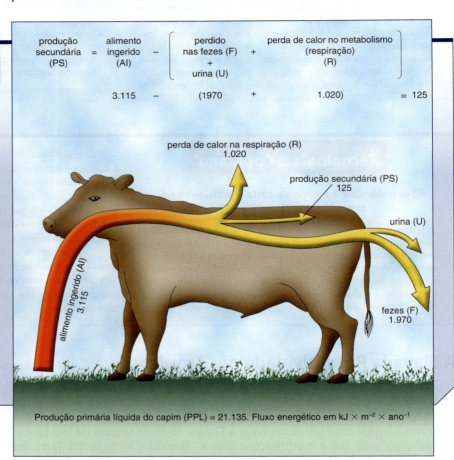

OS FATORES LIMITANTES DO ECOSSISTEMA

Existe um conjunto de fatores físicos considerados limitantes da sobrevivência dos seres componentes dos ecossistemas. Entre eles, quatro são de máxima importância:

- **luz** – utilizada para a realização da fotossíntese, para a visão e para os fenômenos ligados aos fotoperiodismos;
- **temperatura** – é o fator que regula a distribuição geográfica dos seres vivos. O *trabalho enzimático*, entre outros fatores, está diretamente relacionado à temperatura;
- **água** – é fator limitante de extrema importância para a sobrevivência de uma comunidade. Além de seu envolvimento nas atividades celulares, não podemos nos esquecer da sua importância na fisiologia vegetal (transpiração e condução das seivas). É dos solos que as raízes retiram a água necessária para a sobrevivência dos vegetais;
- **disponibilidade de nutrientes** – é outro fator limitante que merece ser considerado, notadamente em ambientes marinhos.

Anote!
Animais *homeotermos*, por serem capazes de regular sua temperatura corporal, estão distribuídos mais amplamente pela Terra que os *heterotermos*.

Anote!
O teor de água do ambiente limita a distribuição geográfica de muitos animais e vegetais (lembre-se do caso dos desertos).

De olho no assunto!

Os nutrientes e a ressurgência no litoral peruano

É conhecido o exemplo do litoral peruano onde o teor de nutrientes mostra-se muito elevado. Isso se deve ao fenômeno da *ressurgência* provocado pela corrente fria de Humboldt. Essa corrente marinha, proveniente do Sul, se aquece, à medida que percorre o litoral peruano. Ao subir à temperatura de 4 °C, a massa de água atinge a densidade máxima e afunda. Isso provoca o deslocamento de outra massa de água que estava nas regiões profundas do mar, para essa região, trazendo nutrientes que lá estavam retidos. É como se os nutrientes estivessem ressurgindo, após longo tempo de permanência no fundo do mar.

O fato beneficia o fitoplâncton que, tendo mais nutrientes à disposição, prolifera, aumentando a biomassa. Isso, por sua vez, favorece o aumento do zooplâncton, ou seja, haverá mais alimento para os peixes, cuja quantidade sofrerá um extraordinário aumento. Perceba, assim, que o aumento no teor de nutrientes na água provoca um aumento na produtividade do fitoplâncton, o que leva ao aumento da produtividade pesqueira da região.

Anote!

De imensa importância ecológica nos *habitats* aquáticos, o **fitoplâncton** é formado por organismos autótrofos, produtores de alimento, em geral algas microscópicas e cianobactérias. É considerado a base alimentar dos ecossistemas aquáticos.

Observe a coloração da água mais clara (verde-amarelada). Ela evidencia a grande atividade biológica em virtude da ressurgência nesse trecho da costa do Peru.

NASA GSFC. *Disponível em:* <http://visibleearth.nasa.gov>. *Acesso em:* 3 set. 2007.

Anote!

No litoral do Cabo Frio (RJ), há uma corrente de ressurgência responsável pela elevada produtividade da região, em virtude da ação da *corrente do Brasil*, que banha a região. Nas proximidades de Vitória (ES), a ressurgência de nutrientes no chamado **Vórtice** (redemoinho) **de Vitória**, também em consequência da corrente do Brasil, é responsável pela elevada produtividade nas águas daquela região.

OS CICLOS BIOGEOQUÍMICOS

O trajeto de uma substância do ambiente abiótico para o mundo dos seres vivos e o seu retorno ao mundo abiótico completam o que chamamos de **ciclo biogeoquímico**. O termo é derivado do fato de que há um movimento cíclico de elementos que formam os organismos vivos ("bio") e o ambiente geológico ("geo"), onde intervêm mudanças químicas. Em qualquer ecossistema existem tais ciclos.

Em qualquer ciclo biogeoquímico existe a retirada do elemento ou substância de sua fonte, sua utilização por seres vivos e posterior devolução para a sua fonte.

Energia e ecossistemas **225**

Ciclo da água

A evaporação – da água do solo, dos oceanos, rios e lagos – e a transpiração vegetal e animal enriquecem a atmosfera de vapor-d'água. Condensando-se, a água retorna a suas fontes por precipitação. A precipitação sobre o mar é cerca de três vezes superior àquela ocorrida sobre a terra. Caindo nas massas terrestres, a água pode infiltrar-se no solo, ser absorvida pelos vegetais, empregada na fotossíntese, consumida pelos animais e, finalmente, transpirada. Pode, ainda, correr pelos lençóis subterrâneos, unir-se a rios e, eventualmente, ir aos mares, onde novamente evapora, fechando o ciclo (veja a Figura 10-10).

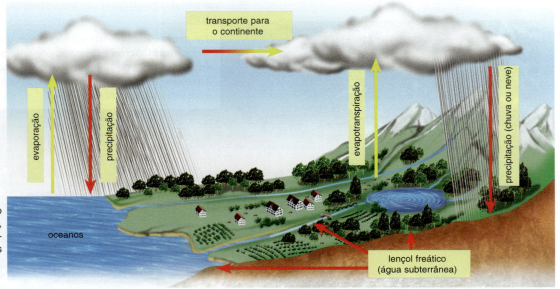

Figura 10-10. O ciclo da água: evaporação, transpiração e precipitação são os principais eventos.

Ciclo do carbono

O carbono existente na atmosfera, na forma de CO_2, entra na composição das moléculas orgânicas dos seres vivos a partir da fotossíntese, e a sua devolução ao meio se dá pela respiração aeróbia, pela decomposição e pela combustão da matéria orgânica fóssil ou não (veja a Figura 10-11).

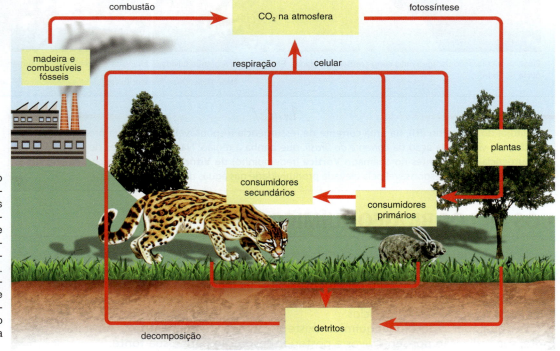

Figura 10-11. O ciclo do carbono: organismos fotossintetizantes fixam o CO_2 em compostos orgânicos que serão utilizados por outros organismos (fotossintetizantes ou não). Por meio da respiração dos organismos e da queima de combustíveis fósseis ou não o CO_2 é devolvido para a atmosfera.

O efeito estufa

A acentuação do efeito estufa provoca o aquecimento excessivo da Terra, causado pelo aumento da taxa de gás carbônico e de outros gases de estufa na atmosfera e pela consequente retenção de calor gerado pela luz do Sol que atinge a superfície do planeta.

Parte da luz que penetra na atmosfera terrestre é absorvida pelos corpos que existem em sua superfície (rochas, vegetação etc.) e é irradiada de volta para a atmosfera sob a forma de raios infravermelhos, ou seja, de calor. No entanto, apenas uma parte desse calor é irradiada de volta para o espaço, pois a camada de CO_2 atmosférico, que funciona como um cobertor em contínua expansão, deixa entrar a luz, mas bloqueia parcialmente a saída dos raios infravermelhos.

Acredita-se que o aumento contínuo na taxa de CO_2 incremente o aquecimento global. A temperatura da Terra subiria alguns graus até o fim do século XXI (veja a Figura 10-12).

> **Anote!**
> O metano, o vapor-d'água e outros gases também podem causar o efeito estufa.

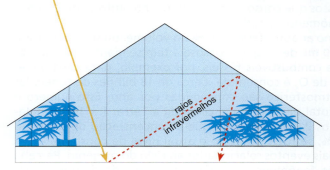
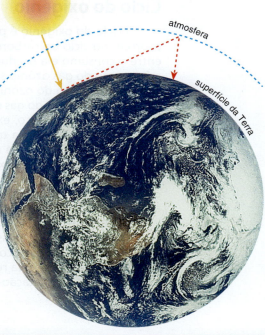

Figura 10-12. A camada de CO_2 atmosférico atua como o vidro das paredes de uma estufa.

De olho no assunto!

Uma cronologia das preocupações ambientais

- 1968 – um grupo de 30 pessoas – cientistas, educadores, economistas, humanistas, industriais, entre outros – funda o **Clube de Roma** e elabora o relatório Limites do Crescimento, em que uma das preocupações é a deterioração do meio ambiente.

- 1972 – **Conferência de Estocolmo sobre o Meio Ambiente**, promovida pelas Nações Unidas. Avançam as preocupações com a deterioração ambiental.

- 1988 – no Canadá, o Programa da ONU para o Meio Ambiente cria o **IPCC** (Painel Intergovernamental sobre Mudanças Climáticas) para analisar os impactos das mudanças climáticas.

- 1990 – cientistas informam, por meio do IPCC, que seria necessário reduzir 60% das emissões de CO_2 na atmosfera. A ONU passa a discutir a criação de uma Convenção sobre Mudança Climática.

- Junho de 1992 – os Chefes de Estado de vários países se reuniram no Rio de Janeiro, em uma conferência conhecida por **Eco-92**. O objetivo era tratar dos principais problemas ambientais do planeta Terra. O principal ponto discutido foi a emissão de CO_2, gás que contribui para o aumento do efeito estufa. Nessa ocasião, estabeleceu-se que até o ano 2000 os países reduziriam em 20% a emissão dos gases de estufa, principalmente o CO_2. Os países árabes e os EUA se opuseram.

- 1997 – em Kyoto, Japão, foi assinado o Protocolo de Kyoto, uma espécie de adendo à convenção de 1992. Por esse protocolo, os países desenvolvidos prometeram reduzir em 5%, em média, a emissão de gases que contribuem para o efeito estufa até 2012 (tomando-se como base os níveis de 1990).

- Novembro de 2000 – em Haia, na Holanda, os países signatários da Eco-92 reuniram-se na **COP-6 (Sexta Conferência das Partes)** para decidir as regras do MDL (Mecanismo de Desenvolvimento Limpo), mas fracassaram na tentativa de firmar um acordo que permitisse a confirmação de Kyoto. Em sessão plenária, os ministros dos países aprovaram uma proposta para que oportunamente fosse retomado o tema.

- 28 de março de 2001 – o governo dos Estados Unidos anunciou que não implementaria o Protocolo de Kyoto. Segundo aquele governo, o Protocolo contrariaria os interesses econômicos do país ao exigir uma redução dos gases de estufa. É bom lembrar que aquele país é responsável por cerca de 25% dos 7 bilhões de toneladas de CO_2 que a humanidade lança anualmente na biosfera.

- 2005 – entra em vigor o Protocolo de Kyoto, agora denominado de **Tratado de Kyoto**, assinado por 141 países.

- Maio de 2007 – em Bangcoc, na Tailândia, o **Relatório do IPCC** revela dados assustadores relacionados ao aquecimento global. A taxa de crescimento das emissões de CO_2 foi de aproximadamente 80% entre 1970 e 2004. A projeção média de aumento da temperatura em 2100 em relação a 1990 é de +3 °C e a elevação máxima prevista do nível do mar em 2100 será de +59 cm.
- Outubro de 2010 – Em Nagoya (Japão), 200 países assinaram um tratado sobre a biodiversidade. Países que desejarem explorar a diversidade natural (plantas, animais ou microrganismos) em territórios que não sejam seus, terão de pedir autorização para as nações donas dos recursos.
- Dezembro de 2010 – Em Cancún (México), foi criado o Fundo Verde do Clima, que financiará ações de adaptação e combate à mudança climática nos países em desenvolvimento. Também foi estabelecido um mecanismo para compensar os países tropicais pela redução do desmatamento.
- Junho de 2012 – Na cidade do Rio de Janeiro, aconteceu a Conferência das Nações Unidas para o Desenvolvimento Sustentável, conhecida como Rio+20, com o objetivo de renovar o compromisso político com o desenvolvimento sustentável, além de avaliar o progresso na implementação das decisões anteriormente tomadas pelas principais cúpulas sobre o assunto e tratar de temas emergentes.

Ciclo do oxigênio

O ciclo do oxigênio é praticamente indissociável do ciclo do carbono. Os eventos que ocorrem no ciclo do carbono também se relacionam com o oxigênio. Existe um equilíbrio entre o consumo e a produção desse gás. A respiração aeróbia, a decomposição aeróbia e a formação do gás ozônio são processos que consomem oxigênio, enquanto a fotossíntese e a decomposição do ozônio são fenômenos geradores.

A concentração do gás oxigênio no ar atmosférico – 21% do volume, ou seja, para cada 1 litro de ar atmosférico, existem 210 mL de oxigênio gasoso – tem se mantido constante ao longo dos séculos. Na queima de combustíveis fósseis, por exemplo, para cada molécula de CO_2 formada, uma molécula de O_2 é consumida. Cerca de 18 bilhões de toneladas (18×10^9 toneladas) de oxigênio atmosférico são consumidas por ano. Esse número é irrisório, se considerarmos a massa total desse gás que circunda a Terra: 1×10^{15} toneladas. Estima-se que seriam necessários 2.000 anos para que a concentração de oxigênio atmosférico caísse de 21% para 20%, se fosse mantido o atual nível de consumo.

A Figura 10-13 mostra os principais eventos relacionados ao ciclo do oxigênio. Perceba que a respiração e a fotossíntese são fenômenos antagônicos no sentido de que o consumo de oxigênio que ocorre no primeiro fenômeno é contrabalançado pela produção desse gás no segundo. Na realização da fotossíntese destacam-se as algas componentes do fitoplâncton e a vegetação que cobre a superfície da Terra.

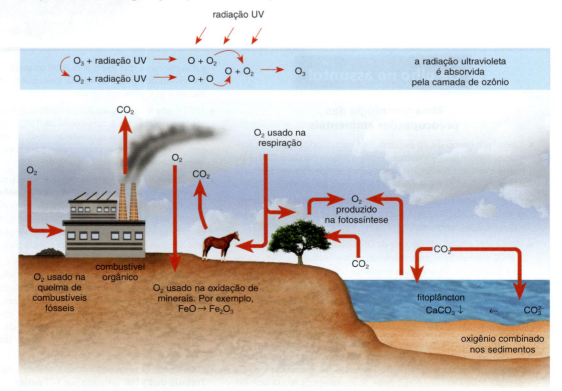

Figura 10-13. Ciclo do oxigênio.

Ciclo do nitrogênio

Assim como o carbono, o nitrogênio é outro elemento indispensável para os seres vivos, e faz parte de moléculas de aminoácidos, proteínas, ácidos nucleicos etc. Cerca de 79% do volume de ar contido na atmosfera é composto de N_2 (nitrogênio gasoso, molecular) e nessa forma ele não é utilizável biologicamente. Para isso, precisa ser transformado em compostos que possam ser absorvidos e aproveitados pelos seres vivos.

Apenas algumas bactérias e as cianobactérias conseguem fazer a chamada **fixação biológica do nitrogênio**, que consiste em convertê-lo em amônia (NH_3), sendo prontamente absorvida por alguns vegetais e utilizada para a síntese dos compostos orgânicos nitrogenados. No solo, no entanto, outras bactérias transformam a amônia em nitritos (NO_2^-) e nitratos (NO_3^-), em um processo denominado **nitrificação**.

Essas três substâncias são utilizadas pelos vegetais para a elaboração de seus compostos orgânicos nitrogenados. Ao longo da teia alimentar, esses compostos nitrogenados são utilizados pelos animais. A decomposição bacteriana e a excreção animal liberam resíduos nitrogenados simples, que são convertidos em amônia, que pela nitrificação é reconvertida em nitritos e nitratos.

Outras espécies de bactérias transformam nitratos em N_2, em um processo denominado **denitrificação** (ou desnitrificação), devolvendo, assim, o nitrogênio gasoso (N_2) para a atmosfera (veja a Figura 10-14).

Anote!
Um procedimento bastante utilizado em agricultura é a "rotação de culturas", na qual se alterna o plantio de não leguminosas (o milho, por exemplo), que retiram do solo os nutrientes nitrogenados, com leguminosas (feijão), que devolvem esses nutrientes para o meio.

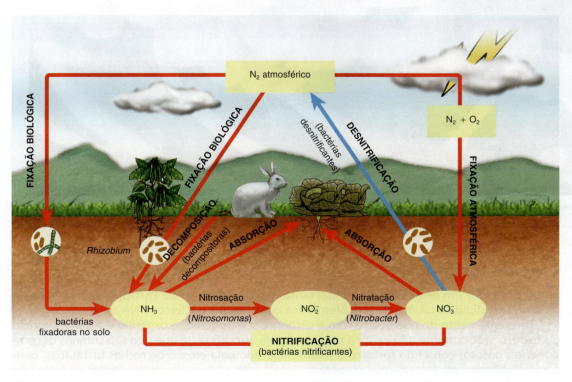

Figura 10-14. O ciclo do nitrogênio.

Anote!
A transformação de N_2 em NH_3 é altamente custosa em termos energéticos. Para isso, existe o complexo enzimático *nitrogenase*, que atua na quebra da tripla ligação que une dois átomos de nitrogênio. O complexo *nitrogenase* efetua a "quebra" de cerca de 16 moléculas de ATP para cada molécula de N_2 fixada, resultando, assim, na energia necessária para a transformação de N_2 em NH_3.

De olho no assunto!

A ação das bactérias

É notável a participação de bactérias em praticamente todo o ciclo do nitrogênio. Na *fixação biológica*, entram as *fixadoras de nitrogênio*. Entre as mais importantes, citamos as do gênero *Rhizobium*, que vivem em nódulos de raízes de *leguminosas*, como o feijão e a soja. Entre os agricultores é comum a utilização dessas plantas para o enriquecimento de solos com nutrientes nitrogenados, em uma prática conhecida como "adubação verde" (não confunda com a chamada adubação orgânica em que restos de alimentos, assim como estrume de vaca ou galinha, são utilizados para o enriquecimento mineral do solo).

A **nitrificação**, realizada por espécies de bactérias diferentes das fixadoras, e que vivem livremente nos solos, é efetuada em duas etapas. Na primeira, a amônia é convertida em *nitrito*, e envolve a participação de bactérias do gênero *Nitrosomonas*. Na segunda, o nitrito é convertido em *nitrato*, sendo realizada por bactérias do gênero *Nitrobacter*. Nesses dois processos ocorre consumo de oxigênio. Ambas são bactérias quimiossintetizantes.

A **denitrificação** é executada por outras espécies de bactérias que vivem livres no solo. É um processo anaeróbio e consiste na reconversão de nitritos, nitratos e mesmo amônia em nitrogênio molecular (N_2).

A **amonificação** é outro processo do qual participam bactérias, que transformam os resíduos nitrogenados excretados pelos animais em amônia. O cheiro que sentimos em um banheiro de beira de estrada deve-se à ação amonificante de bactérias, que atuam na ureia por nós excretada. A amônia vai para o solo e beneficia os vegetais ao ser transformada por bactérias nitrificantes em nitritos e nitratos.

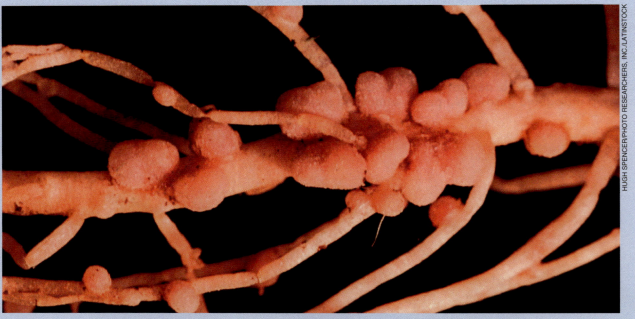

Cada um dos nódulos da raiz dessa leguminosa é composto de milhares de células, cada uma delas contendo bactérias do gênero *Rhizobium*.

Ciclo do fósforo

O fósforo é um dos elementos importantes para os seres vivos. Participa da molécula de ATP, de fosfolipídios da membrana plasmática e dos ácidos nucleicos DNA e RNA.

Diferentemente do que ocorre com o carbono, o nitrogênio, o oxigênio e a água, no ciclo do fósforo praticamente não existe a passagem pela atmosfera, já que não são comuns os componentes gasosos contendo fósforo. O fósforo liberado pela erosão de rochas fosfatadas, bem como o utilizado em fertilizantes, é liberado para o solo e absorvido pelas plantas na forma de fosfatos inorgânicos. Circula, a seguir, pelos diversos componentes de uma cadeia alimentar, retornando para o solo pela ação de microrganismos decompositores, que atuam nos restos orgânicos liberados por animais e pela vegetação. No meio aquático, os fosfatos solúveis são utilizados por algas e plantas, que os repassam para os consumidores da teia alimentar aquática. Aves marinhas que se alimentam de peixes depositam o *guano* – excrementos –, rico em fosfatos, nas rochas litorâneas de onde é recolhido para uso como fertilizante agrícola. A excreção animal e a decomposição efetuada por microrganismos devolvem o elemento para a água, podendo ser reutilizado ou fazer parte de sedimentos. Eventualmente, os sedimentos liberam novamente o fosfato para o meio aquático, ou ocorre o retorno para a formação de novas rochas fosfatadas, por ocasião de movimentos da crosta terrestre (veja a Figura 10-15).

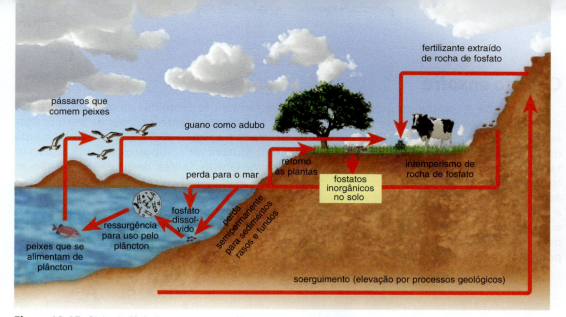

Figura 10-15. Ciclo do fósforo.

Ciclo do cálcio

O cálcio é um elemento que participa de diversas estruturas dos seres vivos: ossos, conchas, paredes celulares das células vegetais, cascas calcárias de ovos, além de atuar em alguns processos fisiológicos, como a contração muscular e a coagulação do sangue nos vertebrados. As principais fontes desse elemento são as rochas calcárias que, desgastando-se com o tempo, liberam-no para o meio. No solo, é absorvido pelos vegetais e, por meio das cadeias alimentares, passa para os animais. Toneladas de calcário são utilizadas com frequência para a correção da acidez do solo, notadamente nos cerrados brasileiros, procedimento que, ao mesmo tempo, libera o cálcio para uso pela vegetação e pelos animais. Nos oceanos, o cálcio obtido pelos animais pode servir para a construção das suas coberturas calcárias. Com a morte desses seres, ocorre a deposição das estruturas contendo calcário – conchas de moluscos, revestimentos de foraminíferos – no fundo dos oceanos, processo que contribui para a formação dos terrenos e das rochas contendo calcário. Movimentos da crosta terrestre favorecem o afloramento desses terrenos, tornando o cálcio novamente disponível para uso pelos seres vivos (veja o resumo desse ciclo na Figura 10-16).

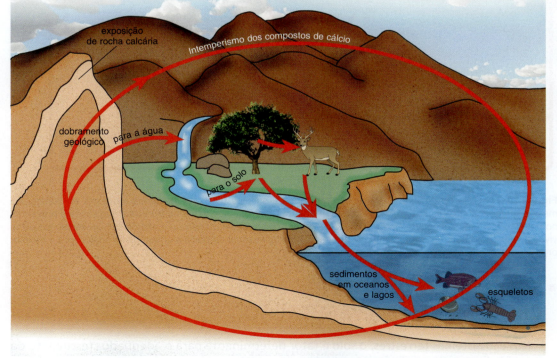

Figura 10-16. Ciclo do cálcio. O ciclo do cálcio não envolve intercâmbio com a atmosfera. O cálcio é um elemento encontrado na crosta rochosa da Terra (litosfera) ou dissolvido na água.

Ciclo do enxofre

O enxofre é componente de aminoácidos que formam as proteínas da maioria dos seres vivos. Como exemplo, pode-se citar a queratina, proteína presente na pele de vertebrados terrestres. No ciclo resumido desse elemento, mostrado na Figura 10-17, percebe-se que uma de suas origens é decorrente da ação oxidativa e redutora de compostos sulfurosos executada por microrganismos, principalmente aquáticos. Outras fontes desse elemento são as rochas sedimentares, o carvão mineral, o petróleo e as emissões vulcânicas. As precipitações ácidas devolvem consideráveis quantidades de compostos de enxofre para os meios terrestre e aquático. Fertilizantes agrícolas contendo sulfatos liberam enxofre para uso pelos vegetais e o excedente é carregado pela água das chuvas para lagos, rios e mares, incorporando-se no meio aquático para ser utilizado por algas e vegetais, que os repassam para os animais componentes das teias alimentares desses ecossistemas.

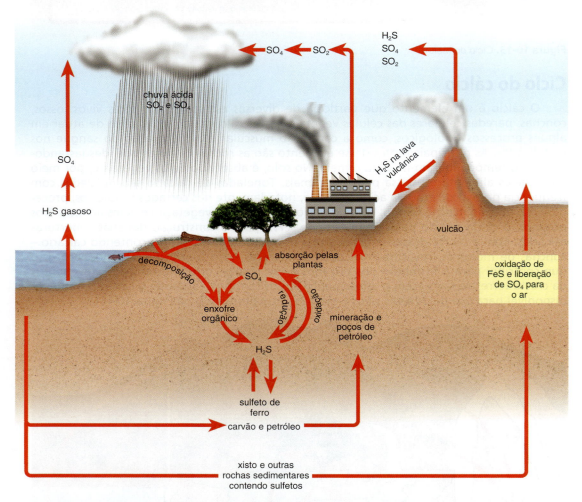

Figura 10-17. Ciclo do enxofre. Sulfatos são reduzidos a sulfetos (H_2S) por bactérias redutoras do sulfato. Ao mesmo tempo, os sulfetos são oxidados por bactérias fotossintetizantes verdes e púrpuras. Os sulfetos presentes no petróleo e em rochas sedimentares são oxidados por ação humana ou natural. Sulfatos são utilizados por seres vivos no metabolismo construtor de matéria orgânica. Microrganismos aeróbios e anaeróbios transformam o enxofre orgânico em sulfatos e sulfetos, respectivamente.

▪ SOLO: AS CONDIÇÕES PARA O CRESCIMENTO DA VEGETAÇÃO

Nos ecossistemas terrestres, o solo é fator determinante para o adequado crescimento da vegetação. É um sistema dinâmico, envolvendo a participação de três componentes: nutrientes minerais, detritos e organismos consumidores de detritos.

Para ser considerado de boa qualidade, o solo precisa ter algumas características importantes. Entre elas, podemos citar: adequado teor de nutrientes minerais; capacidade de retenção de água; porosidade, ou seja, espaços que permitam um razoável arejamento; um correto pH que permita a sobrevivência de raízes e demais seres vivos que habitam o solo.

Nutrientes Minerais

Os nutrientes minerais estão associados à fertilidade do solo. Solo fértil é aquele que possui quantidades razoáveis de nutrientes tais como potássio, fosfato, nitrato, magnésio etc. Esses nutrientes são liberados a partir de um processo denominado **intemperismo**. Trata-se de um conjunto de alterações físico-químicas ocorridas na rocha-mãe ao longo do tempo e que resultam na liberação dos nutrientes nela existentes, tornando-os disponíveis para absorção pelos sistemas radiculares dos vegetais. Caso o solo não possua uma boa capacidade de retenção de nutrientes, pode ocorrer **lixiviação** – isto é, o carregamento dos nutrientes para o lençol freático –, resultando na esterilidade do solo. Os ciclos biogeoquímicos desempenham fundamental importância na manutenção da fertilidade dos solos.

Capacidade de Retenção de Água

Esta é outra condição fundamental para o bom desenvolvimento vegetal. Lembre-se de que, por meio da transpiração, os vegetais liberam enormes volumes de vapor-d'água para o ar.

Anote!
Estima-se que cerca de 95% da água absorvida por uma planta será liberada para o ar pela transpiração, sendo os 5% restantes utilizados no metabolismo do vegetal.

Tecnologia & Cotidiano

Hidroponia: uma alternativa

Hidroponia é o cultivo de plantas em água. Nutrientes minerais são fornecidos ao meio de cultivo, com borbulhamento de ar que fornece oxigênio para a sobrevivência das raízes, sob condições controladas de temperatura e luminosidade.

Em alguns países, essa técnica tem sido utilizada como alternativa, devido à carência de terrenos cultiváveis. Em pequeno espaço, frequentemente galpões, são montados conjuntos de telhas de fibra de vidro e canos, ao longo dos quais corre a água com nutrientes. Periodicamente, o fluxo de água é interrompido para arejamento das raízes. Certas culturas – como alface e couve – têm sido bem-sucedidas com esse método.

Cultivo de alface hidropônico em Caraguatatuba, SP.

Energia e ecossistemas **233**

Porosidade

O arejamento é outro fator importante para a manutenção da vida no solo. O oxigênio produzido pelas plantas na fotossíntese é liberado para o ar que, penetrando no solo, abastecerá as raízes e uma infinidade de organismos que nele vivem. Solos impermeáveis, compactos, dificultam o arejamento adequado.

pH

O pH do solo também influencia a sobrevivência dos habitantes do solo. Embora solos de boa qualidade sejam ligeiramente ácidos (normalmente em torno de 5,5), a acidez excessiva impossibilita a vida por interferir na atividade enzimática.

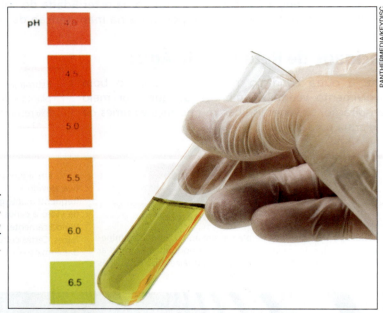

Uma das formas de identificar o valor do pH de uma solução, depois de submetida a determinado preparo, é por meio da comparação de sua cor com escalas graduadas.

Anote!

Boa parte do solo amazônico é ácida (pH de 3,5 a 4,5), pobre em nutrientes e sujeita a lixiviação. A vegetação é mantida graças ao ritmo intenso de decomposição da matéria orgânica que cai das árvores, assim como é rápida a reutilização dos nutrientes pelas raízes. Isso, de certo modo, reduz o tempo de permanência dos nutrientes no solo, minimizando os efeitos da acidez excessiva. Já nos cerrados, a acidez e a infertilidade do solo são acompanhadas por intenso teor de alumínio, tóxico para vegetais não adaptados àquela formação ecológica. Por isso, o plantio de culturas agrícolas deve ser precedido de uma correção da acidez (o que é feito com o uso de adubos contendo calcário), levando-a a valores compatíveis com o desenvolvimento vegetal e promovendo a redução do teor de alumínio.

As Propriedades Físicas do Solo

Solos de boa qualidade possuem *textura* e *estrutura* adequadas. A textura está relacionada às três partículas comumente encontradas no solo: areia, argila e silte (veja a Tabela 10-1).

Tabela 10-1. Tamanho médio das partículas de areia, silte e argila presentes no solo.

Partícula	Diâmetro (mm)
Areia	0,2 a 0,05
Silte	0,05 a 0,002
Argila	menos de 0,002

Solos excessivamente arenosos ou argilosos impedem o bom desenvolvimento vegetal. Os arenosos são muito porosos e retêm pouca água. O excesso de argila, por sua vez, impermeabiliza o solo e impede a penetração de água, isto é, a água escorre, provoca enxurradas e não é retida. Para ter boa qualidade, o solo deve apresentar boa estrutura, ou seja, deve conter proporções equivalentes de areia, silte e argila. Isso garante a retenção de água e nutrientes, bem como o arejamento e o bom desenvolvimento vegetal.

De olho no assunto!

Húmus: a camada rica em nutrientes

O acúmulo de resíduos orgânicos decorrentes de folhas, galhos, raízes e restos animais proporciona o desenvolvimento de uma comunidade de detritívoros e decompositores especializada na sua utilização. A ação desses organismos leva à formação de um composto escuro, de odor típico, conhecido como **húmus**, cuja principal característica é a riqueza em nutrientes minerais liberados pela atividade decompositora de bactérias e fungos.

É frequente a utilização, por parte de agricultores brasileiros, do húmus de minhoca, decorrente da atividade detritívora desses anelídeos, para fertilizar o solo.

Criadas em reservatórios contendo estrume de vaca e restos de vegetação, as minhocas alimentam-se dos detritos e liberam suas fezes que servirão de substrato para a ação de bactérias decompositoras.

Anote!

A atividade dos organismos que vivem no solo integra o húmus com as partículas minerais, estruturando o solo. Quando uma minhoca se alimenta de detritos, ela também ingere os nutrientes minerais existentes no solo. Cerca de 15 toneladas de materiais atravessam o tubo digestório de uma minhoca por ano! À medida que passam pelo tubo digestório, os nutrientes minerais são misturados aos compostos orgânicos e formam uma pasta, conhecida como húmus. Areia, argila e silte são misturados no húmus formando agregados que saem como "bolotas" do tubo digestório dos anelídeos. A atividade perfuradora do solo, executada pelas minhocas, além de fornecer a permeabilidade e o arejamento, espalha essas formações e ajuda a manter o solo sempre bem estruturado.

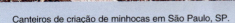
Canteiros de criação de minhocas em São Paulo, SP.

FABIO COLOMBINI

Ética & Sociedade

Inspeção veicular

Se você ainda não tem sua Carteira Nacional de Habilitação, talvez não saiba o que é a inspeção veicular ambiental. Essa é uma medida adotada na cidade de São Paulo e no Estado do Rio de Janeiro, que consiste em uma verificação do veículo por técnicos que analisam se o motor está regulado, se há emissão de fumaça perceptível, se existem vazamentos ou alterações no escapamento, além de medir os níveis de emissão de poluentes na atmosfera e os de ruído apresentados.

Se o veículo for reprovado, uma avaliação indicando a possível causa do problema é entregue ao proprietário que deverá levar seu automóvel a um mecânico para os devidos ajustes e depois retornar para nova avaliação.

Como resultado, espera-se que, em decorrência de uma melhor qualidade do ar, melhore também a qualidade de vida da população, uma vez que a poluição em excesso é responsável por mais de 200 tipos de doença, entre as quais estresse, derrame, sinusite, câncer de tireoide, angina etc.

- Em sua cidade a inspeção veicular ambiental já é obrigatória? Além dessa medida, que outras você sugere devessem ser tomadas a fim de melhorar a qualidade de vida da população?

Energia e ecossistemas **235**

Passo a passo

O mapa de conceitos ao lado relaciona os conceitos ecológicos mais comumente abordados em Ecologia. Utilize-o para responder às questões de **1** a **4**.

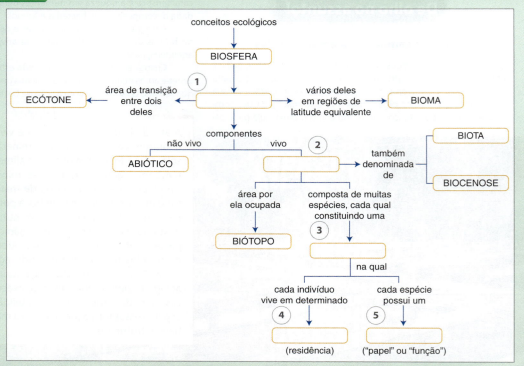

1. a) Reconheça os conceitos ecológicos referentes aos quadrinhos de 1 a 5.
   b) Que relação existe entre os conceitos referentes aos quadrinhos 2 e 3? E entre os conceitos referentes aos quadrinhos 1 e 2? Qual o significado de biosfera?

2. a) Que relação existe entre os conceitos referentes aos quadrinhos 4 e 5?
   b) É possível dizer que dois organismos de espécies diferentes – por exemplo, pulgões e formigas que vivem em um ramo de laranjeira – ocupam a mesma "**residência ou endereço**", embora a espécie a que pertencem exerçam "**papéis ecológicos**" diferentes? Justifique sua resposta.

3. a) Biocenose, biota, biótopo e bioma. Qual o significado desses três conceitos, todos iniciados com o termo *bio*?
   b) Qual o significado de ecótone, relativamente ao conceito referente ao quadrinho 1?

4. Relativamente ao conceito ecológico referente ao quadrinho 2, ou seja, o componente vivo do ambiente:
   a) Quais são os três tipos de seres que o constituem, relativamente aos seus hábitos alimentares? Qual o significado de cadeia alimentar e de teia alimentar? Qual o significado de nível trófico?
   b) Cite as características que diferenciam cadeias alimentares de predadores, de parasitas e de detritívoros.

Os esquemas ao lado representam exemplos de pirâmides ecológicas. Utilize-os para responder às questões **5** e **6**.

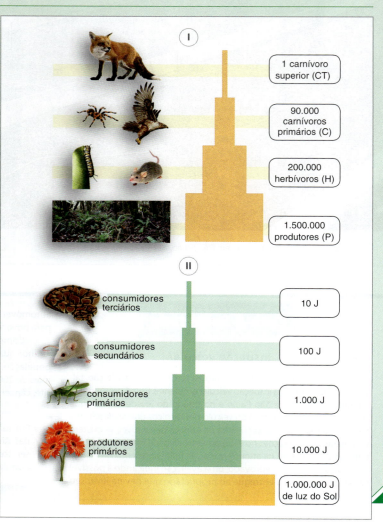

5.
a) A pirâmide I contém os dados numéricos relativos aos componentes dos níveis tróficos de cadeias alimentares. A que tipo de pirâmide corresponde esse esquema? Justifique sua resposta.
b) Como justificar o grande número de indivíduos produtores, relativamente aos números decrescentes dos componentes dos demais níveis tróficos? Quanto às duas cadeias alimentares representadas, elas correspondem a cadeias de predadores ou de parasitas? Justifique sua resposta.

6.
a) A pirâmide que realmente reflete com precisão o que ocorre ao longo das cadeias alimentares de um ecossistema é a de número II. Como é denominada essa pirâmide? Que princípio ecológico energético ela ilustra, em vista dos números e da unidade física nela indicada?
b) A pirâmide II ilustra o conceito de *eficiência ecológica*. Qual o seu significado?

7. Observe os esquemas, que ilustram duas pirâmides de **fluxo energético** com participação do ser humano. Por outro lado, a atividade dos ecossistemas pode ser avaliada por meio de diversos parâmetros, entre os quais se destaca a **produtividade**, que é dependente de alguns fatores limitantes ambientais.

a) Uma das preocupações atuais relaciona-se à disponibilidade de alimento para as populações humanas. Em termos de eficiência energética, qual das duas situações ilustradas é melhor, no sentido de se alimentar o maior número de pessoas? Justifique sua resposta.
b) O que é *produtividade primária* de um ecossistema? Faça a distinção entre **produtividade primária bruta** e **produtividade primária líquida**. Cite os fatores limitantes relacionados à produtividade de um ecossistema.
c) Considere que determinado agrotóxico não biodegradável, de difícil excreção pelos animais, é destinado ao controle de pragas que afetam plantações de milho, sendo pulverizado indiscriminadamente nas plantações. Que nível trófico da pirâmide representada à direita apresentará a maior concentração desse agrotóxico? Que denominação recebe esse efeito cumulativo do agrotóxico?

A vida na Terra depende da constante **reciclagem**, **reutilização**, de materiais entre os componentes vivos e não vivos da biosfera. É um longo e constante ir e vir de elementos químicos, ao contrário do que ocorre com a energia. A matéria executa **ciclos**, enquanto a energia **flui unidirecionalmente** pela biosfera e a ela não mais retorna. O esquema a seguir mostra um desses ciclos biogeoquímicos, o da água. Utilize-o para responder às questões **8** e **9**.

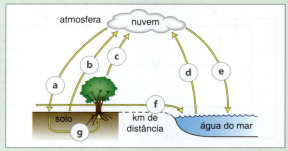

8.
a) Conceitue em poucas palavras o significado de *ciclo biogeoquímico*, utilizando o esquema acima como modelo. Justifique o termo **biogeoquímico**, utilizado na descrição do trajeto executado pelos elementos químicos da biosfera.
b) Reconheça os processos indicados por letras que ocorrem no ciclo da água e para efetuar sua resposta utilize os seguintes termos: evaporação da água do solo, precipitação, absorção, transpiração vegetal, evaporação da água do mar, corrente de água do continente para o oceano.

9. As fontes de água da Terra são finitas e podem estar se esgotando, em vista de sua má utilização e de seu desperdício. Mares, rios, lagos e fontes subterrâneas são fontes preciosas de água. Do mesmo modo, é fundamental a participação dos vegetais no ciclo dessa substância, assim como os processos de desertificação podem comprometer seriamente os reservatórios de água no solo. Considerando as informações do texto, responda:

a) Qual a importância da participação dos vegetais, notadamente os das florestas, na manutenção do ciclo da água? Como o desmatamento e as queimadas florestais, seguidos do abandono das áreas assim degradadas e deixadas abertas, podem influenciar o ciclo da água na biosfera?
b) De que modo os mares, os rios, os lagos e as fontes subterrâneas contribuem para a manutenção do ciclo da água? Em termos da utilização dessas fontes hídricas, sugira procedimentos que podem ser adotados no sentido de preservá-las e permitir, assim, sua utilização correta.

Energia e ecossistemas **237**

O elemento carbono está presente em toda e qualquer molécula orgânica dos seres vivos. Portanto, sua reciclagem é fundamental para a manutenção da vida na biosfera. Até pouco tempo, o ciclo do carbono encontrava-se em *equilíbrio*, ou seja, a devolução do gás carbônico para a atmosfera era compensada pela sua retirada pelos seres vivos. Ocorre que a queima excessiva de combustíveis fósseis, além das queimadas florestais, provocou um *desequilíbrio*, aumentando a taxa desse gás na atmosfera. Utilize as informações do texto e o esquema a seguir para responder às questões **10** e **11**.

10. a) Reconheça os processos indicados pelas letras **a** a **d**.
b) Para a realização do processo bioenergético simbolizado pela letra **a**, as plantas recorrem a três importantes "ingredientes" provenientes do ambiente. O primeiro já está representado, enquanto o segundo é aparente no esquema. Quais são esses dois "ingredientes" e qual o terceiro, fonte de energia, que foi omitido no esquema?

11. O desequilíbrio no ciclo do carbono, citado no texto, que provocou aumento da taxa de gás carbônico na atmosfera, guarda relação com o efeito estufa e a acentuação do aquecimento global decorrente do excesso de emissão de gases de estufa.
a) Sugira algumas possíveis medidas que podem ser adotadas no sentido de atenuar a acentuação do efeito estufa e o consequente incremento da temperatura global dele decorrente.
b) Cite os dois importantes "gases de estufa" que contêm o elemento carbono em suas moléculas, cuja emissão excessiva é devida, atualmente, à acentuação do aquecimento global.

A vida não poderia existir sem moléculas orgânicas nitrogenadas tais como aminoácidos, proteínas e ácidos nucleicos. Os átomos de nitrogênio componentes dessas moléculas biológicas são fornecidos pelos organismos produtores dos ecossistemas. As plantas assimilam nitrogênio inorgânico do meio e o utilizam para a produção de moléculas orgânicas nitrogenadas. Nas teias alimentares, essas moléculas passam para os consumidores, que as digerem e constroem as suas moléculas orgânicas nitrogenadas. Utilize as informações do texto e o esquema ao lado para responder às questões **12**, **13** e **14**.

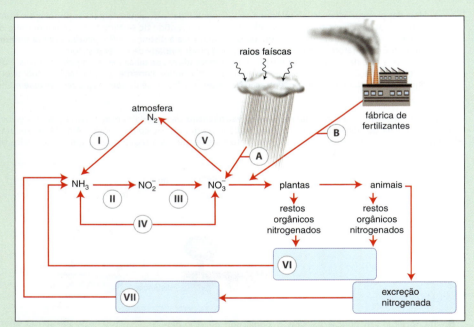

12. a) Reconheça os eventos do ciclo do nitrogênio relacionados aos números I a VII, utilizando, para isso, os seguintes termos: nitrificação, amonificação, desnitrificação, nitrosação, fixação biológica, decomposição e nitratação.
b) Excetuando as plantas e os animais relacionados no esquema acima, que seres vivos microscópicos são os participantes diretos do ciclo acima representado?

13. a) Em uma das etapas do ciclo representado, os seres microscópicos que dele participam se encontram em associação com raízes de plantas leguminosas. Qual é essa etapa?
b) É comum dizer que o plantio de leguminosas, como feijão e soja, constitui um procedimento agrícola denominado ***adubação verde***. Justifique, em poucas palavras, a razão dessa denominação.

14. Toneladas de nutrientes nitrogenados inorgânicos são produzidas anualmente por métodos biológicos, com a participação de microrganismos. O mesmo ocorre em ocasiões de tempestades com raios e pela atividade da indústria de fertilizantes químicos. A esse respeito e utilizando os seus conhecimentos sobre o ciclo do nitrogênio esquematizado, responda:
a) Que termo você utilizaria para substituir o evento relativo à letra A?
b) Que termo você utilizaria para designar o procedimento químico (método de Haber-Bosch) adotado nas indústrias de fertilizantes para a produção de adubos nitrogenados, simbolizado pela letra B?

15. Os elementos fósforo, cálcio e enxofre participam de importantes eventos fisiológicos, estruturas ou moléculas dos seres vivos. Basicamente, os ciclos desses elementos são sedimentares, o que significa dizer que suas fontes são os sedimentos existentes na superfície terrestre. Excetuando o enxofre, os dois outros elementos não possuem fase atmosférica. A respeito desses elementos e os ciclos de que participam:

a) Cite exemplos de moléculas ou estruturas orgânicas essenciais para os seres vivos e que os contenham em sua composição química.
b) Cite os mecanismos de ingresso, a partir de suas fontes no meio, e de devolução para o meio desses três elementos, levando em conta apenas a participação de seres vivos.

16. Nos ecossistemas terrestres, o solo é fator determinante para o adequado crescimento da vegetação. A respeito das propriedades e das características desse importante componente dos ecossistemas:

a) cite as propriedades (características) essenciais que todo bom solo precisa ter no sentido de manter adequadamente a vegetação que nele se desenvolve;
b) cite as características relacionadas à *textura* e à *estrutura* do solo. Explique em poucas palavras como essas duas características são relacionadas.

17. *Questão de interpretação de texto*

Os oceanos estão ficando menos "verdes"

Os oceanos estão menos "verdes" – e isso é uma péssima notícia. Faz um século que a quantidade de algas microscópicas, o chamado fitoplâncton, tem caído cerca de 1% ao ano. A conclusão veio da análise de exatas 445.237 medidas, feitas entre 1899 e 2008 em mares de todo o planeta. O que os cientistas mediram é a presença do pigmento clorofila, que dá cor verde às microalgas. O fitoplâncton é a base da teia alimentar marinha, servindo de alimento para o conjunto de animais microscópicos, como o zooplâncton, que por sua vez, é devorado por animais maiores, como os peixes. Os microrganismos do fitoplâncton constituem perto de metade da matéria orgânica do planeta e produzem aproximadamente 50% do oxigênio da Terra. A diminuição estaria ligada ao aquecimento do planeta e ao aumento da temperatura dos oceanos, dizem os pesquisadores responsáveis pelo estudo. A explicação, não muito difícil de entender de acordo com os pesquisadores, é a seguinte: "o que ocorre quando as águas da superfície estão muito quentes é que surge uma *estratificação*, ou seja, uma separação mais ou menos estanque entre líquido quente, no topo, e frio, nas profundezas. Acontece que a maior parte dos nutrientes essenciais para que o fitoplâncton floresça se encontra nas águas frígidas do fundo. Se essa água não subir, o fitoplâncton – que também depende da luz do Sol e, portanto, precisa ficar perto da superfície – não consegue crescer". Veja a ilustração a seguir.

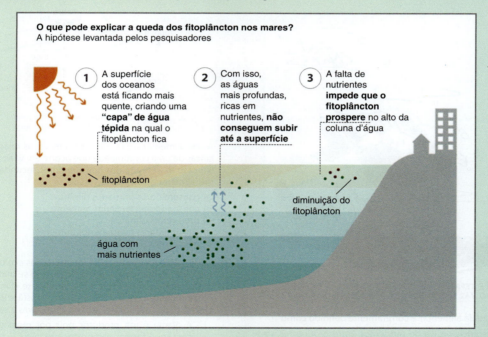

Adaptado de: BONALUME NETO, R. Aquecimento solapa base da vida marinha. *Folha de S.Paulo*, São Paulo, 29 jul. 2010. Caderno Ciência, p. A20; LOPES, R. J. Oceano pode se revelar ponto fraco na armadura de "Gaia". *Folha de S.Paulo*, São Paulo, 29 jul. 2010. Caderno Ciência, p. A20.

Com base nas informações do texto, na ilustração e em seus conhecimentos sobre os ciclos biogeoquímicos, responda:

a) Qual a participação das algas do fitoplâncton na possível atenuação do efeito estufa e do aquecimento global decorrente do excesso de emissão de gases de estufa?
b) Qual o processo bioenergético executado pelas algas do fitoplâncton com a utilização de um importante gás de estufa cuja emissão é hoje considerada excessiva?
c) Os itens 2 e 3 da ilustração fazem referência a nutrientes minerais que, segundo as informações do texto e da ilustração, deixariam de ser utilizados pelas algas do fitoplâncton, impedindo-as de prosperar. Dois desses nutrientes minerais são indispensáveis para a proliferação das algas. Quais são esses nutrientes? Eles participam da composição de quais moléculas orgânicas?

Energia e ecossistemas **239**

Questões objetivas

1. (UNISINOS – RS) Em um ecossistema, as relações de alimentação entre os organismos são chamadas de "cadeia trófica" ou "cadeia alimentar", em que a energia passa de um nível trófico inferior para um superior. A base dessa cadeia é constituída pelos produtores primários, que são organismos autotróficos, consumidos por organismos herbívoros (consumidores primários). Os herbívoros podem ser consumidos por organismos carnívoros (consumidores secundários) e estes, por outros carnívoros (consumidores terciários). A cadeia se encerra com organismos saprófitas (decompositores), que se alimentam da matéria morta proveniente de todos os níveis tróficos.

Das alternativas abaixo, qual apresenta, respectivamente, organismos produtores primários e decompositores?

a) Mamíferos e fungos.
b) Fungos e aves.
c) Plantas e mamíferos.
d) Mamíferos e aves.
e) Plantas e fungos.

2. (UDESC) Um louva-a-deus come um grilo e em seguida é predado por um sabiá.

Analise a informação e assinale a alternativa **correta** correspondente aos níveis tróficos do louva-adeus, sabiá e grilo, respectivamente.

a) ( ) primário, terciário e secundário
b) ( ) secundário, primário e terciário
c) ( ) terciário, primário e secundário
d) ( ) primário, secundário e terciário
e) ( ) secundário, terciário e primário

3. (PUC – RS)

"ISSO É TERRÍVEL. SE O PLÂNCTON ENTRAR EM GREVE, ISSO VAI DESTRUIR TODA A CADEIA ALIMENTAR."

O termo cadeia alimentar é corretamente definido como

a) "Transferência cíclica de nutrientes entre produtores, consumidores e decompositores, na qual o fluxo de energia aumenta a cada nível".
b) "Um ciclo trófico constituído pelos seres produtores capazes de sintetizar matéria inorgânica, a partir de substâncias minerais, e de fixar a energia".
c) "Expressão das relações de alimentação entre os organismos de um ecossistema, onde há uma transferência de energia no sentido dos produtores para os consumidores".
d) "Ciclo da matéria que parte de organismos autotróficos para níveis inferiores (herbívoros, carnívoros e decompositores), que define como a energia é totalmente consumida".
e) "Grupo de níveis hierárquicos que classifica os organismos como produtores, consumidores e decompositores com base na forma como eles obtêm energia da matéria inorgânica".

4. (UFRGS – RS) Observe a teia alimentar representada no digrama abaixo.

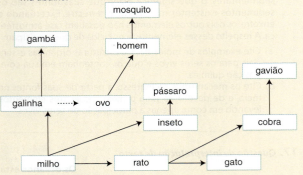

Com base neste diagrama, assinale a afirmação correta.

a) O mosquito e o gavião ocupam níveis tróficos diferentes.
b) O nível trófico dos produtores não está representado no digrama.
c) O homem e o gambá ocupam o mesmo nível trófico.
d) O pássaro e o gato ocupam o mesmo nicho ecológico.
e) O gavião e o gambá são equivalentes ecológicos.

5. (UFG – GO) Analise o diagrama a seguir.

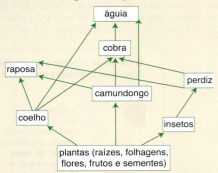

A teia alimentar representada evidencia as relações interespecíficas de uma comunidade que ocorre em vários ecossistemas. No caso da retirada dos consumidores secundários, espera-se inicialmente que a população de

a) consumidores primários diminua.
b) consumidores terciários aumente.
c) produtores diminua.
d) consumidores quaternários aumente.
e) decompositores diminua.

6. (UFJF – MG) Em um sistema de interações ecológicas formado por uma planta, uma espécie de pulgão se alimenta da seiva dessa planta e uma espécie de formiga se alimenta das fezes desse pulgão, as quais contêm uma substância açucarada de elevado valor nutricional. Leia as afirmativas a seguir:

I – A planta é um produtor, pois por meio da fotossíntese consegue formar compostos orgânicos e obter a energia necessária para seus processos vitais.
II – A planta é um organismo heterotrófico capaz de produzir seu próprio alimento.
III – O pulgão é um consumidor, pois obtém os compostos orgânicos e a energia necessária para seus processos vitais a partir de um produtor.
IV – O pulgão é um herbívoro.
V – A formiga é um organismo autotrófico, pois não é capaz de produzir seu próprio alimento.

Estão **CORRETAS**:

a) as afirmativas **I, II** e **V**.
b) as afirmativas **II, III** e **IV**.
c) as afirmativas **I, IV** e **V**.
d) as afirmativas **I, III** e **V**.
e) as afirmativas **I, III** e **IV**.

7. (UFMS) Observe a figura ao lado que representa uma teia alimentar em um corpo d´água, e indique as alternativas corretas e dê sua soma ao final.

Disponível em:
<http://educar.sc.usp.br/ciencias/ecologia/fig16.JPG>.

(01) Não há consumidores primários.
(02) A garça pode ser considerada um consumidor terciário.
(04) Na ilustração, o peixe (6) é um consumidor primário e o peixe (7) é um consumidor secundário.
(08) Essa teia alimentar não tem limite nos níveis de consumidores.
(16) Os consumidores secundários são a tartaruga, o peixe (7), o sapo e a garça.
(32) A extinção do sapo ocasiona a extinção da garça por falta de recurso alimentar.

1 – plantas   2 – fitoplâncton   3 – zooplâncton   4 – caramujo   5 – larva de inseto
6 – peixe   7 – peixe   8 – tartaruga   9 – sapo   10 – garça

8. (UERJ) A biomassa de quatro tipos de seres vivos existentes em uma pequena lagoa foi medida uma vez por mês, durante o período de um ano.

No gráfico abaixo estão mostrados os valores obtidos.

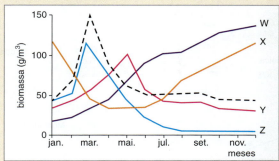

A curva tracejada representa a variação da biomassa do fitoplâncton. A variação da biomassa do zooplâncton está representada pela curva identificada por:

a) W   b) X   c) Y   d) Z

9. (UERJ) Em um ecossistema lacustre habitado por vários peixes de pequeno porte, foi introduzido um determinado peixe carnívoro. A presença desse predador provocou variação das populações de seres vivos ali existentes, conforme mostra o gráfico a seguir.

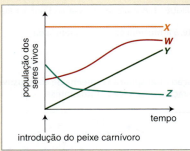

A curva que indica a tendência da variação da população de fitoplâncton nesse lago, após a introdução do peixe carnívoro, é a identificada por:

a) W   b) X   c) Y   d) Z

10. (UEL – PR) Nas cadeias alimentares, a energia luminosa solar é transformada em energia química pela ação dos produtores, a qual é transferida para os herbívoros e destes para os carnívoros. Portanto, o fluxo de energia no ecossistema é unidirecional.
Com base nessas informações, considere as afirmativas a seguir:

I – A energia na cadeia alimentar acumula-se gradativamente, alcançando a sua disponibilidade máxima nos carnívoros.
II – A energia armazenada é maior nos produtores quando comparada com a dos carnívoros.
III – A energia fixada pelos produtores é transferida sempre em menor quantidade para os herbívoros.
IV – A energia consumida pelos carnívoros é sempre maior quando comparada com a consumida pelos produtores e herbívoros.

Assinale a alternativa correta.

a) Somente as afirmativas I e IV são corretas.
b) Somente as afirmativas II e III são corretas.
c) Somente as afirmativas III e IV são corretas.
d) Somente as afirmativas I, II e III são corretas.
e) Somente as afirmativas I, II e IV são corretas.

11. (UFRGS – RS) Com relação à biomassa e à distribuição de energia nos diferentes níveis tróficos, considere as seguintes afirmações.

I – Na maioria dos ecossistemas terrestres, a quantidade de biomassa é inversamente proporcional à quantidade de energia química disponível nas moléculas orgânicas.
II – Na maioria dos ecossistemas terrestres, as plantas fotossintetizantes dominam tanto em relação à quantidade de energia que representam quanto em relação à biomassa que contêm.
III – Na maioria dos ecossistemas aquáticos, uma pequena biomassa de produtores pode alimentar uma biomassa muito maior de consumidores primários.

Quais estão corretas?

a) Apenas I.   d) Apenas II e III.
b) Apenas II.   e) I, II e III.
c) Apenas I e III.

12. (UFPE) As microalgas têm sido apresentadas como as principais fontes de biodiesel no futuro, uma vez que boa parte de sua massa seca é óleo. Considerando a biologia desses organismos e o impacto dessa tecnologia para o meio ambiente, é correto afirmar:

(0) microalgas são seres unicelulares com parede celular celulósica, que habitam os oceanos como parte do fitoplâncton marinho e constituem a base da cadeia alimentar desse ambiente.
(1) muitas microalgas como os dinoflagelados produzem toxinas, o que elimina a possibilidade de serem utilizadas como fonte de biodiesel.
(2) o depósito do CO_2 liberado pelas indústrias em tanques de cultivo de microalgas, como reagente para fotossíntese, poderia diminuir os danos à camada de ozônio.
(3) a produção de biodiesel a partir de microalgas também é vantajosa frente ao de plantas oleaginosas, uma vez que as primeiras não necessitam de vastas áreas de cultivo.
(4) considerando o clima nordestino e as necessidades metabólicas das microalgas, a região do semiárido é uma potencial área de cultivo e produção de biodiesel.

Energia e ecossistemas **241**

13. (UCS – RS) Os alimentos que conhecemos como frutos do mar são considerados ingredientes fundamentais na alimentação balanceada, porém podem conter substâncias que, em vez da longevidade prometida, aceleram o fim. Isso ocorre porque algumas substâncias ficam concentradas nos organismos que estão no ápice da cadeia alimentar. A figura ao lado representa essa situação, que pode ser denominada

a) pirâmide trófica.
b) bioacumulação.
c) teia alimentar.
d) pirâmide de energia.
e) transformação bioquímica.

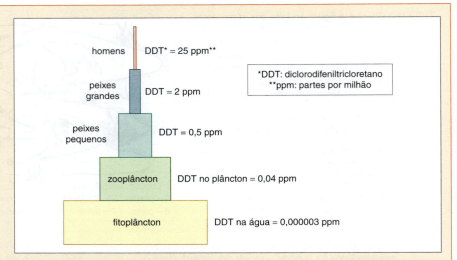

14. (UEG – GO) Estudos sobre comunidades de espécies em ilhas têm levado ao desenvolvimento de princípios gerais sobre a distribuição da diversidade biológica, como o modelo representado na figura a seguir. PRIMACK, R. B.; RODRIGUES, E. *Biologia da Conservação*. Londrina: Planta, 2001. p. 79.

A partir da interpretação da figura pode-se concluir que:

a) a relação entre a riqueza de espécies e a área da ilha aumenta com o tamanho da ilha.
b) as condições adversas nas ilhas menores explicam a redução no número de espécies nessas ilhas.
c) as ilhas maiores apresentam maior riqueza de espécies, estando estas mais vulneráveis à extinção ao longo do tempo.
d) não existe uma relação evidente entre o número de espécies e o tamanho da ilha.

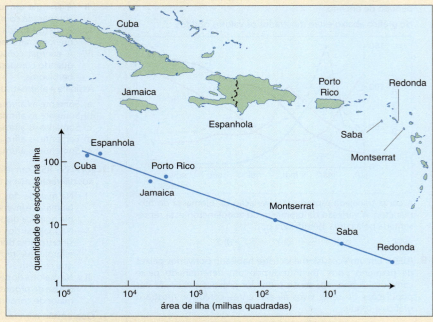

Fonte: PRIMACK, R. B.; RODRIGUES, E. *Biologia da Conservação*. Londrina: Planta, 2001. p. 79.

15. (UPF – RS) Na biosfera, o carbono fixado na _____ retorna, gradativamente, à atmosfera em consequência da _____ e da _____.

O que completa **corretamente** a frase se encontra na alternativa:

a) respiração / fotossíntese / transpiração.
b) fotossíntese / transpiração / queima de combustíveis fósseis.
c) fotossíntese / respiração / queima de combustíveis fósseis.
d) respiração / transpiração / queima de combustíveis fósseis.
e) transpiração / respiração / fotossíntese.

16. (UFV – MG) Observe as indicações I, II, III, IV e V, que completam o ciclo biogeoquímico representado ao lado.

Após observação, assinale a alternativa que contém duas indicações CORRETAS:

a) (II) fotossíntese (IV) nutrição
b) (II) respiração (V) respiração
c) (III) nutrição (IV) combustão
d) (I) fotossíntese (III) fotossíntese

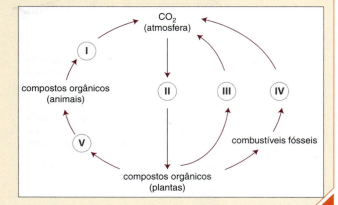

17. (PUC – RIO) Observe a figura a seguir:

Disponível em: <http://www.motivofaz.com.br/arquivos/imagens/ufpe_2_fase/domingo/Portugues/portugues2.gif>.

A ação de Chico Bento indica a importância do reflorestamento porque as plantas em crescimento

a) absorvem oxigênio, promovendo a diminuição da temperatura ambiente.
b) eliminam metano, contribuindo para a diminuição do efeito estufa.
c) fixam carbono atmosférico na matéria orgânica, formando biomassa.
d) liberam ozônio, levando à diminuição do buraco da camada de ozônio.
e) oxidam nitrogênio atmosférico, impedindo a formação de chuvas ácidas.

18. (UFG – GO) A partir da revolução técnico-científica, que ocorreu na segunda metade do século XX, na década de 1970, a facilidade de acesso aos bens de consumo gerou o aumento, cada vez mais crescente, do consumo mundial de energia elétrica. Atualmente, o tipo de energia que supre a maior parte desse consumo e o impacto da sua utilização são, respectivamente:

a) nuclear; riscos à saúde humana e ambiental em caso de acidente.
b) biomassa; aproveitamento de resíduos orgânicos de origem vegetal.
c) hidrelétrica; diminuição da biodiversidade na área de instalação.
d) combustível fóssil; emissão de gases de efeito estufa.
e) eólica; alto custo de implantação.

19. (UPE) Observe o gráfico a seguir:

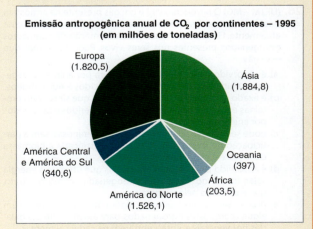

Com base nele, assinale a alternativa **CORRETA**.

a) A emissão antropogênica encontrada no gráfico diz respeito à emissão de CO_2 por decomposição de matéria orgânica em lixões.
b) Gases estufas, como vapor-d'água, CO_2 e NO, são os responsáveis pelo aquecimento global, que é consequência da emissão apresentada no gráfico.
c) O gráfico apresenta uma nítida relação entre a área geográfica dos continentes e a sua potencial capacidade de contribuir com a emissão de CO_2 na atmosfera.
d) O gráfico apresenta uma relação direta do grau de industrialização dos continentes e sua dependência do uso de combustíveis fósseis.
e) Se fosse apresentado um gráfico de localização da rarefação da camada de ozônio, encontraríamos uma completa semelhança com o gráfico figurado nesta questão.

20. (UEG – GO) O gás carbônico age como um gás estufa e suas concentrações na atmosfera têm mudado no decorrer dos anos, conforme apresentado na figura a seguir.

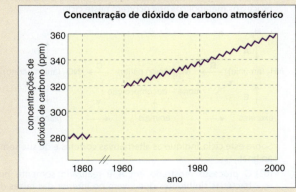

RICKLEFS, R. E. *A Economia da Natureza*. Rio de Janeiro: Guanabara Koogan, 2009. p. 473.

Sobre este assunto, é CORRETO afirmar:

a) o aumento na concentração de CO_2 foi maior nos últimos 30 anos, atingindo a estabilidade a partir do ano 2000.
b) os níveis crescentes de CO_2 na atmosfera, a partir de 1860, podem ter sido ocasionados pela diminuição da temperatura média da Terra.
c) a diminuição da concentração de CO_2, na atmosfera, antes de 1960, pode ter sido causada pelo menor consumo de carvão, óleo e gás para produção de energia
d) antes de 1860, a concentração de CO_2 na atmosfera era escassa numa ordem de 280 ppm, havendo um aumento para mais de 350 ppm, durante os últimos 150 anos.

21. (FUVEST – SP) Uma das consequências do "efeito estufa" é o aquecimento dos oceanos. Esse aumento de temperatura provoca

a) menor dissolução de CO_2 nas águas oceânicas, o que leva ao consumo de menor quantidade desse gás pelo fitoplâncton, contribuindo, assim, para o aumento do efeito estufa global.
b) menor dissolução de O_2 nas águas oceânicas, o que leva ao consumo de maior quantidade de CO_2 pelo fitoplâncton, contribuindo, assim, para a redução do efeito estufa global.
c) menor dissolução de CO_2 e O_2 nas águas oceânicas, o que leva ao consumo de maior quantidade de O_2 pelo fitoplâncton, contribuindo, assim, para a redução do efeito estufa global.
d) maior dissolução de CO_2 nas águas oceânicas, o que leva ao consumo de maior quantidade desse gás pelo fitoplâncton, contribuindo, assim, para a redução do efeito estufa global.
e) maior dissolução de O_2 nas águas oceânicas, o que leva à liberação de maior quantidade de CO_2 pelo fitoplâncton, contribuindo, assim, para o aumento do efeito estufa global.

22. (UFJF – MG) A exploração da camada geológica denominada Pré-sal, que abrange desde o litoral do Espírito Santo a Santa Catarina, pode colocar o Brasil entre as 10 maiores reservas de petróleo do mundo. Segundo as expectativas, o incremento das reservas representará um crescimento dos atuais 14,4 bilhões de barris de óleo para algo entre 70 e 107 bilhões de barris. A exploração da camada Pré-sal está diretamente relacionada ao ciclo do carbono. Sobre esse ciclo é **INCORRETO** afirmar que:

a) a quantidade de CO_2 na atmosfera atual é menor do que na atmosfera primitiva do planeta.
b) a quantidade de CO_2 na atmosfera aumentou nos últimos duzentos anos.
c) a quantidade de carbono na forma de petróleo vem aumentando com a exploração da camada Pré-sal.
d) as quantidades das diferentes formas em que podemos encontrar o carbono mudam constantemente com a queima de combustíveis fósseis.
e) a quantidade total de carbono no planeta Terra não mudou significativamente nos últimos cinquenta anos.

23. (UFSC) O esquema abaixo mostra de maneira simplificada o ciclo do nitrogênio na natureza. As letras **A**, **B**, **C**, **D** e **E** indicam processos metabólicos que ocorrem neste ciclo.

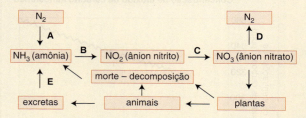

Sobre este ciclo, indique as alternativas corretas e dê sua soma ao final.

(01) O processo mostrado em **A** é realizado somente por bactérias simbiontes que vivem no interior das raízes de leguminosas.
(02) As mesmas bactérias que realizam o processo **A** realizam os processos **D** e **E**.
(04) O esquema mostra que produtos nitrogenados originados de animais ou vegetais podem ser reaproveitados no ciclo.
(08) O processo mostrado em **D** constitui uma etapa fundamental no ciclo, chamada de *fixação do nitrogênio*.
(16) As plantas podem se utilizar diretamente da amônia e não dependem do processo que ocorre em **C** para obter os produtos nitrogenados.
(32) O processo mostrado em **E** indica que os animais excretam a amônia.
(64) O nitrogênio é importante para os seres vivos, pois entra na composição molecular dos aminoácidos e dos ácidos nucleicos.

24. (UERJ) O nitrogênio é um dos principais gases que compõem o ar atmosférico. No esquema abaixo, estão resumidas algumas etapas do ciclo biogeoquímico desse gás na natureza.

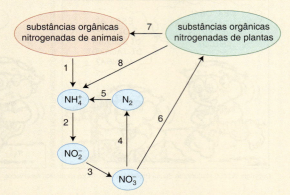

O processo de nitrificação, composto de duas etapas, e o de desnitrificação, ambos executados por microrganismos, estão identificados, respectivamente, pelos seguintes números:

a) 2 e 3; 4.   b) 1 e 5; 7.   c) 4 e 6; 8.   d) 2 e 5; 1.

25. (UFMS) Várias espécies de roedores silvestres foram infectadas por uma virose, causando a morte de centenas de indivíduos. Na carcaça desses roedores, há compostos nitrogenados. Sobre o destino desses compostos nitrogenados no meio ambiente, assinale a(s) proposição(ões) correta(s) e dê sua soma ao final.

(01) Os compostos nitrogenados do corpo dos roedores são transformados em amônia por ação de fungos e bactérias decompositoras.
(02) A amônia é transformada em nitrito por ação de enzimas digestivas de minhocas que se alimentam de amônia e excretam nitrito.
(04) O nitrito é transformado em nitrato por bactérias quimiossintetizantes do gênero *Nitrobacter*.
(08) O nitrato é um dos compostos nitrogenados que podem ser assimilados pelas raízes das plantas.
(16) O nitrato absorvido pelas raízes das plantas transforma-se novamente em amônia e é consumido por animais pastadores.
(32) A amônia, formada por ação de fungos e bactérias decompositoras, pode ser transformada em nitrogênio por bactérias desnitrificantes e retornar à atmosfera.

26. (UFTM – MG) O nitrogênio (N_2) é um gás presente na atmosfera e sem ele provavelmente não haveria vida na Terra como existe atualmente. Ele é fundamental para a formação de compostos nitrogenados presentes nos seres vivos. Pode-se afirmar que esse gás

a) é absorvido diretamente da atmosfera por animais e vegetais e é utilizado na síntese de aminoácidos e nucleotídeos.
b) é fixado por fungos e algas unicelulares, que sintetizam proteínas e ácidos nucleicos, e estes são ingeridos e absorvidos por animais e vegetais.
c) pode ser utilizado diretamente por leguminosas, sem a participação de microrganismos, o que justificaria a biomassa do feijão e da soja, rica em proteínas.
d) é absorvido por bactérias radicícolas que utilizam a energia solar, formando compostos nitrogenados como o nitrato, que é utilizado pelos vegetais.
e) precisa ser transformado por alguns seres procariontes em alguns compostos nitrogenados, para assim serem assimilados por vegetais e, então, entrarem na cadeia alimentar.

27. (UFG – GO) Observe as reações a seguir.

$2 NH_3 + 3 O_2 \rightarrow 2 NO_2^- + 2 H_2O + 2 H^+ + energia$

$2 NO_2^- + O_2 \rightarrow 2 NO_3^- + energia$

Estas reações ocorrem em solos aerados na presença de microrganismos decompositores da matéria orgânica, tais

como bactérias. Na ausência desses microrganismos, qual composto, essencial para a nutrição das plantas, faltará no solo?
a) água
b) sulfato
c) nitrato
d) fosfato
e) oxigênio

28. (UNEMAT – MT) Alguns elementos dos ecossistemas passam por ciclos. É o caso da água, nitrogênio, carbono e enxofre.
A respeito dos ciclos da matéria, assinale a alternativa **correta**.

a) As plantas, ao fazerem respiração, reduzem os níveis de CO_2 atmosféricos, fixando esta molécula em seus organismos.
b) Somente nos oceanos ocorre a evaporação da água, o que explica o clima seco no interior dos continentes.
c) Os organismos mais responsáveis pela transformação de amônia e nitrito em nitrato são os fungos nitrificantes.
d) O aquecimento global é causado por um desequilíbrio no ciclo do carbono, resultando em mudanças climáticas.
e) O ser humano excreta nitrogênio em excesso, fruto de seu metabolismo, através da transpiração.

Questões dissertativas

1. (UERJ) Em um lago, três populações formam um sistema estável: microcrustáceos que comem fitoplâncton e são alimento para pequenos peixes. O número de indivíduos desse sistema não varia significativamente ao longo dos anos, mas, em um determinado momento, foi introduzido no lago um grande número de predadores dos peixes pequenos.

Identifique os níveis tróficos de cada população do sistema estável inicial e apresente as consequências da introdução do predador para a população de fitoplâncton.

2. (UFRJ) Nos mercados e peixarias, o preço da sardinha (*Sardinella brasiliensis*) é oito vezes menor do que o preço do cherne (*Epinephelus niveatus*). A primeira espécie é de porte pequeno, tem peso médio de 80 gramas e se alimenta basicamente de fitoplâncton e zooplâncton. A segunda espécie é de porte grande, tem peso médio de 30.000 gramas e se alimenta de outros peixes, podendo ser considerado um predador topo.

Considerando a eficiência do fluxo de energia entre os diferentes níveis tróficos nas redes tróficas marinhas como o principal determinante do tamanho das populações de peixes, justifique a diferença de preço entre as duas espécies.

3. (UFG – GO) As pirâmides ecológicas são representações esquemáticas das transferências de matéria e de energia nos ecossistemas. Elas mostram as relações, em termos quantitativos, entre os diferentes níveis tróficos de uma cadeia alimentar. Descreva, por meio de exemplo, uma pirâmide ecológica que tenha a base menor que o ápice.

4. (UFTM – MG) Analise a figura. As bolinhas representam um determinado pesticida e sua mobilização ao longo dos diferentes níveis tróficos em um ecossistema.

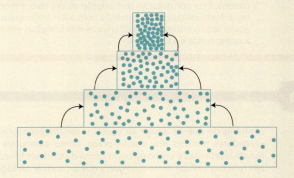

RAVEN, P. H.; EVERT, R. F.; EICHHORN, S. E. *Biologia Vegetal*, 2007.

a) Qual a tendência desse pesticida ao longo da cadeia alimentar? Explique uma consequência dessa tendência sobre o equilíbrio dinâmico de um ecossistema.
b) Considerando os efeitos deletérios dos pesticidas e herbicidas, proponha duas soluções para atenuar sua ação, considerando em sua resposta conceitos ecológicos e outras noções da biologia.

5. (FUVEST – SP) A figura abaixo mostra alguns dos integrantes do ciclo do carbono e suas relações.

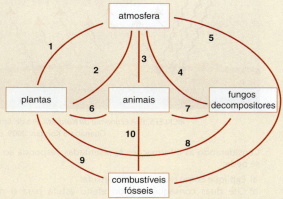

a) Complete a figura reproduzida acima, indicando com setas os sentidos das linhas numeradas, de modo a representar a transferência de carbono entre os integrantes do ciclo.
b) Indique o(s) número(s) da(s) linha(s) cuja(s) seta(s) representa(m) a transferência de carbono na forma de molécula orgânica.

6. (PUC – RJ) Cientistas do mundo inteiro pesquisam bons processos que permitem armazenar – no jargão técnico, "sequestrar" – carbono no solo, para evitar que esse elemento seja liberado na atmosfera e colabore para o aquecimento global. A presença de matéria orgânica no solo, além de reter carbono com eficácia, é essencial para aumentar sua fertilidade.

Biocarvão – as terras pretas dos índios e o sequestro de carbono.
Ciência Hoje, Rio de Janeiro, n. 281, maio 2011.

a) Explique o que é sequestro de carbono e como esse processo pode contribuir para a mitigação do aquecimento global.
b) Faça um esquema e explique as rotas percorridas pelo carbono em seu ciclo biogeoquímico.

7. (UFES) A ilustração abaixo mostra parte do ciclo do carbono, indicando seu caminho através de diferentes sistemas. Considerando a ilustração,

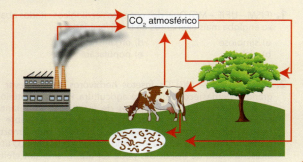

Energia e ecossistemas **245**

a) explique o papel das plantas no ciclo do carbono;
b) explique como as atividades humanas afetam o ciclo do carbono de modo a provocar o aquecimento global;
c) indique uma medida que pode ser adotada pelo homem para reduzir o aquecimento global e explique como ela afetaria diretamente o ciclo do carbono.

8. (UEG – GO) Dentre os vários problemas ambientais no planeta Terra, o efeito estufa assemelha-se ao modo pelo qual o vidro mantém uma estufa aquecida, conforme representado na figura a seguir.

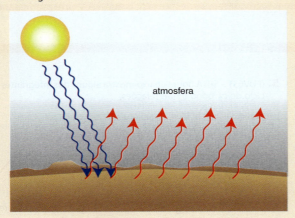

RICKLEFS, R. *A Economia da Natureza*. Rio de Janeiro: Guanabara Koogan, 2009. p. 39.

Considerando as informações apresentadas, responda ao que se pede:
a) Explique como ocorre o efeito estufa.
b) Cite duas consequências do efeito estufa para o meio ambiente.

9. (UFBA) Causa do desaparecimento definido de recursos naturais e territórios, o aquecimento global ameaça provocar deslocamentos cada vez mais maciços das populações, configurando-se uma nova categoria de refugiados – "refugiado climático".

(...) Ao lado da biodiversidade, é a sociodiversidade do planeta que corre perigo. Inúmeras comunidades tradicionais e povos indígenas, detentores de um saber e de uma cultura profundamente arraigados em seu meio ambiente, estão prestes a desaparecer.

ATLAS do Meio Ambiente, 2008. p. 44-45.

Considerando as informações do texto,
a) explique um fenômeno associado à atividade humana que promove o aquecimento global;
b) apresente um argumento para justificar a relação entre aquecimento global e a ameaça à sociodiversidade.

10. (UFES)

"Que as microalgas são promissoras matérias-primas para a produção de biodiesel já é fato. E há muita razão para este entusiasmo: elas podem produzir alto teor de óleos (lipídios), têm alta produtividade (grande capacidade de multiplicação) e não exigem grandes áreas para serem cultivadas, como acontece com as plantas oleaginosas, pesquisadas há mais tempo para a mesma finalidade, as quais concorreriam com as áreas agrícolas destinadas à produção de alimentos".

Fonte: <www.biodieselbr.com>. Acesso em: 11 set. 2010.

a) Baseado no fato de que as espécies de microalgas participam do ciclo do CO_2, indique duas vantagens do uso das algas, em vez do petróleo, como combustível.
b) Uma das questões mais discutidas quanto ao uso das microalgas para produção de biocombustíveis é o destino da sua biomassa, rica em nutrientes, após a extração do óleo. Lembrando-se da importância e do incentivo ao reaproveitamento de matéria orgânica nos últimos anos, indique duas aplicações dessa biomassa.
c) Há alguns anos, engenheiros agrônomos e biólogos têm pesquisado o uso de plantas angiospermas (dendê, soja, canola, girassol e mamona) para a produção de biodiesel. Não há pesquisas com essa finalidade utilizando briófitas, pequenas plantas que formam densos "tapetes" em locais úmidos. Essa constatação tem relação direta com a morfologia das briófitas em comparação com a das angiospermas. Assim sendo, indique duas diferenças morfológicas entre as angiospermas e as briófitas.

Programas de avaliação seriada

1. (PISM – UFJF – MG) Qual dos conceitos ecológicos citados abaixo engloba mais elementos da biodiversidade?
a) simbiose
b) nicho
c) comunidade
d) organismo
e) população

2. (PISM – UFJF – MG) Os insetos herbívoros podem levar a grandes perdas econômicas na agricultura. Para combatê-los, foram desenvolvidos vários tipos de inseticidas. Entretanto, essas substâncias podem ter um efeito desastroso sobre o meio ambiente, contaminando a água, o solo e levando à morte outros animais que não atuam como pragas nas lavouras. O uso indiscriminado de inseticidas pode ter até mesmo um efeito contrário do que se deseja ao causar o desaparecimento de predadores naturais dos insetos-praga. Como alternativa ao uso de inseticidas, é proposta outra forma de controle baseada nas relações tróficas entre os organismos: o controle biológico.

O controle biológico é mais adequado que o uso de inseticidas no combate a um inseto-praga porque:
a) prejudica apenas os predadores naturais do inseto-praga.
b) evita o acúmulo de substâncias tóxicas nos níveis tróficos superiores.
c) mata as plantas afetadas pela praga.
d) promove resistência da planta ao inseto-praga.
e) provoca a morte dos insetos polinizadores.

3. (PAES – UNIMONTES – MG) A figura abaixo ilustra dois processos de transformação de energia que ocorrem nos vegetais: a fotossíntese e a respiração. Analise-a.

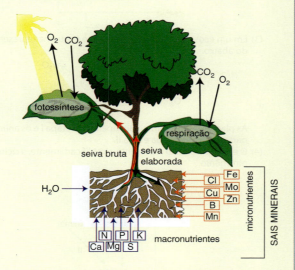

Considerando a figura e o assunto abordado, analise as afirmativas abaixo e assinale a alternativa **INCORRETA**.

a) A glicose é produzida pelos vegetais através da fotossíntese e está presente na seiva elaborada.
b) Os vegetais são a base da cadeia alimentar para os animais, exceto para os carnívoros.
c) Os vegetais podem diminuir o efeito estufa, sequestrando gás carbônico do meio ambiente através da fotossíntese.
d) A energia utilizada para o desenvolvimento dos vegetais e dos animais é proveniente da respiração.

4. (PSIU – UFPI) A sequência de seres vivos em que um serve de alimento para o outro é conhecida como cadeia alimentar. Encontramos, na comunidade, um conjunto de cadeias interligadas, formando o que se chama de teia alimentar.

Sobre esses temas, marque a opção CORRETA.

a) Toda a matéria orgânica morta do ecossistema é transformada em sais minerais pelos decompositores (bactérias e fungos). Estes sais, juntamente com o O_2 e H_2O, provenientes da respiração, são usados como alimento pelos produtores e novamente transformados em moléculas orgânicas.
b) A quantidade de matéria orgânica produzida pelos autótrofos é a quantidade primária; a incorporada pelos consumidores é a produtividade secundária. Ambas podem ser divididas em produtividade bruta e líquida.
c) A energia luminosa do sol, que as plantas e algas unicelulares absorvem, é transformada em energia química e armazenada nos compostos orgânicos produzidos pela fotossíntese. Porém, boa parte desses compostos orgânicos é consumida pela respiração da própria planta e eliminada na forma de O_2.
d) As pirâmides ecológicas indicam que a quantidade de energia diminui ao longo da cadeia, ocorrendo, na maioria dos casos, o mesmo com a biomassa e o número de indivíduos. No entanto, as substâncias biodegradáveis aumentam de concentração ao longo da cadeia, podendo acarretar a morte dos seres vivos dos últimos níveis tróficos.
e) Muitos inseticidas são venenos pouco específicos, isto é, são tóxicos para a maioria dos organismos. Além de destruírem os insetos perniciosos, afetam aqueles que são essenciais para a reprodução de certas plantas. Matam ainda aqueles que se alimentam das espécies perniciosas. Em decorrência disso, os insetos que resistiram ao veneno se encontram livres de seus inimigos naturais, neste caso, podem proliferar mais lentamente.

5. (PAS – UnB – DF) Navios utilizam água em seus tanques de lastro para manter estabilidade, segurança e eficiência operacional, especialmente quando não estão carregados. Os organismos presentes na água utilizada para encher os lastros são transportados do seu local de origem até o local de destino da embarcação, onde os lastros são esvaziados para que o navio seja novamente carregado.

A grande maioria das espécies marinhas transportadas nessa água não sobrevive à jornada, uma vez que o ambiente dentro dos tanques de lastro é inóspito. Mesmo aquelas que sobrevivem e são descarregadas têm chances de sobrevivência muito reduzidas nas novas condições ambientais.

Entretanto, quando todos os fatores são favoráveis, uma espécie exótica introduzida pode estabelecer uma população viável no novo ambiente e tornar-se invasora, ou seja, pode ser capaz de adaptar-se e reproduzir-se, tendendo à dominância, a ponto de ocupar o espaço de organismos residentes.

Disponível em: <www.zoo.bio.ufpr.br> (com adaptações).

Considerando o texto acima e os múltiplos aspectos que ele suscita, julgue os itens de 1 a 5.

1. Espécies com potencial de serem introduzidas e bem-sucedidas são encontradas somente a partir do segundo nível trófico.
2. Considere que, ao entrar em uma região de delta, ou seja, no encontro da água de rios com o mar, um navio carregado tenha seu volume submerso aumentado em 25%. Nesse caso, a densidade da água nessa região é 20% menor do que a da água no alto-mar.
3. Segundo o texto, os organismos que sobrevivem à jornada têm pouca chance de sobrevivência nas condições do novo ambiente, o que se deve, portanto, exclusivamente às características físicas e químicas do novo ambiente.
4. A expressão "uma espécie exótica introduzida" remete a uma espécie introduzida em um local em que ela não ocorre naturalmente.
5. Se uma espécie exótica introduzida for um consumidor terciário, o dano causado à comunidade será maior que o dano que um consumidor primário poderia causar.

6. (PSS – UNIMONTES – MG) A água da Terra distribui-se por três reservatórios principais: os oceanos, os continentes e a atmosfera, entre os quais existe uma circulação contínua, o ciclo da água ou ciclo hidrológico. A figura abaixo ilustra esse ciclo. Observe-a.

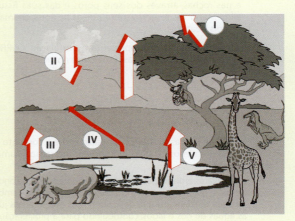

Considerando a figura e o assunto abordado, analise as alternativas abaixo e assinale a que **MELHOR REPRESENTA** os processos indicados por I e V, respectivamente.

a) Respiração e escorrimento.
b) Condensação e transpiração.
c) Precipitação e respiração.
d) Transpiração e evaporação.

Energia e ecossistemas **247**

7. (SAS – UPE) O ciclo da água, também denominado ciclo hidrológico, é responsável pela renovação da água no planeta. A água é fator decisivo para o surgimento e o desenvolvimento da vida na Terra.

Fonte: http://revistaescola.abril.com.br/ciencias/pratica-pedagogica/
/caminho-aguas-490504.shtml

Observe a figura a seguir e faça as correlações adequadas.

Adaptado de: <http://www.google.com.br/imgres?imgurl=http:
//revistaescola.abril.com.br/img/ciencias/planeta-ciclo>

I – O ciclo da água tem início com a radiação solar, que incide sobre a Terra. O calor provoca a evaporação da água dos oceanos, dos rios e dos lagos. Também há evaporação de parte da água presente no solo.
II – A transferência da superfície terrestre para a atmosfera também ocorre por meio da transpiração das plantas e dos animais.
III – Após a evaporação, a água, em forma de vapor, é transportada pelas massas de ar para as regiões mais altas da atmosfera. Lá em cima, ao ser submetida a baixas temperaturas, o vapor se condensa e se liquefaz. É assim que se formam as nuvens.
IV – Quando a nuvem fica carregada de pequenas gotas, estas se reúnem formando gotas maiores que se tornam pesadas e caem sobre a superfície terrestre, em forma de chuva, granizo ou neve.
V – Da água que se precipita sobre o planeta, uma parte cai diretamente nos reservatórios de águas, como rios, lagos e oceanos.
VI – Parte da água que cai sobre o planeta infiltra-se no solo e nas rochas, através dos seus poros e das suas fissuras, alimentando as reservas subterrâneas de água, chamadas lençóis freáticos.

Assinale a alternativa que apresenta a correlação CORRETA entre as proposições e as letras destacadas no ciclo.

a) I – A; II – B; III – C; IV – D; V – E; VI – F.
b) I – B; II – D; III – A; IV – C; V – F; VI – E.
c) I – C; II – A; III – B; IV – E; V – F; VI – D.
d) I – C; II – D; III – A; IV – B; V – F; VI – E.
e) I – D; II – C; III – A; IV – E; V – F; VI – B.

8. (UFS – SE) Analise as proposições abaixo sobre o conjunto formado pela biocenose e pelo biótopo em interação chamado ecossistema.

(0) As capivaras, embora perseguidas pelo homem porque podem devastar plantações, causando prejuízos financeiros, também têm sua utilidade porque depositam seus excrementos junto às águas de rios e lagos, contribuindo para a proliferação do fitoplâncton. Este é comido por peixes que constituem o prato básico das populações humanas ribeirinhas. Nessas relações tróficas, os produtores são as capivaras e o fitoplâncton.
(1) Em um ecossistema terrestre, as gramíneas realizam fotossíntese, os ratos alimentam-se de gramíneas e as cobras comem os ratos. Nesse ecossistema, os ratos e as cobras encontram-se no mesmo nível trófico porque ambos são consumidores.

(2) A pirâmide ecológica que representa o fluxo de energia de um ecossistema pode ser apresentada como no seguinte esquema:

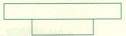

(3) Em um ecossistema terrestre ocorre o esquema representado abaixo.

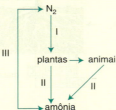

As plantas verdes participam apenas da etapa I e os animais participam apenas da etapa II.
(4) O esquema abaixo representa, simplificadamente, o ciclo do nitrogênio.

```
        N₂
        ↑
        I
III   plantas → animai
        ↓        ↓
        II       II
        ↓        ↓
        amônia
```

As bactérias representadas por I, II e III são, respectivamente, fixadoras, desnitrificantes e decompositoras.

9. (PAS – UnB – DF) Os impactos provocados pela agropecuária moderna reduzem drasticamente a diversidade de espécies no meio rural. Embora, historicamente, a humanidade tenha ampliado a diversidade genética das plantas cultivadas, através de cruzamentos e seleção de variedades mais adaptadas, essa prática vem sendo progressivamente abandonada, e muitas variedades foram extintas ou são raramente encontradas. Hoje em dia, por exemplo, apenas seis variedades de milho são responsáveis por mais de 70% da produção mundial de grãos. Estima-se, ainda, que, no curso da história, a humanidade tenha utilizado cerca de 7.000 espécies de plantas comestíveis; no entanto, são conhecidas mais de 75.000 espécies que poderiam ser incluídas em nosso cardápio, muitas delas com vantagens sobre as que hoje predominam.

Almanaque Brasil Socioambiental, 2008 (com adaptações).

Considerando o texto acima, julgue os itens que se seguem.

1. O plantio de grandes áreas com plantas geneticamente uniformes torna a produtividade agrícola extremamente vulnerável a pragas e a diversos outros fatores de risco.
2. A diminuição das espécies e da variedade genética das plantas utilizadas pelo homem implica a redução de espécies como fungos, micorrizas e bactérias fixadoras de nitrogênio.
3. A homogeneidade genética é compatível com os padrões atuais de produção, visto que permite a padronização das práticas de manejo e maior eficiência produtiva.

10. (PISM – UFJF – MG) Considere as afirmativas abaixo a respeito dos ciclos biogeoquímicos do carbono e do nitrogênio:

I – Os ciclos do carbono e do nitrogênio estão inter-relacionados, pois ambos estão diretamente associados com a fotossíntese e a respiração.
II – No ciclo do nitrogênio, os seres que devolvem nitrogênio à atmosfera são as bactérias desnitrificantes.
III – A decomposição dos corpos de animais e de plantas libera carbono e nitrogênio para o solo e para a água.
IV – O gás carbônico é captado pelos seres heterotróficos e seus átomos são utilizados na síntese de moléculas inorgânicas, cujo constituinte fundamental é o carbono.
V – Uma das formas de enriquecer o solo com nitrogênio é plantando leguminosas.

Estão **CORRETAS** as afirmativas:

a) I, II e V.   b) II, III e V.   c) I, III e V.   d) I, III e IV.   e) II, III e IV.

Dinâmica das populações e das comunidades

Capítulo 11

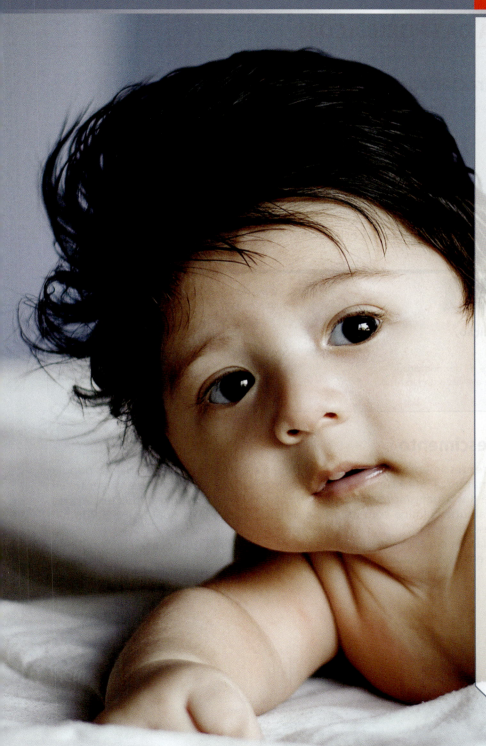

7 bilhões?????

No ano de 1804, a população humana atingia a marca de 1 bilhão de pessoas. Em 1927, ou seja, 123 anos depois, já eram 2 bilhões. Esse número dobrou para 4 bilhões em 1974 e, em 1999, para 6 bilhões. No dia 31 de outubro de 2011, estimava-se que a população humana atingiria a marca de 7 bilhões de pessoas. Colocadas ombro a ombro, elas caberiam na área correspondente à Ilha de São Luís, no Estado do Maranhão. Para o ano de 2100, acredita-se que seremos 10 bilhões de pessoas. A Terra suportará tanta gente?

As preocupações se referem à sustentabilidade, aos recursos naturais disponíveis e, basicamente, à produção de alimentos necessários para abastecer um contingente cada vez mais numeroso de pessoas. No ano de 1798, o economista e clérigo Thomas Malthus dizia que "o poder da população humana é imensuravelmente maior que o poder da Terra de produzir subsistência para o homem". Será verdade? Devemos acreditar na criatividade e na inventividade humana, aliada à tecnologia, na procura de soluções para o crescimento populacional humano.

Um dos temas deste capítulo é justamente o estudo dos mecanismos que conduzem à dinâmica do crescimento das populações. Ao mesmo tempo, serão analisadas as interações entre as numerosas espécies componentes das comunidades, incluindo a nossa espécie.

As populações possuem diversas características próprias, mensuráveis. Cada membro de uma população pode nascer, crescer e morrer, mas somente uma população como um todo possui **taxas** de **natalidade**, de **mortalidade** e de **crescimento** específicas, além de possuir um padrão de dispersão no tempo e no espaço.

DINÂMICA DAS POPULAÇÕES

Principais Características de uma População

O tamanho de uma população pode ser avaliado pela **densidade**.

$$\text{Densidade} = \frac{\text{número de indivíduos de uma população}}{\text{unidade de área ou volume ocupado}}$$

A densidade populacional pode sofrer alterações. Mantendo-se fixa a área de distribuição, a população pode aumentar devido a nascimentos ou a imigrações. A diminuição da densidade pode ocorrer como consequência de mortes ou de emigrações.

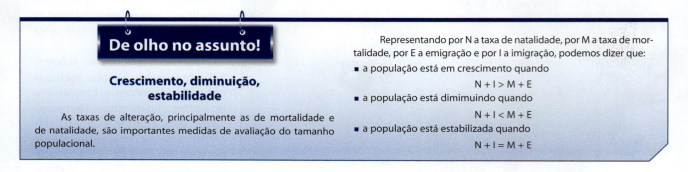

De olho no assunto!

Crescimento, diminuição, estabilidade

As taxas de alteração, principalmente as de mortalidade e de natalidade, são importantes medidas de avaliação do tamanho populacional.

Representando por N a taxa de natalidade, por M a taxa de mortalidade, por E a emigração e por I a imigração, podemos dizer que:

- a população está em crescimento quando

$$N + I > M + E$$

- a população está diminuindo quando

$$N + I < M + E$$

- a população está estabilizada quando

$$N + I = M + E$$

Curvas de Crescimento

A **curva S** é a de crescimento populacional padrão, a esperada para a maioria das populações existentes na natureza. Ela é caracterizada por uma fase inicial de crescimento lento, em que ocorre o ajuste dos organismos ao meio de vida. A seguir, ocorre um rápido crescimento, do tipo exponencial, que culmina com uma fase de estabilização, na qual a população não mais apresenta crescimento.

Pequenas oscilações em torno de um valor numérico máximo acontecem, e a população, então, permanece em estado de equilíbrio (veja a Figura 11-1).

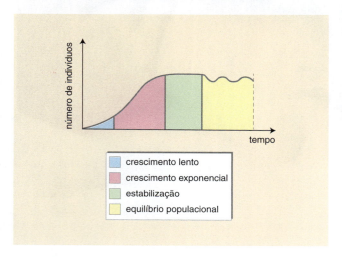

Figura 11-1. Curva S: crescimento populacional padrão.

A **curva J** é típica de populações de algas, por exemplo, nas quais há um crescimento explosivo, geométrico, em razão do aumento das disponibilidades de nutrientes do meio. Esse crescimento explosivo é seguido de queda brusca do número de indivíduos, pois, em decorrência do esgotamento dos recursos do meio, a taxa de mortalidade é alta, podendo, até, acarretar a extinção da população no local (veja a Figura 11-2).

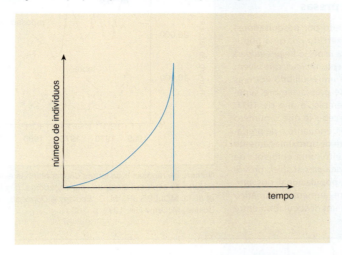

Figura 11-2. Curva J: a extinção em massa.

Fatores que Regulam o Crescimento Populacional

A fase geométrica do crescimento tende a ser ilimitada em decorrência do **potencial biótico** da espécie, ou seja, da *capacidade que possuem os indivíduos de se reproduzir e gerar descendentes em quantidade ilimitada*.

Há, porém, barreiras naturais a esse crescimento sem fim. A disponibilidade de espaço e de alimentos, o clima e a existência de predatismo, parasitismo e competição são fatores de *resistência ambiental* (ou do meio) que regulam o crescimento populacional.

O tamanho populacional acaba atingindo um valor numérico máximo permitido pelo ambiente, a chamada **capacidade limite**, também denominada **capacidade de carga** (veja a Figura 11-3).

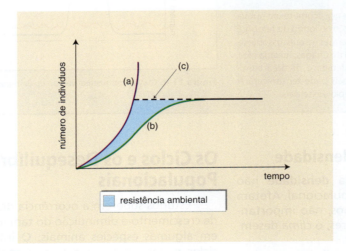

Figura 11-3. A curva (a) representa o potencial biótico da espécie; a curva (b) representa o crescimento populacional padrão; (c) é a capacidade limite do meio. A área entre (a) e (b) representa a resistência ambiental.

Fatores dependentes da densidade

Os chamados **fatores dependentes da densidade** são aqueles que impedem o crescimento populacional excessivo, devido ao grande número de indivíduos existentes em uma dada população: as disputas por *espaço*, *alimento*, *parceiro sexual* acabam levando à diminuição da taxa reprodutiva e ao aumento da taxa de mortalidade. O *predatismo* e o *parasitismo* são dois outros fatores dependentes da densidade, na medida em que predadores e parasitas encontram mais facilidade de se espalhar entre os indivíduos de uma população numerosa.

Leitura

A ruptura do equilíbrio entre as populações de predadores e de suas presas

O gráfico ao lado ilustra o estudo feito por pesquisadores suecos sobre a importância do controle exercido por uma população de predadores (raposas vermelhas da espécie *Vulpes vulpes*) sobre a de suas presas (lebres da espécie *Lepus timidus*, que vivem em montanhas). Até o ano de 1977, havia um equilíbrio entre as duas populações, sendo que o número de presas sempre superava o de predadores. Considere, por exemplo, o ano de 1971. Consultando-se a ordenada da direita, percebe-se que o número de presas atingia cerca de 42.000 indivíduos, enquanto o de predadores, segundo a ordenada da esquerda, era de aproximadamente 25.000. A partir do ano de 1978, no entanto, uma epidemia de sarna nas raposas, causada pelo ácaro *Sarcoptes scabiei*, provocou uma queda acentuada do tamanho populacional dos predadores. Como consequência, houve um aumento dramático da população de lebres, o que conduziu a um desequilíbrio entre essa população e a de seus predadores.

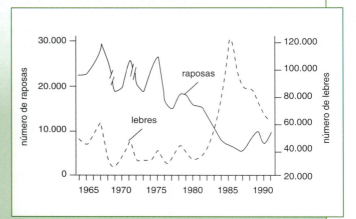

Número de raposas e de lebres das montanhas estimado a partir do registro de capturas efetuadas por caçadores. (Dados de LINDSTRÖM *et al.* In: MOLLES JR., M. C. *Ecology – Concepts and Applications*. Boston, McGraw-Hill, 1999. p. 263.)

De olho no assunto!

Epidemia, endemia e pandemia

Epidemia é a situação em que ocorre aumento exagerado no número de casos de uma doença, em certa população, em determinada época. De modo geral, é causada por vírus e bactérias, que provocam surtos da doença em determinada região. Gripe, dengue e cólera são doenças que costumam ter caráter epidêmico. Veja a Figura 11-4.

Endemia é a situação em que uma doença acomete um número constante de indivíduos de uma população ao longo do tempo. É característica de doenças provocadas por vermes (esquistossomose, teníase, ascaridíase) e protozoários (doença de Chagas, malária etc.). Dependendo da doença, da população afetada e da área considerada, uma endemia para determinado país pode ter um caráter epidêmico para, por exemplo, certo município desse país.

Pandemia é uma situação em que uma epidemia ocorre simultaneamente em vários locais do planeta. É o caso da AIDS e da gripe H1N1.

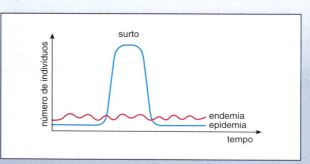

Figura 11-4. Curvas representativas de epidemia e endemia.

Fatores independentes da densidade

Os **fatores independentes da densidade** não estão relacionados ao tamanho populacional. Afetam a mesma porcentagem de indivíduos, não importando o número deles. Entre esses fatores, o *clima* desempenha importante papel regulador.

Variações violentas das condições climáticas podem atingir diretamente certas populações de animais ou de plantas, até destruí-las. Seria o caso de um inverno rigoroso ou de uma seca extremamente forte, como as que acontecem no Nordeste brasileiro. Inundações ou ondas excepcionalmente fortes de calor possuem o mesmo efeito. De modo indireto, o frio pode diminuir a quantidade de alimentos disponíveis, provocando migrações em certas populações, comuns em algumas espécies de aves e de mamíferos.

Os Ciclos e os Desequilíbrios Populacionais

Estudos sugerem a ocorrência de ciclos periódicos de crescimento e diminuição do tamanho populacional em algumas espécies animais. O interessante nesses ciclos é que muitas vezes os cientistas dispõem dos dados do crescimento, mas dificilmente entram em acordo quanto às causas que o provocam.

A introdução, pelo homem, de um elemento novo nas cadeias e teias alimentares tem mostrado resultados muitas vezes desastrosos. É famoso o caso da introdução pelo homem de coelhos na Austrália, por volta de 1859. Como não havia predadores naturais para esse animal, eles puseram em risco a vegetação nativa.

De olho no assunto!

Há um exemplo que se tornou um clássico para esclarecer a relação entre uma população de presas e uma de predadores. É o caso dos linces e de suas presas, as lebres canadenses. Como será que essas duas populações se comportam quanto ao número de indivíduos de cada uma delas?

No caso dos linces, é certo que o tamanho populacional oscila em função do tamanho populacional das presas: mais lebres, mais linces. A diminuição da população de presas leva a uma consequente diminuição da população de predadores. Já no caso das lebres, as coisas não são assim tão fáceis de explicar. A hipótese de o tamanho populacional ser regulado apenas pela população de linces tem sido muito contestada. Parece que esse não é o único fator. Existem indícios de que o aumento na quantidade de lebres acaba provocando sérios danos na vegetação que lhes serve de alimento. Com isso, os ciclos apresentados pela população de lebres não seriam regulados apenas pela população dos seus predadores, mas por ciclos apresentados pelos vegetais dos quais se alimentam e talvez por outros fatores ambientais ainda não esclarecidos (veja a Figura 11-5).

Figura 11-5. O ciclo populacional dos linces e das lebres canadenses.

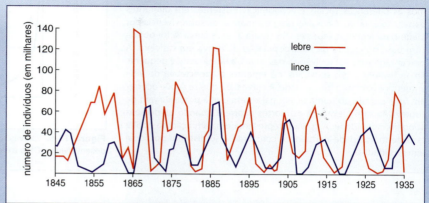

Ética & Sociedade

O caso dos búfalos de Rondônia

Um dos casos mais importantes de desequilíbrio ecológico provocado pela interferência do homem na natureza aconteceu aqui no Brasil, no Estado do Pará.

Tudo começou na década de 1950, quando 30 búfalos foram levados da ilha de Marajó para uma fazenda localizada no Estado de Rondônia, a pedido do governo estadual. Tendo sido transportados para uma região bastante carente, a intenção governamental era a de que os animais ajudassem a população, contribuindo com a produção de leite e carne, por exemplo.

O problema é que, apesar da boa intenção, o projeto governamental acabou não vingando e os 30 búfalos, dóceis e adaptados ao convívio humano, foram esquecidos na região e soltos. Com o passar do tempo, este pequeno grupo de animais, que se viu, de repente, solto na natureza, começou a se espalhar pela região e a se reproduzir.

Atualmente, mais de 50 anos depois de serem levados para a região e soltos, os búfalos se tornaram um enorme problema ecológico. Os animais encontraram condições favoráveis para sua sobrevivência e reprodução e hoje são milhares, com comportamento selvagem e violento, por falta de contato com humanos e domesticação. A situação ficou ainda mais grave quando os animais atingiram a Reserva Ecológica do Vale do Guaporé. Nessa área de conservação ambiental, muitos ecossistemas nativos estão sendo destruídos pelas manadas de búfalos que caminham sobre determinadas regiões alagadas e drenam o solo.

- Faça um grupo de discussão com seus colegas de classe, sugerindo possíveis soluções para resolver esse problema ambiental. Para cada sugestão apresentada, não se esqueça de pensar nos prós e contras e nas possíveis consequências geradas por essas possibilidades.

A Espécie Humana e a Capacidade Limite

Como vimos na abertura deste capítulo, o crescimento populacional da espécie humana ocorreu de maneira explosiva nos últimos séculos. Se as atuais taxas de crescimento persistirem, estima-se que a população humana atingirá 8 bilhões de pessoas em 2017.

Esse incremento do tamanho populacional humano tem muito a ver com a evolução cultural da nossa espécie e com os nossos hábitos de sobrevivência. O homem deixou de ser caçador-coletor há cerca de 10.000 anos, abandonou o nomadismo e passou a se fixar em locais definidos da Terra, constituindo grupos envolvidos com o cultivo de plantas e a criação de animais de interesse alimentar. A taxa de natalidade aumentou e, excetuando épocas de guerras, pestes e catástrofes ambientais (terremotos e tsunamis), o crescimento populacional humano passou a ser uma realidade.

Pouco a pouco, no entanto, estão sendo avaliados os riscos do crescimento populacional excessivo. Poluição crescente, aquecimento global, destruição da camada de ozônio, chuva ácida e outros problemas são evidências do desgaste que o planeta vem sofrendo. Na Conferência do Cairo sobre População e Desenvolvimento, realizada em setembro de 1994, mais de 180 países ligados à ONU tentaram chegar a um consenso acerca de uma política que evite a explosão da população humana. Divergências quanto aos métodos de controle da natalidade impedem, até o momento, a adoção de soluções globalizantes, embora em alguns países medidas sérias já estejam em curso, no sentido de controlar o crescimento populacional excessivo da nossa espécie.

Dinâmica das populações e das comunidades

De olho no assunto!

As curvas de sobrevivência

Haverá uma época em que as pessoas passarão a morrer todas com a mesma idade? Pergunta difícil de responder, se considerarmos as diferenças sociais e econômicas existentes em diferentes países. No entanto, é possível fazer estimativas de sobrevivência por idade para algumas espécies. Na Figura 11-6, a curva **A** foi obtida com base no estudo de uma população de ostras em cativeiro. A porcentagem de sobrevivência das larvas, a fase jovem, é pequena; ao se fixarem a um substrato, no entanto, a expectativa de vida aumenta e diminui a mortalidade. A curva **C** é a que se supõe ocorrer em uma população humana, em países em que a porcentagem de sobrevivência é elevada e as mortes ocorrem quando as pessoas atingem certa idade. A curva **B** representa uma situação na qual a taxa de mortalidade permanece constante e se distribui por igual entre as idades.

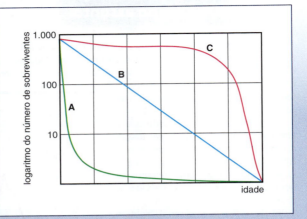

Figura 11-6. Curvas de sobrevivência. Em populações humanas desenvolvidas (C), a expectativa de vida é maior.

DINÂMICA DAS COMUNIDADES

Em um ecossistema, há muitos tipos de interações entre os componentes das diversas espécies. Algumas interações são mutuamente proveitosas, outras são prejudiciais a ambas as espécies e outras, ainda, beneficiam apenas uma delas, prejudicando ou não a outra. Podemos resumir essas interações como pertencentes a dois tipos básicos:

- **interações harmônicas ou positivas**, em que há apenas benefício para uma ou para ambas as espécies; e
- **interações desarmônicas ou negativas**, em que há prejuízo pelo menos para uma das espécies.

Na comunidade, também são importantes as interações intraespecíficas, ou seja, as que ocorrem entre organismos da mesma espécie. A Tabela 11-1 resume as características dos principais tipos de interações biológicas na comunidade.

Tabela 11-1. Principais interações biológicas na comunidade.

Interações biológicas intraespecíficas (entre organismos da mesma espécie)		
Tipo	**Características**	**Exemplos**
Sociedade	Indivíduos unidos comportamentalmente. Divisão de trabalho.	Formigas, abelhas, cupins, babuínos.
Colônia	Indivíduos unidos fisicamente ("grudados" uns aos outros). Pode ou não haver divisão de trabalho.	Algas clorofíceas, bactérias, cianobactérias, caravelas, esponjas, corais.
Competição intraespecífica	Indivíduos da mesma espécie competem por alimento, espaço, parceiro sexual ou por outro recurso do meio.	Carunchos da espécie *Tribolium castaneum* no interior de um pacote de grãos de milho; bactérias de determinada espécie crescendo em meio de cultivo.

Interações biológicas interespecíficas (entre organismos de espécies diferentes)				
	Tipo	**Conceito**	**Simbologia**	
Harmônicas (positivas)	Cooperação (mutualismo facultativo)	Benefício para ambos. Não obrigatória.	+/+	
	Mutualismo	Benefício para ambos. Obrigatória.	+/+	
	Comensalismo • inquilinismo • epifitismo	Benefício apenas para o comensal.	+/0	
Desarmônicas (negativas)	Parasitismo • esclavagismo	Prejuízo para o hospedeiro. Prejuízo para a espécie explorada.	+/– +/–	
	Predação • herbivorismo	Prejuízo para a presa.	+/–	
	Amensalismo • antibiose	Prejuízo para a espécie inibida, sem ou com benefício para a espécie inibidora.	0/– +/–	
	Competição	Prejuízo para ambas as espécies.	–/–	

Observação: o sinal (+) indica benefício, o (–) indica prejuízo e o (0) indica que a espécie não é afetada.

Relações Intraespecíficas

Embora sejam termos pouco valorizados atualmente, as *sociedades*, as *colônias* e a *competição intraespecífica* são exemplos de interação estabelecida por organismos da *mesma espécie*.

Sociedade

Na *sociedade*, os organismos reúnem-se em grandes grupos, nos quais existe um grau elevado de hierarquia e divisão de trabalho, o que aumenta a eficiência do conjunto em termos de sobrevivência da espécie.

É o caso das sociedades permanentes de formigas, cupins, abelhas etc. Nesses casos, tem-se detectado a presença de substâncias conhecidas como *feromônios*, verdadeiros hormônios "sociais" que atuam como reguladores da diferenciação das diversas castas. Entre as formigas, uma rainha de vida longa é a responsável pela produção de feromônios que mantêm as operárias estéreis. A difusão dessas substâncias dá-se boca a boca, a partir do encontro das operárias que frequentemente visitam a rainha e distribuem o hormônio esterilizador por todas elas. Isso evita o surgimento de novas rainhas e uma consequente desorganização social, com efeitos danosos para todo o grupo.

Anote! Competição também pode ocorrer entre indivíduos da mesma espécie (intraespecífica).

Anote! São também sociedades os agrupamentos temporários de babuínos, lobos etc.

Na sociedade das abelhas, há elevado grau de especialização entre os indivíduos: operárias, zangões e abelha-rainha.

Tecnologia & Cotidiano

Feromônios: uma promessa

Na maioria dos insetos, a procura para o acasalamento ou a simples comunicação entre os indivíduos é feita pela liberação de substâncias químicas voláteis conhecidas como feromônios. São verdadeiros "hormônios de comunicação social".

Os cientistas estão pesquisando formas de atrair insetos indesejáveis, colocando feromônios específicos em armadilhas dotadas de inseticidas. Os insetos são atraídos pelos feromônios, ficam presos nas armadilhas e morrem, deixando, assim, de prejudicar as colheitas.

Tentativas bem-sucedidas de utilização dessas substâncias têm sido feitas, por exemplo, com a mariposa que põe ovos em maçãs. Os ovos originam lagartas que destroem a "fruta". O uso das armadilhas com feromônios, nesse caso, tem funcionado eficientemente.

Um ponto importante a destacar é que os feromônios são altamente específicos. A sua utilização para o controle de uma espécie não interfere em outras, que são úteis para a agricultura.

Dinâmica das populações e das comunidades **255**

> **Anote!**
> Existe uma tendência atual de considerar simbiose qualquer tipo de interação biológica na comunidade. No entanto, há quem prefira dizer que simbiose é apenas a interação biológica harmônica. Houve época em que se considerava simbiose sinônimo de mutualismo.

Colônia

Na colônia, organismos da mesma espécie encontram-se fundidos uns aos outros fisicamente, constituindo um conjunto coeso. Há colônias móveis, como as de caravela (pertencente ao filo dos cnidários) e as de algas filamentosas. E há colônias fixas, como as de esponjas e as de pólipos (polipeiros), existentes nos recifes de coral.

O coral é um exemplo de colônia de cnidários.

Competição intraespecífica

Verifica-se competição intraespecífica toda vez que os organismos de determinada espécie disputam o espaço e o alimento disponíveis, bem como, no caso dos animais, os parceiros sexuais. Duas plantas de milho, situadas bem próximas uma da outra, competirão por espaço, água, nutrientes minerais e luz. Carunchos da espécie *Tribolium castaneum* competirão por alimento e espaço no interior de pacote contendo grãos de milho ou de amendoim.

De olho no assunto!

Canibalismo

Em ocasiões em que a disponibilidade de alimentos ou o espaço de vida tornam-se escassos, pode ocorrer canibalismo. Nessa situação, alguns animais devoram outros da mesma espécie. Em célebre experimento efetuado por John Emlen e seus alunos, na Universidade de Wisconsin, verificou-se que uma população de camundongos criada em condições de abundância de alimentos e em recinto fechado, com impossibilidade de emigração, cresceu exageradamente. A superpopulação, verificada no pequeno espaço disponível, resultou em lutas e caça, seguida de canibalismo. Fêmeas deixavam de cuidar dos filhotes e a mortalidade infantil atingiu 100%. A taxa de natalidade permaneceu elevada, no entanto, as lutas, a alta taxa de mortalidade e o canibalismo contribuíram para a manutenção do equilíbrio populacional.

Episódios de canibalismo entre seres humanos podem ter ocorrido em Rapa Nui, uma ilha isolada do Pacífico Sul. A estimativa do tamanho populacional, por volta do ano 1400, era de cerca de 20.000 pessoas. O extenso desmatamento promovido pelos habitantes, que impossibilitou que eles construíssem canoas que serviriam para a coleta de peixes, provocou uma total devastação ambiental. Lutas e canibalismo se seguiram, com redução considerável do tamanho da população. Em 1720, restavam apenas 2.000 famintos habitantes.

> ### Anote!
> Os cães e os leões possuem um hábito curioso. Urinam ao redor de postes e árvores deixando, assim, a sua "marca" em certa área do ambiente. Os pássaros machos costumam cantar ao pousar em diversos galhos de árvores do meio em que vivem. O coachar de sapos e rãs machos serve para a delimitação territorial e a atração sexual. Qual a vantagem desses procedimentos? É deixar claro para os outros machos da espécie a **territorialidade**, ou seja, que aquele território tem dono. Isso evita a competição pelo espaço, pelo alimento e pelas fêmeas. Garante reprodução mais tranquila e proteção mais adequada aos filhotes.

As aves muitas vezes usam seus dejetos para demarcar seu território, como este piqueiro-de-patas-azuis.

M. P. CASTIGLIA

Relações Interespecíficas

Interações harmônicas

Cooperação (protocooperação ou mutualismo facultativo)

Um exemplo de interação não obrigatória, que poderia ser considerada **cooperação** ou **mutualismo facultativo**, é o que ocorre entre o caranguejo *paguro* (também conhecido como **ermitão** e que vive protegido no interior de conchas vazias de caramujos) e uma ou várias *anêmonas*, que ele coloca sobre a concha. As anêmonas servem de camuflagem, aumentando a capacidade predatória do desajeitado paguro, e recebem, em troca, os restos da alimentação do caranguejo.

> ### Anote!
> Na cooperação, os organismos das duas espécies são beneficiados e a interação não é obrigatória.

Outro exemplo é o de pulgões praticamente "colados" aos brotos tenros de uma laranjeira ou de uma roseira. Eles introduzem seus estiletes bucais no floema da planta hospedeira e atuam como parasitas. Pela região anal, liberam o excesso de líquido coletado, na forma de gotículas açucaradas. Isso atrai formigas, que recolhem as gotas para sua alimentação. Em troca, as formigas protegem os pulgões das joaninhas, que são suas predadoras. Esse tipo de interação também pode ser chamado de mutualismo facultativo.

Em nossas matas, é comum a ocorrência de cooperação (que também pode ser considerada mutualismo facultativo) entre árvores imbaúbas e formigas. As formigas vivem no interior dos pecíolos ocos das longas folhas e atacam animais que, inadvertidamente, tocam na planta. Em troca, as formigas obtêm alimento proteico produzido por glândulas existentes na base do longo pecíolo.

Dinâmica das populações e das comunidades **257**

Mutualismo

Trata-se de uma interação obrigatória com *benefício mútuo* para as espécies. Por exemplo:

- no tubo digestivo de ruminantes (bois e vacas), vivem bactérias produtoras de substâncias que atuam na digestão da celulose obtida por aqueles animais. Em troca, as bactérias obtêm amônia, produzida no metabolismo das células dos ruminantes, e sintetizam os aminoácidos necessários para a sua sobrevivência;
- nas micorrizas, ocorre a interação entre fungos e raízes de muitos vegetais. Os fungos ampliam a superfície de absorção de nutrientes para diversas plantas vasculares que, em troca, fornecem alimento orgânico para os fungos;
- os liquens, associação entre algas e fungos, ilustram um dos mais conhecidos exemplos de simbiose mutualística. A alga realiza fotossíntese e fornece oxigênio e alimento orgânico para o fungo; este, por sua vez, provê à alga substâncias inorgânicas fundamentais para a sua sobrevivência, oriundas do fenômeno da decomposição.

Nos liquens, as algas recebem umidade, proteção e substâncias inorgânicas do fungo que, em troca, alimenta-se da matéria orgânica produzida pelas algas.

Comensalismo

Nessa interação biológica, há benefício apenas para uma das espécies. Para a outra, não há benefício nem prejuízo. Um exemplo é o comensalismo de transporte (também denominado de *foresia*) entre peixes conhecidos como rêmoras, que se prendem a tubarões e aproveitam os restos da alimentação destes, para os quais não há prejuízo.

Epifitismo

Muitas orquídeas e bromélias são *epífitas*, apoiam-se, de modo geral, em regiões elevadas de troncos de árvores, beneficiando-se da maior disponibilidade de luz para a realização de fotossíntese. Suas hospedeiras não são prejudicadas (não há parasitismo) nem beneficiadas. Considerando que nessa interação há benefício para uma das espécies (a *epífita*), sem prejuízo nem benefício para a outra (a árvore), ainda é comum caracterizá-la como uma modalidade de comensalismo.

Epífita (bromélia) apoiada sobre tronco de árvore na Mata Atlântica.

FABIO COLOMBINI

De olho no assunto!

Nos pastos brasileiros ocorre comensalismo entre bois e garças-vaqueiras. Ao caminharem para se alimentar de capim, os bois causam o deslocamento de pequenos animais (insetos, aranhas e pequenos vertebrados), que servem de alimento para as garças, as quais são beneficiadas, enquanto para os bois não há nem benefício nem prejuízo. No caso, as garças atuam como predadoras dos pequenos animais.

Fonte: COELHO, A. S.; FIGUEIRA, J. E.; OLIVEIRA, T. D. Atrás do pão de cada dia. *Ciência Hoje*, Rio de Janeiro, n. 229, ago. 2006, p. 68.

Dinâmica das populações e das comunidades

Inquilinismo

O inquilinismo é uma modalidade de comensalismo na qual o comensal costuma viver no interior do corpo do hospedeiro, *sem prejudicá-lo nem beneficiá-lo*. É o caso das bactérias *Escherichia coli*, que vivem no interior do intestino grosso do homem.

Interações desarmônicas

Predação (predatismo)

A predação (predatismo) corresponde à relação em que uma espécie (a do predador) usa outra (a da presa) como fonte de alimento, provocando sua morte. É o tipo predominante de relação na teia alimentar, garantindo a transferência de matéria orgânica para os níveis tróficos mais elevados.

Anote!
Muitos autores consideram o herbivorismo um tipo de predatismo. É o caso de vacas que se alimentam de capim.

No predatismo, o predador é beneficiado e a presa é prejudicada.

Parasitismo

Diferentemente de um predador, que mata sua presa para depois alimentar-se dela, o parasita *explora* seu hospedeiro durante seu ciclo de vida. As lesões provocadas pelo parasita, no entanto, podem levar o hospedeiro à morte, causando ou não também a morte do parasita.

No **endoparasitismo**, o hospedeiro abriga o parasita em seu interior. Trata-se, quase sempre, de parasitismo obrigatório. É o que ocorre quando o *Trypanosoma cruzi*, os plasmódios da malária, os vermes tipo *Ascaris*, *Taenia* e muitas bactérias provocam doenças no homem. Quando o parasitismo é externo, permitindo ao parasita a mudança de hospedeiro, fala-se em **ectoparasitismo**. São exemplos os insetos hematófagos (como a pulga), carrapatos, mosquitos, percevejos etc.

> *Anote!*
> Embora em termos individuais se diga que ocorre prejuízo para presas e para hospedeiros, as interações de predadores e presas, bem como as de parasitas e hospedeiros, são importantes na manutenção do equilíbrio populacional das espécies envolvidas.

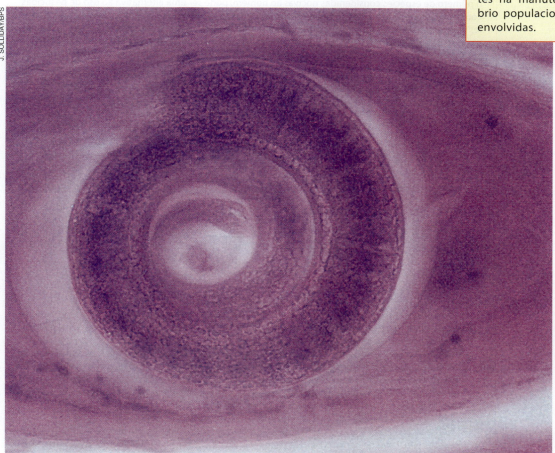

Larva de *Trichinella*, localizada em um músculo. Ao se alimentar de carne contaminada malcozida, o homem adquire o parasita e desenvolve a doença chamada triquinose, com danos para os músculos.

De olho no assunto!

Espécies exóticas (invasoras), competição e ausência de predadores e parasitas

O caramujo africano da espécie *Achatina fulica* foi introduzido por criadores no Brasil nos anos 1980, como alternativa ao consumo de *escargot*. Competiu com sucesso por espaço e alimento com espécies nativas e, como não há predadores naturais dessa espécie nos ambientes que invadiu, o seu número aumentou assustadoramente por todo o país. É considerada uma espécie exótica, que se transformou em uma "praga agrícola" por destruir grandes áreas de vegetação nativa e plantas consumidas por seres humanos.

Esse exemplo mostra que nos ecossistemas há equilíbrio entre as populações de presas, predadores, parasitas, hospedeiros e competidores. Mostra, também, que a introdução de uma espécie exótica, não nativa do ambiente, provoca desequilíbrios na teia alimentar, com eventual eliminação de espécies nativas.

Tecnologia & Cotidiano

Controle biológico: uma alternativa ao uso de inseticidas?

Se bem planejado, sim. A utilização de inimigos naturais – predadores ou parasitas –, que limitam o número de espécies consideradas nocivas ao homem, pode ser uma alternativa ao uso de pesticidas com essa finalidade. Esse método não visa à eliminação da espécie daninha, mas apenas seu controle, mantendo-a em quantidade suportável pelo meio. O gráfico abaixo ilustra o que teoricamente pode ser esperado com a utilização de um predador para o controle de uma praga agrícola.

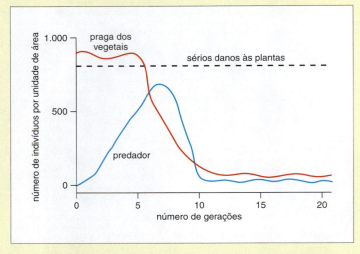

Note que ocorre o crescimento da população do predador, em vista da grande quantidade de alimento disponível, representado pela praga. Após certo número de gerações, ocorre um equilíbrio entre as populações da presa e do predador.

Um exemplo bem-sucedido de controle biológico ocorreu em Queensland, na Austrália. Em 1820, uma espécie de cacto sul-americano, popularmente conhecida como quipá, foi introduzida naquela região. A espécie adaptou-se tão bem que, em pouco tempo, cerca de 25 milhões de hectares foram por ela ocupados. Na tentativa de controlar a dispersão da espécie, decidiu-se importar uma mariposa argentina, da espécie *Cactoblastis cactorum*. As larvas da mariposa alimentaram-se do cacto e, após certo tempo, foi atingido um equilíbrio satisfatório entre as duas populações.

Nem sempre, porém, o controle biológico – principalmente se não for precedido de muita pesquisa – é satisfatório. Foi o que ocorreu com uma espécie de sapo dos canaviais sul-americanos, importada por fazendeiros australianos para controlar besouros que comem folhas de cana-de-açúcar. Ocorre que os besouros ficam escondidos entre as folhas do topo da cana e nunca atingem o solo. Os sapos, então, passaram a se alimentar de outras espécies de insetos e o seu número aumentou assustadoramente. Para complicar, essa espécie de sapo é venenosa e provoca a morte de cobras e de outros potenciais predadores que tentam comê-lo, o que redundou em uma séria ameaça de extinção de espécies nativas australianas.

Exemplos como esse mostram que qualquer tentativa de introdução de uma espécie estranha (exótica), com o intuito de controlar outra, deve ser precedida de estudos de impacto ambiental, a fim de serem evitadas possíveis consequências desastrosas para o ambiente. Foi o que ocorreu com uma espécie de joaninha, introduzida em 1951 no arquipélago das Bermudas, para controlar determinada espécie de insetos que se alimentava de folhas de cedro. As joaninhas foram praticamente dizimadas por uma espécie de lagarto que tinha sido introduzida em 1905 para controlar uma praga de insetos que estavam destruindo as árvores frutíferas da região!!!

Competição interespecífica

A competição interespecífica quase sempre se refere à disputa por alimento, espaço, luz para a fotossíntese etc. Esse tipo de interação é bem ilustrado em laboratório, quando se cultivam microrganismos em tubos de ensaio contendo meios de cultivo. *Paramecium aurelia* e *Paramecium caudatum*, quando cultivados separadamente em condições idênticas às dos meios de cultivo, mostram um padrão de crescimento equivalente. Cultivados juntos, em um mesmo meio, os paramécios da espécie *aurelia* apresentam um crescimento populacional muito mais intenso que o da outra espécie, que acaba por se extinguir (veja a Figura 11-7).

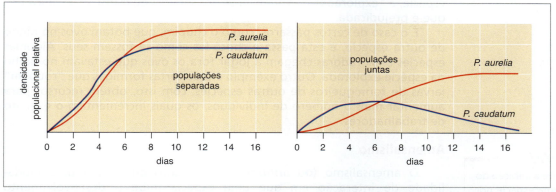

Figura 11-7. Vivendo separadas, as populações das duas espécies de paramécios crescem normalmente. Cultivadas juntas, há prejuízo para ambas. Note que o número máximo de indivíduos não é atingido quando as duas populações crescem juntas.

De olho no assunto!

Competição por interferência

Um interessante exemplo de competição por um recurso extrínseco ao meio foi observado pelo ecologista britânico John Harper, em 1961. Cultivando duas espécies de uma minúscula angiosperma, do gênero *Lemna*, esse pesquisador elaborou a curva ilustrada na Figura 11-8.

Nota-se que, estando isoladas, as duas espécies atingem razoáveis taxas de crescimento no meio aquático. Cultivadas juntas, porém, verificou-se que uma delas acaba se sobressaindo.

O pesquisador concluiu que, na competição pela luz, uma das espécies foi mais hábil, ilustrando, desse modo, o que foi denominado de **competição por interferência**.

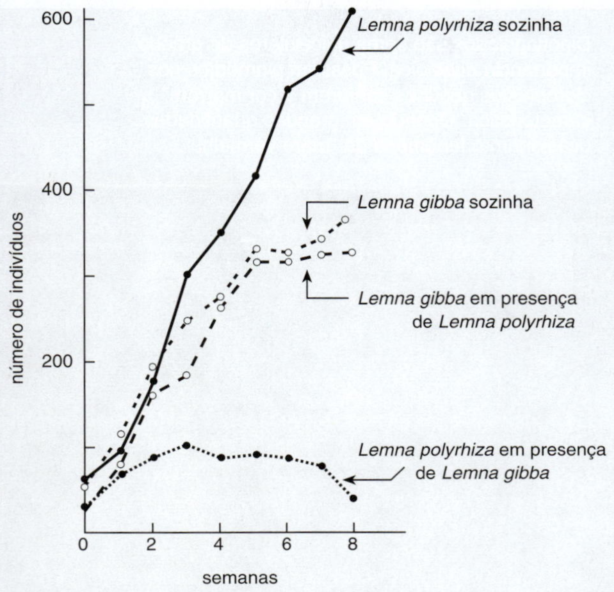

Figura 11-8.

Leitura

O princípio da exclusão competitiva

No começo do século XX, dois biólogos matemáticos, A. J. Lotka e V. Volterra, a partir de inúmeros cálculos relacionados às curvas de crescimento populacional, levantaram, independentemente, a seguinte hipótese relacionada à competição interespecífica: duas espécies com necessidades similares não poderiam coexistir na mesma comunidade. Uma delas acabaria sendo mais eficiente que a outra no aproveitamento dos recursos do meio e se reproduziria com mais intensidade. Inevitavelmente, a outra espécie seria eliminada. Em 1934, o russo G. F. Gause testou a hipótese de Lotka e Volterra com experimentos de laboratório envolvendo as duas espécies de paramécios descritas. Como vimos, ao crescerem no mesmo meio de cultivo, as espécies iniciam um processo de competição interespecífica, sendo uma delas eliminada. Esses resultados conduziram ao chamado **Princípio da Exclusão Competitiva de Gause**, confirmado, depois, por inúmeros outros experimentos.

Esclavagismo ("parasitismo social")

No esclavagismo, também denominado "parasitismo social", uma espécie, a "exploradora", beneficia-se dos serviços de outra, a "explorada", que é prejudicada.

É o caso de certos pássaros, como o chupim, que botam ovos no ninho de outra espécie, e esta passa a chocá-los como se fossem seus. Algumas espécies exploradoras chegam a jogar fora os ovos que estavam no ninho da espécie explorada. Outro exemplo é o de certas formigas que "roubam" larvas de formigueiros de outras espécies: com isso, obtêm recursos para aumentar mais o número de indivíduos, os quais incrementam o exército de trabalhadores.

Amensalismo

O amensalismo (ou *antibiose* para alguns autores) é uma modalidade de interação em que uma espécie inibe o desenvolvimento de outra por meio da liberação de "substâncias tóxicas". O exemplo mais notável de amensalismo ocorre nas chamadas *marés vermelhas*: a proliferação excessiva de certas algas planctônicas (dinoflagelados, pertencentes ao filo das *dinofíceas*) resulta na liberação de toxinas que acarretam a morte de crustáceos, moluscos e peixes, sendo prejudiciais até mesmo para o homem. Nessa interação não há benefício para as algas.

> *Anote!*
>
> Na *antibiose*, ocorre a inibição do crescimento de uma espécie por substâncias liberadas por outra. Fungos do gênero *Penicillium*, crescendo no mesmo meio de cultivo em que existem bactérias, liberam o antibiótico *penicilina*, que mata as bactérias.

BILL BACHMAN/PHOTO RESEARCHERS/LATINSTOCK

Dinoflagelados são seres unicelulares de grande importância ecológica. Possuem pigmentos nos cloroplastos que lhes conferem a cor marrom característica. Quando em grandes quantidades, ocasionam o fenômeno da "maré vermelha".

Mimetismo, camuflagem e coloração de advertência

Mimetismo: organismos de uma espécie se parecem com os de outra espécie

Observe as imagens abaixo. A borboleta da esquerda é a monarca (*Danaus plexippus*), que possui gosto repugnante aos seus predadores. A da direita é a borboleta vice-rei (*Limenitis archippus*), de gosto agradável aos predadores. As duas são muito parecidas, não é mesmo? Acontece que, se um predador tentar se alimentar, primeiro, de uma monarca, ele registrará o gosto ruim dessa borboleta e, mesmo que ele veja uma borboleta vice-rei, a evitará, por serem as duas muito parecidas. Qual é a consequência disso para a sobrevivência das borboletas vice-rei? Ao se parecerem com as que possuem gosto ruim – as monarcas –, elas escapam de seus predadores.

MONARCA (*Danaus plexippus*)

VICE-REI (*Limenitis archippus*)

Mimetismo batesiano

Mimetismo é a situação em que os organismos de uma espécie se parecem com os de outra espécie, na forma, na cor ou em outra característica que lhes seja vantajosa. No caso das borboletas, a monarca é a espécie modelo e a vice-rei é a espécie mimética. Esse tipo de mimetismo de defesa é denominado de **batesiano** (lê-se *beitsiano*) por ter sido estudado e esclarecido pelo cientista William Bates, em 1857, ao longo de suas viagens pela Amazônia.

Conheça outro exemplo de mimetismo batesiano: a vespa (à esquerda) possui coloração típica, com faixas escuras e amarelas, e é dotada de ferrão inoculador de veneno. O besouro (à direita), embora possua praticamente a mesma coloração da vespa, não tem ferrão, ou seja, não inocula veneno. Por ser parecido com a vespa, o besouro fica protegido do ataque dos seus predadores.

> *Anote!*
> **Mimetismo:** organismos de uma espécie se parecem com os de outra.

Mimetismo batesiano em insetos. Note que ambos possuem padrão e coloração semelhantes, porém a vespa (a) possui ferrão e o besouro (b) não. Um animal picado pela vespa registra na memória que insetos com aquele padrão de cor devem ser evitados, o que favorece o besouro.

Dinâmica das populações e das comunidades

Mimetismo mülleriano

> **Anote!**
> No **mimetismo mülleriano**, todos os organismos pertencem a espécies diferentes e possuem a mesma característica adaptativa que lhes permite escapar de predadores.

Veja, na foto a seguir, um exemplo de mimetismo **mülleriano** (lê-se *mileriano*).

Esse tipo de mimetismo foi descrito pelo cientista alemão Fritz Müller, em 1878. Todas as borboletas representadas pertencem a diferentes espécies e possuem gosto ruim. Assim, por terem gosto ruim e serem parecidas umas com as outras, todas acabam tendo vantagem ao evitar o ataque de predadores. Outro exemplo de mimetismo mülleriano é o da vespa (foto *a*) que possui ferrão e agride seus predadores quando estes tentam caçá-la. A abelha (foto *b*) também possui ferrão e uma coloração semelhante à da vespa. Pertencem a espécies diferentes, mas ambas são dotadas de adaptações semelhantes e conseguem escapar de seus predadores, caracterizando um exemplo de mimetismo mülleriano.

Mimetismo mülleriano em insetos. Tanto a vespa (a) quanto a abelha (b) possuem padrão e cores semelhantes e o mesmo mecanismo de defesa: o ferrão.

Camuflagem (coloração críptica ou protetora)

Veja a foto ao lado. Note que o animal representado possui a coloração do ambiente em que vive. Ou seja, o animal está camuflado no meio e assim consegue escapar de seus predadores. A esse tipo de interação entre seres vivos e o ambiente em que vivem denomina-se **camuflagem** ou **coloração protetora** ou, ainda, **coloração críptica** (do grego, *kriptós* = oculto, secreto).

Anote!
Sapos parecidos com folhas, bichos-paus semelhantes a gravetos, gafanhotos verdes (esperanças) com formato e cor de folhas verdes são exemplos de **camuflagem** ou **coloração críptica**.

Coloração apossemática ou de advertência

Veja a foto abaixo. O animal representado produz toxinas agressivas aos seus predadores. A coloração intensa e diversificada é uma advertência de que podem ser perigosos. Os predadores, assim, os evitam. Esse tipo de interação entre os seres vivos e o ambiente é denominado de **coloração de advertência** ou **apossemática**.

Anote!
Apossemático: (do grego, *apo* = contrário á, afastar-se de + *sema* = sinal), caráter distintivo, marca, ou seja, determinada característica (sinal, marca) de um organismo que se torna um meio de defesa contra predadores.

Louva-a-deus camuflado sobre tronco na Chapada Diamantina. Ibicoara-BA, 2009.

Dinâmica das populações e das comunidades **267**

Sucessão Ecológica: Comunidade em Mudança

A sucessão ecológica é a sequência de mudanças pelas quais passa uma comunidade ao longo do tempo.

A ação cada vez mais frequente do homem na natureza é uma excelente oportunidade para se estudar o processo de sucessão. Os incêndios florestais, os terrenos decorrentes de abertura de estradas, campos de cultivo abandonados etc. constituem excelente material de estudo da sucessão pelo menos nas fases iniciais (**ecese** e **sere**).

Sucessão primária: da rocha à floresta

Uma rocha vulcânica nua pode um dia vir a abrigar uma floresta? Sim. Essa possibilidade está ligada ao processo de **sucessão ecológica**, um fenômeno de ocupação progressiva de um espaço:

- em uma primeira etapa, conhecida como **ecese**, há a invasão do meio por organismos pioneiros de, modo geral **liquens**; esses organismos produzem substâncias ácidas que desfazem a rocha lentamente, formando um solo rudimentar que favorece a instalação de novos seres, como musgos e samambaias simples;

Anote: Após incêndios florestais pode ocorrer sucessão. De modo geral, gramíneas e ervas invasoras são as espécies pioneiras.

- em uma segunda fase, a **sere**, há um período de alterações rápidas da comunidade, em que os próprios organismos modificam o meio pela sua atividade penetrante no solo. Isso, aliado à ação contínua dos ventos, da água e da variação da temperatura, acaba criando condições para a instalação de outros grupos de seres vivos. Ocorrem substituições graduais de seres vivos por outros, com mudanças completas na composição da comunidade e das características do solo;
- depois de ocorrerem alterações frequentes durante muito tempo, pode ser atingida a terceira fase, a de **clímax**, representada, por exemplo, por uma floresta exuberante. Essa fase é caracterizada pela estabilidade e maturidade da comunidade, quando poucas alterações são verificadas;

Musgos crescendo em uma fenda vulcânica.

- na fase de clímax, de maneira geral, a *produção* (P) se iguala ao *consumo* (R). Nessas condições, vale a relação $\frac{P}{R} = 1$;
- no *clímax*, as alterações promovidas pelos fatores físicos (água, ventos, temperatura) são pequenas. A diversidade biológica permanece praticamente constante, podendo haver pequenas alterações na composição da comunidade, que logo atinge novamente o estado de equilíbrio. Nessa fase, a *homeostase*, o estado de equilíbrio dinâmico da comunidade, é mantida ao longo do tempo, de maneira análoga à que ocorre em um organismo que atingiu a maturidade.

A competição é intensa ao longo de todo o processo de sucessão. A substituição de espécies por outras que desempenham a mesma função no ecossistema é uma das características marcantes da sucessão. Espécies pioneiras, próprias da primeira etapa, são substituídas por outras, mais especializadas.

No decorrer do processo de sucessão, observa-se uma *tendência de aumento*:
- da biomassa total da comunidade;
- da diversidade em espécies e, como consequência, da quantidade de nichos ecológicos;
- da produtividade primária bruta;
- da taxa respiratória.

Em contrapartida, verifica-se uma *diminuição*:
- da disponibilidade de nutrientes, uma vez que eles são retidos nos corpos dos organismos componentes da comunidade. Na fase de clímax, representada, por exemplo, por uma floresta tropical, o ciclo de nutrientes é tão rápido que o solo acaba retendo pequena quantidade dos minerais, uma vez que eles são constantemente utilizados pelos vegetais;
- da produtividade primária líquida, que tende a zero no estado de clímax, em função do elevado consumo energético existente na comunidade nessa fase $\left(\frac{P}{R} = 1\right)$.

Duas fases de uma sucessão. Em (a), foto depois da erupção do vulcão Santa Helena, Estado de Washington, EUA, em maio de 1980. Em (b), nove anos depois, já se observa a presença de plantas onde antes só havia cinzas.

Fonte: AUDESIRK, T; AUDESIRK, G. *Biology* – life on Earth. 5. ed. New Jersey: Prentice-Hall, 1999.

De olho no assunto!

É verdade que a Floresta Amazônica é o pulmão do mundo?

Na fase de clímax, praticamente todo o oxigênio produzido na fotossíntese é consumido pela respiração dos seres vivos; nada é "exportado". Por esse motivo, é falsa a afirmação de que a Floresta Amazônica seria o "pulmão do mundo", no sentido de ser produtora de oxigênio para o resto do planeta.

Muitas regiões oceânicas atuam como os verdadeiros "pulmões" da Terra. Nesses ecossistemas, o oxigênio resultante da fotossíntese das algas do fitoplâncton é liberado diretamente para a atmosfera.

Dinâmica das populações e das comunidades

Sucessão secundária: o lago em transformação

Um lago pode um dia vir a ser uma mata? Sim. O lago vai sendo ocupado por material proveniente da erosão de suas margens e de regiões vizinhas. O lago vai desaparecendo lentamente, surge um solo que é, aos poucos, invadido por sementes de plantas provenientes de matas vizinhas. Começa um processo de alterações frequentes na composição da comunidade, que culmina em uma fase de clímax, semelhante ao que acontece na sucessão primária.

Anote!

Nem sempre o clímax é representado por uma floresta. A vegetação herbácea de um campo pode desempenhar esse papel. O mesmo podemos afirmar com relação às sucessões que acontecem em meio aquático. Uma represa recém-construída passa por sucessão: a água é invadida, inicialmente, por algas do fitoplâncton, que inauguram uma nova comunidade. A fase de sere envolve a participação de inúmeros microrganismos heterótrofos, que conduzem a represa a um estado estabilizado de equilíbrio dinâmico.

De olho no assunto!

Fogo e sucessão ecológica

Incêndios florestais costumam ser preocupantes pelos efeitos devastadores que provocam. Quando ocorrem na Mata Amazônica, de modo geral, são acompanhados da destruição generalizada de inúmeras espécies vegetais e animais cujo imenso valor, como banco genético, é de natureza inestimável. Certamente, as florestas tropicais não são adaptadas às queimadas. Esse, no entanto, parece não ser o caso dos nossos cerrados. Cada vez mais tem-se desenvolvido o consenso de que, de certa maneira, a vegetação do cerrado é adaptada ao fogo e de que as queimadas controladas podem até beneficiar a remineralização mais rápida (a devolução dos nutrientes minerais). Essa afirmação, que pode parecer chocante à primeira vista, obedece a critérios científicos que visam a esclarecer o papel das queimadas na vegetação dessa formação ecológica.

A maioria dos vegetais do cerrado mantém estruturas subterrâneas, principalmente na forma de estruturas caulinares, que resistem ao fogo e rebrotam poucos dias após o término da queimada. Quanto às árvores do cerrado, a sua tortuosidade é, de modo geral, explicada como consequência da ação da queimada. Os brotos terminais são destruídos pelo fogo e isso força o surgimento de ramos laterais, resultando no aspecto tortuoso das árvores. A casca espessa da vegetação arbórea atua como verdadeiro isolante térmico, protegendo a planta do intenso calor resultante da queimada. Certas árvores, como o barbatimão, rebrotam com intenso vigor após cada incêndio. No entanto, admite-se que o cerradão, de modo geral, seja o mais vulnerável às queimadas, dando lugar a um campo sujo ou a um campo limpo após incêndios continuados que destroem a vegetação arbórea, levando a uma situação conhecida como **savanização**.

É notável a floração de muitas espécies vegetais após uma queimada. Esse fato favorece a ocorrência de reprodução sexuada, ao atrair numerosas espécies de insetos polinizadores que se beneficiam da enorme quantidade de flores que aparecem. É comum dizer que, após uma queimada, o cerrado assemelha-se a um grande jardim florido. Admite-se, hoje, que não é o estímulo térmico propriamente que induz a floração, mas sim a eliminação total da parte aérea, que leva a uma floração sincrônica de muitas espécies.

A elevada temperatura do ar durante a queimada, até cerca de 800 °C no ponto máximo das chamas, não ocorre no solo, que é relativamente refratário ao calor. Medidas realizadas em alguns experimentos revelam que embora na superfície a temperatura atinja cerca de 74 °C, ela fica pouco acima dos 30 °C a 50 mm de profundidade.

Quanto à remineralização, ou seja, a reposição dos nutrientes minerais no solo, alguns experimentos controlados têm sido efetuados, no sentido de esclarecer a possível utilidade do fogo na reciclagem dos nutrientes e no revigoramento dos espécimes vegetais do cerrado. Sabe-se que, após a queimada, as cinzas, constituídas basicamente

Sucessão em lago. (a) A terra carregada pela erosão para dentro do lago serve de substrato para as sementes dispersas pelo vento ou pelos pássaros.
(b) Com o passar do tempo, as plantas que se desenvolvem servem de suporte para que outras plantas se estabeleçam, até que (c), por fim, o lago fica completamente preenchido por terra e por uma nova comunidade.

Fonte: AUDESIRK, T; AUDESIRK, G. *Op. cit.*

de óxidos de cálcio, potássio e magnésio, permanecem no solo até no máximo 20 a 30 cm de profundidade, sendo rapidamente reabsorvidas pelos sistemas radiculares superficiais da maioria das plantas. Nesse sentido, o fogo teria o papel de transferir rapidamente minerais retidos em partes velhas dos vegetais para o rebrotamento de partes novas, mais vigorosas. Esse procedimento é muito utilizado por criadores de gado, que queimam o pasto com a finalidade de forçar o rebrote da pastagem.

Paralelamente ao aumento da disponibilidade dos nutrientes, diminui acentuadamente o teor de alumínio, que só começa novamente a aumentar muitos dias após o término da queimada. Esses efeitos acabam beneficiando os herbívoros que têm, assim, uma vegetação fresca para consumir, mesmo nas épocas mais desfavoráveis.

Outro aspecto que tem sido pesquisado é a grande perda de nutrientes para a atmosfera sob a forma de fumaça. Medidas efetuadas demonstram que quase todo o nitrogênio e praticamente a metade do fósforo, do potássio, do cálcio, do magnésio e do enxofre são transferidos da biomassa vegetal para a atmosfera. Retornam, no entanto, para o solo sob a ação de chuvas ou da gravidade, em média cerca de três anos após a queimada. Isso sugere que, se as queimadas forem efetuadas a intervalos de três anos, não ocorre alteração significativa no teor total de nutrientes do solo da região.

Parece haver consenso, principalmente entre os ecologistas norte-americanos, de que o fogo controlado, e respeitando certa periodicidade, estimula a ocorrência de sucessão secundária, favorecendo a restauração de ecossistemas originais. A prática de se proteger áreas florestais do fogo, por longo tempo, tem-se revelado prejudicial por vários motivos: a invasão de espécies indesejáveis diminui a produtividade de outras espécies mais valiosas; o acúmulo de detritos decorrentes de folhas e galhos mortos leva ao desenvolvimento de inúmeros insetos e de outros espécimes daninhos que provocam diversos danos às árvores; a elevada biomassa de folhas e galhos, se submetida a queimadas de origem criminosa, pode causar prejuízos muito maiores do que os incêndios controlados, já que a matéria combustível representada pelas folhas secas detona incêndios incontroláveis extremamente prejudiciais à flora e à fauna.

Baseado em COUTINHO, L. M. O Cerrado e a Ecologia do Fogo.
SBPC: *Revista Ciência Hoje*, Rio de Janeiro, 1993.

Os brotos surgem, após a queimada, muito mais rapidamente. (Parque Nacional das Emas, GO)

Note a tortuosidade e a casca espessa de uma árvore típica do cerrado!

Ética & Sociedade

Solidariedade, um conceito ecológico

Estudos envolvendo interações entre indivíduos de algumas comunidades podem apresentar resultados inesperados. Durante uma pesquisa realizada na Universidade de Regensburg, Alemanha, cientistas se surpreenderam com o comportamento solidário de uma colônia de formigas. Foram introduzidas, na colônia, formigas infectadas por um fungo; as formigas saudáveis, em vez de as rejeitarem, empenharam-se em retirar os esporos de fungo das formigas doentes e aumentar a higiene do ninho. Como resultado, não apenas a infecção dos fungos não aumentou nas formigas que estavam saudáveis como, ainda, estas ficaram mais resistentes à infecção.

Em outro continente, na cidade de Detroit, EUA, um estudo realizado com casais de idosos, observados durante cinco anos, mostrou que quando o idoso cuida, não apenas do parceiro, mas de familiares, amigos e vizinhos, quer realizando ações concretas (incluindo ajuda financeira), quer realizando pequenas gentilezas, sua saúde apresentava melhoras mais significativas do que aqueles que apenas recebiam o cuidado de outras pessoas.

- Independentemente de sua idade, reavalie o seu comportamento do dia a dia e verifique se você não pode realizar ações solidárias, cuidar de pessoas próximas a você – independentemente da idade que tenham – e, com isso, possivelmente, melhorar a sua própria vida.

Passo a passo

O ritmo de crescimento de uma população pode ser descrito por meio de *curvas de crescimento populacional*. Os gráficos a seguir são relacionados a duas dessas curvas. Utilize-os para responder às questões **1** a **4**.

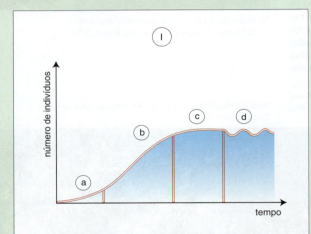

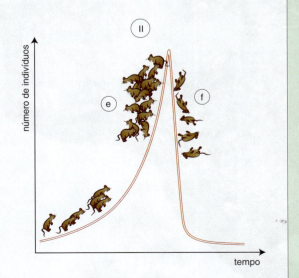

1. a) Reconheça as curvas de crescimento populacional I e II.
b) Na curva I, reconheça as fases indicadas pelas letras *a* até *d*, utilizando as seguintes palavras: fase de crescimento lento, fase de equilíbrio populacional, fase de estabilização, fase de crescimento exponencial.

2. a) Na curva II, reconheça as fases representadas pelas letras *e* e *f*.
b) Que fatores podem ser sugeridos para explicar o comportamento da população, em termos de crescimento e declínio abruptos nas fases descritas na curva?

3. O "tamanho" de uma população pode variar, dependendo do acréscimo ou da diminuição do número de indivíduos que ocupam uma região. Para a medida dessa variação, pode-se recorrer às *taxas* e à *densidade* populacional, que podem se alterar ao longo do tempo. Utilizando seus conhecimentos sobre esse tema:
a) Cite as *taxas* populacionais mais comumente utilizadas para caracterizar uma população.
b) Conceitue *densidade populacional*. Cite os mecanismos que possibilitam o aumento e a diminuição do tamanho populacional, ou seja, a sua densidade.

4. a) Utilizando as letras N (nascimentos), M (mortes), I (imigração) e E (emigração), estabeleça as relações que representem o aumento ou a diminuição do tamanho populacional.
b) Como se comportam as densidades populacionais em cada fase das curvas I e II? Como se comportam a mortalidade (M) e a natalidade (N) na curva de crescimento populacional do gráfico II?

5. Considere o gráfico a seguir, cujas curvas representam o crescimento hipotético de populações:

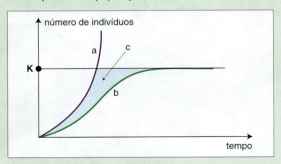

a) Reconheça as curvas *a* e *b*. O que representa a área entre as curvas *a* e *b*, apontada pela seta *c*?
b) Qual o significado do valor K, indicado no eixo das ordenadas?
c) Cite os fatores de resistência ambiental que comumente regulam o crescimento populacional excessivo de uma espécie.

6. Considere o gráfico ao lado, cujas curvas representam a variação do número de lebres e de linces canadenses ao longo de vários anos. Após a leitura atenta do gráfico, responda:

a) Em termos de crescimento das duas populações representadas, o que se pretende ilustrar com as duas curvas do gráfico?

b) Imagine que, por alguma razão, a população de linces canadenses fosse exterminada, na tentativa de proteger a população de lebres do ataque de seus predadores. Qual seria a consequência, relativamente ao número de lebres e ao ambiente, ao longo de vários anos?

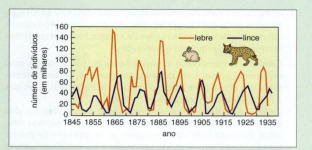

O mapa de conceitos esquematizado a seguir relaciona as mais importantes modalidades de interação ecológica na comunidade. Utilize-o para responder às questões **7** e **8**.

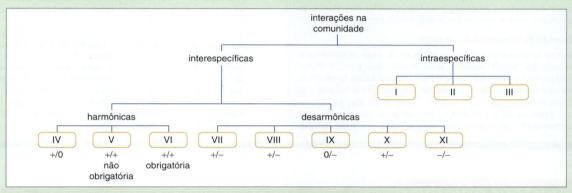

7. a) Reconheça as interações intraespecíficas simbolizadas pelos números I, II e III.
b) Cite pelo menos um exemplo de cada uma dessas modalidades de interação intraespecífica.

8. a) Reconheça as modalidades de interações interespecíficas harmônicas simbolizadas pelos números IV, V e VI. Justifique o reconhecimento, considerando a simbologia adotada nessas caracterizações. Cite pelo menos um exemplo de cada uma dessas modalidades de interações.
b) Reconheça as modalidades de interações interespecíficas desarmônicas simbolizadas pelos números VII a XI. Justifique o reconhecimento, considerando a simbologia adotada nessas caracterizações. Cite pelo menos um exemplo de cada uma dessas modalidades de interações.

9. O "nascimento" e o aumento de complexidade de uma comunidade em um ambiente dela desprovido é um evento de longa duração, envolvendo uma série de alterações que se sucedem, até culminar com a maturidade da comunidade, que, na fase final, se mantém praticamente estável ao longo do tempo. A ilustração a seguir simboliza a ocorrência desse processo em uma comunidade, com suas três fases típicas.

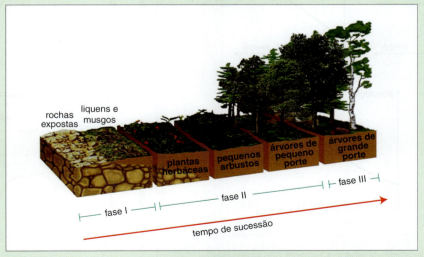

a) A que fenômeno ecológico o texto e a ilustração se referem? Cite e caracterize as três fases – I, II e III – típicas desse fenômeno ecológico.
b) Como se comportam a biomassa da comunidade, a diversidade em espécies, a competição interespecífica, a quantidade de nichos ecológicos, a disponibilidade de nutrientes e a taxa respiratória da comunidade, no decorrer do fenômeno descrito no texto?
c) Como se comportam a produtividade primária bruta e a produtividade primária líquida, no decorrer desse fenômeno?

Dinâmica das populações e das comunidades **273**

10. Mimetismo e camuflagem são duas modalidades de adaptação de seres vivos em relação ao meio em que vivem. Ao fazerem um resumo dessas modalidades de adaptação, dois estudantes escreveram as seguintes observações:

Camila – O mimetismo é uma adaptação por meio da qual um animal possui a cor do meio em que vive. Como exemplo, podemos citar a coloração e o formato do bicho-pau, parecidas à dos gravetos com os quais se mistura.

Carlos – A camuflagem é uma adaptação em que um ser vivo de determinada espécie se parece com outro, de espécie diferente, obtendo, com isso, vantagem ao se proteger de predadores. Como exemplo, pode ser citado o da semelhança entre duas espécies diferentes de borboletas, uma de gosto ruim e outra de sabor não desagradável.

Marisa, ao ler as observações dos colegas, considerou que estavam incorretas. Cite os argumentos utilizados por Marisa, ao justificar o erro cometido pelos dois estudantes.

11. **Questão de interpretação de texto**

Na região amazônica, diversas espécies de aves se alimentam da ucuúba (*Virola sebifera*), uma árvore que produz frutos com polpa carnosa, vermelha e nutritiva. Em locais onde essas árvores são abundantes, as aves se alternam no consumo dos frutos maduros, ao passo que, em locais onde elas são escassas, tucanos-de-papo-branco (*Ramphastus tucanus cuvieri*) permanecem se alimentando nas árvores por mais tempo.

Por serem de grande porte, os tucanos-de-papo-branco não permitem a aproximação de aves menores, nem mesmo de outras espécies de tucanos. Entretanto, um tucano de porte menor (*Ramphastus vitellinus Ariel*), ao longo de milhares de anos, apresentou modificação da cor do seu papo, do amarelo para o branco, de maneira que se tornou semelhante ao seu parente maior. Isso permite que o tucano menor compartilhe as ucuúbas com a espécie maior sem ser expulso por ela ou sofrer as agressões normalmente observadas nas áreas onde a espécie apresenta o papo amarelo.

PAULINO NETO, H. F. Um tucano "disfarçado". *Ciência Hoje*, Rio de Janeiro, v. 252, p. 67-69, set. 2008 (com adaptações).

Considerando as informações do texto e os seus conhecimentos sobre o assunto, responda:

a) Que tipo de relação ecológica interespecífica existe entre as árvores ucuúba e os tucanos-de-papo-branco da região amazônica? Justifique sua resposta.

b) Entre tucanos-de-papo-branco de grande porte da espécie *Ramphastus tucanus cuvieri* e tucanos-de-papo-branco de porte menor, da espécie *Ramphastus vitellinus Ariel* existe uma relação ecológica que algumas pessoas consideraram uma modalidade de *camuflagem*. Essa conclusão foi julgada incorreta por pesquisadores especialistas no assunto. Justifique o erro cometido por aqueles que consideraram a relação como camuflagem e determine, então, a modalidade correta de interação entre as duas espécies de tucano.

Questões objetivas

1. (UFF – RJ) Os gráficos I, II e III, abaixo, esboçados em uma mesma escala, ilustram modelos teóricos que descrevem a população de três espécies de pássaros ao longo do tempo.

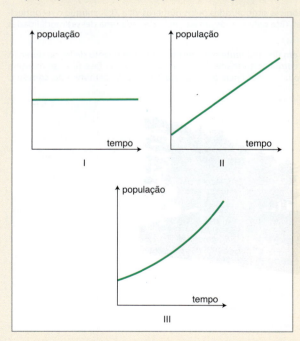

Sabe-se que a população da espécie A aumenta 20% ao ano, que a população da espécie B aumenta 100 pássaros ao ano e que a população da espécie C permanece estável ao longo dos anos. Assim, a evolução das populações das espécies A, B e C, ao longo do tempo, corresponde, respectivamente, aos gráficos

a) I, III e II.   b) II, I e III.   c) II, III e I.   d) III, I e II.   e) III, II e I.

2. (UFG – GO) Considere duas populações de espécies diferentes de animais que possuem vida relativamente longa. A espécie I gera pequena prole com alta porcentagem de sobreviventes de recém-nascidos (RN) e de jovens (J), com maior taxa de mortalidade na fase adulta (A). A espécie II gera prole numerosa com alta porcentagem de mortalidade entre recém-nascidos. Qual figura representa as curvas de crescimento populacional dessas duas espécies?

a)
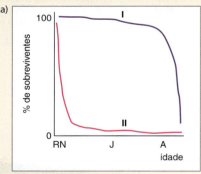

b)
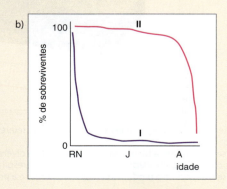

c)
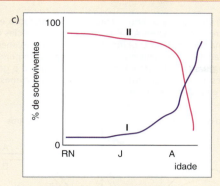

d)
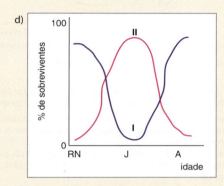

e)
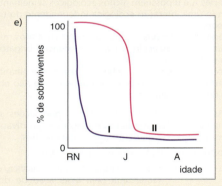

3. (UFPE) Várias espécies animais no Brasil e na América do Sul estão na lista de animais ameaçados de extinção como, por exemplo, o veado-catingueiro e a ararinha-azul, hoje encontrados raramente no semiárido nordestino. Sobre este assunto, considere as alternativas abaixo:

(0) uma das indicações da extinção de uma espécie animal é a captura frequente de indivíduos jovens, quando comparado com o número de adultos ou velhos capturados.

(1) a coleta de espécies ameaçadas no Brasil por turistas, para coleções particulares no exterior, deve ser estimulada como forma de preservação.

(2) a expansão da atividade agropecuária, como, por exemplo, a da cana-de-açúcar em vários estados brasileiros, pode ser apontada como uma das causas da extinção de espécies da fauna brasileira.

(3) manter animais da fauna ameaçados de extinção em zoológicos é uma forma de preservar espécies.

(4) a procriação em cativeiro de espécies ameaçadas e posterior soltura no ambiente não é uma alternativa viável, considerando a domesticação do animal.

4. (UFSM – RS) A vida em sociedade não é uma característica só dos seres humanos. Os animais também vivem em grupo ou em associação, sob diversas formas, como as chamadas relações ecológicas. Essas relações podem ocorrer entre os indivíduos de uma mesma espécie ou entre indivíduos de espécies diferentes e podem ainda ter efeitos positivos ou negativos nos organismos envolvidos. Observe as imagens:

Considerando as relações ecológicas intraespecíficas e interespecíficas, analise as afirmativas.

I – A competição só ocorre entre indivíduos de espécies diferentes.

II – Colônia se refere a um grupo de indivíduos de espécies diferentes que interagem mutuamente, com divisão de trabalho entre seus componentes. Os corais são exemplos desse tipo de interação.

III – Sociedade se refere a um grupo de organismos da mesma espécie que manifestam certo grau de cooperação, comunicação e divisão de trabalho, conservando relativa independência entre eles. Há vários exemplos deles entre os *Hymenoptera*, como as vespas.

Está(ão) correta(s)

a) apenas I.
b) apenas II.
c) apenas III.
d) apenas I e II.
e) apenas I e III.

5. (UFRN) Nas comunidades, os indivíduos interagem entre si, exercendo influências nas populações envolvidas, de maneira positiva ou negativa. Nesse contexto, a predação é uma interação ecológica em que

a) há perda para ambas as espécies, por se tratar de uma associação interespecífica.
b) a especificidade presa-predador é determinante, pois os predadores se alimentam de um único tipo de presa.
c) há uma íntima associação entre duas espécies, manifestada por um comportamento canibalístico.
d) a população de predadores poderá determinar a população de presas e vice-versa.

Dinâmica das populações e das comunidades

6. (UFC – CE) Um dos maiores problemas ambientais da atualidade é o representado pelas espécies exóticas invasoras que são aquelas que, quando introduzidas em um *habitat* fora de sua área natural de distribuição, causam impacto negativo no ambiente. Como exemplos de espécies invasoras no Brasil e de alguns dos problemas que elas causam, podemos citar: o verme âncora, que vive fixado sobre peixes nativos, alimentando-se do sangue deles sem matá-los; o coral-sol, que disputa espaço para crescer com a espécie nativa (coral-cérebro); e o bagre-africano, que se alimenta de invertebrados nativos. As relações ecológicas citadas acima são classificadas, respectivamente, como:

a) mutualismo, amensalismo, canibalismo.
b) inquilinismo, mimetismo, comensalismo.
c) comensalismo, parasitismo, mutualismo.
d) parasitismo, competição interespecífica, predação.
e) protocooperação, competição intraespecífica, esclavagismo.

7. (UFPE) O uso de agrotóxicos na lavoura tem por objetivo evitar algumas pragas agrícolas, que causam grandes prejuízos econômicos. Contudo, esse uso afeta também populações naturais de insetos e organismos, os quais muitas vezes poderiam realizar o controle natural das pragas. Considerando o efeito dos agrotóxicos nas populações de insetos e nas suas relações ecológicas, observe o gráfico abaixo e analise as afirmações a seguir.

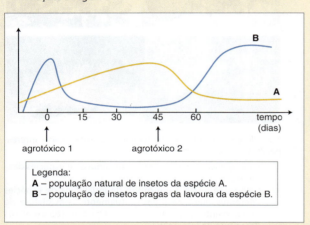

Legenda:
A – população natural de insetos da espécie A.
B – população de insetos pragas da lavoura da espécie B.

(0) A herbivoria dos insetos A e B transfere energia dos produtores para os demais níveis tróficos da cadeia alimentar.
(1) O uso do agrotóxico 1 diminuiu a população de insetos pragas, enquanto os insetos A mostraram-se resistentes.
(2) A população de insetos A estabelece entre si uma relação ecológica de sociedade, caracterizada por organismos iguais geneticamente.
(3) A população de insetos A competiu com os insetos pragas, produzindo o controle biológico daqueles que sobreviveram ao agrotóxico 1.
(4) Os insetos pragas não são susceptíveis ao agrotóxico 2 e possuem uma relação ecológica negativa com a população de insetos A.

8. (UFRGS – RS) Considere as seguintes interações entre seres vivos de uma comunidade.

1 – As garças-vaqueiras que se alimentam de carrapatos ectoparasitas de búfalos.
2 – Algas e fungos que formam os liquens.
3 – Duas espécies de cracas que convivem em litorais rochosos e utilizam os mesmos recursos.

Os casos referidos em 1, 2 e 3 são, respectivamente, exemplos de

a) comensalismo, mutualismo e predatismo.
b) comensalismo, mutualismo e competição.
c) protocooperação, amensalismo e predatismo.
d) protocooperação, mutualismo e competição.
e) protocooperação, amensalismo e competição.

9. (UEL – PR) Os gráficos, a seguir, representam a interação ecológica entre as populações A e B, pertencentes a espécies distintas numa comunidade. O gráfico I representa o crescimento das populações dos organismos A e B ao longo de um período de tempo quando estavam em ambientes isolados e o gráfico II representa o crescimento quando ocupavam o mesmo ambiente e passaram a interagir.

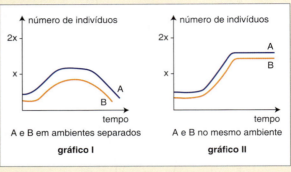

Com base nas informações contidas nos gráficos e nos conhecimentos sobre interações ecológicas, assinale a alternativa correta:

a) As espécies A e B possuem nichos ecológicos distintos, mantendo uma interação ecológica de independência do tipo comensalismo.
b) As espécies A e B possuem o mesmo nicho ecológico, mantendo uma interação ecológica do tipo competição interespecífica.
c) As espécies A e B possuem nichos ecológicos semelhantes, mantendo uma interação ecológica independente do tipo protocooperação.
d) As espécies A e B possuem nichos ecológicos distintos, mantendo uma interação ecológica de dependência obrigatória do tipo mutualismo.
e) As espécies A e B possuem nichos ecológicos semelhantes, mantendo uma interação ecológica dependente não obrigatória do tipo inquilinismo.

10. (UDESC) As interações ecológicas entre as populações são muito complexas. Existem três tipos de relações: as positivas ou harmônicas, as negativas ou desarmônicas e as neutras.

Em relação ao enunciado, associe as colunas abaixo:

(1) Colônia ( ) Relação harmônica interespecífica, caracterizada pela associação de duas espécies, com benefício apenas a um dos indivíduos, sem prejuízo ao outro. Muitos seres se aproveitam dos restos alimentares de outros, estando em perfeita harmonia com estes. É o exemplo do peixe-piloto, que se alimenta dos restos de alimentos do tubarão.

(2) Mutualismo ( ) Relação harmônica intraespecífica, caracterizada pela união de indivíduos da mesma espécie. Eles apresentam um grau profundo de interdependência, sendo impossível a vida quando isolados. É o exemplo de caravelas e corais.

(3) Comensalismo ( ) Relação desarmônica interespecífica, caracterizada por uma espécie ser prejudicada e a outra não; ocorre com indivíduos de uma população que produzem e secretam substâncias inibidoras do desenvolvimento de indivíduos de populações de outras espécies. É o caso do fungo *Penicillium notatum*, que produz o antibiótico penicilina.

(4) Parasitismo ( ) Relação desarmônica interespecífica, caracterizada por organismos que se instalam e vivem no corpo de outros, retirando alimentos e outros recursos. É o exemplo de alguns protozoários e helmintos.

(5) Amensalismo ou antibiose ( ) Relação harmônica interespecífica, caracterizada pela íntima associação, em nível anatômico e fisiológico, entre indivíduos de espécies diferentes, ocorrendo a troca de alimentos e de metabólicos. A separação desses indivíduos impossibilita a sobrevivência de ambos. É o exemplo de cupins e protozoários.

Assinale a alternativa que contém a sequência correta, de cima para baixo.

a) ( ) 2 – 1 – 5 – 4 – 3
b) ( ) 3 – 2 – 4 – 5 – 1
c) ( ) 2 – 3 – 5 – 4 – 1
d) ( ) 3 – 1 – 5 – 4 – 2
e) ( ) 1 – 3 – 4 – 5 – 2

11. (PUC – RJ) Ecologia é a ciência que estuda as relações dos seres vivos com o ambiente e entre si. Sobre a ecologia, está incorreto afirmar que:

a) nicho ecológico é sinônimo de *habitat*.
b) os níveis tróficos representam as relações energéticas entre os organismos de uma comunidade.
c) sucessão ecológica é a mudança da(s) comunidade(s) ao longo do tempo.
d) população é um conjunto de indivíduos da mesma espécie num determinado local.
e) comunidade são populações de diferentes espécies que vivem num determinado local.

12. (UFF – RJ) Um aluno ao fazer uma pesquisa verificou que uma fêmea de mosca é capaz de pôr em média cento e vinte ovos. Ele considerou que, se metade desses ovos desse origem a fêmeas e que se cada uma delas colocasse também cento e vinte ovos, após sete gerações, o número calculado de moscas seria próximo de seis trilhões. Na verdade, isso não acontece, pois a densidade populacional depende de alguns fatores. Um fator que **NÃO** é determinante para a densidade populacional é a

a) imigração.
b) mortalidade.
c) emigração.
d) natalidade.
e) sucessão ecológica.

13. (UDESC) A sucessão ecológica numa região desabitada pode ser esquematizada do seguinte modo:

Instalação de seres pioneiros (ecese) Ex.: liquens → Sucessão de comunidades intermediárias Ex.: capim e arbustos → Comunidade clímax Ex.: floresta

Sobre este esquema, analise as proposições abaixo.

I – As sucessões primárias ocorrem em locais onde não há vida (rocha nua, por exemplo).
II – As sucessões secundárias correspondem a uma recolonização de uma região previamente habitada (um campo de cultura abandonado, por exemplo).
III – Ao longo da sucessão há um aumento da biomassa, da diversidade de espécies e da complexidade das teias alimentares, o que pode estar relacionado à maior estabilidade da comunidade clímax, tornando-a, por exemplo, mais resistente ao ataque de pragas.

Assinale a alternativa **correta**.

a) ( ) Somente a afirmativa II é verdadeira.
b) ( ) Somente as afirmativas I e III são verdadeiras.
c) ( ) Somente a afirmativa I é verdadeira.
d) ( ) Somente as afirmativas II e III são verdadeiras.
e) ( ) Todas as afirmativas são verdadeiras.

14. (PUC – RJ) Observe a figura abaixo e classifique as afirmações como falsas ou verdadeiras:

Disponível em: <http://sousa-cienciasnaturais.blogspot.com/2011/01>.

I – **C** corresponde a um ecótono.
II – **A** corresponde à comunidade pioneira.
III – A sucessão mostrada na figura é primária.
IV – A biomassa se mantém estável no sentido de **A** para **E**.

a) Apenas III é verdadeira.
b) Apenas I é falsa.
c) Todas são falsas.
d) Apenas I e III são verdadeiras.
e) Apenas II e IV são falsas.

15. (UNESP) Segundo a teoria da curva ambiental de Kuznets, o índice de poluição e de impactos ambientais nas sociedades industriais comporta-se como na figura abaixo: a degradação da natureza aumenta durante os estágios iniciais do desenvolvimento de uma nação, mas se estabiliza e passa a decrescer quando o nível de renda e de educação da população aumenta.

Considere a curva ambiental de Kuznets representada na figura e quatro situações ambientais distintas:

I – Implantação de programas de reflorestamento.
II – Mata nativa preservada.
III – Estabelecimento de uma comunidade clímax.
IV – Área desmatada para extração de madeira.

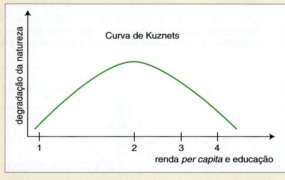

Na curva, as posições marcadas de 1 a 4 correspondem, respectivamente, às situações

a) I, IV, III e II.
b) II, III, I e IV.
c) II, IV, I e III.
d) IV, I, II e III.
e) IV, III, I e II.

Questões dissertativas

1. (UFC – CE) No gráfico abaixo, está representada a variação no tamanho das populações de três organismos, ao longo de um período de tempo. As populações são de um herbívoro, da planta que lhe serve de alimento e de seu predador. Em determinado momento, a população de predadores começou a declinar devido a uma doença, o que refletiu no tamanho das duas outras populações.

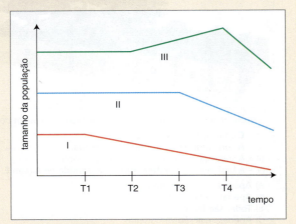

a) Quais populações estão representadas pela linha II e pela linha III?
b) O que provocou a mudança de trajetória da linha III no tempo T2?
c) O que provocou a mudança de trajetória da linha II no tempo T3?
d) O que provocou a mudança de trajetória da linha III no tempo T4?

2. (PUC – RJ) "O mundo chegará a 7 bilhões de pessoas neste ano. Nossa espécie já ocupa tanto espaço, com plantações, cidades, estradas, poluição e lixo, que, para os cientistas, entramos em um novo período geológico: o Antropoceno."

Revista *Época*, jun. 2011.

a) Discorra sobre o crescimento das populações naturais e os fatores que se opõem ao crescimento (utilize gráficos se necessário).
b) Qual o tipo de crescimento populacional observado para a espécie humana? Explique.

3. (UFJF – MG) Recifes de corais são conhecidos por sua beleza e grande diversidade. O programa de Recifes Artificiais de Corais do Paraná instalou estruturas pré-fabricadas de concreto na região costeira do Estado. O objetivo é atrair peixes e organismos marinhos, criando ecossistemas artificiais semelhantes aos substratos rochosos, beneficiando as atividades de mergulho, pesca esportiva e profissional, contribuindo para a conservação da biodiversidade e dos recursos pesqueiros através da criação de áreas de proteção. Esse projeto tem sua sustentação teórica no processo de sucessão ecológica.

a) Em que consiste o processo de sucessão ecológica?
O gráfico a seguir mostra o que acontece com a produção primária bruta, produção primária líquida, respiração e biomassa ao longo de uma sucessão ecológica.

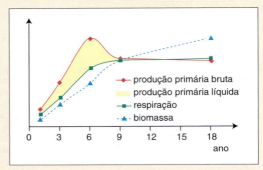

b) Considerando apenas a absorção de gás de efeito estufa, qual período (ano) da sucessão seria mais benéfico ao ecossistema? Justifique.
c) Qual a diferença entre as sucessões ecológicas que ocorrem nos recifes artificiais e o que ocorre na boca de quem fica sem escovar os dentes por alguns dias?

4. (UFG – GO) Em 1934, o cientista russo Georgi F. Gause (1910-1986) verificou em tubo de ensaio o comportamento de população de *Paramecium aurelia* e *Paramecium caudatum*, mantidas em condições ambientais iguais. Baseando-se nos resultados obtidos, mostrados nos gráficos a seguir, Gause propôs uma explicação comumente denominada como Princípio de Gause.

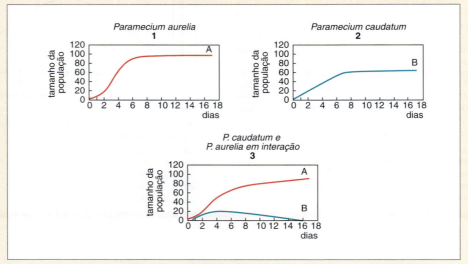

Disponível em: <www.ib.usp.br/ecologia/populaçoes_interaçoes.html>. Acesso em: 23 set. 2011. (Adaptada.)

Considerando-se esse princípio, explique os resultados apresentados nos gráficos.

5. (UNICAMP – SP) A distribuição de uma espécie em uma determinada área pode ser limitada por diferentes fatores bióticos e abióticos. Para testar a influência de interações bióticas na distribuição de uma espécie de alga, um pesquisador observou a área ocupada por ela na presença e na ausência de mexilhões e/ou ouriços-do-mar. Os resultados do experimento estão representados no gráfico abaixo:

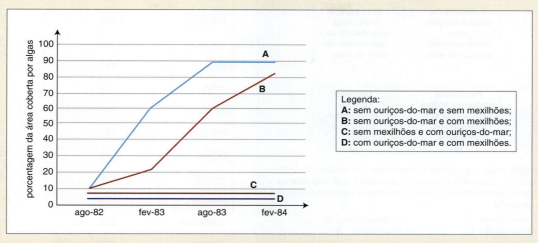

a) Que tipo de interação biótica ocorreu no experimento? Que conclusão pode ser extraída do gráfico quando se analisam as curvas B e C?
b) Cite outros dois fatores bióticos que podem ser considerados como limitadores para a distribuição de espécies.

6. (UFES) Ao longo do litoral capixaba, são observadas ilhotas constituídas por rocha exposta e recobertas parcialmente por vegetação rala, herbácea e arbustiva. Em termos da teoria ecológica, espera-se que, após longo período de tempo, cada uma dessas ilhotas esteja recoberta por vegetação arbórea e apresente uma comunidade diferente da atual. Certos eventos (catastróficos ou não) podem interromper ou retardar o processo, mas haverá a tendência descrita acima. Entre os primeiros habitantes que colonizam a rocha exposta estão os liquens, que suportam as severas condições ambientais e ajudam a decompor lentamente a rocha.

a) Identifique e defina o processo descrito acima.
b) Ao longo desse processo, o que se espera que ocorra com a diversidade de espécies, a biomassa total da comunidade e a produtividade primária líquida? Justifique sua resposta.
c) Explique o que são liquens. Indique a associação interespecífica a eles relacionada e as vantagens dessa associação.

Programas de avaliação seriada

1. (PSS – UFS – SE) Analise as proposições abaixo referentes aos organismos vivos de um ecossistema, abordando assuntos como crescimento populacional, sucessão ecológica e relação entre os seres vivos e o ambiente. Avalie-as.

(0) Definindo-se biodiversidade de um ecossistema como a riqueza em espécies, associada à abundância de indivíduos de cada espécie, é correto que esperemos encontrar maior diversidade em uma floresta tropical do que em uma floresta temperada.
(1) Verificou-se que, em uma floresta recém-desmatada, com o passar do tempo houve regeneração da vegetação. No início predominaram gramíneas e outros vegetais rasteiros, depois arbustos e árvores. Esse processo é conhecido como sucessão primária.
(2) Considere as etapas abaixo.
   I – Densidade elevada e estável.
   II – Densidade baixa, com predominância de espécies autótrofas.
   III – Aumento da diversidade e do número de espécies heterótrofas.
   Durante o processo de sucessão ecológica essas etapas ocorrem na sequência II → III → I.
(3) Em uma população formada por 500 indivíduos, em determinado ano nasceram 150, morreram 100, imigraram 25 e emigraram 75 indivíduos. Naquele ano, a população manteve-se em equilíbrio.
(4) A maré vermelha, responsável pela morte de grande número de organismos marinhos e por prejuízo nas atividades de pesca, é causada por derrames de petróleo na superfície do mar.

2. (PSIU – UFPI) O termo simbiose designa toda e qualquer associação permanente entre indivíduos de espécies diferentes que normalmente exercem influência recíproca no metabolismo. Atualmente o termo simbiose tem sido aceito também para qualquer tipo de relação entre os seres vivos. A protocooperação é classificada como um tipo de relação harmônica interespecífica. Entre os exemplos abaixo, escolha aqueles que representam uma relação de protocooperação.

I – Insetos e angiospermas;
II – Serpentes e sapos;
III – Algas e fungos;
IV – Pássaros paliteiros e jacarés;
V – Hienas e leões.

A opção CORRETA é:
a) Somente I e V estão corretos.
b) Somente II e III estão corretos.
c) Somente I e IV estão corretos.
d) Somente II e IV são corretos.
e) Somente IV e V são corretos.

Dinâmica das populações e das comunidades

3. (PAES – UNIMONTES – MG) As relações entre seres vivos podem ser classificadas, inicialmente, em dois grupos: intraespecíficas e interespecíficas. O esquema abaixo se refere a esse assunto. Observe-o.

I	II
Indivíduos da mesma espécie com independência física entre eles.	Uma espécie bloqueia o crescimento ou a reprodução de outra espécie.

III	IV
Populações envolvidas podem permanecer em equilíbrio no ecossistema.	Espécies que se assemelham bastante a outras.

Considerando o esquema apresentado e o assunto abordado, analise as alternativas abaixo e assinale a que **representa** a associação correta entre relação ecológica e característica indicada acima.

a) Predatismo – IV.
b) Sociedade – I.
c) Amensalismo – III.
d) Mimetismo – II.

Meses	Número de indivíduos *Larus dominicanus*	Restos de pesca de camarão
janeiro	580	850
fevereiro	1.070	680
março	230	240
abril	125	0
maio	80	0
junho	250	100
julho	100	510
agosto	50	400
setembro	100	600
outubro	250	1.000
novembro	500	1.010
dezembro	850	450

4. (PAS – UnB – DF) O gaivotão (*Larus dominicanus*) habita o litoral e as ilhas costeiras dos Pacíficos e do Atlântico sul-americano. No Brasil, é encontrado da costa do Rio Grande do Sul até a do Espírito Santo. Com relação a seu hábito alimentar, ele é descrito como predador e necrófago, com marcada tendência oportunista. Frequentemente, é encontrado alimentando-se de restos de animais mortos e de lixo deixado pelo homem.
Em um estudo realizado em 2005, um grupo de pesquisadores avaliou a ocorrência do gaivotão no litoral paulista. Na tabela a seguir, são apresentados dados que identificam a relação entre a abundância de indivíduos dessa espécie e a disponibilidade de restos de pesca deixados por navios utilizados na pesca de camarão.

Com base nas informações acima, faça o que se pede no item abaixo.
A partir do texto, assinale a opção correta.

a) A abundância dos indivíduos *Larus dominicanus* depende de abundante disponibilidade de recursos alimentares.
b) Fatores climáticos não influenciam a ocorrência de *Larus dominicanus*.
c) A população de *Larus dominicanus* só existe no litoral paulista porque, nele, é realizada atividade pesqueira.
d) A dieta alimentar de *Larus dominicanus* é exclusivamente composta de camarões.

5. (SAS – UPE) O ciclo de vida dos ecossistemas é dinâmico e pode compreender diferentes fases, existindo um grande número de variáveis, que interferem na construção de uma comunidade clímax. Observe a figura a seguir:

Disponível em:
<http://www.flickr.com/photos/22133339@N05/with/3170320431/>.

Analise as afirmativas abaixo:

I – A imagem representa o tempo de 1 ano que é característica de uma sucessão primária, em que inicialmente se observa uma região que, por falta de nutrientes no solo, só suporta a presença de espécies de pequeno porte.
II – A floresta identificada no tempo de 150 anos é a representação de uma comunidade clímax que se desenvolve com base em um processo de sucessão primária que se iniciou em campos abandonados.
III – Em uma comunidade clímax, como a observada no tempo de 150 anos, identificam-se ciclos de vida complexos, com grande diversidade de espécies e alta concentração de matéria orgânica no solo.
IV – As condições ambientais encontradas na comunidade clímax da figura diferem das encontradas entre as espécies pioneiras em vários aspectos, tais como uma maior mortalidade no período de final do processo de sucessão, um crescimento populacional mais rápido e muitas flutuações.

Está **CORRETO** o que se afirma em

a) I.
b) II.
c) III.
d) IV.
e) I e II.

Biomas e fitogeografia do Brasil

Capítulo 12

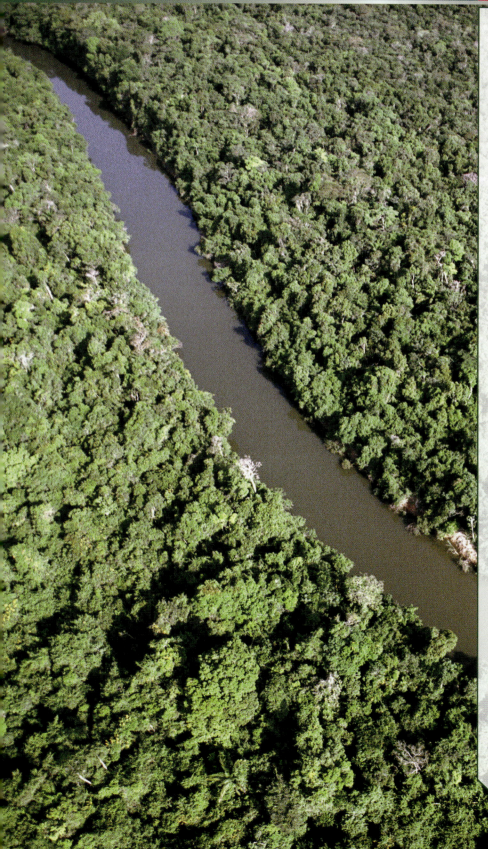

A Amazônia é quase mítica

É isso: a Amazônia é um verde e vasto mundo de águas e florestas, onde as copas de árvores imensas escondem o úmido nascimento, reprodução e morte de mais de um terço das espécies que vivem sobre a Terra.

Os números são igualmente monumentais. A Amazônia é o maior bioma do Brasil: em um território de 4.196.943 km² (IBGE, 2004), crescem 2.500 espécies de árvores (ou um terço de toda a madeira tropical do mundo) e 30 mil espécies de plantas (das 100 mil da América do Sul).

A bacia amazônica é a maior bacia hidrográfica do planeta: cobre cerca de 6 milhões de km² e tem 1.100 afluentes. Seu principal rio, o Amazonas, corta a região para desaguar no Oceano Atlântico, lançando ao mar cerca de 175 milhões de litros d'água a cada segundo.

As estimativas situam a região como a maior reserva de madeira tropical do mundo. Seus recursos naturais – que, além da madeira, incluem enormes estoques de borracha, castanha, peixe e minérios, por exemplo – representam uma abundante fonte de riqueza natural.

Toda essa grandeza não esconde a fragilidade do ecossistema local, porém. A floresta vive de seu próprio material orgânico, e seu delicado equilíbrio é extremamente sensível a quaisquer interferências. Os danos causados pela ação antrópica são muitas vezes irreversíveis.
Adaptado de: <http://www.mma.gov.br/biomas/amazônia>.

Neste capítulo, estudaremos os principais biomas do mundo, entre eles as florestas tropicais, como a Amazônica.

Certas regiões da Terra possuem o mesmo tipo de clima, apresentam temperaturas parecidas e praticamente o mesmo índice de precipitação pluviométrica (chuva). Sendo assim, não é de estranhar que tipos parecidos de vegetação sejam encontrados em regiões que apresentam tantas semelhanças de clima.

O mesmo tipo de bioma pode ser encontrado em regiões da Terra com as mesmas características climáticas. Por exemplo, a savana, um bioma terrestre, pode ser encontrado na África ou no Brasil (os cerrados são um exemplo de savana) se bem que a fauna nem sempre é parecida.

▪ OS PRINCIPAIS BIOMAS DO AMBIENTE TERRESTRE

Os principais biomas da Terra atual são: **tundra, floresta de coníferas, floresta decídua temperada, desertos, floresta pluvial tropical, savanas** e **campos**.

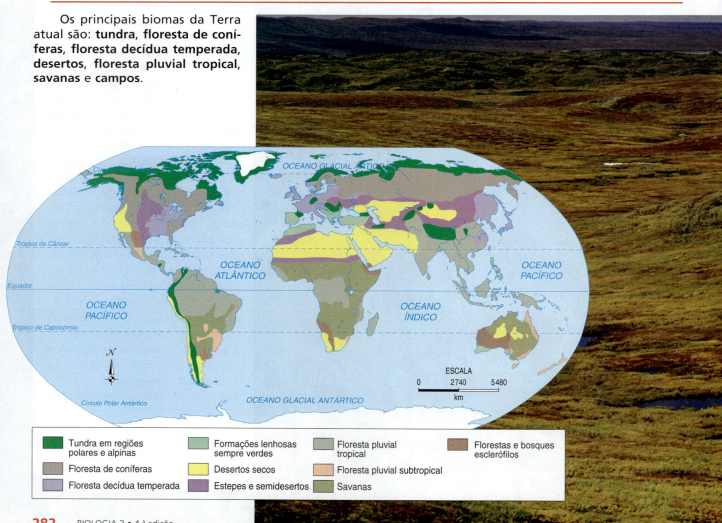

Tundra

É um bioma de latitudes elevadas ao norte do planeta, próximo ao Círculo Polar Ártico. Não há árvores, a vegetação é rasteira, de tamanho pequeno, formada principalmente por liquens, musgos e abundantes plantas herbáceas. As temperaturas são extremamente baixas, até −20 °C, no longo inverno (cerca de dez meses) e baixas, cerca de 5 °C, no curto verão, que é a estação em que as plantas se reproduzem rapidamente e na qual proliferam milhares de insetos. O solo permanentemente congelado – *permafrost* – fica a poucos centímetros abaixo da vegetação.

É nesse bioma que se encontram ursos-polares, caribus e renas (comedores de liquens), lemingues e a coruja do Ártico. Anfíbios e répteis são praticamente inexistentes. Muitos animais, os caribus são um bom exemplo, migram para o Sul durante o outono, à procura de alimento e refúgio.

Anote!
Nas montanhas do Himalaia e nas dos Andes, a tundra é o bioma predominante. Esse fato ilustra o princípio de que o ambiente das elevadas altitudes simula o das elevadas latitudes.

Tundra.

Biomas e fitogeografia do Brasil **283**

Floresta de Coníferas (Taiga)

Esse bioma está localizado no hemisfério norte, imediatamente ao sul da tundra. A forma vegetal dominante desse bioma são as coníferas (gimnospermas), pinheiros que portam estruturas de reprodução conhecidas por cones. São também comuns algumas angiospermas decíduas, isto é, árvores que perdem folhas no outono, permanecendo nuas ao longo de todo o inverno.

A fauna é muito pobre, formada principalmente por linces, lebres, raposas, pequenos roedores e algumas aves. Os caribus migradores da tundra também são encontrados à procura de comida e abrigo entre as árvores.

Floresta Decídua Temperada

No hemisfério norte, é encontrada ao sul da floresta de coníferas. É um bioma típico de regiões em que as estações do ano são bem definidas, com uma primavera chuvosa que propicia a exuberância da vegetação, verão quente e inverno rigoroso. O solo é fértil. A vegetação é estratificada, isto é, as árvores distribuem-se por níveis, existindo as de porte elevado formando um dossel (nome dado à cobertura formada pelas árvores de maior porte) uniforme, vindo a seguir as de tamanho progressivamente menor, até as plantas herbáceas. Há uma razoável diversidade de animais, incluindo praticamente todos os grupos conhecidos. A principal característica das árvores é a caducidade das folhas, isto é, em meados do outono, as folhas mudam de cor, inicialmente amarelecem, depois ficam acastanhadas.

Taiga: predominância de coníferas.

Floresta decídua temperada: riqueza de árvores caducifólias.

Desertos

Baixa precipitação pluviométrica (cerca de 250 mm anuais), altas temperaturas e vegetação esparsa altamente adaptada a condições de clima seco caracterizam os desertos. Espalhados por várias partes da Terra, sua flora é específica e formada quase sempre por cactáceas que possuem inúmeras adaptações à falta de água (caules suculentos, espinhos, raízes amplamente difundidas pelo solo etc.). Durante o dia, a temperatura é extremamente elevada e as noites são frias, podendo a temperatura atingir zero grau Celsius. Muitos locais do deserto não possuem nenhuma vegetação, enquanto em outros notam-se arbustos, cactos e alguma vegetação rasteira. Poucos animais, tais como raposas, "ratos-cangurus" e alguns anfíbios e répteis, com pronunciada atividade noturna, escondem-se durante o dia em buracos ou sob pedras.

Deserto.

Floresta Pluvial Tropical

Chuva abundante, temperatura elevada o ano inteiro e clima úmido são fatores que favoreceram a formação de exuberantes matas em regiões tropicais da América do Sul, África, Sudeste da Ásia e alguns pontos da América do Norte. A vegetação é altamente estratificada, existem árvores de diversos tamanhos, a biodiversidade é magnífica. A parte fértil do solo é pouco espessa em função da rápida reciclagem de nutrientes. Há uma infinidade de fungos em associações com raízes, as conhecidas *micorrizas*. Em virtude dessa rápida reciclagem e da pequena espessura do solo fértil, pode-se dizer que a fertilidade dessas florestas deve-se à vegetação arbórea exuberante.

Anote!
Uma vez derrubada a mata, em pouco tempo o solo fica pobre. Por esse motivo, esse bioma é o que menos se presta para fins agrícolas.

Vista aérea da floresta pluvial na região equatorial, parte da imensa Floresta Amazônica.

Savanas, Campos e Estepes

Esses biomas correspondem às formações típicas da África, aos nossos cerrados (que incluem vários subtipos) e aos diversos tipos de campos distribuídos pela Terra, entre os quais os nossos pampas gaúchos.

Nas savanas, a vegetação não é exuberante, existindo praticamente dois estratos, o arbóreo – que é esparso – e o herbáceo. A fauna é típica para cada região, sendo bem conhecida a africana, formada por mamíferos de grande porte, tais como elefantes, girafas, leões e zebras, bem como algumas aves famosas, como os avestruzes.

Com relação aos campos, bioma em que predomina a vegetação herbácea, os localizados na América do Norte encontram-se atualmente bastante alterados, sendo utilizados para o cultivo de plantas destinadas à alimentação do homem, tais como soja, milho etc. No Brasil, os pampas gaúchos (chamados também de estepes) correspondem a locais cuja vegetação é predominantemente formada por gramíneas, prestando-se à criação de equinos e bovinos.

Anote!
Nossos cerrados encontram-se atualmente bastante degradados, servindo para o cultivo de espécies com fins alimentares, principalmente a soja.

PHOTOS.COM

▪ OS PRINCIPAIS BIOMAS DO AMBIENTE MARINHO

A principal característica do ambiente marinho é a estabilidade, sofrendo pequena influência das variações climáticas. A temperatura da água, por exemplo, oscila muito pouco durante o dia, o mesmo ocorrendo com suas características físico-químicas.

A vastidão dos mares e oceanos leva-nos a fazer uma divisão arbitrária de ambientes, no sentido de facilitar o estudo tanto da comunidade quanto dos fatores abióticos. Simplificadamente, podemos admitir a existência de uma **região litorânea** (ou nerítica), assentada sobre a **plataforma continental** (0 a 200 m de profundidade) e seguida de uma **região oceânica** (mar aberto). Veja a Figura 12-1.

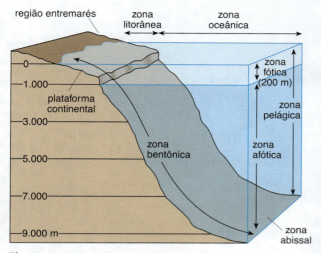

Figura 12-1. Esquema das zonas marinhas.

Cada uma delas apresenta duas regiões:
- a *região pelágica*, em que os organismos nadam ativamente; e
- a *região bentônica*, em que os organismos se utilizam do fundo oceânico para se fixar ou se deslocar (o fundo oceânico, nesse caso, não possui o sentido de profundidade e, sim, o de base sólida explorada pelos seres vivos).

Podemos, então, falar em região pelágica oceânica e em região pelágica litorânea, o mesmo podendo ser feito em relação à bentônica.

A região litorânea pode ser subdividida em três zonas, de acordo com a distribuição das marés:
- *infralitoral*, zona permanentemente coberta de água;
- *mesolitoral*, também conhecida como entremarés, zona que ora fica descoberta, ora coberta pela água;
- *supralitoral*, zona que não costuma ser coberta pela água e abrange todos os locais que sofrem a influência do oceano: as dunas, as restingas e os habitantes típicos dessas regiões, incluindo plantas adaptadas a locais de alta salinidade, bem como insetos, aves, répteis, aranhas etc.

A vida oceânica depende da profundidade de penetração da luz na água. Fora da plataforma continental, a profundidade do oceano aumenta consideravelmente. Há pontos em que ela alcança 11.000 m (na plataforma continental, a média é de 200 m). Os organismos que vivem em grandes profundidades dependem dos que habitam regiões superficiais. Seres vivos errantes e detritos que caem de regiões superiores constituem o alimento dos habitantes das chamadas regiões abissais. A zona hadal corresponde às regiões com profundidade superior a 6.000 m.

As Comunidades Marinhas

Os habitantes do mar fazem parte de diferentes comunidades; na verdade, divisões da comunidade maior que existe nos oceanos. As principais são: o **plâncton**, o **bentos** e o **nécton**.

Plâncton

O **plâncton** é constituído principalmente de organismos microscópicos livres e flutuantes na massa de água. Sua locomoção a longas distâncias é devida ao próprio movimento das marés. De modo geral, a existência do plâncton é condicionada à profundidade de penetração da luz, a chamada **região fótica**, que normalmente chega até cerca de 200 metros.

É comum considerar o plâncton como formado por dois grandes componentes: o **fitoplâncton**, composto de organismos autótrofos (algas microscópicas e cianobactérias), produtores de alimento, e o **zooplâncton**, constituído por diferentes grupos de animais, geralmente microscópicos, sendo os mais importantes os microcrustáceos. O zooplâncton é o elo da cadeia alimentar que une o fitoplâncton e os demais seres vivos dos oceanos.

Fitoplâncton marinho, visto ao microscópio eletrônico de varredura.

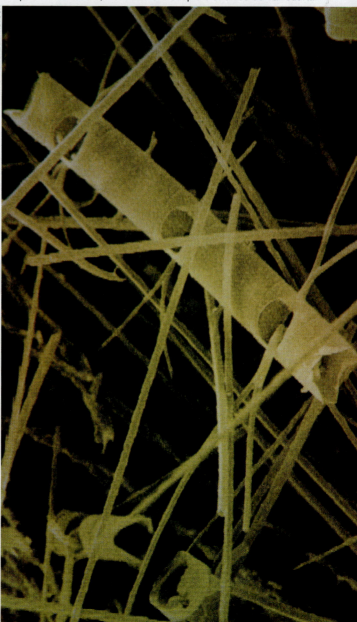

Seres bentônicos se apoiam no fundo do oceano.

Bentos

O **bentos** é uma comunidade constituída por organismos que habitam a base sólida do mar, o chamado fundo oceânico. Dele fazem parte dois tipos de organismo: os **fixos** (ou **sésseis**), como esponjas, corais, cracas, algas macroscópicas, e os **móveis** (ou **errantes**), como caramujos, caranguejos e lagostas.

Nécton

O **nécton** é a comunidade formada por organismos nadadores ativos. É o caso de peixes, tartarugas, baleias, focas, lulas etc.

Seres nectônicos são nadadores ativos.

De olho no assunto!

Biomas brasileiros

Em maio de 2004, o Instituto Brasileiro de Geografia e Estatística – (IBGE) divulgou o Mapa dos Biomas do Brasil, mostrado ao lado. Da cobertura original do Brasil, restam grandes "bolsões" ainda preservados.

A ação do homem, apropriando-se dos recursos naturais de forma desregrada, sem levar em conta as consequências e os possíveis impactos ambientais, já teve como resultado a devastação de alguns biomas, como o da Zona de Cocais e o da Mata de Araucárias. Sem uma política pública firme e determinada, em pouco tempo esses biomas – que agora não mais constam do mapa do IBGE – poderão ser tidos como extintos.

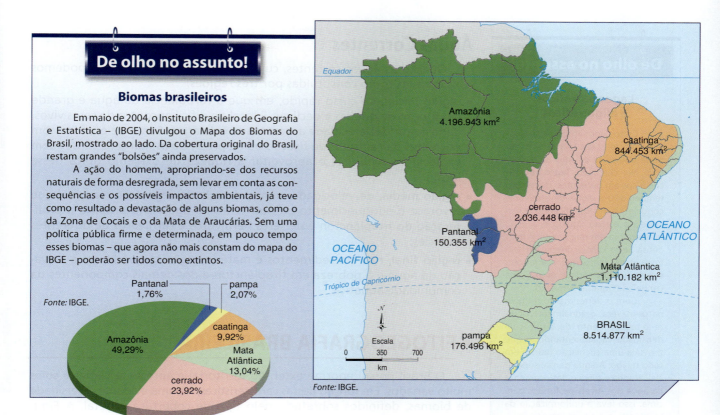

Fonte: IBGE.

Caatinga

- Abundância de cactáceas. O restante da vegetação é constituído por árvores e arbustos caducifólios, ou seja, que perdem as folhas nas estações secas.
- Xerofitismo (conjunto de caracteres apresentados por vegetais de clima seco).
- Temperaturas elevadas. A água é fator limitante. Chuvas escassas (300 a 800 mm/ano). Rios secam no verão.
- 10% do território nacional (800.000 km^2).
- Vegetais típicos: mandacaru, xique-xique, umbu, pau-ferro, juazeiro, barriguda, coroa-de-frade.
- Estados do Maranhão, Piauí, Ceará, Rio Grande do Norte, da Paraíba, de Pernambuco, de Sergipe, de Alagoas, da Bahia e norte de Minas Gerais.

Caatinga: riqueza em xerófitas.

De olho no assunto!

Lagos eutróficos e oligotróficos

Certos lagos apresentam algumas características relacionadas ao clima da região em que se encontram. Nos chamados **lagos eutróficos** (ricos em nutrientes) de regiões temperadas, a água da superfície congela no inverno, ficando o restante no estado líquido e a 4 °C, temperatura em que a água é mais densa. Se isso não ocorresse e o gelo fosse mais denso que a água em estado líquido, todo o lago ficaria congelado durante o inverno.

Com o derretimento do gelo na primavera, gradualmente ocorre o aquecimento da água, cuja densidade vai aumentando, o que provoca uma circulação hídrica em todo o lago. A água densa, superficial, afunda e força o deslocamento da água dos níveis profundos para cima. Isso leva à uniformização da temperatura e a uma intensa circulação da água do lago. Nutrientes localizados no fundo são conduzidos para a superfície, cuja fertilidade aumenta, o que favorece o fitoplâncton, enquanto o fundo é enriquecido com o oxigênio.

No verão, ocorre o aquecimento da água na camada superior do lago. À medida que a profundidade aumenta, porém, a temperatura cai bruscamente e nas regiões profundas a temperatura é bem baixa. Forma-se entre a camada superior – quente – e a profunda – fria – uma faixa aquática de temperatura intermediária conhecida como **termoclino**, típica desses lagos eutróficos.

Nas regiões tropicais, os lagos apresentam temperatura uniforme praticamente o ano todo. As águas superficiais são permanentemente aquecidas e ocorre circulação de nutrientes apenas na camada superior desses lagos, conhecidos por esse motivo como **oligotróficos** (poucos nutrientes).

Fonte: BSCS. *Ecologia.* São Paulo: EDUSP, 1963.

Águas Correntes

Quanto às águas correntes, cujo exemplo típico são os rios, podemos considerá-las como constituídas por três regiões:

- **região inicial**, de curso rápido, em que a turbulência da água é grande em função de quedas e declives. É local de difícil encontro de seres vivos, dada a grande velocidade apresentada pela água. Somente espécies com eficientes mecanismos de fixação ou de preensão às margens conseguem explorar esse *habitat* e aproveitar a riqueza de oxigênio típica desse local;
- **região média**, de velocidade menor, dotada de vegetação marginal que favorece o enriquecimento de nutrientes na água. Isso propicia a proliferação do fitoplâncton e de seres herbívoros e carnívoros de diferentes espécies;
- **região final**, rica em sedimentos e matéria orgânica que levam à turvação da água e à pobreza em fitoplâncton e dos demais componentes da comunidade aquática.

FITOGEOGRAFIA BRASILEIRA

O Brasil possui enorme extensão territorial e apresenta climas e solos muito variados. Em função dessas características, há uma evidente diversidade de biomas, definidos sobretudo pelo tipo de cobertura vegetal. A Figura 12-2 mostra a *distribuição supostamente original* dos biomas brasileiros.

Figura 12-2. Cada um desses biomas apresenta peculiaridades próprias, tornando-se razoavelmente simples a distinção entre eles pela existência de áreas bem definidas, algumas bem extensas, tais como a caatinga, a floresta pluvial tropical (Floresta Amazônica) e os cerrados.

OS PRINCIPAIS BIOMAS DE ÁGUA DOCE

Grande parte da biosfera terrestre é hoje ocupada por água, um meio no qual a vida surgiu há bilhões de anos e expandiu-se para o meio terrestre. O volume de água existente nos mares é muito superior ao das coleções de água doce. A principal diferença entre esses dois ambientes aquáticos é o *teor de sais*, muito pequeno na água doce, ao redor de 1%. Outra diferença reside na *instabilidade* apresentada pelos ecossistemas de água doce. As características físicas e químicas, como temperatura, salinidade e pH, apresentam grande variação. Quanto aos seres vivos, muitos recorrem a formas de resistência, extremamente úteis em ambientes instáveis. É o que acontece, por exemplo, com as esponjas de água doce que recorrem à formação de gêmulas nos períodos de inverno, quando o congelamento de lagos e lagoas dificulta a circulação de oxigênio e nutrientes para esses animais de hábito filtrador.

Em alguns aspectos, no entanto, o mar e a água doce apresentam similaridades. Uma delas está relacionada às categorias de seres vivos componentes das comunidades: a água doce também possui plâncton, bentos e nécton. Há, porém, algumas peculiaridades nesse ambiente, principalmente quando levamos em conta a existência de movimento da massa de água. Assim, podemos pensar em dois tipos de ambiente aquático, quanto a essa característica: *águas paradas* e *águas correntes*. À primeira categoria pertencem os lagos, lagoas, charcos, açudes e represas. Os rios, riachos, córregos e correntezas fazem parte da segunda.

Águas Paradas

Entre lagos e lagoas, a diferença reside na extensão e na profundidade, muito maiores nos primeiros. A distribuição da comunidade nesses ambientes ocorre em três regiões principais:

- **zona litorânea** – local de pouca profundidade e bem iluminado em que predominam as plantas flutuantes, como os aguapés e as salvínias, e as que enraízam no solo, como as taboas. É ambiente propício para o estabelecimento de muitas espécies animais, entre os quais insetos, moluscos, anfíbios e algumas espécies de mamíferos herbívoros, como as antas e capivaras;
- **zona limnética** – sua profundidade vai até onde a luz penetra, caracterizando a região *eufótica*. É a região de predomínio das algas do fitoplâncton, entre elas as diatomáceas, e das cianobactérias, que servem de pasto para componentes do zooplâncton, especialmente rotíferos (um grupo de invertebrados) e micro-crustáceos (em especial, as dáfnias ou pulgas-d'água). Por sua vez, o zooplâncton serve de alimento para inúmeras variedades de peixes que são comidos por peixes carnívoros maiores, o que ilustra a diversidade da *teia alimentar* nessa região;
- **zona profunda** – *habitat* de bactérias e fungos decompositores, bem como de alguns animais detritívoros (como os conhecidos tubifex, pequenas minhocas de água doce que servem de alimento para peixes de aquário), cujo alimento são restos orgânicos provenientes das zonas limnética e litorânea.

FABIO COLOMBINI

Os aguapés são representantes da flora de zona litorânea de água doce. Vivem em águas paradas e em alguns rios.

Cerrado

- Vegetação tipo savana. Árvores esparsas, de tronco retorcido, casca grossa, folhas espessas, ou seja, com características de região seca, conduzindo a um aparente xeromorfismo. Há também vegetais com características de higrofitismo.

- Solo ácido, arenoargiloso, rico em alumínio e pobre em nutrientes. Oligotrofismo do solo.

- A água não é fator limitante. O lençol subterrâneo é profundo (18 m). Estação seca de 5 a 7 meses. Chuvas regulares na estação chuvosa. Temperatura alta.

- No início, ocupava 25% do território nacional (1.500.000 km²). Hoje, está bastante alterado para fins agrícolas.

- Vegetais típicos: araticum, barbatimão, copaíba, ipê-amarelo, pequizeiro-do-cerrado, pau-terra, fruta-de-lobo, cajueiro-do-cerrado (as raízes alcançam 18 m de comprimento em direção ao lençol freático).

- Estados de Minas Gerais, Goiás, Mato Grosso, Mato Grosso do Sul, Tocantins e São Paulo.

> ### Anote!
> Nas plantas do cerrado, podem ser encontradas diversas estruturas subterrâneas, tais como bulbos, rizomas, tubérculos e xilopódios. Estes últimos, dotados de substâncias de reserva, correspondem a estruturas de natureza caulinar ou radicular, dos quais surgem raízes que podem ou não se aprofundar, bem como folhas e inflorescências, que se exteriorizam.

Cerrados: árvores com troncos retorcidos e cascas espessas.

J. M. V. FRANCO

De olho no assunto!

A dieta do lobo-guará e os cerrados

Embora seja um animal de ampla distribuição geográfica no Brasil, abrangendo desde o extremo sul da bacia amazônica, partes do semiárido nordestino, passando pelo Pantanal Mato-grossense e indo até o Rio Grande do Sul, é nos campos abertos e cerrados que o lobo-guará é mais afamado. Nesses locais, é injustamente acusado de devorar animais de criação, o que foi desmentido em brilhante artigo publicado na revista *Ciência Hoje*, de agosto de 2002, de autoria de pesquisadores do Laboratório de Ecologia Trófica do Departamento de Ecologia da Universidade de São Paulo.

De acordo com os autores, "... trata-se de um animal solitário na maior parte do ano, excetuando a época da reprodução, quando ocorre a formação do casal. Tem o hábito de percorrer grandes distâncias dentro de sua área de vida, que pode variar de 22 km² a 132 km², caçando durante os períodos crepuscular e noturno".

A partir da análise das fezes desses canídeos colhidas em diversos ecossistemas, entre os quais o Parque Nacional da Serra da Canastra, MG, percebeu-se que a dieta do lobo-guará é extremamente diversificada, constituindo-se de derivados vegetais (entre eles os frutos da lobeira, da gabiroba, de araçás e de goiabeiras), insetos (gafanhotos, grilos, besouros, vespas, formigas), peixes, sapos, lagartos, cobras, aves (perdizes, codornas, inhambus, entre outros), mamíferos (cuícas, gambás, tatus, cutias, pacas, veados e, principalmente, ratos e preás). Constatou-se que a caça de galinhas é baixíssima, não havendo nenhum registro de predação de outras criações.

Os pesquisadores constataram que a grande maioria dos itens consumidos pelo lobo-guará ocorre no cerrado, motivo pelo qual sugerem que a conservação desse tipo de bioma é importante para a sobrevivência da espécie que, por sinal, está relacionada na lista dos animais ameaçados de extinção.

Fonte: Fama Injusta. *Ciência Hoje*, Rio de Janeiro, v. 31, n. 185, p. 71, ago. 2002.

Mata Atlântica: bioma devastado.

FABIO COLOMBINI

Mata Atlântica

- Vegetação exuberante que lembra a Floresta Amazônica. Árvores altas, higrofitismo.
- Região úmida em função dos ventos que sopram do mar. Pluviosidade intensa (na cidade de Itapanhaú, SP, chove cerca de 4.500 mm/ano, ou seja, chove praticamente todos os dias).
- Região devastada. Área original: 1.000.000 km² (15% do território nacional). Hoje, apenas 7%.
- Vegetais típicos: manacá-da-serra, cambuci, guapuruvu, angico, suinã, ipê-roxo, pau-brasil.
- Região costeira do Rio Grande do Norte até o sul do Brasil.

Manguezal: santuário ecológico.

Manguezal

- Faixa estreita paralela ao litoral.
- Vegetação composta de poucas espécies. Adaptações à falta de O_2 e ao alto teor de água no solo. Raízes respiratórias (pneumatóforos). Caules de escora.

Anote!

Recentemente, a Professora Dra. Nanuza Luiza de Menezes, da USP, demonstrou que as "raízes" de sustentação de *Rhizophora mangle* não são raízes de escora. São, na verdade, caules modificados. Assim, seria melhor denominá-las de **caules de sustentação**.

FABIO COLOMBINI

Pampas

- Vegetação constituída predominantemente por gramíneas. Pastagens.
- Distribuição regular de chuvas.
- Estações bem demarcadas.
- Estado do Rio Grande do Sul.

Mata de Araucárias

- Vegetação constituída por árvores altas (pinheiro-do-paraná), arbustos (samambaias, xaxim) e gramíneas.
- Temperaturas baixas no inverno.
- Chuvas abundantes.
- Região intensamente devastada nos últimos anos (atualmente, a porcentagem de matas preservadas não chega a 2%, sendo que esse índice já foi de 60%!).
- Estados do Paraná, de Santa Catarina e do Rio Grande do Sul.

Complexo do Pantanal

- Vegetação adaptada a solos encharcados. Fauna abundante.
- Região constituída de áreas de cerrados, florestas secas e zonas alagadas.
- 4,5% do território nacional (393.000 km^2).
- Vegetais típicos: guatambu, jenipapo, pau-de-novato, carandá (palmeira), guaçatonga, ingá.
- Região Centro-Oeste do Brasil.

Pampas: a uniformidade da vegetação.

Mata de Araucárias: a mata original de pinheiros hoje está muito reduzida.

Complexo do Pantanal: a maravilha da natureza.

A exuberância da Floresta Amazônica.

Floresta Amazônica

- Vegetação densa, distribuída por diversos andares ou estratos. Plantas higrófitas. Folhas amplas e brilhantes. O estrato herbáceo é constituído por plantas de pequeno porte que vivem em condições de baixa luminosidade. No segundo estrato, encontram-se arbustos e pequenas palmeiras. A seguir, dois estratos arbóreos intercalados. O último estrato é o das *lianas*, constituído por epífitas (bromélias, orquídeas, musgos e samambaias) e trepadeiras (filodendros).
- Solos geralmente rasos (parte fértil do solo pouco espessa), bem drenados, intensamente lixiviados e ácidos, pobres em nutrientes, do tipo arenoargilosos. Algumas manchas de solo com terra preta (conhecida como terra de índio), humoso e rico em nutrientes.
- Temperatura regularmente elevada. Pluviosidade intensa.
- Grande quantidade de nichos ecológicos. Riqueza em espécies vegetais (cerca de 2.500). Elevada produtividade bruta: cerca de 30 toneladas/ha/ano.
- Elevada intensidade de decomposição de matéria orgânica no solo, gerando nutrientes que são rapidamente absorvidos pela vegetação, constituindo um ciclo de decomposição/absorção extremamente dinâmico. Por isso, a remoção da floresta para fins agrícolas é prejudicial e conduz o solo ao empobrecimento.
- 40% do território brasileiro (3.500.000 km²).
- Vegetais típicos: cacau, castanha-do-pará, cupuaçu, guaraná, jatobá, maçaranduba, seringueira, mogno, sumaúma.
- Estados do Acre, Amazonas, Pará, de Rondônia, do Amapá e de Roraima.

Zona de Cocais: babaçu e carnaúba.

Zona de Cocais

- Temperatura média anual elevada.
- Vegetais típicos: palmeiras tipo babaçu e carnaúba.
- Chuvas abundantes.
- Estados do Maranhão e Piauí.

De olho no assunto!

Hotspots

O conceito *hotspot* foi criado em 1988 pelo ecólogo inglês Norman Myers para resolver um dos maiores dilemas dos conservacionistas: quais as áreas mais importantes para preservar a biodiversidade na Terra?

Ao observar que a biodiversidade não está igualmente distribuída no planeta, Myers procurou identificar quais as regiões que concentravam os mais altos níveis de biodiversidade e onde as ações de conservação seriam mais urgentes. Ele chamou essas regiões de *hotspots*.

Hotspot é, portanto, toda área prioritária para conservação, isto é, de alta biodiversidade e ameaçada no mais alto grau. É considerada *hotspot* uma área com pelo menos 1.500 espécies endêmicas de plantas e que tenha perdido mais de três quartos de sua vegetação original. (...)

No Brasil há dois *hotspots*: a Mata Atlântica e o Cerrado. Para estabelecer estratégias de conservação dessas áreas, a Conservação Internacional Brasil (CI-Brasil) colaborou com o Projeto de Ações Prioritárias para a Conservação da Biodiversidade dos Biomas Brasileiros, do Ministério do Meio Ambiente. Centenas de especialistas e representantes de várias instituições trabalharam juntos para identificar áreas prioritárias para a conservação do Cerrado (em 1998) e da Mata Atlântica (em 1999).

Confira a localização das 34 áreas *hotspots* no mapa abaixo.

① Mata Atlântica (Brasil, Paraguai e Argentina)
② Província Florística da Califórnia
③ Província Florística do Cabo (África do Sul)
④ Ilhas do Caribe
⑤ Cáucaso
⑥ Cerrado (Brasil)
⑦ Chile Central – Florestas Valdívias
⑧ Florestas costeiras da África Oriental
⑨ Ilhas da Melanésia Oriental
⑩ Montanhas do Arco Oriental
⑪ Floresta da Guiné (África Ocidental)
⑫ Himalaia
⑬ Chifre da África
⑭ Regiões da Indo-Birmânia
⑮ Região Irano-Anatólico
⑯ Japão
⑰ Madagascar e Ilhas do Oceano Índico
⑱ Floresta de Pinho-Encino de Sierra Madre (México, EUA)
⑲ Maputaland-Pondoland-Albany (África do Sul, Suazilândia, Moçambique)
⑳ Bacia do Mediterrâneo
㉑ Mesoamérica (Costa Rica, Nicarágua, México, Honduras, El Salvador, Guatemala, Belize)
㉒ Montanhas da Ásia Central
㉓ Montanhas do Centro-Sul da China
㉔ Nova Caledônia
㉕ Nova Zelândia
㉖ Filipinas
㉗ Ilhas da Polinésia e Micronésia (incluindo Hawai)
㉘ Sudeste da Austrália
㉙ Karoo das Plantas Suculentas (África do Sul, Namíbia)
㉚ Sunda (Indonésia, Malásia e Brunei)
㉛ Andes Tropicais
㉜ Tumbes-Chocó-Magdalena (Panamá, Colômbia, Equador e Peru)
㉝ Wallacea (Indonésia)
㉞ Ghats Ocidentais (Índia e Sri Lanka)

Disponível em: <http://www.conservation.org.br/como/index.php?id=8>.
Acesso em: 25 ago. 2012.

Ética & Sociedade

Animais em via de extinção

O crescimento da população humana mundial é uma realidade. Outra realidade é a necessidade cada vez maior de espaço para satisfazer as exigências de sobrevivência de nossa espécie. Os desmatamentos e a conquista de espaço fatalmente conduzem à eliminação de *habitats* anteriormente ocupados por inúmeras espécies. É conhecido o exemplo dos bisões americanos, dizimados pelos colonizadores. Hoje, essa espécie existe praticamente apenas em zoológicos ou áreas protegidas.

No Brasil, a situação não é diferente. A Mata Atlântica, por exemplo, possui hoje apenas cerca de 7% de sua formação original. É evidente que sua fauna corre riscos incalculáveis. Mas a Mata Atlântica não é o único ambiente brasileiro com risco de extinguir sua fauna, conforme se vê no mapa abaixo.

Fonte: INSTITUTO BRASILEIRO DE GEOGRAFIA E ESTATÍSTICA. *Fauna Ameaçada de Extermínio.* Rio de Janeiro: IBGE, 1997.

- **Mutum-do-nordeste:** os últimos exemplares dessa ave vivem hoje no litoral de Alagoas. Alguns biólogos estão tentando reproduzi-la em cativeiro, para garantir a sobrevivência da espécie.

- **Pica-pau-de-cara-amarela:** os poucos sobreviventes são encontrados nas matas gaúchas. Com o desmatamento, perdem sua principal fonte de alimentação, as sementes das árvores.

- **Mono-carvoeiro:** o maior macaco do Brasil. É originário da Mata Atlântica. Atualmente restam apenas cerca de cem desses animais no Estado do Rio de Janeiro.

■ Identifique no mapa acima que espécies animais estão ameaçadas de extinção no estado em que você vive. Que políticas públicas poderiam ser adotadas para a sobrevivência dessas espécies?

- **Cervo-do-pantanal:** animal dócil e grandalhão, torna-se um alvo fácil para os caçadores em busca de sua galhada, usada como decoração.

- **Mico-leão-dourado:** com a redução da Mata Atlântica, perdeu seu *habitat* natural. Restam algumas centenas na reserva de Poço das Antas, no Estado do Rio de Janeiro.

- **Ararinha-azul:** cobiçada no mercado internacional por sua plumagem. Há apenas cerca de cinquenta desses animais, vivendo no Piauí e na Bahia.

- **Onça-pintada:** encontrada no Pantanal, desaparece da região devido à caça indiscriminada. Sua pele tem cotação em dólares no mercado internacional.

Biomas e fitogeografia do Brasil **299**

Outras espécies ameaçadas:
- Tatu-canastra
- Sagui-branco
- Jaguatirica
- Macaco-de-cheiro
- Macaco-barrigudo
- Onça-parda (sussuarana)
- Tatu-bola
- Gato-maracajá
- Tamanduá-bandeira
- Mico-leão-da-cara-preta
- Veado-campeiro
- Lobo-guará

Maria-leque.

Tamanduá-bandeira.

Filhote de jaguatirica.

Passo a passo

Certas regiões da Terra possuem o mesmo tipo de formação ecológica, com climas semelhantes, temperaturas parecidas e praticamente o mesmo índice de precipitação pluviométrica (chuva). Nessas regiões, tipos parecidos de vegetação e de fauna são encontrados, embora não as mesmas espécies.

Utilize o texto e a ilustração a seguir para responder às questões de **1** a **5**.

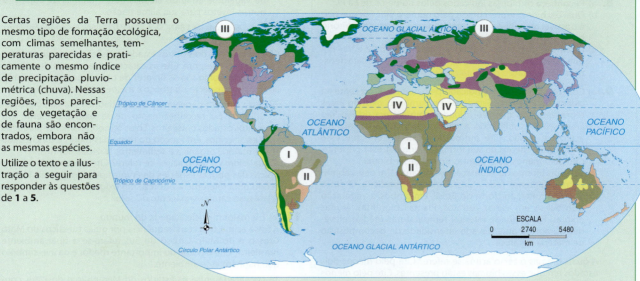

1. a) A que conceito ecológico o texto acima está relacionado?
b) A que tipo de ambiente – terrestre ou aquático – esse conceito está mais relacionado?

2. O mesmo tipo de formação ecológica pode ser encontrado em regiões da Terra com as mesmas características climáticas. Em alguns países da África e em alguns estados brasileiros, esse tipo de formação ecológica possui vegetação de aspecto semelhante, embora a fauna seja própria de cada país.
a) A que bioma o texto acima se refere?
b) No Brasil, a formação ecológica que pertence a esse bioma recebe outra denominação. Qual é essa denominação?

3. a) Em 2010, foi publicado um trabalho por Beer *et al.*, na revista *Science*, Washington, n. 329, páginas 834-838, em que se estimou a distribuição global do fluxo de carbono. As regiões indicadas pelos números I, II e III foram as que mostraram alta, média e baixa absorção de carbono. A que biomas essas três regiões se referem?
b) As formações ecológicas indicadas pelo número I no mapa, além de pertencerem ao mesmo bioma, possuem algumas características semelhantes. Cite pelo menos duas delas.

4. Taiga e floresta decídua temperada são biomas típicos do hemisfério Norte, localizados em regiões de latitude elevada. Com relação a esses biomas:
a) Qual a formação vegetal arborescente típica, comumente encontrada no bioma taiga? Cite pelo menos dois animais mamíferos típicos desse bioma.
b) O que significa dizer que a vegetação da floresta decídua temperada é estratificada? Por que se diz que a principal característica da vegetação dessa floresta é a caducidade das folhas?

5. a) Qual o bioma indicado pelo número IV no mapa? Cite características típicas, relacionadas à precipitação pluviométrica, temperatura e vegetação, nesse bioma. Cite pelo menos duas adaptações presentes nos vegetais que vivem nesses biomas, relacionadas às carências hídricas desses ambientes.
b) Comparando a vegetação das savanas com a dos campos e estepes, chama a atenção uma importante diferença, relativa aos estratos da vegetação. Qual é essa diferença?

Com base no texto a seguir, responda às questões **6** e **7**.

De toda a água que existe no planeta Terra, ela é mais abundante no ambiente marinho. A vastidão dos mares e oceanos leva-nos a fazer uma divisão arbitrária de ambientes ou regiões, denominadas, respectivamente, infralitoral, mesolitoral e supralitoral. Por outro lado, os habitantes do mar fazem parte de diferentes comunidades, constituindo, na verdade, divisões da comunidade maior que existe nos oceanos.

6. a) Cite a principal característica do ambiente marinho, relativa à temperatura da água e a interferências climáticas.
b) Caracterize em poucas palavras o significado de infralitoral, mesolitoral e supralitoral.

7. Relativamente aos habitantes marinhos citados no texto:
a) Conceitue os termos: plâncton, fitoplâncton, zooplâncton, bentos (fixo e móvel) e nécton.
b) Cite exemplos de seres vivos que pertencem a cada uma dessas comunidades.
c) A existência do fitoplâncton é restrita à zona eufótica marinha. Qual é o significado de zona eufótica? Por que o fitoplâncton é restrito à zona eufótica?

O mapa a seguir esquematizado, que mostra a distribuição tradicional e supostamente original dos biomas brasileiros, servirá para responder às questões de **8** a **11**.

Biomas e fitogeografia do Brasil **301**

8.
a) Reconheça os biomas indicados pelos números de I a IV.
b) Qual é o bioma representado pelo número VIII? Por que não é possível reconhecer com precisão esse bioma no território brasileiro? Justifique a sua resposta.
c) Quais são os biomas indicados pelos números V e VII? Em que estados brasileiros estão presentes? Quais as características da vegetação presente nesses biomas?

9.
a) Com relação ao bioma indicado pelo número II, presente na cidade de Petrolina, Estado de Pernambuco, existem áreas representativas que são irrigadas com a água do Rio São Francisco, possibilitando a criação de plantas de manga, acerola e melão. Cite outros dois Estados em que esse bioma, pelo menos na sua formação original, está presente. Cite pelo menos duas plantas típicas desse bioma.
b) São dois biomas de vegetação exuberante. Um deles abrange praticamente toda a costa atlântica brasileira. O outro abrange a Região Norte do Brasil. Em ambos, a vegetação distribui-se em vários estratos. Plantas higrófitas. Muitas epífitas. Pluviosidade intensa. Temperaturas médias elevadas durante o ano. Elevada intensidade de decomposição de matéria orgânica.

A quais biomas o texto acima se refere? Cite pelo menos dois estados em que esses biomas estão presentes. Cite pelo menos dois vegetais arbóreos típicos desses biomas.

10.
a) No Parque Nacional das Emas, uma reserva de Cerrado localizada no Estado de Goiás, a observação da fauna é favorecida, pois a região é bem plana. Veados, tamanduás, seriemas e até o lobo-guará podem ser vistos. À noite, essa região do Cerrado fica toda iluminada. É que os cupinzeiros lembram árvores-de-natal, com as pequenas larvas (formas jovens) de vagalume atraindo aleluias (reis e rainhas de cupins) e outros insetos para sua alimentação.

Adaptado de: FRANCO, J. M. V.; UZUNIAN, A. *Cerrado Brasileiro*. 2. ed. São Paulo: HARBRA, 2010. p. 59.

Cite pelo menos dois outros estados brasileiros em que o bioma cerrado está presente. Cite as características típicas do solo de um cerrado. Como são as árvores de um cerrado típico, quanto ao tamanho, aspecto do tronco e a espessura da casca?

b) Faixa estreita paralela ao litoral atlântico é a característica utilizada no reconhecimento desse bioma, presente em muitos estados brasileiros. Solos temporariamente alagados e escurecidos, em função do ritmo das marés e da chegada de matéria orgânica e sedimentos trazidos por rios.

A qual bioma o texto acima se refere? Cite as duas adaptações típicas das poucas espécies de árvores presentes nesse bioma, sendo uma referente à pobreza em oxigênio no solo e a outra relativa ao caráter lamacento do solo.

11.
a) É a maior planície alagada do mundo.
A frase acima, dita com frequência por guias turísticos do Mato Grosso e do Mato Grosso do Sul, refere-se a qual ambiente brasileiro? Cite o nome do importante roedor e da ave-símbolo que habitam esse ambiente.
b) Localizada entre os Estados do Maranhão e do Piauí, considerada área de transição entre a Floresta Amazônica e a caatinga. Temperatura média anual elevada, chuvas frequentes e vegetação típica, representada por duas espécies de palmeiras de importância econômica.

A qual bioma o texto se refere? Cite os nomes das duas espécies de palmeiras presentes nesse bioma e a respectiva importância econômica decorrente da extração de seus derivados.

12. *Questão de interpretação de texto*
O mapa atual do Brasil, reproduzido a seguir, mostra rotas percorridas por algumas bandeiras paulistas no século XVII. Utilize-o para responder aos itens a seguir.

Fonte: ARRUDA, J. J. de. *Atlas Histórico* São Paulo, 1989. Adaptado.

a) Na época das bandeiras, o ponto de partida dos bandeirantes era coberto por uma formação florestal típica de um bioma brasileiro. Qual é esse bioma?
b) Considerando o trajeto descrito no mapa, indique o bioma cuja área era constituída de campos e vegetação esparsa, com períodos prolongados de seca alternados com períodos de chuva intensa.
c) Imaginando que os bandeirantes seguissem viagem rumo ao Nordeste e, depois, ao Norte, quais biomas seriam por eles visitados?

Questões objetivas

1. (UNICAMP – SP) O mapa abaixo mostra a distribuição global do fluxo de carbono. As regiões indicadas pelos números I, II e III são, respectivamente, regiões de alta, média e baixa absorção de carbono.

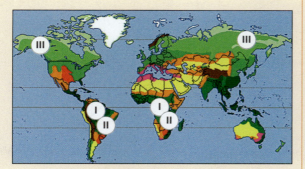

Extraído de: BEER et al. Science, 329: 834-838, 2010.

Considerando-se as referidas regiões, pode-se afirmar que os respectivos tipos de vegetação predominante são:

a) I – floresta tropical; II – savana; III – tundra e taiga.
b) I – Floresta Amazônica; II – plantações; III – floresta temperada.
c) I – Floresta tropical; II – deserto; III – floresta temperada.
d) I – Floresta temperada; II – savana; III – tundra e taiga.

2. (UFMS) O Cerrado, que é o segundo maior bioma brasileiro, ocupa aproximadamente 2 milhões de hectares e apresenta grande biodiversidade, devido principalmente à influência de outros biomas com os quais mantém contato (Floresta Amazônica, Floresta Atlântica, caatinga, matas secas e pantanal). Entretanto, o cerrado vem sofrendo com grandes desmatamentos desde a década de 70, uma vez que não é protegido por lei, e sua área plana fez com que fosse considerado o local ideal para o desenvolvimento de grandes culturas e pastagens. Assim, o cerrado sempre foi visto como uma fronteira agropastoril, onde, através da correção do solo ácido, tudo se produz.

Com relação ao aspecto geral da vegetação do cerrado, indique as alternativas corretas e dê sua soma ao final.

(01) Apresenta árvores altas, de tronco retilíneo e com casca lisa.
(02) Apresenta árvores baixas, com tronco retorcido e casca grossa como proteção ao fogo.
(04) As folhas são grandes e membranáceas, para realizar maior quantidade de fotossíntese.
(08) As raízes são superficiais para facilitar a sua fixação.
(16) As folhas são pequenas e coriáceas, para evitar a transpiração excessiva.
(32) As raízes são profundas para facilitar a absorção de água.

3. (UFSM – RS) Leia a charge:

Ao considerar a charge como uma forma artística de expressão, a figura refere-se a uma das principais formações vegetais do Brasil: o cerrado.
Nele,
I – a característica da vegetação está relacionada com estratos arbóreos, formando uma cobertura contínua que abriga diversas espécies de epífitas, além de bambus, palmeiras e samambaias.
II – a vegetação está composta por dois estratos de plantas: um, arbóreo, com árvores de pequeno porte retorcidas e esparsas, e outro, herbáceo, de gramíneas ou vegetação rasteira.
III – as atividades agropecuárias promovem a devastação, cujas causas principais são o desmatamento e as queimadas para a incorporação de novas áreas para a agricultura comercial.

TERRA, L.; ARAÚJO, R.; GUIMARÃES, R. B. *Conexões*: estudos de geografia do Brasil. São Paulo: Moderna, 2009. p. 192.

Está(ão) correta(s):

a) apenas I.   b) apenas I e II.   c) apenas III.   d) apenas II e III.   e) I, II e III.

4. (UFC – CE) A caatinga ocupa cerca de 10% do território nacional e corresponde a um dos principais biomas brasileiros. Assinale a alternativa que apresenta as características desse bioma.

a) Baixos índices pluviométricos e presença de plantas xeromórficas.
b) Clima desértico e plantas com folhas finas e largas.
c) Solos arenosos e árvores com raízes tabulares.
d) Baixos índices de evaporação e caducifolia na estação seca.
e) Grandes variações na temperatura média anual e abundância de cactáceas.

5. (UFRN) "A caatinga cobre aproximadamente 825.143 km² do Nordeste e parte do Vale do Jequitinhonha, em Minas Gerais, apresentando planícies e chapadas baixas. A vegetação é composta de vegetais lenhosos, misturados com grande número de cactos e bromélias. A secura ambiental, pelo clima semiárido, e sol inclemente impõem hábitos noturnos ou subterrâneos. Répteis e roedores predominam na região. Entre as mais belas aves estão a arara-azul e o acauã, um gavião predador de serpentes."

Disponível em: <http://ambientes.ambientebrasil.com.br/ ecoturismo/potencial_ecoturistico_brasileiro/potencial_ecoturistico_brasileiro.html>.
Acesso em: 11 ago. 2011.

Sobre os aspectos ecológicos dos organismos citados no texto, pode-se afirmar que

a) o nicho ecológico do gavião está definido pelo seu papel de predador.
b) os vegetais lenhosos, cactos e as bromélias formam uma população.
c) os répteis e os roedores se alimentam de cactos e bromélias.
d) o nicho ecológico da arara-azul e do acauã é o mesmo nesse hábitat.

Biomas e fitogeografia do Brasil **303**

6. (FUVEST – SP) No mapa atual do Brasil, reproduzido ao lado, foram indicadas as rotas percorridas por algumas bandeiras paulistas no século XVII.

Adaptado de: ARRUDA, J. J. de. *Atlas Histórico*. Editora Ática, 1989.

Nas rotas indicadas no mapa, os bandeirantes

a) mantinham-se, desde a partida e durante o trajeto, em áreas não florestais. No percurso, enfrentavam períodos de seca, alternados com outros de chuva intensa.
b) mantinham-se, desde a partida e durante o trajeto, em ambientes de florestas densas. No percurso, enfrentavam chuva frequente e muito abundante o ano todo.
c) deixavam ambientes florestais, adentrando áreas de campos. No percurso, enfrentavam períodos muito longos de seca, com chuvas apenas ocasionais.
d) deixavam ambientes de florestas densas, adentrando áreas de campos e matas mais esparsas. No percurso, enfrentavam períodos de seca, alternados com outros de chuva intensa.
e) deixavam áreas de matas mais esparsas, adentrando ambientes de florestas densas. No percurso, enfrentavam períodos muito longos de chuva, com seca apenas ocasional.

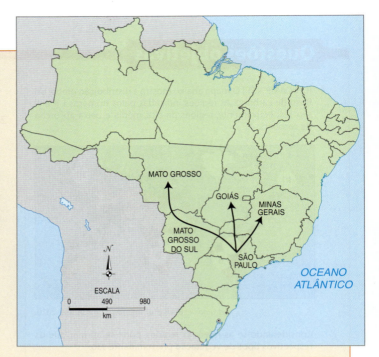

7. (UDESC) As florestas cobrem 31% de toda a área terrestre do planeta e têm responsabilidade direta na garantia da sobrevivência de 1,6 bilhão de pessoas e de 80% da biodiversidade terrestre. Pela importância que têm para o planeta, elas merecem ser mais preservadas e valorizadas, por isso a ONU declarou 2011 o Ano Internacional das Florestas.

Analise as proposições abaixo, em relação às florestas:

I – A Floresta Atlântica é uma floresta tropical de clima quente e úmido distribuída ao longo do litoral brasileiro.
II – A Floresta Amazônica é a maior floresta tropical do mundo e está situada no norte da América do Sul.
III – A mata de araucárias é um tipo de floresta subtropical onde predomina o pinheiro-do-paraná.
IV – Na Floresta Atlântica há o predomínio de cactáceas e gramíneas de pequeno porte, e poucas árvores e arbustos.

Assinale a alternativa **correta**.

a) ( ) Somente as afirmativas I, III e IV são verdadeiras.
b) ( ) Somente as afirmativas II e IV são verdadeiras.
c) ( ) Somente as afirmativas I, II e III são verdadeiras.
d) ( ) Somente as afirmativas I, II e IV são verdadeiras.
e) ( ) Todas as afirmativas são verdadeiras.

8. (UDESC) Analise as seguintes proposições a respeito dos biomas brasileiros.

I – A Floresta Amazônica é a maior floresta tropical do mundo, com árvores de grande porte, cipós e epífitas.
II – A Mata Atlântica é uma floresta tropical situada ao longo da costa brasileira. É rica em espécies animais e vegetais e encontra-se em alto grau de conservação.
III – A caatinga é uma região de clima semiárido, no Nordeste, com xerófitas (cactáceas), sendo a desertificação a principal ameaça a esse ecossistema.
IV – O cerrado, no Brasil central, é um campo com árvores esparsas, de caules tortuosos e raízes profundas.
V – Os pampas, no Rio Grande do Sul, possuem a vegetação dominante de babaçu, carnaúba e buriti.

Assinale a alternativa **correta**.

a) ( ) Somente as afirmativas I, III e IV são verdadeiras.
b) ( ) Somente as afirmativas I, II e V são verdadeiras.
c) ( ) Somente as afirmativas II e III são verdadeiras.
d) ( ) Somente as afirmativas IV e V são verdadeiras.
e) ( ) Somente a afirmativa II é verdadeira.

9. (UFRGS – RS) O código florestal brasileiro protege a vegetação ribeirinha situada à margem dos cursos d'água, inclusive à dos menores córregos.

Com relação a essas comunidades vegetais, assinale com **V** (verdadeiro) ou **F** (falso) as afirmações que seguem.

( ) Elas contribuem para o controle da erosão e para a retenção de agroquímicos que podem ser carreados para a água.
( ) Elas constituem nichos ecológicos para espécies animais e vegetais que se podem desenvolver na interface desses sistemas terrestres e aquáticos.
( ) Elas exercem a função de corredores ecológicos, impedindo o fluxo gênico entre comunidades distantes.
( ) Elas se propagam predominantemente por estaquia.

A sequência correta de preenchimento dos parênteses, de cima para baixo, é

a) F – V – F – V.   c) V – V – F – F.   e) F – V – V – F.
b) F – F – V – V.   d) V – F – V – F.

10. (UDESC) Em 1992, a Conferência das Nações Unidas sobre Meio Ambiente e Desenvolvimento (conhecida como ECO-92), ocorrida no Rio de Janeiro, estabeleceu que os países pobres devem ser compensados na proteção de suas florestas e que os recursos financeiros obtidos não precisam ser usados diretamente nas áreas florestais, podendo ser utilizados para acabar com as causas da devastação.

Assinale a alternativa **correta**, em relação à informação.

a) ( ) A declaração garante o acesso dos produtos florestais ao mercado externo e assegura o direito de cada país explorar seus recursos de acordo com a sua própria política ambiental; por exemplo, são utilizados os créditos de carbono e o biodiesel.
b) ( ) Os países ricos devem ser compensados pelos prejuízos naturais advindos da devastação de suas florestas, sem no entanto comprometerem os recursos financeiros por elas gerados.
c) ( ) A declaração garante o acesso dos produtos florestais ao mercado externo e obriga cada país a explorar seus recursos de acordo com a política ambiental assinada durante a conferência.
d) ( ) Os povos florestais devem ficar alheios às decisões de desenvolvimento sustentável constantes na política ambiental.
e) ( ) A declaração estabelecida na ECO-92 tem força de lei e foi assinada por todos os países do mundo.

11. (UFPE) O novo código florestal, proposto no congresso nacional brasileiro, diminui de 30 m para 15 m a proteção das margens dos riachos com mais de 5 m de largura, nas áreas de proteção permanente (APPs). Sobre os problemas enfrentados para garantir a conservação e preservação ambiental, considere as alternativas abaixo:

(0) Manguezais, como os que entrecortam a cidade do Recife, não são consideradas áreas de proteção permanente, pois abrigam uma pobre diversidade biológica.

(1) uma exploração econômica sustentável, mesmo nas margens de rios e nascentes de áreas de proteção permanente, não provoca danos ambientais e, portanto, deveria ser estimulada.

(2) queimadas para produção de pastos eliminam sais minerais no solo, que seriam absorvidos nas raízes das plantas e transportados através do floema para as partes aéreas.

(3) caso o descarte de resíduos de indústrias em fontes de água potável provoque a extinção de um organismo consumidor primário em uma cadeia alimentar, seus consumidores secundários e terciários também poderão ser afetados.

(4) a cultura de plantas *in vitro* com adição de fitormônios como, por exemplo, as auxinas, que estimulam o desenvolvimentos dos frutos, pode ser uma forma de preservar espécies de plantas ameaçadas.

Questões dissertativas

1. (UNESP) Basta lembrar que todas as grandes nascentes do Brasil, como as dos rios São Francisco e Amazonas e da Bacia do Paraná, estão em áreas de cerrado. Elas existem porque o Cerrado, pelas características da própria vegetação (…) e solo (…), retém grande quantidade de água. Por isso, por exemplo, a substituição artificial do cerrado do Brasil Central por algum tipo de agricultura, principalmente uma monocultura, pode comprometer – e muito – a reposição da água subterrânea que mantém essas nascentes.

Osmar Cavassan. *Jornal UNESP*, Nov. 2010. Adaptado.

Cite uma característica das árvores e arbustos do cerrado que permita a essa vegetação acesso à água, e explique por que algumas monoculturas poderiam comprometer a reposição da água subterrânea nesse bioma.

2. (UNIFESP) Leia o texto.

É uma floresta em pedaços. Segundo estimativas recentes, restam de 11% a 16% de sua cobertura original, a maior parte na forma de fragmentos com menos de 50 hectares de vegetação contínua, cercados de plantações, pastagens e cidades. Há tempos se sabe que essa arquitetura desarticulada dificulta a recuperação da floresta, uma das 10 mais ameaçadas do mundo. Pesquisadores coletaram informações sobre a abundância e a diversidade de anfíbios, aves e pequenos mamíferos em dezenas de trechos no Planalto Ocidental Paulista, as terras em declive que se estendem da Serra do Mar rumo a oeste e ocupam quase a metade do estado. Ao comparar os dados, os pesquisadores observaram quedas dramáticas na biodiversidade dos fragmentos.

Pesquisa Fapesp, maio 2011. Adaptado.

Responda:

a) Qual o nome do bioma brasileiro a que se refere o texto? Cite uma característica deste bioma quanto ao regime hídrico e uma característica relativa aos aspectos da flora.

b) O texto faz referência às terras em declive que se estendem da Serra do Mar rumo a oeste. Rumo a leste, quais são os outros dois ecossistemas terrestres que estão presentes?

3. (UFJF – MG) A Universidade Federal de Juiz de Fora (UFJF) adquiriu, em 2009, uma grande área de floresta urbana (Sítio Malícia – Mata do Krambeck) no município de Juiz de Fora, para implantação de seu Jardim Botânico. Grande parte dessa área, que no passado (há pelo menos 50 anos) era cafezal e pasto bovino, está ocupada, hoje, por cerca de 800.000 m² de floresta nativa, originada a partir do abandono dessas atividades agrícolas. Considerando a localização da área e os processos ecológicos que atuaram na regeneração florestal, responda às questões:

a) Essa área está inserida em qual bioma brasileiro?

b) Qual tipo de sucessão ecológica ocorreu na regeneração florestal da área? Justifique.

c) Considerando a grande pressão exercida pelo homem nas florestas naturais, especialmente próximas a ambientes urbanos, cite DOIS aspectos que ressaltam a importância dessa área como unidade de preservação.

4. (UNESP) A revista *Veja*, em um número especial sobre a Amazônia, publicou em 2008 uma matéria de onde foi extraído o seguinte trecho:

Uma boa medida para diminuir a pressão sobre as matas seria mudar a lei e permitir que sejam plantadas espécies exóticas, como o eucalipto, nas propriedades que desmataram além do limite de 20%. "Reflorestar com árvores exóticas dá retorno econômico e é tecnicamente viável", diz Francisco Graziano, secretário do Meio Ambiente de São Paulo.

Além dos aspectos econômicos e técnicos tratados no texto, cite uma vantagem e uma desvantagem, do ponto de vista ecológico, de se recuperar áreas desmatadas da região amazônica com espécies vegetais exóticas.

Programas de avaliação seriada

1. (PAS – UFLA – MG) Nas cactáceas, as folhas podem ter aparência de espinhos, estruturas geralmente lignificadas que apresentam tecido vascular. Nesses vegetais, essas folhas modificadas (espinhos) têm a função de

a) proteger as gemas.
b) reduzir a transpiração.
c) realizar a fotossíntese.
d) acumular substâncias nutritivas.

2. (PEIES – UFSM – RS) Considerando os biomas do planeta e os fatores que afetam os ecossistemas, assinale a afirmativa correta.

a) A corrente do Golfo, uma importante corrente marinha, leva água aquecida da região do equador até a costa pacífica da América do Sul.

b) Nas regiões equatoriais, o ar, fortemente aquecido pelo calor que irradia do sol, sobe e gera uma zona de alta pressão atmosférica, contribuindo para a formação de desertos.

c) Regiões do planeta com alta precipitação e altas temperaturas tendem a apresentar florestas tropicais como vegetação; um exemplo é a Mata Atlântica na América do Sul.

d) No Brasil, o cerrado (um tipo de savana) tem alto índice pluviométrico devido às "chuvas de encosta", causadas pelas montanhas que barram a passagem das nuvens.

e) O bioma pampa é um tipo de pradaria, com predomínio de gramíneas, que ocorre em áreas de planalto.

Biomas e fitogeografia do Brasil **305**

(PSIU – UFPI) Leia o texto a seguir e responda às questões **3** e **4**.

"**Cipó-caboclo** tá subindo na **virola**, chegou a hora do **pinheiro** balançar, sentir o cheiro do mato, da **imburana**, descansar, morrer de fome na sombra da **barriguda**. De nada vale tanto esforço pro meu canto, pra nosso espanto tanta mata haja, vão matar, tal **Mata Atlântica** e a próxima **Amazônia** arvoredos seculares impossível replantar. Que triste cina teve o **cedro** nosso primo, desde menino que eu nem gosto de falar, depois de tanto sofrimento seu destino virou tamborete, mesa, cadeira, balcão de bar, quem por acaso ouviu falar na **sucupira**, parece até mentira que o **jacarandá**, antes de virar poltrona, porta, armário, morar no dicionário vida eterna milenar (...)."

Matança, Jatobá (adaptado em prosa, grifos nossos).

3. No Brasil, encontramos diversos biomas, dos quais os mais explorados são a Mata Atlântica e a Floresta Amazônica, como denuncia Jatobá em sua música, que tem um trecho transcrito acima. Para a Mata Atlântica, calcula-se que restam apenas 5% das florestas costeiras que havia por ocasião da chegada dos primeiros colonizadores. Com relação a esse bioma, assinale V, para verdadeiro, ou F, para falso.

1 ( ) A Mata Atlântica apresenta uma das maiores biodiversidades do planeta. Justamente pela ameaça que sofre e por sua imensa riqueza, com alto grau de endemismo, a Mata Atlântica, desde 1999, foi classificada como um dos 25 *hotspots* do mundo para conservação.

2 ( ) A ameaça de extinção de algumas espécies ocorre porque existe pressão do extrativismo predatório sobre determinadas espécies de valor econômico, como também existe pressão sobre seus *habitats*, seja por exploração imobiliária, seja pela prática de transformar floresta em áreas agrícolas.

3 ( ) Entre as espécies herbáceas que mais sofrem com o extrativismo e comercialização estão as bromélias, que apresentam aspectos como durabilidade e beleza, pré-requisitos essenciais de um vegetal para ser utilizado na ornamentação.

4 ( ) O palmito é o mais importante produto não madeirável extraído da Mata Atlântica. A importância está relacionada às questões econômicas e sociais e ao papel ecológico da espécie.

4. Sobre as plantas citadas, analise as afirmativas abaixo e assinale V, para verdadeiro, ou F, para falso.

1 ( ) Os cipós são plantas que crescem apoiando-se num suporte, amaranhando-se a ele, e não possuem órgão de fixação.

2 ( ) A maioria das espécies atuais de gimnospermas pertencem ao filo *Coniferophyta*, como os pinheiros e ciprestes; entre elas, a mais conhecida é *Araucaria angustifolia* (pinheiro-do-paraná), principal constituinte da Mata Atlântica do sul do país, hoje quase extinta pela exploração irracional da madeira.

3 ( ) As plantas citadas no trecho transcrito da música acima apresentam sistema vascular composto por elementos traqueais e elementos crivados, responsáveis, respectivamente, por condução de água e nutrientes inorgânicos, além de transporte de substâncias a longa distância.

4 ( ) O cedro pertence ao grupo de eudicotiledôneas com crescimento secundário. Seu caule é constituído principalmente de xilema, pois o câmbio vascular produz relativamente mais elementos xilemáticos que floemáticos, deixando a madeira mais resistente, preferida para trabalhos com marcenaria.

5. (SAS – UPE) Seis dos principais biomas do território nacional reúnem a maior variedade de fauna e flora da Terra. De acordo com os números do Ministério do Meio Ambiente, a Amazônia, a Mata Atlântica, o cerrado, a caatinga, o pantanal mato-grossense e os pampas têm, juntos, mais de 13% de cerca de 1,5 milhão de espécies de vida selvagem, descobertas e catalogadas pelos cientistas nos quatro cantos do mundo.

Fonte: National Geografic Brasil, dez. 2009.

Disponível em: <http://www.ibge.gov.br/home/presidencia/noticias/noticia_visualiza.php?id_noticia=169>.

Com relação aos biomas citados no texto e apresentados no mapa, assinale a alternativa **CORRETA**.

a) O bioma amazônia ocupa a totalidade de cinco estados: Acre, Amapá, Amazonas, Pará e Roraima, no entanto não atinge estados próximos, como Rondônia, Mato Grosso e Maranhão. É o de maior biodiversidade no Brasil.

b) O bioma caatinga, encontrado no nordeste do Brasil, único exclusivamente brasileiro, pode ser representado por espécimes características, como jurema, seringueiras e araucárias.

c) O bioma Mata Atlântica que ocupa toda a faixa atlântica brasileira é definido pela vegetação florestal predominante decidual e pelo relevo diversificado.

d) O bioma pantanal está presente em apenas dois estados – Mato Grosso do Sul e Mato Grosso – e se caracteriza por grande diversidade de fauna e baixa diversidade de flora.

e) O bioma cerrado ocupa todo o Distrito Federal e mais da metade do Estado de Goiás, Maranhão e Mato Grosso e se caracteriza por árvores pequenas, de tronco retorcido em meio a uma vegetação rasteira.

6. (PAVE – UFPel – RS) A figura mostra os biomas que ocorrem no Rio Grande do Sul.

Fonte: Mapa de Biomas do Brasil – IBGE, 2004 Rio de Janeiro – esc. 1:5.000.000

Com base na figura e em seus conhecimentos, é correto afirmar que o bioma que ocorre

a) na metade sul do Rio Grande do Sul é o pampa, que se caracteriza pelo predomínio de gramíneas em áreas de planície.

b) no extremo nordeste do Rio Grande do Sul é a Mata Atlântica, que se caracteriza pelo predomínio de gramíneas em áreas montanhosas.

c) na metade sul do Rio Grande do Sul é o pampa, que se caracteriza pelo predomínio de árvores de grande porte em áreas de planície.

d) no extremo oeste do Rio Grande do Sul é a Mata Atlântica, que se caracteriza pelo predomínio de arbustos e árvores de pequeno porte com tronco retorcido.

e) no extremo sul do Rio Grande do Sul é o pampa, que se caracteriza pelo predomínio de matas de araucária em áreas de planície.

A biosfera agredida

Capítulo 13

O mundo em que vivemos

Nos séculos anteriores ao nosso, em que a população humana era bem menor, jogava-se lixo doméstico nas ruas. Com isso, ratos e insetos proliferavam, as doenças eram constantes e havia uma grande quantidade de mortes. Na tentativa de solucionar esse problema, o ser humano começou a cuidar do lixo que produzia. Aprendeu, entre outras coisas, a tratar os esgotos.

Todavia, o crescimento populacional humano passou a exigir mais espaço. Na ânsia de dominar cada vez mais o ambiente em que vivia, o homem inadvertidamente acabou por agredi-lo; não sabia, porém, que o ser humano é apenas uma peça a mais desse tabuleiro chamado natureza. Surgiram, então, as primeiras consequências de sua ação: a diminuição das áreas verdes que lhe traziam conforto e prazer; a poluição dos rios e oceanos com efeitos desastrosos à flora e à fauna; a alteração da qualidade do ar nas grandes cidades e em centros industrializados.

É preciso evitar que os danos causados pela ação antrópica à natureza se agravem a ponto de ameaçarem a vida na Terra. Os estudos realizados a esse respeito – e que conheceremos nesta unidade – dão às pessoas a informação necessária para lidar com questões fundamentais do meio ambiente.

A poluição é quase sempre consequência da atividade humana. É causada pela introdução de substâncias que normalmente não estão no ambiente ou que nele existem em pequenas quantidades. Portanto, dizer que poluir é simplesmente sujar é emitir um conceito, senão errado, no mínimo impreciso. Então, convém deixar claros dois conceitos básicos para o entendimento deste capítulo:

- **poluição** é a introdução de qualquer material ou energia (calor) em quantidades que provocam alterações indesejáveis no ambiente;
- **poluente** é o resíduo introduzido em um ecossistema não adaptado a ele ou que não o suporta nas quantidades em que é introduzido.

Quando fazemos uma análise da poluição, precisamos diferenciar os *resíduos que já existiam na natureza* e cujo teor *aumentou*, devido às atividades do homem, daqueles *resíduos que não existiam na natureza e passaram a se acumular no ambiente, exercendo efeitos danosos*. No primeiro caso, estão o gás carbônico (CO_2) e as fezes humanas. No segundo caso, substâncias como o DDT, o estrôncio-90 e os CFC (clorofluorcarbonos).

De olho no assunto!

Poluentes primários são, em geral, gases como o monóxido de carbono e o dióxido de enxofre, que são subprodutos diretos da queima de combustíveis. Poluentes secundários, a exemplo do gás ozônio, não são emitidos por nenhuma fonte poluidora e são formados naturalmente na atmosfera por meio de reações químicas entre moléculas de hidrocarbonetos e de óxidos de nitrogênio, mediadas pela luz solar.

Fonte: *Revista Pesquisa Fapesp*. São Paulo, n. 84, fev. 2003, p. 47.

▪ POLUIÇÃO: UM PROBLEMA DA HUMANIDADE

Poluição é hoje um termo incorporado à vida diária do homem. Vive-se poluição, sente-se poluição, respira-se poluição por todos os lados.

Na verdade, a poluição não é um problema recente. A partir do instante em que a espécie humana começou a crescer exageradamente e a ocupar cada vez mais espaços para a sua sobrevivência, o destino dos resíduos produzidos na vida diária passou a ser um problema mais difícil de solucionar. Além disso, a sobrevivência humana depende de se encontrarem novas fontes de energia e de se proporcionar a melhoria do bem-estar individual, que envolve, entre outras coisas, o aprimoramento dos meios de transporte, já que o deslocamento para pontos distantes exige a criação de meios eficientes de locomoção. No entanto, esses meios, associados à modernização das indústrias, contribuem cada vez mais para a liberação, no ambiente, de substâncias que até então não existiam ou existiam em pequena quantidade, e que passam a constituir uma ameaça para a vida na Terra.

A utilização de materiais não biodegradáveis, como sacos e recipientes de plástico e embalagens de alumínio, entre outros, agrava o problema da poluição. Essas substâncias não são atacadas por detritívoros e decompositores, e acumulam-se nos ecossistemas em níveis insuportáveis, contribuindo para a deterioração ambiental.

A utilização de embalagens não biodegradáveis — sacos e recipientes plásticos — é um dos maiores problemas para a humanidade.

Usinas termelétricas que utilizam gás natural ou óleo diesel liberam gases poluentes que agravam o efeito estufa.

▪ INVERSÃO TÉRMICA: A CIDADE SUFOCADA

A inversão térmica é bastante conhecida em cidades como São Paulo e traz sérios problemas de saúde à população. O que causa esse fenômeno? Normalmente, as camadas inferiores de ar sobre uma cidade são mais quentes do que as superiores, e tendem a subir, carregando a poeira que se encontra em suspensão. Os ventos carregam os poluentes para longe da cidade.

No entanto, em certas épocas do ano, as camadas inferiores ficam mais frias que as superiores. O ar frio, mais denso, não sobe; por isso, não há circulação vertical, e a concentração de poluentes aumenta. Se houver, além disso, falta de ventos, um denso "manto" de poluentes se mantém sobre a cidade por vários dias (veja a Figura 13-1). Aumentam os casos de problemas respiratórios e de ardor ocular e verifica-se um desconforto físico generalizado.

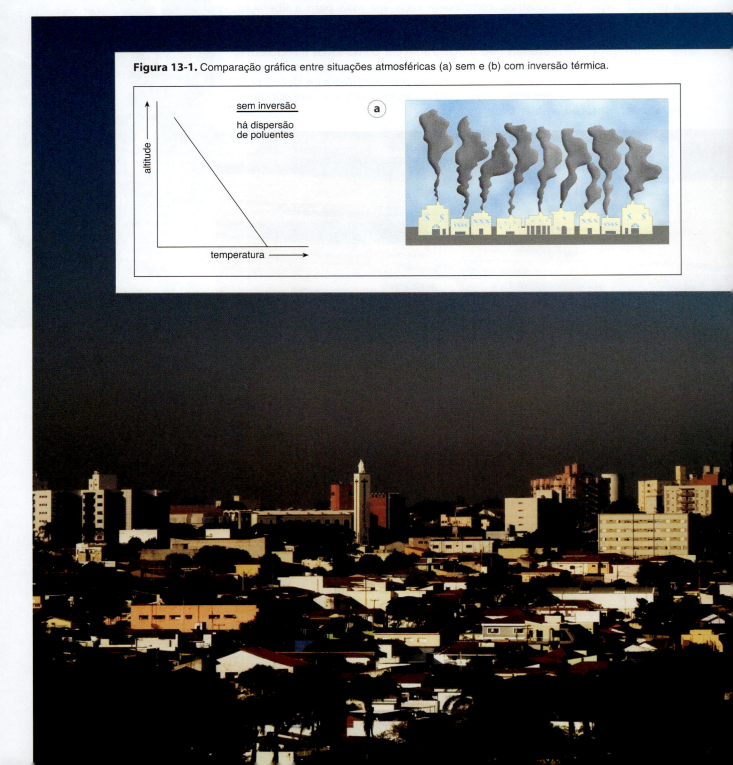

Figura 13-1. Comparação gráfica entre situações atmosféricas (a) sem e (b) com inversão térmica.

De olho no assunto!

Materiais particulados

É crescente a preocupação das autoridades de saúde pública das grandes cidades relativamente à existência danosa de materiais particulados. São compostos de partículas sólidas ou líquidas de tamanho e forma que lhes permitem ficar em suspensão na atmosfera após a sua emissão.

Automóveis, ônibus, caldeiras a óleo, termelétricas, processos e operações industriais, a queima da vegetação, bem como pólen, esporos e materiais biológicos são as principais fontes. Inaladas pelas pessoas, são extremamente danosas à saúde, podendo provocar doenças no sistema respiratório (asma, pneumonias) e no sistema cardiovascular.

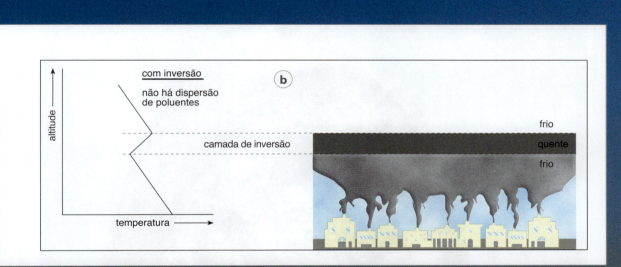

CHUVAS ÁCIDAS: CORROEM MONUMENTOS E PULMÕES...

A chuva ácida é uma das principais consequências da poluição do ar. Normalmente, a água da chuva é ácida e o pH é de aproximadamente 5,5, como resultado da formação de ácido carbônico decorrente da reação de gás carbônico com água na atmosfera.

A queima de combustíveis fósseis (carvão e petróleo) libera grandes volumes de óxidos de enxofre e de nitrogênio. Na atmosfera, essas substâncias sofrem oxidação e se convertem em ácido sulfúrico e ácido nítrico. Estes se dissolvem em água e estão presentes nas chuvas que se precipitam sobre as grandes cidades e, com frequência, em pontos distantes dos locais onde são formados. Para a vegetação, entre outros danos, acarretam amarelecimento das folhas e/ou diminuição da folhagem.

A chuva ácida afeta não só organismos vivos como também os monumentos das cidades.

▪ O SMOG FOTOQUÍMICO

A partir do início da Revolução Industrial, a queima de carvão e, mais recentemente, de combustíveis fósseis provocou um aumento acentuado da concentração de gases no ar das grandes cidades. Essa névoa gasosa cinzenta, misturada a vapor-d'água, é conhecida como *smog industrial* (do inglês, *smog* = neblina), comum em cidades densamente povoadas e industrializadas.

Mais recentemente, tem-se falado em *smog fotoquímico*, devido à participação da luz do Sol no fornecimento de energia para a transformação de certas substâncias em outras, que se acumulam no ar das cidades. É o que ocorre, por exemplo, com a liberação de compostos orgânicos voláteis e gases como o NO_2 que, sob a ação da energia luminosa, convertem-se em outras substâncias, entre elas o ozônio (O_3), conduzindo à formação do *smog*. A exposição prolongada a óxidos de nitrogênio danifica o sistema imunológico, favorecendo a ocorrência de infecções bacterianas e virais.

Anote!
O ozônio decorrente do *smog* fotoquímico pode comprometer a elasticidade dos pulmões, provocando um quadro conhecido como *fibrose pulmonar*.

De olho no assunto!

Energia solar: alternativa energética viável

O Brasil é um país altamente privilegiado no que se refere à abundância de energia solar. É como se o Sol nos "dissesse": por favor, utilizem-me!

Realmente, em muitos locais já é possível utilizar a energia solar para o aquecimento de água, para a geração de energia elétrica (células solares) e, até, para cozinhar. Com relação a essa última modalidade de aplicação, já é possível, de forma simples e barata, construir "fornos solares", recorrendo-se a caixas de papelão revestidas internamente com papéis prateados cuja superfície recebe e reflete a luz solar, que pode ser dirigida para panelas cujo conteúdo (alimentos, água) se quer aquecer.

O uso da energia solar é uma das modalidades de transformação energética mais promissoras, contribuindo para a remodelação da matriz energética de um país e, o que é muito importante, evitando o uso de fontes poluidoras e de madeira na geração de energia.

A biosfera agredida **313**

■ OS CFCs E O BURACO NA CAMADA DE OZÔNIO

Os *raios ultravioleta*, presentes na luz solar, causam mutações nos seres vivos, modificando suas moléculas de DNA. No homem, o excesso de ultravioleta pode causar câncer de pele. A camada de gás ozônio (O_3) existente na estratosfera é um eficiente filtro de ultravioleta. Na alta atmosfera, esse gás é formado pela exposição de moléculas de oxigênio (O_2) à radiação solar ou às descargas elétricas (reveja o ciclo do oxigênio, Capítulo 10, página 228).

Detectou-se nos últimos anos, durante o inverno, um grande *buraco* na camada de ozônio, logo acima do Polo Sul. Esse buraco chegou a equiparar-se, em extensão, à América do Norte. Verificou-se que a camada de ozônio também estava diminuindo em espessura acima do Polo Norte e em outras regiões do planeta, incluindo o Brasil. Acredita-se que os maiores responsáveis por essa destruição sejam gases chamados CFCs (clorofluorcarbonos), substâncias usadas como gases de refrigeração, em aerossóis (*sprays*) e como matérias-primas para a produção de isopor. Os CFCs, que também atuam como gases de estufa, se decompõem nas altas camadas da atmosfera e destroem as moléculas de ozônio, prejudicando a filtração da radiação ultravioleta. Atualmente, tem-se utilizado o HCFC, menos agressivo à camada de ozônio.

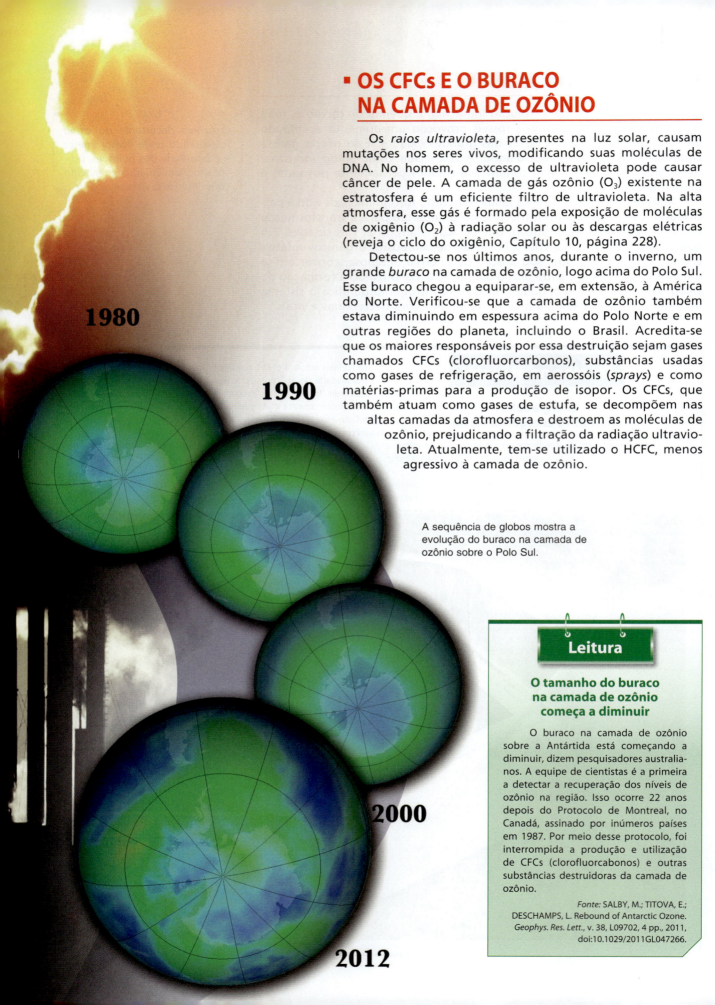

A sequência de globos mostra a evolução do buraco na camada de ozônio sobre o Polo Sul.

Leitura

O tamanho do buraco na camada de ozônio começa a diminuir

O buraco na camada de ozônio sobre a Antártida está começando a diminuir, dizem pesquisadores australianos. A equipe de cientistas é a primeira a detectar a recuperação dos níveis de ozônio na região. Isso ocorre 22 anos depois do Protocolo de Montreal, no Canadá, assinado por inúmeros países em 1987. Por meio desse protocolo, foi interrompida a produção e utilização de CFCs (clorofluorcabonos) e outras substâncias destruidoras da camada de ozônio.

Fonte: SALBY, M.; TITOVA, E.; DESCHAMPS, L. Rebound of Antarctic Ozone. *Geophys. Res. Lett.*, v. 38, L09702, 4 pp., 2011, doi:10.1029/2011GL047266.

▪ A POLUIÇÃO DA ÁGUA E A EUTROFIZAÇÃO

Esgotos, detergentes e fertilizantes agrícolas que atingem rios, represas e lagos podem provocar a morte de peixes e de outros seres aeróbios? Sim. Isso acontece como consequência da **eutrofização**, processo que aumenta os nutrientes inorgânicos na água, notadamente fosfatos e nitratos. Pode ser natural ou artificial, neste caso como consequência de poluentes gerados pelo homem.

Eutrofização Natural

A eutrofização natural muitas vezes conduz a uma sucessão ecológica na água doce. À medida que um lago envelhece, sedimentos trazidos por chuvas afundam e tornam o lago mais raso. O acúmulo de nutrientes inorgânicos favorece o desenvolvimento de plantas e o que era um lago raso acaba se transformando em um charco. Com o tempo, o lago pode desaparecer.

Eutrofização Causada por Poluição

Na eutrofização artificial, provocada por poluição, o lançamento de esgotos e detergentes na água favorece a proliferação de microrganismos decompositores aeróbios, cuja ação tem dois efeitos: aumento da quantidade de nutrientes minerais (notadamente fosfatos e nitratos) e diminuição da taxa de oxigênio da água. Com o aumento da quantidade de nutrientes, algas e cianobactérias proliferam e conferem uma coloração esverdeada típica à água. Há competição por oxigênio, além de se tornar difícil a realização de fotossíntese nas regiões mais profundas, impedidas de receber luz devido à turbidez da água. Com o tempo, ocorre morte maciça de algas e de cianobactérias e o oxigênio acaba se esgotando devido à ação dos microrganismos decompositores aeróbios. Os peixes e outros seres aeróbios morrem. Com a falta de oxigênio, entram em ação os microrganismos decompositores anaeróbios, cuja atividade metabólica libera substâncias malcheirosas, empobrecendo de vez a comunidade aquática.

Tecnologia & Cotidiano

A estação de tratamento de água do Parque do Ibirapuera (SP)

Um dos maiores problemas das grandes cidades refere-se à poluição da água de rios, lagos e córregos, o que compromete a vida desses ecossistemas. Estações de tratamento visam solucionar o problema por meio da utilização de vários métodos que conduzem, com o tempo, à purificação da água.

Na cidade de São Paulo, a Sabesp (Companhia de Saneamento Básico do Estado de São Paulo) construiu uma miniestação de tratamento de água que abastece os lagos do Parque do Ibirapuera. Essa água é originada do Córrego do Sapateiro, que recebe os esgotos produzidos na região. No tratamento, toda a água suja do córrego que poluiria o lago é exposta a sulfato de alumínio, o mesmo produto que se usa para limpar piscinas. Dá-se, então, a coagulação dos poluentes. Em seguida, essa água, com sujeira coagulada, é exposta a outra substância, chamada polímero, que provoca a formação de grandes flocos de sujeira.

Para evitar que essa sujeira se acumule no fundo do canal, injeta-se água limpa com microbolhas de ar no fundo. As bolhas farão com que toda a sujeira seja elevada à superfície para, depois, ser recolhida. E a água volta a ser limpa e cristalina. Todo o lodo extraído no processo é tratado. Além disso, mais oxigênio é injetado na água, o que favorece a sobrevivência dos animais que dele dependem para sobreviver.

Esse é um pequeno exemplo de como podemos agir no sentido de recuperar ecossistemas aquáticos que banham nossas cidades e que sofrem com a poluição gerada pela espécie humana.

Na sua cidade existe estação de tratamento de água? Programe uma visita para conhecer o método utilizado para a despoluição.

O esquema seguinte ilustra o mecanismo básico do método empregado para a despoluição dos lagos do Parque do Ibirapuera, na cidade de São Paulo (SP).

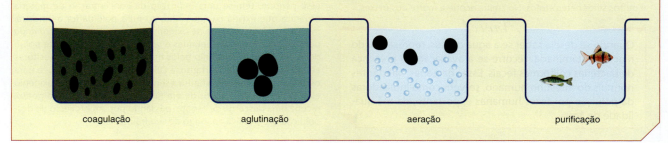

coagulação — aglutinação — aeração — purificação

A biosfera agredida **315**

O DESTINO DO LIXO NAS GRANDES CIDADES

O lixo acumulado gera doenças. Proliferam ratos, moscas, baratas e outras espécies veiculadoras de microrganismos patogênicos. A leptospirose, por exemplo, doença bacteriana transmitida pela urina de ratos que vivem nos esgotos das grandes cidades, é uma ocorrência constante a cada enchente. Como os ratos proliferam onde há lixo e os seus inimigos naturais não existem mais, a resistência ambiental a esses roedores diminui e sua população aumenta.

A falta de destinação correta do lixo produzido em uma grande cidade é hoje uma preocupação crescente. Ruas, calçadas e córregos servem de local para a descarga de material. Esse lixo acaba se dirigindo a bueiros e rios, provocando poluição.

A construção de aterros sanitários, usinas de reciclagem, incineradores, além – é claro – da educação ambiental, tem-se revelado excelente. A coleta seletiva de lixo, na qual plásticos, vidros, restos orgânicos de alimentos e papéis são depositados em reservatórios e separados, para posterior processamento, é um grande passo para atenuar o problema.

O lixo produzido pelas cidades é um importante fator de degradação ambiental.

De olho no assunto!

Além de contaminar a água com microrganismos patogênicos e prejudicar a utilização saudável de rios, lagos e represas para atividades de lazer, o lançamento de esgotos e todo tipo de detritos provoca a proliferação de microrganismos decompositores aeróbios que utilizam grande parte do oxigênio disponível para a execução de suas atividades metabólicas, restando pouco para a respiração dos peixes e outros seres heterótrofos. No limite, ocorre a morte dos peixes.

Anote!

Quando se deseja saber se a água de rios, represas ou do mar é contaminada, recorre-se à avaliação da presença de bactérias coliformes fecais. Essas bactérias, habitantes normais do intestino humano, servem como indicadoras da poluição por fezes humanas e, portanto, da má qualidade da água.

A avaliação da concentração de compostos orgânicos em águas poluídas pode ser feita por meio da *Demanda Bioquímica de Oxigênio* (DBO), que é uma estimativa da quantidade de oxigênio consumida pelos microrganismos na decomposição de certa quantidade de matéria orgânica. Para a realização desse teste, uma amostra da água a ser analisada é saturada com oxigênio e colocada em um frasco fechado durante cerca de cinco dias. Nesse período, as bactérias degradarão a matéria orgânica e consumirão o oxigênio existente na água. Dosando-se o teor de oxigênio restante após esse período, tem-se uma indicação da concentração de matéria orgânica que existia na água. Quanto mais poluída for a amostra, menor será a quantidade de oxigênio restante. Ou seja, a *demanda* por oxigênio em águas poluídas é *alta*. Em um rio altamente poluído, o consumo de oxigênio pelos microrganismos decompositores aeróbios é elevado e, portanto, a DBO é elevada. Sobra pouco para os peixes, que morrem. A figura a seguir relaciona o teor de oxigênio e a DBO em vários trechos de um rio, que, em determinado ponto, recebe uma descarga de esgoto, passando por um processo de despoluição progressiva ao longo de seu trajeto.

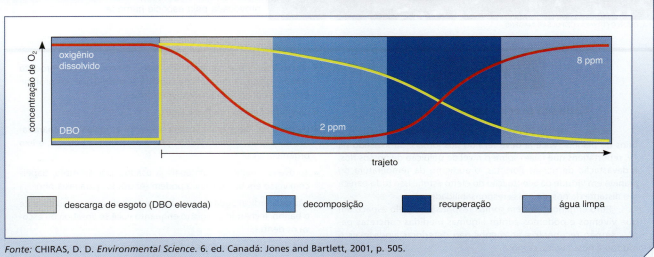

Fonte: CHIRAS, D. D. *Environmental Science*. 6. ed. Canadá: Jones and Bartlett, 2001, p. 505.

A biosfera agredida **317**

SALOMON CYTRYNOWICZ/PULSAR IMAGENS

Compostagem e lixo urbano

Para onde vai o lixo produzido pela sua cidade? O município em que você mora faz coleta seletiva de lixo? Esse tipo de recolhimento do lixo possibilita a separação e destinação adequadas de diversos tipos de resíduos, muitos dos quais extremamente tóxicos para o ambiente e para a comunidade de seres vivos. No caso do lixo orgânico (principalmente restos alimentares), recorre-se à chamada **compostagem**, em que os restos orgânicos amontoados são constantemente misturados. Isso facilita a atuação de fungos e bactérias que recorrem à decomposição aeróbia (com consumo de oxigênio) para efetuar o "desmanche" das macromoléculas orgânicas componentes dos alimentos. A amônia (derivada de restos orgânicos nitrogenados) e o gás carbônico são os principais gases liberados nesse processo. O material resultante da atuação dos microrganismos, o composto, rico em nutrientes minerais, poderá ser utilizado, posteriormente, como fertilizante agrícola. Durante a compostagem que ocorre em lixões, origina-se o **chorume**, um resíduo líquido, de coloração variada. De modo geral, esse líquido escorre para local apropriado, onde é deixado para evaporar, possibilitando o reaproveitamento dos nutrientes que restaram.

Reciclagem: uma solução atenuante para o problema gerado pela poluição provocada pela espécie humana.

Leitura

Cada um precisa fazer a sua parte!

Muito se tem falado sobre a ação do homem nos desequilíbrios do planeta. Você já deve ter lido nos jornais, ou assistido na TV, reportagens que falam sobre o nível de poluição de nossos rios, a devastação de nossas florestas, o aumento da temperatura do planeta em virtude da acentuação do efeito estufa. Isso tudo parece tão distante de nós, de nossa responsabilidade...

Puro engano. Também somos responsáveis pelo espaço em que vivemos e podemos adotar algumas medidas concretas para – se não recuperar – ao menos não deteriorar ainda mais o mundo à nossa volta, como:

- não usar *spray* que contenha CFC, pois, como vimos, esse produto tem um efeito danoso sobre a camada de ozônio que nos protege dos raios ultravioleta provenientes do Sol;
- não jogar dejetos nos rios e lagos;
- preparar o lixo para a coleta seletiva, embalando separadamente papéis, metais, vidros, plásticos, pilhas e baterias, e lixo orgânico;
- aproveitar melhor os materiais já usados; por exemplo, papéis com verso em branco ainda podem ser usados para rascunho;
- não desperdiçar água durante a escovação dos dentes ou durante o banho, fechando o registro enquanto você se ensaboa ou escova os dentes;
- não deixar torneiras abertas e luzes acesas desnecessariamente.

▪ CONTROLE BIOLÓGICO DE PRAGAS

À medida que o homem toma consciência de que os inseticidas também o prejudicam, procura recursos menos nocivos e que possam ser igualmente eficientes no combate às pragas vegetais. É o caso do uso de *inimigos naturais de pragas*, capazes de controlar as populações, principalmente dos insetos que competem com o homem. Os canaviais, por exemplo, podem ser protegidos de certas espécies de insetos comedores das folhas da cana-de-açúcar usando-se fungos parasitas desses insetos. É método não poluente, específico, e acarreta prejuízos praticamente desprezíveis para o equilíbrio do ambiente.

A irradiação, com raios gama, de machos de insetos-praga em laboratório, é outra medida útil e que leva à sua esterilização. Soltos na lavoura, encontram-se com muitas fêmeas, não conseguindo, porém, fecundar os óvulos. Assim, declina a população, o que redunda no controle populacional da praga.

> **Anote!**
> Uma espécie de vespa bota ovos na cabeça de formigas lava-pés. As larvas que surgem dos ovos alimentam-se da região cefálica de suas hospedeiras, matando-as. Esse comportamento favorece o controle do tamanho populacional daquela espécie de formiga.

Ética & Sociedade

"Foi muito mais difícil do que pensávamos, somos muito mais fortes do que acreditávamos!"

Vimos essa frase estampada em uma faixa que estudantes, orgulhosamente, empunhavam em sua festa de formatura do Ensino Médio e paramos para pensar como se estivéssemos nos formando com aqueles alunos.

O início do Ensino Médio, uma espécie de "rito de passagem" da meninice para a adolescência, parecia trazer uma nova fase repleta de novidades: novos professores, novos colegas, para alguns uma mudança de escola também. Mas, pelo meio do caminho, durante esses três anos, quantas vezes não estivemos a ponto de desistir, questionando tudo; por vezes, parecia que nada estava como queríamos, nada no lugar certo, na hora certa. A quantidade de desafios durante essa "passagem" foi muito maior do que nossa imaginação havia desenhado. Quantos sonhos desfeitos e, ao mesmo tempo, quantas surpresas boas absolutamente i-n-e-s-p-e-r-a-d-a-s!

Ao final desta etapa, em nosso peito um misto de sensações: um pouco de saudade pelo que estamos deixando para trás e a inquietação perante outro grande desafio: para alguns de nós, a entrada em uma universidade e, para outros, o início da vida profissional. Mas fomos testados e sabemos que estamos preparados para enfrentar os desafios, que somos fortes.

Agora, chegou o momento de cada um seguir viagem sozinho...
Que as experiências compartilhadas no percurso até aqui
sejam a alavanca para alcançarmos a alegria de chegar ao destino projetado.
Daqui a algum tempo, só restarão recordações vagas e distantes deste período.
Mas sabemos que a cada vitória que a carreira nos proporcionar, amigos e professores estarão
por trás dela, como se estivessem ao nosso lado, como ocorreu durante estes anos.
As despedidas, como esta, antecedem apenas um pequeno intervalo antes de um novo reencontro.
E encontrar-se novamente pela vida
é coisa para amigos, como nós!

Passo a passo

Quase sempre consequência da atividade humana, a poluição é causada pela introdução de substâncias que normalmente não estão presentes no ambiente ou que nele existem em pequenas quantidades. Ao se fazer a análise da poluição, é preciso diferenciar os resíduos que já existiam na natureza, cuja quantidade aumentou devido à atividade humana, daqueles que não existiam e passaram a se acumular no ambiente, exercendo efeitos danosos.

1. Utilizando as informações do texto e seus conhecimentos sobre o assunto, responda:
  a) Qual pode ser um conceito usual de poluição?
  b) O que é poluente?
  c) Cite um exemplo de cada tipo de resíduo relativo à afirmação contida nesse texto.

2. A poluição não é problema recente. Tem-se agravado com o crescimento da população humana mundial e a consequente produção de resíduos dela decorrentes na vida diária das pessoas. A procura de novas fontes de energia, não poluidoras, tende a ser uma preocupação constante das autoridades mundiais.
  a) Cite exemplos de resíduos produzidos pelo homem e que, por não serem biodegradáveis, acumulam-se nos ambientes e agravam a poluição. Que medidas poderiam ser sugeridas no sentido de reduzir o impacto causado por esses resíduos nos ecossistemas?
  b) Usinas termelétricas que utilizam gás natural ou óleo diesel liberam resíduos que agravam o efeito estufa. Cite um desses resíduos que é liberado na atmosfera e responda por que ele pode acentuar o efeito estufa.
  c) Conceitue poluente primário e poluente secundário e cite um exemplo de cada uma dessas modalidades.

3. A inversão térmica é o fenômeno atmosférico associado à poluição gasosa nas grandes cidades, podendo causar danos à saúde, como, por exemplo, desconforto respiratório. Utilizando a ilustração a seguir e seus conhecimentos sobre o assunto, responda às questões.

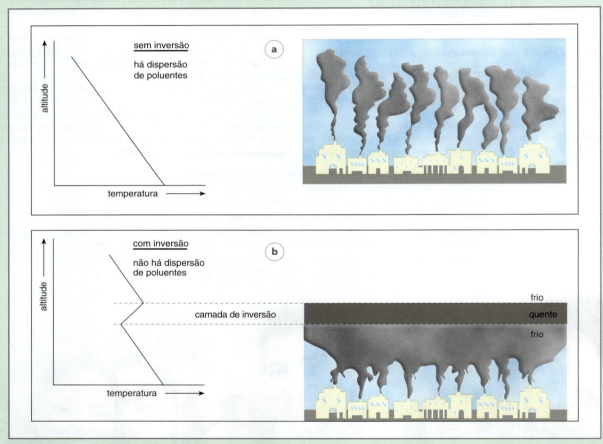

  a) Caracterize a situação normalmente encontrada na baixa atmosfera das grandes cidades, sem inversão térmica.
  b) Na situação em que ocorre inversão térmica, como se comporta a baixa atmosfera das grandes cidades sujeitas a esse fenômeno?

A queima de combustíveis fósseis por indústrias e veículos nas grandes cidades libera grandes volumes de óxidos de enxofre e de nitrogênio. Nessa situação, ocorre a produção contínua de substâncias que se precipitam com as chuvas que atingem as grandes cidades, causando transtornos a equipamentos públicos e, sem dúvida, à saúde. Por outro lado, a queima de carvão e de combustíveis fósseis nas grandes cidades libera consideráveis volumes de gases voláteis nitrogenados que podem resultar na ocorrência do *smog* fotoquímico. No entanto, é gratificante saber que, graças a medidas adotadas por inúmeros países, o buraco na camada de gás ozônio (O_3) localizado na alta atmosfera vem progressivamente reduzindo de tamanho.

Utilizando seus conhecimentos sobre o assunto, responda às questões **4** e **5**.

4.
a) Por que se diz que a poluição gasosa decorrente da liberação dos óxidos citados acentua a acidez da água das chuvas e ocasiona episódios de chuva ácida? Cite algumas consequências dessa chuva ácida nos equipamentos das grandes cidades e nos seres vivos de modo geral.
b) Qual o significado de *smog* fotoquímico? Como esse fenômeno ocorre?

5.
a) Qual a consequência da formação do *smog* fotoquímico, relativamente à substância gerada, ao ocorrer na atmosfera que circunda as grandes cidades?
b) Cite a principal consequência – em termos de saúde humana – da produção de gás ozônio (O_3) decorrente do *smog* fotoquímico, principalmente nas grandes cidades industrializadas.

c) Qual a utilidade do gás ozônio (O_3), localizado na alta atmosfera, para a vida na Terra?

6. Esgotos (contendo fezes humanas), detergentes e fertilizantes agrícolas que atingem a água de represas, lagos e rios podem propiciar a ocorrência de *eutrofização* artificial, causada por esses dejetos, cuja consequência é a morte de seres aeróbios, como os peixes que vivem nesses ambientes. A respeito desse assunto e utilizando seus conhecimentos, responda:
a) Qual o significado de *eutrofização*, relativamente a ambientes aquáticos, principalmente rios, lagos e represas? Cite a principal consequência decorrente desse fenômeno, relacionada à proliferação de seres vivos, como, por exemplo, algas microscópicas e bactérias.
b) Explique em poucas palavras por que, em consequência da *eutrofização*, pode ocorrer a morte de seres aeróbios.

7.

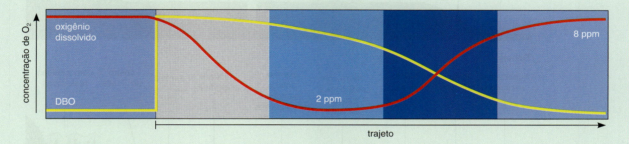

O gráfico acima se refere à variação da concentração do oxigênio dissolvido (curva vermelha) e da DBO (curva amarela) em vários trechos de um rio que atravessa uma grande cidade. A partir da análise do gráfico e dos seus conhecimentos sobre o assunto, responda:
a) Qual o significado de DBO, relativamente a ambientes aquáticos?
b) Explique, em poucas palavras, o comportamento das duas curvas constantes do gráfico. Qual a consequência de uma DBO elevada para a sobrevivência de seres aquáticos aeróbios?
c) Por que a avaliação do índice de coliformes fecais é útil em represas, lagos e rios?

8. O lixo produzido nas grandes cidades é um importante fator de degradação ambiental. Várias doenças, entre elas a leptospirose, são consequência da destinação inadequada do lixo urbano. A respeito do assunto descrito no texto e utilizando seus conhecimentos:
a) Cite algumas medidas que poderiam ser adotadas no sentido de atenuar o problema representado pela destinação inadequada do lixo produzido nas grandes cidades.
b) Qual o significado de compostagem e chorume? Qual a sua utilidade no tratamento do lixo?

Utilize as informações dos dois textos a seguir para responder aos itens da próxima questão.

I – Ao se alagar uma área florestal que será destinada ao represamento de água para a construção de uma hidrelétrica, ocorre decomposição da vegetação submersa, com liberação de grande quantidade de um gás que é 21 vezes mais potente que o gás carbônico na acentuação do efeito estufa.

II – "Por favor, utilizem-me. Eu não custo nada. É de graça." Essa frase pode ser aplicada a países situados na região equatorial e tropical, como o Brasil, beneficiados por uma elevada e praticamente constante incidência de radiação solar ao longo do ano. É comum dizer-se, atualmente, que a utilização da luz solar é "ecologicamente correta".

9. a) Relativamente ao texto I, a que gás ele se refere? Cite outras possíveis fontes desse gás na natureza.

b) Cite alguns benefícios decorrentes da utilização da energia solar, em termos de transformação energética. Por que se diz que a utilização de energia solar é "ecologicamente correta"?

10. "Espécies que causam danos e prejuízos aos seres humanos são preocupantes por causarem danos a cultivos vegetais utilizados pelo homem. É o caso das lagartas que se alimentam de folhas de plantas de algodão. Algumas espécies de borboleta depositam seus ovos nessa cultura. A microvespa *Trichogramm sp.* introduz seus ovos nos ovos de outros insetos, incluindo os das borboletas em questão. Os embriões da vespa se alimentam do conteúdo desses ovos e impedem que as larvas de borboleta se desenvolvam. Assim, é possível reduzir a densidade populacional das borboletas até níveis que não prejudiquem a cultura."

Adaptado de: ENEM, Ciências da Natureza, 2011.

a) O texto se refere a uma atividade desenvolvida por pesquisadores no sentido de controlar pragas agrícolas que afetam cultivos vegetais de interesse humano. Que denominação é dada a esse método de controle de pragas agrícolas?
b) Um método alternativo, ainda hoje utilizado por muitos agricultores, é a pulverização de defensivos agrícolas nos cultivos vegetais. Cite possíveis prejuízos decorrentes da utilização de métodos químicos no controle de pragas agrícolas.

A biosfera agredida **321**

11. Questão de interpretação de texto

"Quando ondas de até 10 metros atingiram a cidade japonesa de Higashimatsushima no tsunami de 2011, quase mil pessoas morreram, 65% das áreas urbanas foram inundadas e mais de 70% das construções, destruídas. A cidade foi uma das escolhidas para se tornar uma das 'cidades do futuro'. De vocação agrícola, a meta é incentivar a produção voltada para a *biomassa*, na forma de plantação de salgueiros, para geração de energia. Além da produção voltada para a biomassa, o projeto da cidade do futuro prevê que cada casa produza sua eletricidade por meio de tecnologia solar e eólica (energia dos ventos), esta renovável, e, reduzindo o consumo de forma consciente, torne-se autossuficiente em termos energéticos, venda o excedente e gere uma renda extra. No esquema a seguir faz-se uma comparação de como era a cidade antes de ser atingida pelo tsunami e como ficará depois da implementação de propostas de modernização."

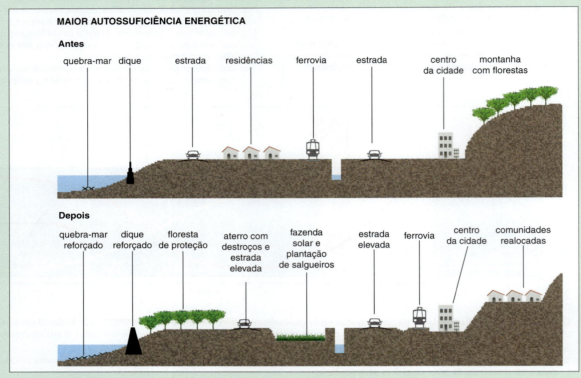

Adaptado de: HEREDIA, T. Japão usa modelo sustentável para reconstruir cidade. *O Estado de S. Paulo*, São Paulo, 17 jun. 2012. Caderno Especial, p. H7.

Utilizando as informações do texto e da ilustração, responda aos itens seguintes:

a) Qual o significado do termo biomassa, destacado no texto? Sugira um mecanismo por meio do qual a biomassa pode ser utilizada na geração de energia que não resulte em fontes poluidoras do ambiente.
b) O texto informa que se prevê a utilização de energia eólica, renovável, no projeto de modernização da cidade. O que significa dizer que a energia eólica é renovável? Considere as seguintes fontes de energia: utilização de combustíveis fósseis, energia solar, energia hidrelétrica, energia nuclear, etanol, hidrogênio. Quais dessas fontes energéticas podem ser consideradas renováveis? Justifique sua resposta.
c) Observando o esquema, cite as principais modificações propostas após a implantação do projeto de modernização, comparando com o que havia antes da ocorrência do tsunami que atingiu a cidade japonesa.

Questões objetivas

1. (UNEMAT – MT) Em março de 2011, a província japonesa de Fukushima, após sofrer um terremoto de grandes proporções e ser atingida por um tsunami, registrou o vazamento de substâncias radioativas de uma usina nuclear que foi danificada. Na ocasião foram registrados índices alarmantes de radiação no mar, nas proximidades da usina.

Sobre o ecossistema marinho, assinale a alternativa **correta**.

a) A exposição dos organismos marinhos à radiação pode acarretar mutações celulares.
b) Os peixes ósseos não possuem bexiga natatória.
c) Os corais são representantes do Filo Porífera.
d) As tartarugas marinhas depositam seus ovos no fundo do oceano.
e) Os crustáceos apresentam um par de antenas e o número de pernas variável.

2. (UFG – GO) No estado de Goiás, bem como em outros estados brasileiros, o ano de 2010 foi marcado por alto índice de queimadas. Elas ocorreram não apenas em áreas particulares, mas também em áreas públicas de preservação ambiental como, por exemplo, no Parque Estadual das Emas, Parque Estadual da Serra dos Pireneus, Parque Nacional da Chapada dos Veadeiros e Parque Ecológico Altamiro de Moura Pacheco. Uma consequência socioambiental, a curto prazo, desse tipo de impacto é

a) a destruição da camada de ozônio, com aumento da incidência de raios ultravioleta e de câncer de pele.
b) a redução da umidade relativa do ar, elevando a incidência de doenças das vias respiratórias.
c) o controle de espécies vegetais invasoras de pastagens, reduzindo gastos no manejo agropecuário.
d) o acúmulo de matéria orgânica no solo, melhorando sua fertilidade.

e) a transferência de água subterrânea para alimentar rios temporários, aumentando a fauna aquática local.

3. (UERJ) O petróleo contém hidrocarbonetos policíclicos aromáticos que, absorvidos por partículas em suspensão na água do mar, podem acumular-se no sedimento marinho. Quando são absorvidos por peixes, esses hidrocarbonetos são metabolizados por enzimas oxidases mistas encontradas em seus fígados, formando produtos altamente mutagênicos e carcinogênicos. A concentração dessas enzimas no fígado aumenta em função de dados e de hidrocarboneto absorvida pelo animal.

Em um trabalho de monitoramento, quatro gaiolas contendo, cada uma, peixes da mesma espécie e tamanho foram colocadas em pontos diferentes no fundo do mar, próximos ao local de um derramamento de petróleo. Uma semana depois, foi medida a atividade média de uma enzima oxidase mista no fígado dos peixes de cada gaiola. Observe os resultados encontrados na tabela abaixo:

Número da gaiola	Atividade média da oxidase mista $\left(\dfrac{\text{unidades}}{\text{grama de fígado}}\right)$
1	10×10^{-2}
2	$2,5 \times 10^{-3}$
3	$4,3 \times 10^{-3}$
4	$3,3 \times 10^{-2}$

A gaiola colocada no local mais próximo do derramamento de petróleo é a de número:
a) 1.
b) 2.
c) 3.
d) 4.

4. (UERJ) A chuva ácida é um tipo de poluição causada por contaminantes gerados em processos industriais que, na atmosfera, reagem com o vapor-d'água. Dentre os contaminantes produzidos em uma região industrial, coletaram-se os óxidos SO_3, CO, Na_2O e MgO.

Nessa região, a chuva ácida pode ser acarretada pelo seguinte óxido:
a) SO_3
b) CO
c) Na_2O
d) MgO

5. (UEG – GO) O ar constitui um elemento fundamental para a manutenção dos seres vivos. Contudo, com a poluição atmosférica, vários efeitos têm agravado a saúde da população.

Em relação aos efeitos sobre a saúde causados pelos poluentes apresentados abaixo, é CORRETO correlacionar:

	Poluente	Efeitos sobre a saúde
a)	monóxido de carbono (CO)	Causa dores de cabeça, dificuldade visual e, em concentração elevada, desmaios, distúrbios respiratórios e até morte.
b)	gás carbônico (CO_2)	Combina-se com a hemoglobina do sangue, dificultando o transporte de oxigênio e gerando irritação nas vias respiratórias.
c)	dióxido de enxofre (SO_2)	Forma ácido sulfúrico na atmosfera, agravando os problemas respiratórios, fenômeno denominado de *smooking* químico.
d)	óxidos de nitrogênio (NO e NO_2)	Combinam-se com a hemoglobina sanguínea, provocando irritações das vias urinárias.

6. (UFG – GO) Examine a figura a seguir:

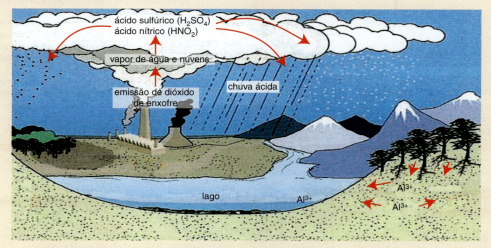

Disponível em: <http://aef6.blogspot.com/2010/03/informacao-acerca-da-chuva-acida.html>. *Acesso em*: 16 out. 2010. [Adaptada.]

Considerando o contexto apresentado, a sequência de eventos que levam ao declínio da população de peixes pela chuva ácida é:
a) acidificação do pH da água; lixiviação de íons alumínio do solo para o lago e irritação nas brânquias dos peixes.
b) aumento da temperatura da água; lixiviação de hidróxido de alumínio no solo e produção de muco nas brânquias dos peixes.
c) alcalinização do pH da água; precipitação de íons alumínio no lago e diminuição da fertilidade dos peixes.
d) aumento do nível da água; diluição de hidróxido de alumínio no solo e produção de muco nas brânquias dos peixes.
e) salinização da água; precipitação de íons alumínio no lago e diminuição da fertilidade dos peixes.

7. (UEG – GO) Nos ecossistemas aquáticos, um dos grandes problemas ambientais é a descarga em excesso de esgotos domésticos não tratados, aumentando a demanda química nesse ambiente e causando um desequilíbrio na sua composição biótica. Esse quadro de desequilíbrio é conhecido como:

a) carbonificação.
b) assoreamento.
c) eutroficação.
d) lixiviação.

8. (UFC – CE) Um pesquisador interessado em descobrir se o fósforo representava o elemento químico responsável pelo aumento da população de cianobactérias (bactérias aeróbicas) causadoras do processo de eutrofização realizou o seguinte experimento: separou dois conjuntos de lagos e, em metade deles (grupo 1), adicionou grandes quantidades de nitrogênio e carbono. Nos lagos correspondentes à outra metade (grupo 2), ele adicionou grandes quantidades de nitrogênio, carbono e fósforo. Se o fósforo realmente for o elemento responsável pelo aumento da população de cianobactérias, qual deveria ser o resultado esperado depois de algumas semanas após o início desse experimento?

a) Os lagos do grupo 2 deveriam apresentar maior abundância de peixes vivos que os lagos do grupo 1.
b) Os lagos de ambos os grupos deveriam se tornar turvos e apresentar menor disponibilidade de oxigênio.
c) Nos lagos do grupo 2, diferentemente dos lagos do grupo 1, deveria haver alta mortalidade de peixes.
d) Nos lagos do grupo 1, deveria haver alta mortalidade de peixes, e os lagos do grupo 2 deveriam permanecer inalterados.
e) Os peixes e os invertebrados deveriam morrer mais rapidamente nos lagos do grupo 1 se comparados aos dos lagos do grupo 2.

9. (UEG – GO) As cianobactérias são microrganismos que apresentam grande capacidade de colonização em diversos *habitats* e, de acordo com a taxonomia atual, existem pelo menos 40 gêneros que são produtores de toxinas em ambientes aquáticos, por causa da crescente eutrofização desses ambientes. A saxitoxina, representada abaixo, é uma neurotoxina produzida por algumas espécies de cianobactérias.

Sobre esse assunto, é CORRETO afirmar:

a) a saxitoxina apresenta fórmula molecular $C_{10}H_{17}N_7O_5$ que, quando dissolvida em água, confere maior apolaridade à molécula.

b) a estrutura da molécula de saxitoxina apresenta os grupos cetona e amina, que são altamente solúveis em substâncias como o éter etílico.
c) as cianobactérias filamentosas possuem células especializadas para reprodução, chamadas de heterocistos, que controlam a produção das toxinas, dentre elas, da saxitoxina.
d) a eutrofização nos ambientes aquáticos tem sido produzida por atividades humanas como as descargas de esgotos domésticos e industriais, o que desencadeia o processo de liberação de saxitoxina.

10. (UFPel – RS) PORTO VELHO, quarta-feira, 15/10/2008 – Bebês sem cérebro começam a nascer em Porto Velho, confirmando o que já havia sido registrado no jornal local "O Estadão do Norte": a Síndrome de Minamata, ou as doenças e malformações congênitas decorrentes da poluição por mercúrio no garimpo do Rio Madeira, chegou a Rondônia. Desde 1990 matérias publicadas pelo jornal "O Estado de S. Paulo" e distribuídas pela Agência Estado para jornais de todo o Brasil e vários do Exterior vêm escrevendo sobre a poluição do rio Madeira e a contaminação de peixes (como o tambaqui e o dourado) e das matas ciliares (na beira do rio) pelo mercúrio e prevendo que em menos de 20 anos poderiam começar a aparecer os primeiros efeitos da poluição. Médicos ouvidos sobre o nascimento de bebês sem cérebro continuam dizendo a causa mais provável continua sendo a contaminação do pai, ou da mãe, ou de ambos, por mercúrio usado no garimpo.

Nelson Townes/Noticia RO – http://www.educandario.com.br/
/BLOGPROFESSORES/Blog/Patricia/Arquivos/Reportagens/6ano/
EFEITOPOLUICAORIO_6ANOREPORTAGEM.pdf

Com base no texto, é correto afirmar que

a) o mercúrio tende a se concentrar mais nos níveis tróficos inferiores da cadeia alimentar, assim, o peixe acumula uma maior quantidade de mercúrio do que o homem, entretanto, a quantidade no organismo humano já é suficiente para causar o problema relatado.
b) o mercúrio tende a aumentar sua concentração nos níveis tróficos superiores da cadeia alimentar, assim, o organismo humano acumula uma maior quantidade de mercúrio do que o peixe consumido, o que pode acarretar problemas como o noticiado.
c) a concentração de mercúrio é a mesma independente do nível trófico da cadeia alimentar, pois é um metal pesado lipossolúvel, que não é biodegradável, sem alteração, portanto, da sua composição molecular.
d) o homem contaminou-se com mercúrio ao ingerir o peixe contaminado; esse metal pesado passa por um processo de alteração molecular no peixe, o que o torna menos tóxico, entretanto a sua bioacumulação no nível trófico inferior (homem) leva ao problema relatado.
e) o mercúrio é um metal encontrado na natureza, portanto, é biodegradável, diminuindo a sua concentração conforme aumenta o nível trófico da cadeia alimentar, entretanto, o processo de biodegradação é muito lento, o que permite a ocorrência de problemas como o exposto.

Questões dissertativas

1. (UFRJ) Em abril de 2010, o incêndio e posterior naufrágio da plataforma petrolífera Deepwater Horizon causou o derramamento de milhões de litros de petróleo no Golfo do México.

Estudos sobre a degradação do petróleo no local mostraram que o uso de dispersantes químicos (capazes de fazer com que o petróleo forme minúsculas gotículas) aumentou muito as populações de bactérias aeróbicas que se alimentam do petróleo. Esse processo pode fazer com que o petróleo seja eliminado mais rapidamente do que se espera. Por outro lado, embora não gere substâncias tóxicas, a intensa atividade microbiana no local pode levar à formação das chamadas Zonas Mortas, nas quais a maior parte dos seres vivos não sobrevive.

a) Explique como os dispersantes aumentam a eficiência bacteriana na degradação do petróleo.
b) Explique de que modo a grande proliferação bacteriana pode levar à formação de Zonas Mortas.

324 BIOLOGIA 3 • 4.ª edição

2. (UFPR) Um reservatório é uma barreira artificial, feita principalmente em rios, para a retenção de grandes volumes de água, a qual é utilizada principalmente para abastecer zonas residenciais, agrícolas e industriais ou para a produção de energia elétrica. Um dos problemas observados em reservatórios é o crescimento excessivo de macrófitas aquáticas, devido à presença de altos teores de nutrientes na coluna d'água e de áreas protegidas que abrigam essas plantas. As macrófitas aquáticas, de maneira geral, se caracterizam por apresentar propagação vegetativa, tecido aerenquimático, sementes pequenas e em grande número, sistema radicial bem desenvolvido e folhas coriáceas. Dentre as características mencionadas, indique as duas que favorecem o crescimento excessivo dessas plantas em reservatórios e justifique sua escolha.

3. (UFES) Um dos maiores problemas de poluição da água está relacionado à eutrofização. Trata-se do aumento de nutrientes no ecossistema aquático, derivado de atividades humanas que geram o despejo de grande volume desses compostos, por meio dos esgotos domésticos, industriais e agrícolas, com uma série de consequências desastrosas ao ambiente receptor.

Disponível em: <www.arionaurocartuns.com.br>. Acesso em: 10 ago. 2011.

a) Os peixes são comumente muito afetados por essa forma de poluição. Explique por quê.
b) Ambientes eutrofizados ou eutróficos normalmente são identificados pelo domínio de algas ou de plantas aquáticas, como o aguapé, por exemplo. Explique por que esses organismos proliferam nesse tipo de ecossistema.
c) Considerando que o aguapé (*Eicchornia crassipes*) é uma Liliopsida (monocotiledônea), indique as características de suas raízes, de suas folhas e de seu caule.

4. (UEL – PR) Os seres humanos modificam o ambiente para uso dos recursos naturais, criando impactos sobre os ecossistemas.
O gráfico a seguir mostra um exemplo hipotético da interferência humana sobre a fauna local em um determinado rio com nascente na floresta nativa.

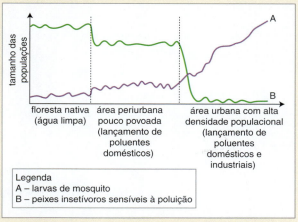

a) Com base no gráfico, explique as variações das populações A e B.
b) No contexto do exemplo dado na questão, esquematize uma cadeia alimentar em um ambiente aquático de uma floresta nativa.

Programa de avaliação seriada

1. (PISM – UFJF – MG) O tratamento do esgoto por meio de um processo denominado "lodo ativado" é baseado na capacidade natural de depuração ou "purificação" da água com elevados níveis de matéria orgânica, por meio da atividade de microrganismos e micrometazoários (animais microscópicos). À medida que os microrganismos modificam as características físicas e químicas da água, determinados grupos funcionais vão se tornando mais abundantes. Ao mesmo tempo, as relações tróficas entre os organismos também determinam mudanças na composição e abundância da microfauna (= fauna de organismos microscópicos). O acompanhamento dessas mudanças permite avaliar a eficiência de cada etapa do processo de depuração da água. Dentre os organismos atuantes nesse processo, podemos destacar quatro grupos funcionais: 1 – protozoários ciliados e flagelados que se alimentam da matéria orgânica dissolvida na água; 2 – protozoários ciliados bacterívoros que se alimentam de bactérias heterotróficas; 3 – bactérias heterotróficas que se alimentam da matéria orgânica dissolvida na água e 4 – anelídeos que se alimentam dos protozoários.

RESPONDA às questões propostas:

a) Qual (ou quais) dos quatro grupos funcionais nós poderíamos encontrar com maior abundância na fase inicial (esgoto bruto) do processo de depuração da água?
b) O aumento do tamanho populacional de bactérias heterotróficas teria um efeito positivo ou negativo sobre o tamanho populacional de protozoários bacterívoros? Justifique sua resposta, baseando-se na relação ecológica existente entre esses dois grupos.
c) O aumento do tamanho populacional de bactérias heterotróficas teria um efeito positivo ou negativo sobre o tamanho populacional dos protozoários que se alimentam de matéria orgânica dissolvida? Justifique sua resposta, baseando-se na relação ecológica existente entre esses dois grupos.

Bibliografia

ALBERTS, B. *et al. Molecular biology of the cell*. New York: Garland Publishing, 1994.

————· *Essential cell biology*. New York: Garland Publishing, 1999.

BAKER, G. W.; ALLEN, G. E. *Estudo de biologia*. Trad. E. Kirchner. São Paulo: E. Blücher, 1975.

BIOLOGICAL SCIENCE CURRICULUM STUDY – High School Biology. *Ecologia – versão verde*. Adaptado por O. Frota-Pessoa e M. Krasilchik. São Paulo: Edusp, 1963.

BRIGAGÃO, C. *Dicionário de ecologia*. Rio de Janeiro: Topbooks, 1992.

BRUSCA, R. C.; BRUSCA, G. J. Invertebrados. 2. ed. Rio de Janeiro: Guanabara Koogan, 2007.

BURNS, G. W. *The science of genetics:* an introduction to heredity. 3. ed. New York: Macmillan, 1976.

CAMPBELL, N. A. *Biology*. 3. ed. USA: Benjamin/Cummings, 1993.

————; REECE, J. B. *Biology*. 7. ed. San Francisco: Pearson, 2005.

————; REECE, J. B.; MITCHELL, L. G. *Biology*. 5. ed. Menlo Park: Benjamin/Cummings, 2005.

CHARBONNEAU, J. P. *et al. Enciclopédia de ecologia*. São Paulo: EPU/Edusp, 1979.

CLEFFI, N. M. *Curso de biologia*. São Paulo: HARBRA, 1986. 3 v.

COUTINHO, L. M. O cerrado e a ecologia do fogo. *Ciência Hoje*, Rio de Janeiro, p. 130-8, maio 1992.

CURTIS, H. *Biologia*. Trad. N. Sauaia. Rio de Janeiro: Guanabara Koogan, 1977.

————; BARNES, N. S. *Biology*. 5 ed. New York: Worth Publishers, 1989.

DAJOZ, R. *Ecologia geral*. 2. ed. Trad. M. Guimarães Ferri. Petrópolis/São Paulo: Vozes/Edusp, 1973.

DARWIN, C. *A origem das espécies*. Trad. A. Soares. São Paulo: Univ. de Brasília/Melhoramentos, 1982.

————· *A origem do homem e a seleção sexual*. Trad. A. Cancian; E. N. Fonseca. São Paulo: Hemus, 1982.

DESMOND, A.; MOORE, J. *Darwin* – a vida de um evolucionista atormentado. Trad. G. Pereira *et al*. São Paulo: Geração Editorial, 1995.

DICIONÁRIO DE ECOLOGIA. [Herder Lexikon] Trad. M. L. A. Correa. São Paulo: Melhoramentos, 1980.

DOBZHANSKY, T. *Genética do processo evolutivo*. Trad. C. A. Mourão. São Paulo: Edusp/Polígono, 1970.

————· *O homem em evolução*. 2. ed. Trad. J. Manastersky. São Paulo: Edusp/Polígono, 1972.

EHRLICH, P. R. *et al. Ecoscience:* population, resources, environment. 2. ed. San Francisco: W. H. Freeman, 1977.

FERRI, M. G. *Ecologia:* temas e problemas brasileiros. Belo Horizonte/São Paulo: Itatiaia/Edusp, 1974.

————· *Vegetação brasileira*. Belo Horizonte/São Paulo: Itatiaia/Edusp, 1980.

GARDNER, E. J.; SNUSTAD, D. P. *Genética*. 7. ed. Trad. C. D. Santos *et al*. Rio de Janeiro: Guanabara Koogan, 1984.

GOODLAND, R.; IRWIN, H. *A selva amazônica:* do inferno verde ao deserto vermelho? Trad. R. R. Junqueira. Belo Horizonte/São Paulo: Itatiaia/Edusp, 1975.

GOULD, S. J. *Darwin e os grandes enigmas da vida*. Trad. M. E. Martinez. São Paulo: Martins Fontes, 1987.

————· *Desde Darwin;* reflexiones sobre historia natural. Madrid: Hermann Blume Ediciones, 1983.

GREEN, N. P. O. *et al. Biological science*. Cambridge: Cambridge University Press, 1990. v. 1, 2.

GUYTON, A. C.; HALL, J. E. *Textbook of medical physiology*. 9. ed. Philadelphia: W. B. Saunders, 1996.

HARRISON, G. A. *et al. Human biology* – an introduction to human evolution, variation, growth and adaptability. 3. ed. Oxford: Oxford University Press, 1988.

HARTL, D. L.; JONES, E. W. *Genetics:* analysis of genes and genomes. 5. ed. London: Jones and Bartlett, 2001.

HERSKOWITZ, I. H. *Principles of genetics*. 2. ed. New York: Macmillan, 1977.

JOLY, A. B. *Conheça a vegetação brasileira*. São Paulo: Edusp/Polígono, 1970.

LEAKEY, R. E.; LEWIN, R. *O povo do lago*; o homem: suas origens, natureza e futuro. Trad. N. Galanti. Brasília/São Paulo: Univ. de Brasília/Melhoramentos, 1988.

————· *A evolução da humanidade*. Trad. N. Telles. São Paulo: Melhoramentos/Círculo do Livro/Univ. de Brasília, 1981.

LEVINE, L. *Genética*. 2. ed. Trad. M. F. Soares Veiga. São Paulo: E. Blücher, 1977.

LIMA, C. P. *Genética humana*. 3. ed. São Paulo: HARBRA, 1996.

MADIGAN, M. T.; MARTINKO, J. M.; PARKER, J. *Biology of microorganisms*. 10. ed. New Jersey: Prentice-Hall, 2003.

MALAJOVICH, M. A. *Biotecnologia*. Rio de Janeiro: Axcel Books, 2004.

MARGALEF, R. *Ecologia*. Barcelona: Ediciones Omega, 1989.

MARGULIS, L.; SCHWARTZ, K. V. *Cinco reinos*. 3. ed. Rio de Janeiro: Guanabara Koogan, 2001.

MARZZOCO, A.; TORRES, B. B. *Bioquímica básica*. Rio de Janeiro: Guanabara Koogan, 1999.

MAYR, E. *Populações, espécies e evolução*. Trad. H. Reichardt. São Paulo: Nacional/Edusp, 1970.

METTLER, L. E.; GREGG, T. G. *Genética de populações e evolução*. Trad. R. Vencovsky *et al*. São Paulo: Polígono, 1973.

MOODY, P. M. *Introdução à evolução*. Trad. S. Walty. Rio de Janeiro: Univ. de Brasília/Livros Técnicos e Científicos, 1975.

NEBEL, B. J.; WRIGHT, R. T. *Environmental science*. 4. ed. Englewood Cliffs: Prentice-Hall, 1993.

ODUM, E. P. *Ecologia*. Trad. K. G. Hell. São Paulo: Pioneira/Edusp, 1963.

————· *Fundamentos de ecologia*. 4. ed. Trad. A. M. A. Gomes. Lisboa: Fundação Calouste Gulbenkian, 1973.

PEARCE, F. *O efeito de estufa*. Trad. J. Camacho. Lisboa: Edições 70, 1989.

PETIT, C.; PRÉVOST, G. *Genética e evolução*. Trad. S. A. Gaeta & L. E. Magalhães. São Paulo: E. Blücher/Edusp, 1973.

PILBEAM, D. *A ascendência do homem;* uma introdução à evolução humana. São Paulo: Melhoramentos/Edusp, 1976.

PURVES, W. K. *et al. Life, the science of Biology*. 3. ed. Sunderland: Sinauer Associates, 1992.

RAVEN, P. H. *Biology*. 7. ed. New York: McGraw-Hill, 2005.

————; EVERT, R. F.; EICHHORN, S. *Biologia vegetal*. 6. ed. Rio de Janeiro: Guanabara Koogan, 2001.

————; JOHNSON, G. P. *Biology*. 4. ed. Boston: W. M. C. Brown, 1966.

————; *et al. Environment* – 1995 Version. Orlando: Saunders College Publishing/Harcourt Brace Publishers, 1995.

RAVEN, P. H. B. *et al. Biologia vegetal*. 6. ed. Rio de Janeiro: Guanabara Koogan, 2001

SCOTT, FORESMAN. *Life science*. Glenview: Scott, Foresman, 1990.

SOLOMON, E. P. *et al. Biology*. 3. ed. Orlando: Saunders College Publishing, 1993.

STANSFIELD, W. D. *Genética*. Trad. O. Ágeda. São Paulo: McGraw-Hill, 1976.

STEBBINS, G. L. *Processos de evolução orgânica*. 2. ed. Trad. S. A. Rodrigues. Rio de Janeiro: Edusp/Livros Técnicos e Científicos, 1974.

STRICKBERGER, M. W. *Genética*. Trad. M. Aguadé. Barcelona: Ediciones Omega, 1976.

TATTERSALL, I. *The human odyssey:* four million years of human evolution. New York: Prentice-Hall General Reference, 1993.

WEINER, J. *O bico do tentilhão;* uma história da evolução no nosso tempo. Trad. T. M. Rodrigues. Rio de Janeiro: Rocco, 1995.

WESSELLS, N.; HOPSON, J. L. *Biology*. New York: Random House, 1988.

Crédito das fotos

3: IMAGE BROKER/GRUPO KEYSTONE;

4, 34, 49, 72, 196, 249: PANTHERMEDIA/KEYDISC

96: COLUMBIA PICTURES/ALBUM/ALBUM CINEMA/LATINSTOCK;

120: ©CBS/COURTESY EVERETT COLLECTION/EVERETT COLLECTION/EVERETT/LATINSTOCK;

142: NASA/CXC/SAO/J.DEPASQUALE; IR: NASA/JPL-CALTECH; OPTICAL: NASA/STSCL;

144: NASA/JPL-CALTECH;

176: FABIO COLOMBINI;

210: PAUL SOUDERS/CORBIS/LATINSTOCK;

212: FELIPE GOMBOSSY/DIOMEDIA;

281: MARTIN DOHRN/NATURE PL/DIOMEDIA;

307: PAULO FRIDMAN/CORBIS/LATINSTOCK